严寒地区碾压混凝土筑坝技术与管理

——新丰满水电站大坝工程

路振刚　姚宝永　陈祖荣　王永潭　主编

U0291690

中国水利水电出版社
www.waterpub.com.cn
·北京·

内 容 提 要

　　本书以丰满水电站全面治理（重建）工程的新丰满大坝工程建设为例，对严寒地区碾压混凝土筑坝技术与管理进行了较为全面的梳理，总结了筑坝过程中的创新管理理念、新技术、新工艺。全书共 9 章，包括绪论、新丰满水电站碾压混凝土坝设计、混凝土配合比设计及碾压工艺试验、大坝辅助施工系统规划与设计、严寒地区大坝碾压混凝土快速施工、严寒地区碾压混凝土温度控制、新丰满大坝建设智慧管控、施工质量控制与评定、结语。

　　本书以很多的工程照片、工艺简图、表格和数据等对施工过程和管理流程作了进一步的说明，具有较好的实用和借鉴意义，可供水利水电或其他领域工程建设设计、施工、管理人员参考。

图书在版编目（CIP）数据

　　严寒地区碾压混凝土筑坝技术与管理 ：新丰满水电
站大坝工程 / 路振刚等主编. －－ 北京 ：中国水利水电
出版社，2021.1
　　ISBN 978-7-5170-9376-3

　　Ⅰ．①严… Ⅱ．①路… Ⅲ．①寒冷地区－水力发电站
－碾压土坝－混凝土坝－施工管理－吉林市 Ⅳ.
①TV752.343

　　中国版本图书馆CIP数据核字(2021)第044958号

书　　名	严寒地区碾压混凝土筑坝技术与管理 ——新丰满水电站大坝工程 YANHAN DIQU NIANYA HUNNINGTU ZHUBA JISHU YU GUANLI——XIN FENGMAN SHUIDIANZHAN DABA GONGCHENG
作　　者	路振刚　姚宝永　陈祖荣　王永潭　主编
出版发行	中国水利水电出版社 （北京市海淀区玉渊潭南路 1 号 D 座　100038） 网址：www. waterpub. com. cn E - mail：sales@waterpub. com. cn 电话：（010）68367658（营销中心）
经　　售	北京科水图书销售中心（零售） 电话：（010）88383994、63202643、68545874 全国各地新华书店和相关出版物销售网点
排　　版	中国水利水电出版社微机排版中心
印　　刷	天津嘉恒印务有限公司
规　　格	184mm×260mm　16 开本　21.5 印张　536 千字　8 插页
版　　次	2021 年 1 月第 1 版　2021 年 1 月第 1 次印刷
印　　数	0001—1000 册
定　　价	**180.00 元**

1938 年 2 月右岸面貌

1938 年 5 月上游视右岸堰堤

1938 年 6 月下游视右岸堰堤

1938 年 5 月堰堤状况

1938 年 10 月右岸施工全景

1939 年 5 月右岸堰堤

1939 年 11 月施工全景

1939 年 11 月左岸视右岸施工全景

1939 年 12 月左岸围堰作业情况

1940 年 6 月 30 日施工面貌

1940 年 6 月施工面貌

1940 年 6 月左岸施工面貌

1940 年 7 月施工面貌

1940 年 7 月上游视左岸施工面貌

1940 年 11 月发电厂房 250t 桥机

1940 年 11 月工程全景

1940 年 11 月施工面貌

1940 年 11 月压力钢管安装

1940 年 12 月施工面貌

1941 年 1 月大坝全景

1941 年 1 月下游全景

1941 年 2 月蜗壳安装

1941 年 4 月工程全景

1941 年 7 月工程全景

1941 年 11 月左岸施工面貌

1941 年 12 月施工面貌

1942 年 3 月工程全景

1942 年 9 月发电厂房内施工面貌

1942年9月发电
厂房施工面貌

1942年9月工程全景

1942年9月上游工程全景

1942年10月工程全景

1942年11月工程全景

1942年发电厂房施工面貌

1942年工程全景

1943 年 3 月 1～4 号发电机安装

1943 年 4 月工程面貌

1943 年 7 月工程全景

1943 年 4 月工程面貌

1943 年 4 月下游工程面貌

1948 年大坝全景

2014 年 10 月 18 日丰满重建工程下游土石围堰顺利合龙

2015 年 5 月 9 日大坝垫层混凝土施工

2015 年 5 月 20 日大坝主体首仓碾压混凝土开始浇筑

2015 年 5 月 28 日大坝坝基土石方开挖完成

2015 年 6 月 18 日大坝碾压混凝土施工

2015 年 8 月 3 日施工面貌

2015 年 9 月大坝混凝土月浇筑强度首次突破 10 万 m³

2015 年 11 月大坝越冬面临时保温

2015 年 12 月 2 日大坝越冬面貌

2016 年 3 月 15 日大坝工程冬歇期后全面复工

2016 年 6 月 10 日大坝施工面貌

2016 年 7 月 28 日大坝混凝土累计浇筑 100 万 m^3

2016 年 7 月大坝混凝土月浇筑强度破 20 万 m^3

2016 年 8 月大坝施工形象面貌

2016 年 8 月 15 日大坝右岸施工面貌

2016 年 8 月 20 日大坝消力池

2016 年 8 月 20 日碾压混凝土施工

2016 年 8 月 23 日碾压混凝土施工

2016 年 11 月越冬保温

2017 年 4 月 26 日压力钢管施工面貌

2017 年 4 月 30 日大坝施工面貌

2017 年 4 月 30 日大坝左岸施工面貌

2017 年 5 月 3 日大坝施工面貌

2017 年 7 月 4 日压力钢管制作安装完成

2017 年 8 月 13 日大坝混凝土施工状况

2017 年 8 月 15 日大坝工程混凝土浇筑突破 200 万 m³

2017 年 10 月 4 日大坝混凝土仓面冲毛施工

2017 年 10 月 4 日发电厂房坝段施工面貌

2018 年 8 月大坝上游形象面貌

2018 年 8 月大坝下游形象面貌

2018 年 8 月 15 日发电厂房施工面貌

大坝工程下游夜间施工景象

大坝工程夜间施工景象

2019 年 4 月 13 日大坝进水口拦污栅墩

2019 年 6 月 4 日大坝工程完成新老坝间蓄水

2019 年 7 月大坝工程全貌

2019 年 10 月 2 日库区水位达到 263.45m

丰满水电站重建工程监理中心 2018 年安全月活动

一址双坝

主要编者简介

路振刚　毕业于大连理工大学，工学博士学位，教授级高级工程师，现任国网新源控股有限公司副总经理。获得省部级科技进步奖5项，主编《水情自动测报系统运行维护规程》电力行业标准1项，主编并出版了《智能水电厂研究与实践》，发表专业论文58篇，获授权专利10项。曾荣获辽宁省劳动模范、"五一"劳动奖章。在中国大坝工程学会、中国水力发电工程学会等多个学会担任理事、委员等职务。

姚宝永　毕业于河海大学，教授级高级工程师，现任中国电建集团北京勘测设计研究院有限公司副总工程师，中国水利水电建设工程咨询北京有限公司总工程师，从事过10年水利水电工程设计工作，有20年担任若干大型水电站工程项目总监理工程师的工作经历，其中黄河公伯峡水电站获得国家优质工程金奖、鲁班奖、新中国成立60周年百项经典工程等奖项。参与过多个国外"一带一路"项目建设工作，担任过缅甸密松水电站引水发电系统总监理工程师，参与了印尼ASAHAN水电站、白俄罗斯维捷布斯克水电站、厄瓜多尔多座水电站的咨询工作。参与了白鹤滩水电站、乌东德水电站等多个大型水电站的质量监督工作，组织编写并出版了《电力建设工程施工安全监理规程》，发表专业论文10余篇。

陈祖荣　毕业于河海大学，管理学博士学位，教授级高级工程师，现任中国水利水电第十六工程局有限公司副总经理，长期从事水利水电工程设计和施工管理，曾获得福建省新长征突击手、福建省青年企业家、中国水利水电建设股份有限公司优秀科技工作者、福建省第十一届青年科技奖、张光斗青年科技奖等荣誉称号。发表专业论文20余篇，编写的《箱式满管垂直输送碾压混凝土工法》已被收录为国家工法，参与建设的贵州光照电站工程获得国家优质工程金奖。获得省部级科技奖20余项。

王永潭　毕业于重庆大学，教授级高级工程师，现任国网新源控股有限公司总工程师。主编并出版了《智能水电厂研究与实践》《水电建设工程风险管控的理论与实践》《丰满水电站重建工程智慧管控技术探索与实践》，参编并出版了《安全经济学》，参编了《智能水电厂技术导则》（DL/T 1547—2016），发表专业论文10余篇。发明专利5项，实用新型专利25项。获得省部级、厅局级科技奖20余项。

《严寒地区碾压混凝土筑坝技术与管理——新丰满水电站大坝工程》编撰委员会

主 任 委 员

路振刚　国网新源控股有限公司副总经理，教授级高级工程师

王永潭　国网新源控股有限公司总工程师，丰满大坝重建工程建设局局长，教授级高级工程师

陈祖荣　中国水利水电第十六工程局有限公司副总经理，教授级高级工程师

姚宝永　中国电建集团北京勘测设计研究院有限公司副总工程师，丰满项目总监理工程师，教授级高级工程师

李润伟　中水东北勘测设计研究有限责任公司副总工程师，丰满项目设计总工程师，教授级高级工程师

副 主 任 委 员

薛建锋　可再生能源发电工程质量监督站副站长，高级工程师

张志福　松花江水力发电有限公司丰满大坝重建工程建设局党委书记，高级工程师

刘茂军　松花江水力发电有限公司丰满大坝重建工程建设局副局长，高级工程师

朱晓秦　中国水利水电第十六工程局有限公司丰满重建工程大坝项目部总工程师，高级工程师

田　政　中国水利水电建设工程咨询北京有限公司丰满水电站工程监理中心副总监，工程师

马志强　中水东北勘测设计研究有限责任公司，丰满项目设计副总工程师，高级工程师

李松辉　中国水利水电科学研究院，博士，教授级高级工程师

顾 　 问

林文进　中国水利水电第十六工程局有限公司党委书记、董事长，教授级高级工程师

金建国　中国水利水电第十六工程局有限公司总经理、党委副书记，教授级高级工程师

杨伟明　中国水利水电第十六工程局有限公司副总经理，教授级高级工程师

吴秀荣　中国水利水电第十六工程局有限公司总工程师，教授级高级工程师

郑昌莹　中国水利水电第十六工程局有限公司副总工程师，教授级高级工程师

常昊天　可再生能源发电工程质量监督站副处长，博士，高级工程师

委 　 员

刘亚莲　松花江水力发电有限公司丰满大坝重建工程建设局纪委书记，高级工程师

孟继慧　松花江水力发电有限公司丰满大坝重建工程建设局副总工程师，高级工程师

王程鹏　松花江水力发电有限公司丰满大坝重建工程建设局技术部主任，高级工程师

刘振宇　中国水利水电第十六工程局有限公司丰满重建工程大坝项目部副总工程师，工程师

李中田　水利部松辽水利委员会水利基本建设工程质量检测中心现场第三方试验室主任，高级工程师

胡　炜　天津大学，博士

杨伟才　北京中水科海利工程技术有限公司工程技术部主任，高级工程师

沈相斌　三利节能环保工程股份有限公司董事长，高级工程师

《严寒地区碾压混凝土筑坝技术与管理——新丰满水电站大坝工程》主要编写人员名单

主　编

路振刚　姚宝永　陈祖荣　王永潭

副　主　编

朱晓秦　田　政　刘振宇

参　编　人　员

李松辉　李绍辉　李延宝　魏建忠　李　琦

校　审

薛建锋　李润伟　张志福　刘茂军　郑昌莹　刘亚莲　孟继慧　马志强
袁志新　常昊天　王程鹏　王福运　呼子纳　刘树文　张晓光　苗国权
胡云鹤　林健勇　李中田　蒋亨强　胡　炜　杨伟才　黄财有　庞　帅
沈相斌　景　旭　俞银宁　郭永华　赖建文　吴金灶　陈振华　王作通
郑旭东　范福斌　陈庭黎　罗　元　张建闽

序

我国水能资源丰富，理论蕴藏量为 6.94 亿 kW，技术可开发量为 5.42 亿 kW，均居世界第一。改革开放以来，水利水电事业蓬勃发展，科技创新成果显著，建设了一批标志性工程。截至 2017 年年底，水电装机已达 3.56 亿 kW，约占技术可开发量的 63%，已成为主力清洁能源，对防洪度汛、节能减排、减少温室气体排放、优化水资源配置，起到了不可替代的作用。

碾压混凝土坝在施工速度和工程造价上较常规混凝土坝有明显优势，在我国得到了迅速推广和应用。目前我国 100m 以上已建和在建碾压混凝土大坝有近 200 座，200m 级的高坝 3 座。我国不仅在碾压混凝土坝的数量上，而且在建坝高度和科研水平等方面均已居世界前列。

丰满水电站享有"中国水电之母"的美誉，为新中国水电事业培养了大批人才。建于 20 世纪 30 年代的丰满老坝，受当时历史条件限制，大坝设计和施工水平较低，建筑材料、施工质量差。大坝建成之始就存在诸多先天性缺陷，持续的补强加固和精心维护维持了大坝的运行，但先天缺陷却难以根治。丰满大坝的安全事关吉林、黑龙江两省的经济社会发展大局和下游几千万人民的生命财产安全，经过科学论证、民主决策，国家电网有限公司决定对其进行全面治理和重建。作为中国第一座大型水电站，丰满水电站的重建工作事关民生社稷和国家荣誉，具有强烈的行业影响和浓重的民族情结。

丰满水电站重建工程是目前世界上首个"百万装机、百米坝高、百亿库容"的重建工程，工程建设举世瞩目，社会影响和关注度高。工程地处中国东北严寒地区，多年平均气温为 3.9℃，极端最高气温为 37.0℃，极端最低气温为 -42.5℃，最大冻土深度为 1.90m，封冻期长达 130d 左右，气候条件恶劣，年有效施工期短，在严寒地区修建碾压混凝土重力坝，工程建设面临诸多巨大技术挑战。

为克服枢纽运行区近距离筑坝施工干扰多、年有效施工期短、温差大、坝体温控防裂难度大等困难，新丰满大坝的建设者们进行了诸多科技创新和实践探索，智慧管控技术在丰满水电站重建工程中得到全面应用，有效保证了大坝的施工质量，实现了施工安全可靠和经济高效的统一，按期实现了蓄水发电目标，经济效益和社会效益显著。大坝蓄水到正常水位后，坝体无明显渗水现象，各项安全监测值均优于规范和设计要求，表明新丰满大坝碾压混凝土施工质量优良。

　　碾压混凝土大坝是环保型、节能型和安全型的大坝，是 21 世纪最有发展前景的坝型之一。新丰满大坝的建设，应用了大量先进的科学技术，积累了大量的工程经验，书中对位于严寒地区的丰满水电站重建工程碾压混凝土大坝的筑坝技术与管理进行了较为全面的梳理，总结分析了严寒地区碾压混凝土筑坝过程中创新的理论、方法与工艺，通过工程实践，丰富、完善和发展了坝工建设的理论、方法与技术，其诸多经工程实践检验的研究成果在国内具有创新性和领先性，对严寒地区碾压混凝土筑坝具有重要的参考价值和深远的意义，也对今后大型水电工程重建项目的建设、施工和管理具有重要的示范作用和借鉴意义。

中国工程院院士

2020 年 4 月

前　言

作为国际坝工界最为推崇的筑坝技术之一，碾压混凝土筑坝技术与传统筑坝技术相比，在施工速度、工程质量、节省投资等方面的优势十分明显，得到了广泛推广。作为国内第一个大型水电站的重建项目，丰满水电站重建工程在研究、探索、运用碾压混凝土筑坝技术的道路上又向前迈出了坚实一步。

本书以丰满水电站全面治理（重建）工程（以下简称"丰满水电站重建工程"）的新丰满大坝工程建设为例，详细介绍了碾压混凝土重力坝的建设过程，通过实践全面总结了严寒地区碾压混凝土筑坝的新技术、新工艺，完善和丰富了碾压混凝土筑坝技术。

新丰满大坝为碾压混凝土重力坝，坝顶高程为 269.50m，最大坝高为 94.5m，左岸新建泄洪兼导流洞，发电厂房为坝后式地面厂房，安装 6 台单机容量为 200MW 的水轮发电机组，同时利用三期厂房 2 台单机容量为 140MW 的机组，总装机容量为 1480MW。过鱼设施为"集鱼系统＋升鱼机＋放流系统"方案，整体布置于枢纽右岸。新坝建成后，原丰满大坝部分拆除，形成"一址双坝"的奇观。

新老坝间距仅 120m，施工期电厂、电网仍在运行，周边环境复杂，需要防护的对象多，爆破振动控制要求高，电站运行区内筑坝活动安全风险高；工程地处国家 AAAA 级风景区，又是重要水源地，对环境保护、水土保持、文明施工要求高；工程地处东北严寒地区，气候条件严酷，寒潮频繁，气温年变化及日变化温差大，年有效施工时间短，给筑坝活动带来巨大挑战；丰满水电站大坝的安全关系到下游吉林、黑龙江两省几千万人的生命财产安全，工程建设社会的关注度高、影响力大，对施工组织管理提出了严峻挑战；要实现"不辱光荣使命、确保国优工程"的目标，建设者需要有高度的责任感和历史使命感。

针对新丰满大坝所独有的特点、难点，工程建设过程中，国内很多专家学者提供了大量的指导和支持，许多科研院校也进行了大量的科技创新、技术研发，为工程建设的顺利进行提供了有力保障。工程建设者们攻坚克难、开拓创新、积极探索，取得了一批科研成果和关键技术，如建基面水平预裂爆破开挖技术、全方位全过程无线传输爆破振动监测、大范围采用装配式钢模板、全断面斜层碾压技术、异种混凝土同步浇筑上升技术、全自动制浆系统、全机械切缝技术、库区深井取水技术、高防火等级橡胶海绵越冬保温技术、大坝混凝土智能通水和温控防裂技术、碾压混凝土实时监控技术、项目管理智慧管控等重要的施工和管理技术，化解了工程建设中的各种难题，有力地推进了工程进展。

自 2014 年 7 月大坝主体正式开工，至 2020 年主体工程已基本完成。2019年 5 月通过蓄水验收，5 月 20 日新老坝间充水，6 月开始回蓄，首年蓄水即达到正常蓄水位 263.50m，大坝运行安全稳定。

本书共分为 9 章。主要概述了原丰满水电站建设历史、重建工程的立项过程、碾压混凝土筑坝技术的发展、新丰满大坝基本设计情况、坝体碾压混凝土配合比、辅助施工系统、严寒地区大坝碾压混凝土快速施工、全过程温度控制、智慧管控技术、施工质量控制与评定等方面的内容。

本书在编写过程中，得到了松花江水力发电有限公司丰满大坝重建工程建设局、中国电建集团北京勘测设计研究院有限公司、中国水利水电第十六工程局有限公司、中水东北勘测设计研究有限责任公司、水利部松辽水利委员会水利基本建设工程质量检测中心、天津大学、中国水利水电科学研究院等单位和个人的大力支持和帮助，中国工程院院士马洪琪还在百忙之中为本书作序，在成稿过程中，许多专家提出了宝贵的意见和建议，中国水利水电出版社对著作的出版给予了指导和帮助，在此一并表示衷心的感谢！希望本书能够为其他类似工程的建设、施工和管理提供参考和借鉴，为提高碾压混凝土筑坝技术和大型水电站重建项目建设起到一定的实践探索作用。

书中难免存在疏漏和不妥之处，敬请读者批评指正！

编者
2020 年 4 月

目　录

第1章 绪论

1.1 丰满水电站建设历史

松花江发源于长白山天池，水系发达，水资源丰富，有着巨大的综合开发利用价值。20 世纪 30 年代，作为当时东亚第一座大型水电工程，丰满水电站在中国吉林开工建设。

1936 年 1 月，丰满水电站开始进行坝址选择和地质勘探工作，最终选址在丰满峡谷口，因此地多疾风，旧有"小风门"之称，修建电站谐"风门"之音，取吉祥之意，易名为丰满。

1937 年 4 月，丰满水电站开始前期临建工程施工，10 月 25 日围堰破土动工，11 月工程全面动工。1938 年 4 月完成了右岸截流工程，5 月开始大坝混凝土浇筑。

截至 1940 年，累计浇筑混凝土 34.4 万 m^3。1941 年，为尽快蓄水发电，抢先浇筑迎水面坝体，当年浇筑混凝土 29 万 m^3。1942 年浇筑混凝土 50.9 万 m^3，为建设阶段最高年浇筑量。1942 年 11 月 7 日大坝初具规模，混凝土浇筑完成 59%，即截断江流，水库开始蓄水。

在大坝施工过程中，1938 年 7 月厂房开始施工，1942 年 10 月全部建成。1942 年 2 月开始安装 1 号机组，同年 8 月，安装 2 台厂用机组和 4 号机组。1943 年年初库水位超过进水口高程，2 月 15 日、20 日 2 台厂用机组先后投入运行，供电站施工用电。3 月 25 日 1 号机组发电，5 月 13 日 4 号机组发电。1944 年 6 月 22 日及 12 月 25 日，2 号、7 号机组先后开始发电。1945 年开始安装 3 号、8 号机组。

由于财力、物力紧张，1944 年以后土建进度延缓，全年仅浇筑混凝土 18.2 万 m^3。1945 年上半年大坝施工近乎停滞。截至 1945 年抗日战争结束时，丰满大坝混凝土共浇筑 182.2 万 m^3，建设进度较为滞后，且大坝混凝土质量低劣，部分坝段下游面分块未浇至设计高程，溢流闸门尚未安装；发电厂房内除 4 台机组正式运行外，还有未投入运行的 4 台机组（其中 2 台机组开始安装，2 台机组已到货）。

1946 年 5 月 29 日，成立了丰满电厂管理处和丰满工程处。采取了降低溢流坝段底坎 1.5m 的措施，以增加泄流能力。继续建设丰满水电站近两年时间，工程进展缓慢，仅浇筑大坝混凝土 2.6 万 m^3。

1948 年 3 月 9 日，丰满水电局成立。在恢复生产的同时，恢复了混凝土拌和系统，为紧急抢修大坝奠定了基础。1948 年 6 月 22 日开始浇筑停工多年的大坝混凝土，按原设计补修了大坝危险部位，使大坝初步转危为安。至 1950 年共完成大坝混凝土 17.7 万 m³。

1950 年 2 月，苏联专家组到达丰满，在对工程进行了调查、勘测后，由莫斯科水电设计院编制了《丰满发电站第 366 号设计书》，作为丰满水电站续建、改建工程的设计依据。改建大坝按千年一遇洪水设计，万年一遇洪水校核，防洪能力和安全稳定性显著提高。

续建、改建工程自 1951 年正式开始，1953 年 10 月大坝全部建成，共完成溢流面改建、溢流闸门安装、坝基和坝体帷幕灌浆、纵缝灌浆、坝面补修等工程，共浇筑混凝土 6.3 万 m³，灌浆约 5 万 m，灌注水泥约 3000t。1953 年大坝改建完工后，原处于危险状态的大坝成为完整的、安全可靠的水工建筑物。水库正常蓄水位已达到设计高程 263.50m，保证了大坝在遇到万年一遇的大洪水或发生地震时的安全。在改建大坝的同时，7 号、8 号机组分别于 1953 年 4 月、5 月投产发电，6 号、2 号、5 号机组分别于 1954 年、1955 年、1956 年投产发电，3 号机组于 1959 年安装，1960 年发电。至此，丰满水电站一期工程建设全部完成。

1988 年 4 月，丰满水电站二期扩建工程正式开工。1991 年 12 月 19 日，9 号机组投产运行；1992 年 6 月 19 日，10 号机组投产运行。二期扩建共增加容量 17 万 kW，丰满水电站总装机容量已达到 72.25 万 kW。

1995 年 4 月 18 日，将泄洪洞改为引水建筑物的丰满水电站三期扩建工程开工，安装了两台 14 万 kW 机组。1997 年 12 月 6 日，三期扩建的 12 号机组投入运行。1998 年 7 月 21 日，三期扩建的 11 号机组投入运行。

经续建、改建、加固改造及两期扩建，丰满水电站共安装有 12 台水轮发电机组。由于历史原因，机组型号十分繁杂。机组部件分别来自苏联、美国、日本、瑞士及中国等多个国家，丰满水电站素有"水电博物馆"之称。

建于 20 世纪 30 年代的丰满大坝，受当时历史条件限制，大坝设计和施工技术水平较低，建筑材料、施工质量较差。中华人民共和国成立后，丰满电厂对大坝进行了持续的补强加固，特别是三次大规模的系统性改造。其中，1955—1974 年主要进行了坝体帷幕灌浆，但由于坝内混凝土质量差，仍存在严重渗漏，造成冻胀破坏。在 1986 年汛期大坝泄洪时，丰满大坝溢流面被部分冲毁，冲走混凝土约 1000m³，破坏范围约 700m²，冲坑深度达 2～3m；1988—1997 年，丰满电厂开展了坝体外包混凝土、上游面沥青混凝土防渗、大坝预应力锚索等全面补强加固施工；2008—2009 年，为确保大坝全面治理工程实施前水库泄洪安全，丰满电厂采取了溢流坝段降低渗水压力的工程措施。虽经不间断地补强加固，但大坝仍存在着诸多难以根除的先天性缺陷，严重威胁着电站的安全运行，更给下游沿岸人民生命财产安全构成巨大威胁。

2006 年 2 月，国家电网有限公司（以下简称"国家电网公司"）向国家发展改革委报送了《关于丰满发电厂水库大坝全面加固工程按基本建设程序开展前期工作的请示》。2006 年 4 月，国家发展改革委复函同意按基本建设程序开展丰满发电厂水库大坝全面加固工程前期工作，并提出了"彻底解决、不留后患、技术可行、经济合理"十六字治理方针。

2008 年 5 月，中国水利水电建设工程咨询公司组织召开了丰满水电站大坝全面治理工程前期工作咨询会议，在充分讨论的基础上提出了《丰满水电站大坝全面治理工作咨询报告》。国家电网公司组织相关专家和科研、设计单位以及咨询机构就丰满大坝全面治理进行了多种方案的深入研究，从"加固"和"重建"两个方面论证了7个方案。

2009年7月，国家电网公司组织召开了丰满水电站大坝全面治理工程方案论证会，会议成立了以潘家铮院士为组长，国内相关院士、设计大师和专家组成的13人专家组，全面开展了方案论证比选工作。从方案的技术可行性、治理效果及可靠性、耐久性、施工难度、施工期环境影响、水库综合利用以及社会经济发展水平对安全生产的要求等多方面综合分析，并同时考虑进一步提高大坝的防灾减灾能力，保障松花江流域的防洪安全，专家组推荐"下坝址重建方案"作为丰满大坝的全面治理方案。

2009年9月12—14日，水电水利规划设计总院会同吉林省发展和改革委员会，在吉林市主持召开了丰满水电站全面治理工程（重建方案）预可行性研究报告审查会议，并通过审查。

2009年12月，国家电网公司向国家发展改革委报送了《关于开展吉林丰满水电站全面治理工程（重建方案）前期工作的请示》。国家发展改革委复函同意丰满大坝按重建方案开展前期工作，同时指出："重建方案按恢复电站原任务和功能，在原丰满大坝下游附近新建一座大坝，治理方案实施后，不改变水库主要特征水位，不新增库区征地和移民，新坝建设期间必须确保原大坝安全稳定运行。"

2011年12月，水电水利规划设计总院会同吉林省发展改革委完成了丰满水电站全面治理（重建）工程可行性研究报告审查。2011年12月30日，所有核准文件正式报国家发展改革委。2012年6月，受国家发展改革委委托，中国国际工程咨询公司主持召开了丰满水电站全面治理（重建）工程项目申请报告评估会议，从而为项目核准创造了所有前提条件。

2012年10月11日，丰满水电站全面治理（重建）工程项目获得国家发展改革委核准。

2014年6月15日，开始进行坝基开挖。

2014年7月16日，进行坝基开挖首次爆破。

2014年9月1日，开始进行下游围堰填筑。

2014年10月18日，大坝下游围堰顺利截流成功。

2015年4月24日，大坝首仓混凝土开仓浇筑。

2015年5月20日，大坝首仓碾压混凝土开仓浇筑。

2015年5月28日，坝基开挖全部完成。

2015年9月14日，首节引水压力钢管（下平段）开始安装。

2017年6月18日，引水压力钢管全部安装完成。

2018年5月21—23日，中国水利水电建设工程咨询有限公司专家组对丰满水电站全面治理（重建）工程进行蓄水安全鉴定第一次现场活动。

2018年8月23—25日，中国水利水电建设工程咨询有限公司专家组对丰满水电站全面治理（重建）工程进行蓄水安全鉴定第二次现场活动。

2018年8月25日，大坝首个坝段浇筑到顶。

2018年9月10—20日，中国水利水电建设工程咨询有限公司专家组对丰满水电站全面治理（重建）工程进行蓄水安全鉴定第三次现场活动，并编制了《吉林丰满水电站全面治理（重建）工程蓄水安全鉴定报告（老坝拆除前）》，给出了"丰满水电站全面治理（重建）工程蓄水在2018年10月15日后具备老坝拆除的条件，可适时安排拆除施工"的综合总结论。

2018年10月26日，老坝拆除正式开工。

2018年11月3日，厂房坝段全部浇筑至坝顶。

2018年12月10日，进水口快速闸门全部落门入槽，具备挡水条件。

2018年12月12日，老坝拆除首次爆破。

2018年12月24日，溢流坝段闸墩全部浇筑至坝顶。

2019年4月8—15日，中国水利水电建设工程咨询有限公司专家组对丰满水电站全面治理（重建）工程进行蓄水安全鉴定第四次现场活动，并编制了《吉林丰满水电站全面治理（重建）工程蓄水安全鉴定报告（新坝蓄水前）》，给出了"丰满水电站全面治理（重建）工程在2019年5月具备新坝挡水和后续初期蓄水的条件，可适时安排新坝坝前和下游基坑充水"的综合总结论。

2019年4月15—19日，可再生能源发电工程质量监督站专家组对丰满水电站全面治理（重建）工程进行了蓄水阶段质量监督检查，专家组根据检查情况对丰满重建工程质量管理、工程实体质量、蓄水准备工作等进行了评价，给出了"丰满水电站全面治理（重建）工程在完成有关剩余工程项目并通过监理验收后具备新老大坝间基坑充水、重建工程初期蓄水条件"的结论。

2019年4月15—18日，水电水利规划设计总院组织验收专家组至丰满水电站全面治理（重建）工程现场开展工程蓄水验收前现场检查及验收资料评审工作。

2019年5月20日，新老坝间开始充水。

2019年5月20—23日，水电水利规划设计总院验收专家组对工程蓄水有关问题进行了复查，对工程蓄水条件进行了评审，形成了验收专家组意见。

2019年5月24日，在长春召开蓄水验收委员会会议，经会议讨论审议，形成了《吉林丰满水电站全面治理（重建）工程蓄水验收鉴定书》，并给出了"同意吉林丰满水电站全面治理（重建）工程2019年6月水库蓄水"的结论。

2019年6月5日，新老坝间充水完成。

2019年6月9日，大坝下游围堰破口充水。

2019年6月17日，老坝拆除彻底完成，库区开始回蓄。

2019年7月22日，首台（1号）机组投入商业运行。

2019年8月27日，大坝最后一仓碾压混凝土收仓，即大坝全线浇筑至坝顶。

1.2 碾压混凝土筑坝技术发展

碾压混凝土筑坝技术是世界筑坝史上一次重大的技术创新，将常规混凝土坝的安全性与土石坝的高效施工有机结合了起来。碾压混凝土筑坝技术具有施工速度快、工期短、节省投资、质量安全可靠、机械化程度高、施工简单、适应性强、绿色环保等优点，备受世界坝工界青睐。随着相关施工工艺技术研究和实践探索，碾压混凝土筑坝技术持续不断地创新与完善，向着更加安全、更加快速、更加经济、更加环保、质量更加可靠、数字化、智能化的高水平发展壮大，得到更多的应用。

1.2.1 碾压混凝土坝的发展概况

20 世纪 60 年代，意大利阿尔佩羡拉（AlpaGera）混凝土重力坝、加拿大魁北克曼尼科甘一号（Manicougar Ⅰ）坝的重力式翼墙等几个工程采用了将混凝土坝和土石坝施工工艺相结合的施工措施，开始了碾压混凝土筑坝的探索。

1970 年，美国加州大学拉斐尔（J. M. Raphael）教授在论文《最优重力坝》中提出采用水泥砂砾石材料筑坝，并用高效率的土石方运输机械和压实机械进行施工。1972 年，坎农（R. W. Cannon）在论文《用土料压实方法建造混凝土坝》中进一步发展了拉费尔的设想，介绍了采用自卸汽车运输、仓面采用装载机铺筑、振动碾压实无坍落度的贫浆混凝土的试验情况。他建议上、下游坝面用富浆混凝土，并用水平滑模施工，形成了最初的碾压混凝土概念。

1974 年，巴基斯坦塔贝拉（Tarbela）坝的隧洞修复工程采用了碾压混凝土进行修复，在 42d 时间里浇筑了 35 万 m^3 碾压混凝土，日平均浇筑强度为 8400m^3，最大日浇筑强度达 1.8 万 m^3。这一实际应用对碾压混凝土坝的发展产生了强烈的影响。

1980 年，日本建成世界第一座碾压混凝土坝——岛地川重力坝（高 89m）。日本采用金包银（Roller Compacted Dam，RCD）工法，在坝体上、下游面分别用 3m 厚和 2.5m 厚的常态混凝土起防渗和保护作用，每次施工层厚为 70cm，停歇 3d 再继续浇筑上升。

1982 年，美国建成了世界上第一座全碾压混凝土重力坝——柳溪（Willow Creek）坝。美国采用了全断面碾压（Roller Compacted Concrete，RCC）工法，即碾压混凝土按 30cm 左右的压实层厚度连续浇筑上升，坝体上、下游面采用变态混凝土起防渗和保护作用。柳溪坝 33.1 万 m^3 碾压混凝土在不到 5 个月的时间内完成，缩短工期 1～1.5 年，造价仅有常态混凝土重力坝的 40% 左右、堆石坝的 60% 左右，充分显示了碾压混凝土坝施工速度快、节省投资的优势，它的建成大大推动了碾压混凝土坝在世界各国的迅速发展。

和国外相比，我国碾压混凝土筑坝 20 世纪 80 年代初才起步，起步相对较晚。1984—1985 年在沙溪口水电站的纵向围堰和厂房开关站挡墙施工中应用了碾压混凝土，1985 年葛洲坝下导墙基础也进行了碾压混凝土现场试验，同时铜街子工程采用碾压混凝土修筑了左岸坝肩牛日溪沟坝。这些施工是我国将碾压混凝土用于大型水电工程之中的最初几个实践。1986 年我国建成了第一座全碾压混凝土重力坝——福建大田坑口重力坝。坑口碾压混凝土重力坝的成功实践，为我国快速筑坝提供了新的筑坝理念，碾压混凝土筑坝开始在我国迅速发展，逐渐形成了一套完整的碾压混凝土设计理论和施工技术体系。我国碾压混凝土筑坝技术具有低水泥用量、中胶凝材料、高掺合料、高石粉含量、缓凝减水剂、低 VC 值、薄层摊铺、全断面碾压连续上升施工等特点。自我国建成第一座碾压混凝土大坝以来，我国已建成数以百计的碾压混凝土大坝。已建的龙滩大坝（一期坝高 192m，最终 216.5m）、光照大坝（坝高 200.5m）、黄登大坝（坝高 203m）和拟建的古贤大坝都是 200m 级的碾压混凝土重力坝，龙滩大坝和光照大坝还分别是完建时世界上最高的碾压混凝土大坝（目前世界最高的碾压混凝土大坝是埃塞俄比亚的吉贝Ⅲ碾压混凝土重力坝，坝高 243m）。国内最高的碾压混凝土拱坝有万家口子大坝（坝高 167.5m）、三河口大坝（坝高 145m）和象鼻岭大坝（坝高 141.5m）等。经过 40 余年的研究与实践，我国碾压混凝土筑坝技术已达到世界先进水平，在某些领域甚至已达到世界领先水平。

1.2.2　碾压混凝土筑坝技术的发展情况

1. 高坝蓬勃发展，分布地域更广，适应的气候条件更多样

碾压混凝土坝可修建在各种不同气候条件下的世界各个地区。在高气温地区，如阿尔及利亚的 Beni Haroun 坝，所处地区最高气温达到 43℃；在低气温地区，如美国的上静水（Upper Stillwater）坝和加拿大的 Lac Robertson 坝，两坝所处地区冬季最低气温达 −35℃以下；在多雨地区，如智利的潘戈（Pangue）坝，在 13 个月的施工期内总降水量达 4436mm，最集中时 3 个月的降水量就达 3130mm；我国的龙滩碾压混凝土坝，所处地区多年平均气温为 20.1℃，极端最高气温为 38.9℃，多年平均降水量为 1343.5mm，实现了高气温多雨条件下全年施工。新疆石门子、喀腊塑克碾压混凝土坝，是我国在严寒地区碾压混凝土坝筑坝技术的新突破。

2. 筑坝技术理念和工艺技术的发展

自坑口电站建成我国第一座碾压混凝土坝并初步形成具有我国特点的技术模式后，经过多年设计、科研、施工和管理等各方面人员的奋发开拓，不断提高完善，形成了不设纵缝、富浆碾压混凝土防渗、低水泥高掺粉煤灰或矿渣类掺合料、低 VC 值、大面积连续浇筑、斜层铺筑碾压、变态混凝土代替常态混凝土等一整套技术路线，并在设计、材料、施工工艺等方面进行一系列改革、创新，形成了若干新的理念与思路。

我国特有的碾压混凝土筑坝技术模式，特别是采用富浆碾压混凝土防渗、低水泥高掺粉煤灰或矿渣类掺合料、变态混凝土代替常态混凝土等碾压混凝土筑坝技术，已在全世界碾压混凝土坝筑领域中占有越来越大的分量，得到更多的认可。

另外，我国开始在碾压混凝土坝智慧建造技术方面不断探索、尝试。丰满水电站重建工程和黄登水电站工程在碾压混凝土智慧建造技术方面进行了突破性的尝试。其中，丰满水电站重建工程也是我国在严寒地区进行碾压混凝土筑坝的又一次重要尝试。

3. 混凝土入仓方式的发展

碾压混凝土筑坝具有大仓面连续施工的特点，因此要求混凝土运输入仓设备具备连续供料的能力及防止骨料分离的措施；碾压混凝土的运输入仓能力应能确保仓面碾压层混凝土在直接铺筑允许时间内施工完成。碾压混凝土常用的运输入仓设备主要包括自卸汽车、皮带运输机、负压溜槽（管）、专用垂直溜管、满管溜槽（管）、缆机、门机、塔机、塔式布料机等。自卸汽车是工程施工中最为常用的一种运输工具，具有运输能力大、费用低廉、效率高、机动灵活，适应性强、中间无须转料等优点。自卸车直接入仓后，还可以作为仓内的布料设备。塔式布料机是高速皮带机与塔机的完美结合，它使碾压混凝土的水平运输和垂直运输一体化，实现了对碾压混凝土运输传统方式的变革，在三峡三期围堰及龙滩碾压混凝土坝施工中成功采用满管溜槽（管）能更好地适应于高陡山区的碾压混凝土筑坝施工。表 1.2.1 列出了部分碾压混凝土工程入仓机械设备情况。

表 1.2.1　　　　　　　　部分碾压混凝土工程入仓机械设备情况

工程名称		坝型	最大坝高/m	坝顶长/m	混凝土总量/万 m³	碾压混凝土总量/万 m³	主要浇筑设备	备注
中国	龙滩	重力坝（RCC）	216.5	746.5	665.6	446	(1) 20t 缆机 2 台；(2) 负压溜槽 2 条；(3) 皮带＋塔式布料机 2 台；(4) 自卸汽车	塔式布料机供料皮带机最大仰角 20°、最大俯角 15°
	观音阁	重力坝（RCC）	82	1040	197	124	(1) 塔机 2 台；(2) 自卸汽车（12～15t）	
	大朝山	重力坝（RCC）	115	460	107	71.7	(1) 20t 缆机 2 台；(2) 负压溜槽 4 条；(3) 自卸汽车	负压溜槽最大高差约 87m
	光照	重力坝（RCC）	200.5	410	280	241	(1) 自卸汽车；(2) 满管溜槽（管）；(3) 缆机	
	沙沱	重力坝（RCC）	111	1262	150	—	(1) 自卸汽车；(2) 满管溜槽（管）；(3) 大倾度角皮带机等	
	马马崖	重力坝（RCC）	109	250	70.8	—	(1) 皮带运输机；(2) 满管溜槽（管）；(3) 自卸汽车	
	江垭	拱坝（RCC）	131	327	134	111	(1) 塔机 2 台；(2) 负压溜槽 4 条；(3) 自卸汽车	负压溜槽最大高差约 56m，倾角 47°，其中 2 条备用
	观音岩	重力坝（RCC）	159	838	—	—	(1) 缆机；(2) 自卸汽车；(3) 皮带机	
	龙开口	重力坝（RCC）	119	768	330	229	(1) 缆机；(2) 自卸汽车；(3) 溜管；(4) 胶带机；(5) 布料机	
	功果桥	重力坝（RCC）	105	361	107	77	(1) 自卸汽车；(2) 皮带机；(3) 满管；(4) 满管＋皮带机	

续表

工程名称		坝型	最大坝高/m	坝顶长/m	混凝土总量/万 m³	碾压混凝土总量/万 m³	主要浇筑设备	备注
中国	官地	重力坝（RCC）	168	516	297	253.5	（1）自卸汽车； （2）溜管	
	黄登	重力坝（RCC）	203	464	350	275.3	（1）自卸汽车； （2）满管溜槽； （3）皮带机； （4）缆机	
	丰满	重力坝（RCC）	94.5	1068	284.48	195.85	（1）塔机； （2）门式起重机； （3）自卸汽车； （4）布料机	
美国	上静水	重力坝（RCC）	90	815	128	112.5	高速皮带机 2 条，带宽 1.2m（运距 335m）	自卸汽车在仓内布料
日本	玉川	重力坝（RCD）	100	441.5	78	56.2	（1）20t 缆机 1 台； （2）10t 缆机 1 台； （3）斜坡道	
泰国	塔丹	重力坝（RCD）	92	2500	600	540	皮带机 1 条，带宽 1.4m（运距 50m）＋自卸汽车	皮带机上坝卸入料斗，自卸汽车仓内布料

4．快速筑坝施工工艺日趋完善

（1）模板。模板是碾压混凝土坝施工的重要设备，对碾压混凝土的外观、质量、施工进度、成本等各方面均有重大影响。

在碾压混凝土坝施工中模板型式主要有：悬臂钢模板、滑动模板、混凝土预制块模板以及在悬臂钢模板基础上发展起来的悬臂翻升钢模板等。早期碾压混凝土坝一般采用组合模板、悬臂模板及混凝土预制块模板，近年来悬臂翻升钢模板已在国内广泛应用。招徕河双曲拱坝采用了双曲悬臂翻升模板；大朝山、索风营、彭水等工程采用连续上升式台阶模板，使溢流消能台阶一次浇筑成型。碾压混凝土拱坝浇筑上升速度快，可采用招徕河双曲拱坝创新的快速翻升模板，进行高升程施工。光照碾压混凝土重力坝通过斜层碾压、仓面短间歇、悬臂翻升钢模板连续翻升碾压，实现了大面积仓块的连续升程施工。

（2）摊铺及平仓、碾压工艺。

1）RCC 工法。我国碾压混凝土施工普遍采用通仓薄层碾压连续上升的施工工艺，即RCC 工法或全断面碾压工法。该铺筑方法可采用平层通仓法，也可采用斜层平推法。为最大限度地提高碾压混凝土施工效率，尽可能形成大仓面施工，有效减少模板用量，实现流水作业，目前碾压混凝土筑坝基本采用斜层平推法。另外，斜层平推法有效减小了每个浇筑层的摊铺面积，从而有利于控制碾压混凝土的温度上升。

2）碾压坝大层厚和四级配施工工艺的研究和应用。黄花寨水电站按层厚100cm、75cm和50cm进行了碾压混凝土现场试验。根据施工胶凝砂砾料堰的经验，洪口水电站探讨了按层厚50cm进行碾压混凝土施工的可行性。沙沱水电站进行了四级配（最大料径150mm）、层厚150mm的碾压混凝土筑坝研究和应用。

（3）层、缝面处理工艺。碾压混凝土连续铺筑上升，层间间隔时间应控制在直接铺筑允许时间以内。超过直接铺筑允许时间的层面，应先在层面上铺垫一层拌和物，再铺筑上一层碾压混凝土。超过了加垫层铺筑允许时间的层面即为冷缝。

直接铺筑允许时间是根据工程结构对层面抗剪能力和结合质量的要求，综合考虑拌和物特性、季节、天气、施工方法、上下游不同区域等因素，经试验确定。不同的坝标准不同，同一个坝在不同条件和不同部位的标准亦有所区别。

碾压混凝土筑坝中的施工缝及冷缝是个薄弱环节，往往形成渗漏通道，影响抗滑稳定，必须进行认真处理。根据国内外施工实践，垫层拌和物采用灰浆、砂浆或小骨料混凝土均有成功经验。灰浆的水灰比与碾压混凝土相同，采用砂浆和小骨料混凝土应根据使用部位进行专门配合比设计并比碾压混凝土提高一个等级。

百色水电站等工程中采用动态措施保证了碾压混凝土的超缓凝效果。按照季节、气温、材料的差异，分别掺入适量的缓凝剂或高效缓凝剂，可使碾压混凝土初凝时间延长到16～21h，从而能在前一层碾压混凝土尚未初凝时，进行后一层碾压混凝土的摊铺、压实，完成覆盖，保证层面之间结合良好。

（4）成缝工艺。碾压混凝土重力坝一般采用切缝机具切缝，或设置诱导孔、预埋隔缝板或模板等方法成缝。切缝机具切缝即在平仓后，碾压前或碾压后，用切缝机具在混凝土内切出一条缝，填缝材料（镀锌铁皮、PVC、化纤编织布或干砂等）随切缝机刀片振动压入，目前高坝工程基本采用此法成缝；诱导孔成缝就是在碾压混凝土初凝有一定强度时，人工或机械成孔；平仓后埋设分缝板，通仓碾压的方法称为预埋分缝板成缝；模板成缝是指仓面分区浇筑或个别坝段提前升高时，在横缝位置立模，拆模后成缝。棉花滩工程中发明了风镐式小型切缝机具，2人扶抬即可进行切缝操作。丰满水电站重建工程碾压混凝土大坝施工中，发明了小型挖掘机改制的自行走切缝机，可更好地适应严寒、大温差环境等高温控措施条件的快速遮盖需要。

第2章 新丰满水电站碾压混凝土坝设计

2.1 丰满水电站重建工程枢纽布置

丰满水电站重建工程位于松花江干流上的丰满峡谷口,上游建有白山、红石等梯级水电站,下游建有永庆反调节水库。坝址距上游白山水电站 210km,距吉林市市区 16km,电站地理位置优越。丰满重建工程距下游吉林市火车站 24km,主要铁路有长图线、沈吉线、吉舒线等。大坝左右岸均有三级公路通过,新建成的吉林市外环线,经南岭可到达坝址,公路长 34km,路况良好。工程对外交通十分便利。

丰满重建工程按恢复电站原任务和功能,在原丰满大坝下游 120m 处新建一座大坝,并利用了原丰满三期工程。重建工程实施后以发电为主,兼顾防洪、城市及工业供水、灌溉、生态环境与保护,并具有旅游、水产养殖等效益。供电范围为东北电网,在系统中担负调峰、调频和事故备用等任务。

丰满重建工程为一等大(1)型工程,挡水、泄水、引水建筑物及发电厂房等永久性主要建筑物级别为1级,过鱼设施建筑物、厂房尾水渠挡墙等永久性次要建筑物级别为3级。水库正常蓄水位为 263.50m,汛限水位为 260.50m,死水位为 242.00m,校核洪水位为 268.50m,水库总库容为 103.77 亿 m^3。挡水、泄水建筑物按 500 年一遇洪水设计,10000 年一遇洪水进行校核。新建电站安装 6 台单机容量为 200MW 的水轮发电机组,利用原三期 2 台单机容量为 140MW 的机组,总装机容量为 1480MW,多年平均发电量为 17.09 亿 kW·h。

电站枢纽建筑物主要由碾压混凝土重力坝、坝身泄洪系统、左岸泄洪兼导流洞、坝后式引水发电系统、过鱼设施及利用的原三期电站组成。

碾压混凝土重力坝坝顶高程 269.50m,最大坝高 94.5m,坝顶总长 1068.00m,由左右岸挡水坝段、河床溢流坝段、河床偏右的厂房坝段组成。大坝共分 56 个坝段,其中 1~9 号坝段为左岸挡水坝段;10~19 号坝段为主河床溢流坝段;20~25 号坝段为主河床偏右的厂房坝段;26~56 号坝段为右岸挡水坝段。大坝混凝土总工程量为 284.481 万 m^3,其中常态混凝土为 88.63 万 m^3,碾压混凝土为 195.851 万 m^3。

坝身泄洪系统采用坝顶开敞式溢流表孔,共 9 孔,布置于主河床,为 10~19 号溢流坝段,堰顶高程为 249.60m,每孔净宽为 14m,最大泄量为 20830m³/s,承担 50 年一遇以上频率洪水时的泄洪任务。坝后采用深挖式消力池底流消能方式,消力池总宽度为 158.00m,底板高程为 182.00m,尾坎高程为 193.00m,溢流表孔及消力池两侧设导流边墙。消力池排水系统与大坝及厂房的排水系统分开独立运行,溢流坝泄洪或消力池检修时,消力池抽排系统运行。

泄洪兼导流洞布置在左岸山体内,为深孔有压洞,承担 50 年一遇及其以下常遇小频率洪水时的泄洪任务。泄洪兼导流洞全长 848.96m(进洞点至出洞点),由进口明渠段、洞内渐变段、竖井式闸门井段、有压洞身段、出口闸室段及出口消能段等部分组成。进口明渠底板高程为 224.00m,有压洞为内径 10.5m 的圆形断面,末端出口为 8.8m×8.8m 矩形断面,出口闸室底板高程为 193.00m,采用挑流消能方式挑坎高程为 193.00m。进口闸室设一道检修平板闸门和一道事故平板闸门,出口闸室设一道工作弧门。

引水建筑物布置在 20~25 号厂房坝段,由常规进水口和坝后垫层式浅埋压力钢管组成,采用单机单管的布置型式。进水口为坝式进水口。压力钢管内径为 8.8m,壁厚为 22~32mm,钢管外包混凝土厚度为 1.5m,单机引用流量为 390.23m³/s。

发电厂房为坝后式地面厂房,厂内布置 6 台单机容量为 200MW 的水轮发电机组。机组纵轴线与新建坝轴线平行,厂坝之间设变形缝。厂区建筑物主要由主厂房、上游副厂房、尾水副厂房、中控楼、尾水渠以及 500kV 开关站组成。主机间与安装间呈一列式布置,合称为主厂房。主机间布置于 20~25 号引水坝段坝后,其右侧布置安装间,安装间右侧布置中控楼,上游侧布置电气副厂房,引水坝段与上游副厂房之间布置有 6 台主变压器,并设有主变搬运道,500kV 开关站布置于中控楼右侧,尾水渠垂直于主机间布置,以 1∶4 反坡与下游河道相接,安装间下游侧布置回车场,进厂公路由主河床右岸岸边公路进入厂前区,并由安装间下游侧进入厂内。

过鱼设施采用"集鱼系统+升鱼机+放流系统"方案,整体布置于枢纽右岸,主要由集鱼系统、升鱼机系统、放流系统、观察室和辅助设施组成。其中集鱼系统环绕厂房尾水渠,结合厂房尾水右岸挡墙和消力池右边墙布置;升鱼机系统由运鱼箱、自动导引运鱼车、坝顶固定门机等组成。

丰满原三期泄洪洞出口位于新建大坝下游不足 30m 的范围内,新建工程实施以后,该洞彻底丧失原有功能,从枢纽总体安全考虑,对其进行封堵处理。同时新建大坝左岸灌浆帷幕底缘线位于原三期发电洞、泄洪洞上方,为加强整体防渗效果,在原三期发电洞、泄洪洞布置帷幕灌浆,与大坝灌浆帷幕进行搭接处理。

为保证新建工程施工期原坝及三期电站正常运行,对三期电站、原大坝监测系统及辅助设施进行了改造和迁建。

基于缓解丰满水电站夏季下泄低温水影响,提高下游鱼类产卵期水温,可研阶段提出了叠梁门分层取水进水口方案,以尽量取到丰满水库坝前的上层高温水。随后,为落实工程环评相关要求,丰满重建工程又开展了水温专项研究,对叠梁门方案进一步优化。根据数学模型和物理模型研究成果,新坝建成后,仅依靠老坝缺口形成的前置挡墙作用,已达到分层取水效果,下游河流水生态环境将得到明显改善,下游河道主要鱼类产卵场水温均满足鱼类繁殖要求。因此，结合新建机组发电过流及大坝泄洪需要，新坝建成后，对老坝6～43号坝段进行缺口拆除，拆除总长为686m（防护后净宽为684m），坝顶高程为267.70m，缺口底高程为239.90m（防护后底高程为240.20m）。

2.2 坝体混凝土分区

2.2.1 坝体混凝土分区原则

根据丰满地区气候条件和大坝工作条件，拦河坝混凝土需满足强度及耐久性方面的指标要求。

1. 大坝混凝土强度等级

根据受力条件的不同，确定各部位混凝土强度等级为：坝体内部混凝土强度等级采用$C_{90}15$，上下游防渗、抗冻混凝土强度等级采用$C_{90}20$，消力池底板、尾坎内部混凝土强度等级采用$C_{90}25$，溢流坝堰顶、堰面、边墙及消力池导墙内部混凝土强度等级采用$C_{90}30$，过流表面混凝土强度等级采用$C_{90}40$，结构混凝土强度等级采用C30，锚墩锚块混凝土强度等级采用C40。

2. 大坝混凝土抗渗等级

上游防渗混凝土根据作用水头的不同，确定各部位抗渗等级为：水位变动区以上（高程240.00m以上）最大作用水头28.5m，防渗混凝土抗渗等级采用W6；水位变动区以下（高程240.00m以下）最大作用水头93.5m，防渗混凝土抗渗等级采用W8。坝体及消力池内部混凝土抗渗等级采用W4。

下游防渗混凝土根据回填冻结深度、过流面及作用水头的不同，确定各部位抗渗等级为：裸露坝面混凝土抗渗等级采用W4，回填土冻深以下、溢流坝堰顶、堰面、边墙、闸墩高程250.00m以下及消力池过流侧表面混凝土抗渗等级采用W8，水位变动区以下、闸墩高程250.00m以上、厂房坝段高程241.36m以上混凝土防渗等级采用W6。

3. 大坝混凝土抗冻等级

结合气候条件、年冻融循环次数、水分饱和程度、结构构件重要性和检修的难易程度等因素确定大坝混凝土抗冻等级：上游面为阳面，冬季水位变动区属于受冻严重部位，混凝土抗冻等级采用F300，水位变动区以下采用F100；下游面为阴面，属于受冻较重部位，外露部位混凝土抗冻等级采用F200，冬季水位变动区混凝土抗冻等级采用F300，水位变动区以下或回填土冻深以下采用F100；坝体内部混凝土抗冻等级采用F50。

4. 抗冲耐磨要求

根据水工模型试验结果，在下泄不同频率洪水时，溢流表孔反弧段流速较大，为25～34m/s，溢流表孔需满足抗冲耐磨要求。为满足溢流堰面、闸墩及消力池过流表面混凝土抗冲耐磨要求，抗冲耐磨混凝土强度等级取$C_{90}40$，采用HF抗冲耐磨混凝土。

新丰满大坝采用了全断面碾压混凝土设计理念，除坝顶、引水坝段高程218.00m以上、门库、溢流堰顶及堰面、闸墩及导墙等结构部位采用常态混凝土外，其余均为碾压混凝土。坝体上游防渗层为富胶凝碾压混凝土（含变态混凝土），下游外露面为抗冻碾压混凝土（含变态混凝土），坝体内部采用碾压混凝土（含变态混凝土）。全断面碾压混凝土设计使得碾压混凝土快速连续上升的优势得以充分发挥。

2.2.2　具体混凝土分区情况

1. 挡水坝段混凝土分区

挡水坝段混凝土基本分区可分为 5 区，分别为：坝基垫层、上游防渗层、下游坝面、坝体内部、坝顶。挡水坝段典型剖面见图 2.2.1。

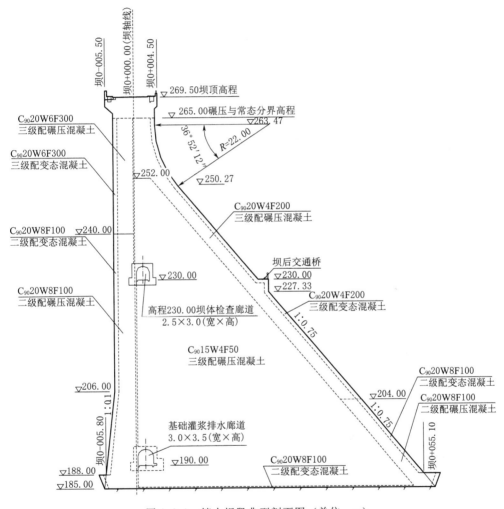

图 2.2.1　挡水坝段典型剖面图（单位：m）

（1）坝基垫层。大坝基础应力较大，受地基变形和约束影响，同时应满足坝基抗滑稳定的要求，并结合施工期开挖及浇筑情况等因素，采用 $C_{90}20$ 富胶凝机拌变态混凝土。

1）左岸 1～9 号坝段：水平段厚度 0.5m（铅直厚度），斜坡段厚度 0.5m（水平厚度）。

2）10～45 号坝段：水平段厚度 0.3～1.5m（铅直厚度），斜坡段厚度 0.5m（水平厚度）。

3）右岸 46～55 号坝段：水平段厚度 0.5m（铅直厚度），斜坡段厚度 0.5m（水平厚度）。

（2）上游防渗层。采用 $C_{90}20$ 富胶凝碾压混凝土＋变态混凝土，水位变动区以下即高程 240.00m 以下，抗渗等级为 W8，抗冻等级为 F100，二级配；水位变动区即高程 240.00m 以上，抗渗等级为 W6，抗冻等级为 F300，三级配。防渗层厚度按不小于坝前常水头的 1/15 考虑，同时结合东北严寒地区的气候特点、混凝土冻深及坝体构造设计，高程 230.00m 以上厚度为 3.8m，高程 230.00～206.00m（折坡点高程）厚度为 4.3m，高程 206.00m 以下考虑水头递增的影响，厚度由 4.3m 渐变至 7.4m（高程为 175.00m），渐变坡比取与上游坡比一致，即 1：0.1。

（3）下游坝面。

1）左岸挡水坝段：桩号 0＋000.00～0＋169.00m。冬季水位变动区，即高程 199.00m 以下，混凝土等级取与上游面水位变动区一致，即 $C_{90}20W6F300$ 三级配防渗碾压混凝土；冬季水位变动区以上，即高程 199.00m 以上裸露的坝面，采用 $C_{90}20W4F200$ 三级配碾压混凝土。厚度根据混凝土冻深影响并考虑运行期的永久保温措施，最终确定采用 4m（垂直厚度 3.2m）。

2）右岸挡水坝段：桩号 0＋510.00～1＋068.00m。永久运行期下游坝脚回填弃渣土料，厂区回填面高程 206.25m，考虑冻结深度影响，高程 204.00m 以下，混凝土等级取与上游面水位变动区以下一致，即采用 $C_{90}20W8F100$ 二级配防渗碾压混凝土；高程 204.00m 以上裸露的坝面，与左岸裸露的坝面一样，采用 $C_{90}20W4F200$ 三级配碾压混凝土。厚度与左岸挡水坝段一致。

（4）坝体内部。考虑混凝土低热的性能要求，结合大坝混凝土最低抗渗、抗冻等级要求，采用 $C_{90}15W4F50$ 碾压混凝土，本分区混凝土顶高程为 252.00m，上部接裸露坝面混凝土，即 $C_{90}20W4F200$ 三级配碾压混凝土。

（5）坝顶。考虑坝顶运行环境、构造要求、设备运行要求、上下游坝面悬挑结构配筋等因素，坝顶混凝土采用常态混凝土，混凝土等级及级配取与下游裸露坝面混凝土一致，即 $C_{90}20W4F200$ 三级配常态混凝土，厚度 4.5m。

门库迎水面及下游面考虑配筋及施工等因素，混凝土采用常态混凝土，混凝土等级与挡水坝段相应高程部位的混凝土等级一致，即迎水面采用 $C_{90}20W6F300$ 三级配常态混凝土，下游面采用 $C_{90}20W4F200$ 三级配常态混凝土。

坝体上游悬挑支墩混凝土（交通桥支墩）采用常态混凝土，混凝土采用 $C_{28}30W6F300$ 二级配。

大坝上下游坝面、廊道、电梯井、孔洞周边、需埋设插筋及其他不便于碾压施工的部位，均采用与该部位碾压混凝土相同等级的变态混凝土。上下游面考虑模板及其拉筋的影响，变态混凝土厚度为 0.8m；需埋设插筋的部位变态混凝土厚度为 1.0m；其余部位厚度均为 0.5m。

2. 溢流坝段及消力池混凝土分区

（1）大坝基础垫层。与挡水坝段大坝基础垫层基本相同，上游区垫层（上游防渗区），采用 $C_{90}20W8F100$，二级配；下游区垫层（除上游防渗层以外的其他区域）采用 $C_{90}20W4F50$，三级配。

（2）坝体上游防渗层。与挡水坝段高程 240.00m 以下相同，采用 $C_{90}20W8F100$ 二级配富胶凝碾压混凝土＋变态混凝土。

（3）溢流堰顶及堰面。高程 240.00m 以上堰顶及下游堰面采用 $C_{90}30W8F300$ 三级配常态混凝土。堰面常态混凝土厚度根据混凝土冻深影响并考虑滑模施工工艺，垂直厚度为 3.6m。堰顶高程 249.60m 下游侧堰面表层 0.5m 厚度设置为 $C_{90}40W8F300$ 二级配抗冲耐磨混凝土。

（4）坝体内部。与挡水坝段相同，采用 $C_{90}15W4F50$ 三级配碾压混凝土。考虑堰面混凝土等级与坝体内部混凝土等级相差较大，两者之间设置垂直厚度为 3.62m 的 $C_{90}20W4F50$ 三级配碾压混凝土作为过渡层，过渡层与同高程堰面常态混凝土同步上升。考虑溢流面下游反弧段施工及堰面钢筋的影响，高程 190.00m 以下过渡层与常态混凝土相接部位设置为台阶面，混凝土采用 $C_{90}20W4F50$ 三级配变态混凝土，厚度为 1.6m。

（5）闸墩及锚块。闸墩混凝土以高程 250.00m 为界分两部分，250.00m 以上采用 $C_{28}30W6F300$ 三级配常态混凝土，250.00m 以下采用 $C_{90}30W8F300$ 三级配常态混凝土；闸墩锚块采用 $C_{28}40W4F300$ 二级配常态混凝土。考虑高程 250.00m 以下泄洪流速较大等原因，闸墩过流侧表层 0.5m 厚度设置为 $C_{90}40W8F300$ 三级配抗冲耐磨混凝土。

（6）坝上边墙。采用 $C_{90}30W8F300$ 三级配常态混凝土。过流侧表层 0.5m 厚度设置为 $C_{90}40W8F300$ 三级配抗冲耐磨混凝土。

（7）消力池。底板、尾坎采用 $C_{90}25W4F200$ 三级配常态混凝土；边墙即导墙采用 $C_{90}30W4F300$ 三级配常态混凝土。底板、尾坎及边墙过流侧表层 0.5m 厚度设置为 $C_{90}40W8F300$ 三级配抗冲耐磨混凝土。

上游坝面、坝内廊道及孔洞周边，均采用与该部位碾压混凝土相同等级的变态混凝土。上游面变态混凝土厚度为 0.8m，其余部位厚度均为 0.5m。

溢流坝段典型剖面见图 2.2.2。

3. 厂房坝段混凝土分区

厂房坝段由于压力钢管及进水口布置要求，高程 218.00m 以上采用常态混凝土浇筑；高程 218.00m 及以下至厂坝分界处均采用碾压混凝土，典型剖面见图 2.2.3。混凝土分区设计按照坝体无管段、坝体有管段分别叙述如下。

（1）无管段。

1）高程 218.00m 及以下至厂坝分界处混凝土分区设计与挡水坝段相应部位混凝土分区设计原则相同，即：上游面防渗层采用 $C_{90}20W8F100$ 二级配富胶凝碾压混凝土＋变态混凝土；坝体内部采用 $C_{90}15W4F50$ 三级配碾压混凝土；下游面高程 202.00m 以上裸露的坝面，采用 $C_{90}20W4F200$ 三级配碾压混凝土。厚度与挡水坝段相同，为 4.0m（垂直厚度 3.2m）。坝基垫层见挡水坝段混凝土分区。

2）高程 218.00m 以上混凝土等级与坝式进水口结构相同。以桩号坝 0－004.00m 为界，分为两区。上游区采用 $C_{28}30W6F300$ 三级配常态混凝土；下游区以高程 241.36m 和高程 264.00m 为界，分为 3 层。高程 264.00m 以上同上游区采用 $C_{28}30W6F300$ 三级配常

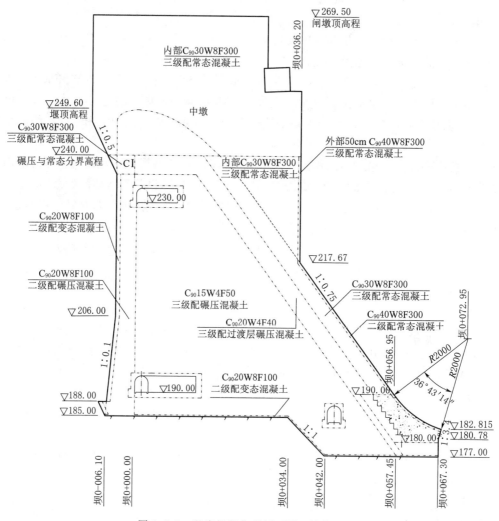

图 2.2.2　溢流坝段典型剖面图（单位：m）

态混凝土；高程 241.36m 以下采用 $C_{90}20W4F200$ 三级配常态混凝土；两高程中间层采用 $C_{90}20W6F300$ 三级配常态混凝土。

（2）有管段。

1）高程 218.00m 及以下、压力钢管外包混凝土以前采用碾压混凝土，分区设计与挡水坝段相应部位混凝土分区设计原则相同，即：上游面防渗层采用 $C_{90}20W8F100$ 二级配富胶凝碾压混凝土；坝体内部采用 $C_{90}15W4F50$ 三级配碾压混凝土；坝基垫层见挡水坝段混凝土分区；坝体内部与压力钢管外包混凝土相接部位，考虑压力钢管施工及埋设二期插筋的影响，设置为台阶面，混凝土采用 $C_{90}15W4F50$ 三级配变态混凝土。

2）压力钢管外包混凝土采用 $C_{28}30W6F300$ 二级配常态混凝土，厚度 1.5m。

3）高程 218.00m 以上考虑有坝式进水口结构的影响采用常态混凝土浇筑，除了以桩号坝 0+007.35m 为界，分为两区，分区桩号与无管段不同外，其余布置相同，即上游区采用

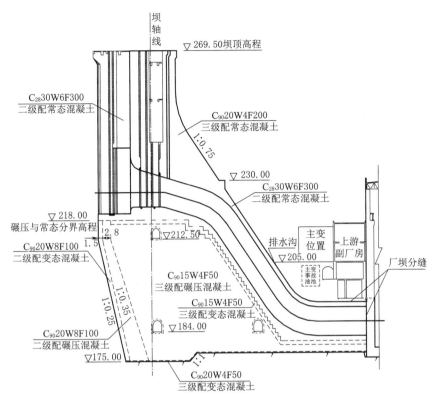

图 2.2.3　厂房坝段典型剖面图（单位：m）

$C_{28}30W6F300$ 三级配常态混凝土；下游区以高程 241.36m 和高程 264.00m 为界，分为 3 层。高程 264.00m 以上同上游区采用 $C_{28}30W6F300$ 三级配常态混凝土；高程 241.36m 以下采用 $C_{90}20W4F200$ 三级配常态混凝土；两高程中间层采用 $C_{90}20W6F300$ 三级配常态混凝土。

2.2.3　混凝土分区的调整

1. 上、下游变态混凝土厚度调整

新丰满大坝上、下游变态混凝土施工主要包括两种：一种为机拌变态混凝土（主要在上游防渗区、下游防渗区等可使用变态混凝土区域）；另一种为加浆变态混凝土（在下游防渗区、横缝模板部位使用），变态混凝土铺筑与碾压混凝土同时施工。

由于新丰满大坝地处严寒地区，混凝土毛细孔易冻胀破坏，大坝上下游变态混凝土的加宽可以提高大坝混凝土抗渗及抗冻性，降低大坝外露混凝土发生裂缝或破坏的概率。

同时为保证碾压混凝土尽快上升，提高层间结合质量，丰满重建工程混凝土模板采用拉条固定措施，按照悬臂翻升模板的拉条形式增设钢筋拉条。

基于以上种种原因，对丰满重建工程大坝上下游变态混凝土进行调整：上游侧变态混凝土宽度由 0.8m 调整至 1.8～2.4m，下游 1∶0.75 斜面段变态混凝土宽度由原 1.0m 调整为 2.0～3.0m。上、下游侧变态混凝土宽度对比见图 2.2.4 和图 2.2.5。

针对廊道上游侧碾压防渗区薄弱环节，廊道周边变态混凝土也相应进行了调整：廊

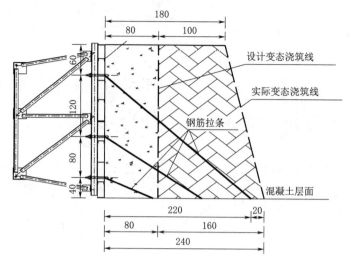

图 2.2.4 上游侧变态混凝土宽度对比示意图（单位：cm）

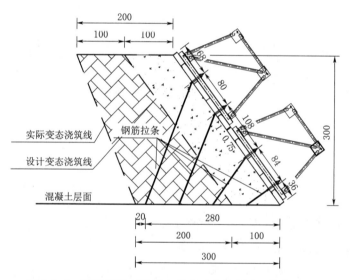

图 2.2.5 下游侧变态混凝土宽度对比示意图（单位：cm）

道顶拱覆盖变态混凝土由 0.6m 调整为 1.2m，且坝体廊道上游侧实行变态混凝土满堂浇筑，见图 2.2.6。

上下游变态混凝土加厚、廊道周边变态混凝土加厚，使得原设计上下游防渗区混凝土与坝体内部碾压混凝土更好结合，防渗抗冻效果有效提高，且经对温度应力场的分析，变态混凝土调整引起的胶凝材料未对大坝产生不利影响。在新丰满大坝蓄水期间及蓄水后观察期内，大坝廊道内部及主体结构均未出现明显渗水。

整体上，变态混凝土厚度调整措施在丰满水电站重建工程的应用，进一步提高了坝体混凝土防渗性能和整体性的同时，未对碾压混凝土快速上升造成影响，可在类似碾压混凝土大坝施工中借鉴使用。

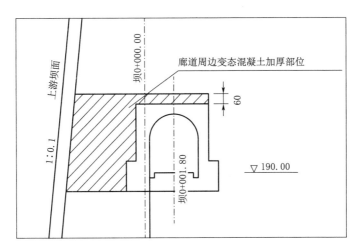

图 2.2.6　廊道上游侧变态混凝土满堂浇筑示意图（单位：高程、桩号为 m；其余为 cm）

2. 碾压混凝土与常态混凝土分界线调整

碾压混凝土与常态混凝土分界线上调的前提是混凝土仓面具备碾压混凝土施工的条件，可采用自卸车直接入仓，采用振动碾机械化施工，采用同标号或高标号碾压混凝土代替常态混凝土不影响大坝整体质量。

为充分发挥碾压混凝土快速施工优势，新丰满大坝施工中对部分区域碾压混凝土与常态混凝土分界线进行了调整，主要为挡水坝段和溢流坝段。挡水坝段由原设计的高程265.00m 调整为高程 269.25m，坝顶仅剩余 25cm 厚常态混凝土铺装层，典型剖面见图2.2.7。溢流坝段由原设计高程 240.00m 调整为高程 246.00m，堰顶常态混凝土保留3.6m 厚，典型剖面见图 2.2.8。

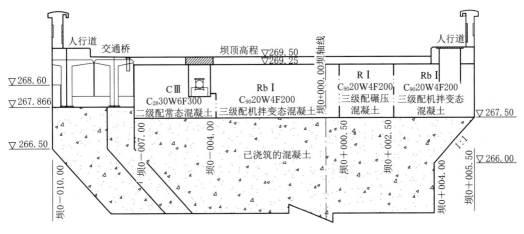

图 2.2.7　挡水坝段（有牛腿结构）调整后典型剖面图（单位：m）

新丰满大坝施工中对部分区域常态混凝土调整为碾压混凝土，在结构部位均采用机拌变态混凝土，打破了常规碾压混凝土重力坝预留较厚坝顶常态混凝土的设计，但仍然保证了混凝土强度及结构要求，而且在进度、温控方面均比较有利。

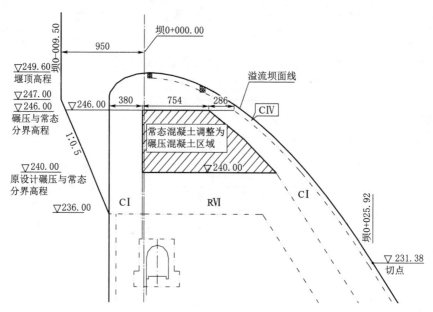

图 2.2.8　溢流坝段调整后典型剖面图（单位：高程、桩号为 m；其余为 cm）

2.3　水文与气象

2.3.1　流域概况

丰满水电站在松花江流域，位于吉林省中部地区，是松花江的上游段，发源于长白山主峰天池。整个流域分布在长白山的西北坡，高程自东南向西北递减，流域面积为 73400km^2，干流河长 958km。

丰满水电站位于吉林市上游 16km 处的松花江上，控制流域面积 42500km^2，约占松花江流域面积的 58%，其上游建有白山水电站（控制流域面积 19000km^2）和红石水电站（控制流域面积 20300km^2）。由于白山、丰满水库调节能力较大，明显地改变了天然河道径流、洪水特性，经水库调节后，径流、洪水均发生了较大的变化。

2.3.2　气象

松花江流域位于中温带大陆性季风气候区，主要受太平洋季风及西伯利亚高气压影响，特点是春季干燥多风，夏季湿热多雨，秋季晴冷温差大，冬季严寒而漫长。

据丰满水电站附近的吉林气象站资料统计，本地区多年平均气温为 4.9℃，极端最高气温为 37.0℃，极端最低气温为 −42.5℃。多年平均年降水量为 656.2mm，降水量在年内分配不均匀，6—9 月降水量占全年降水量的 74.5%。多年平均年蒸发量为 1422.6mm（20cm 口径蒸发皿）。多年平均风速为 2.9m/s，最大风速为 30m/s，相应风向为 SW。最大冻土深度为 1.9m。

吉林市气象站主要气象要素统计见表 2.3.1。

表2.3.1　吉林市气象站主要气象要素统计表

（北纬43°47′，东经126°36′，观测场海拔高度198.80m）

序号	项目	1月	2月	3月	4月	5月	6月	7月	8月	9月	10月	11月	12月	全年
1	多年平均降水量/mm	5.5	6.1	13.9	29.1	55.0	105.2	179.6	140.3	63.7	35.3	15.6	6.9	656.2
	降水量年内分配/%	0.84	0.93	2.12	4.43	8.38	16.03	27.37	21.38	9.71	5.38	2.38	1.05	100
2	多年平均蒸发量/mm	16.1	27.8	76.2	178.4	264.4	225.3	181.0	152.4	131.5	101.3	46.9	21.3	1422.6
3	多年平均气温/℃	-17.4	-13.0	-2.8	7.4	14.9	20.2	22.9	21.4	14.9	6.8	-3.7	-13.0	4.9
4	极端最高气温/℃	6.0	12.8	20.9	30.6	34.8	37.0	36.6	35.7	31.2	27.9	22.0	11.5	37.0
	出现日期	26日	27日	31日	22日	28日	4日	19日	3日	3日	9日	1日	3日	6月4日
	出现年份	1967	1992	2002	1975	1979	2001	1952	1982	2000	1982	2003	1989	2001
5	极端最低气温/℃	-42.5	-38.0	-31.5	-16.3	-7.5	2.6	9.3	5.3	-4.8	-15.6	-29.3	-36.9	-42.5
	出现日期	13日	4日	2日	3日	2日	4日	22日	28日	27日	23日	30日	29日	1月13日
	出现年份	2001	2001	1970	1962	1972	1964	2007	1993	1964	1974	1965	1967	2001
6	多年平均风速/(m/s)	2.5	2.7	3.5	4.1	3.8	2.9	2.3	2.0	2.3	2.9	3.1	2.7	2.9
	最大风速/(m/s)	19.7	23.0	20.5	21.0	30.0	18.7	20.7	14.0	14.7	23.0	19.0	16.0	30.0
	最大风速对应的风向	SSW	WSW	SSW	W	SW	SW	WNW	S、SW	WSW、WNW	NNW	SW	WSW	SW
7	出现日期	18日	19日	2日	22日	10日	1日	7日	5日、11日	17日、15日	21日	9日	2日	5月10日
	出现年份	1951	1974	1951	1973	1971	1972	1985	1979、1984	1971、1999	1973	1973	1978	1971

2.3.3 水文资料

松花江流域最早的水文观测站为松花江站，始于 1923 年。其后 1932 年吉林站、1934 年扶余站、1936 年丰满站和红石砬子站进行水位和流量观测，1945—1949 年期间流域大部分测站中断观测，仅丰满水库有观测记录。1950 年起，原有测站逐步恢复了水文观测工作，并相继建设了一批新的测站，一直观测至今。在松花江流域规划和历次工程设计中，曾多次对各水文站及水库站的资料进行过复核。水文资料可应用于该工程设计。松花江流域干支流有关水文站及水库站实测资料情况统计见表 2.3.2。

表 2.3.2　　松花江流域干支流有关水文站及水库站实测资料情况统计表

河名	站名	集水面积/km²	项目	统计资料年限	备注
松花江	吉林	44060	水位	1932—1942 年、1944 年至 1945 年 6 月 30 日、1950—2008 年	1942 年后受水库调节影响
			流量	1933—1939 年、1944 年、1954 年 6 月至 2008 年	
	丰满（丰满水库）	42500	水位	1937—2008 年	1942 年后为电厂运行资料
			流量	1937—2008 年	
	红石砬子（红石水库）	20300	水位	1937 年至 1943 年 8 月 31 日、1944 年至 1945 年 7 月 31 日、1949 年 9 月至 2008 年	1985 年后为电厂运行资料
			流量	1937 年至 1943 年 8 月 31 日、1944 年、1951 年 8 月至 2008 年	
			泥沙	1956—1982 年	
	白山（白山水库）	19000	水位	1957—2008 年	1982 年后为电厂运行资料
			流量	1957—2008 年	
辉发河	五道沟	12391	水位	1954—2008 年	
			流量	1954—2008 年	
			泥沙	1956—2008 年	
			冰情	1954—2008 年	
拉法河	蛟河	2426	水位	1954—2008 年	
			流量	1955—2008 年	
			泥沙	1957—2008 年	
			冰情	1955—2008 年	
金沙河	民立	1037	水位	1958—2008 年	
			流量	1958—2008 年	
			泥沙	1958—2008 年	
			冰情	1958—2008 年	
漂河	横道子	532	水位	1958—2008 年	
			流量	1958—2008 年	
			冰情	1958—2008 年	

2.3.4 径流

松花江流域的径流补给主要为大气降水,水汽来源多来自太平洋和流域西南方向的暖湿气旋。

据松花江丰满库区 1933—2008 年天然径流资料统计分析,多年平均流量为 $432\mathrm{m}^3/\mathrm{s}$,5—10 月径流量占全年径流量的 78.49%,6—9 月径流量占全年径流量的 62.25%,而枯水期 11 月至次年 4 月径流量占全年径流量的 21.51%,最枯水期 12 月至次年 2 月和最枯 2 月径流量,分别占全年径流量的 3.91% 和 1.12%。最大年平均流量为 $768\mathrm{m}^3/\mathrm{s}$(1986年),最小年平均流量为 $185\mathrm{m}^3/\mathrm{s}$(1978 年),最大与最小年平均流量比值为 4.15。

工程以丰满、白山观测站为重要依据站。在蓄水验收阶段对径流系列进行了插补延长,补充了 2009—2016 年成果,经复核,径流成果相差不大,仍采用 1933—2008 年天然入库年径流系列的计算成果。丰满水电站多年平均(天然)流量为 $432\mathrm{m}^3/\mathrm{s}$,白山水电站多年平均(天然)流量为 $226\mathrm{m}^3/\mathrm{s}$。

丰满、白山库区天然年径流设计流量见表 2.3.3。

表 2.3.3 丰满、白山库区天然年径流设计流量表

站名	集水面积/km²	多年平均流量/(m³/s)	C_v	C_s/C_v	设计值 Q_p/(m³/s)		
					$p=5\%$	$p=50\%$	$p=95\%$
丰满	42500	432	0.30	2.0	665	419	243
白山	19000	226	0.27	2.0	335	221	136

注 C_v 为变差系数;C_s 为偏差系数;p 为设计保证率。

2.3.5 洪水

松花江流域的洪水由暴雨形成,形成流域暴雨的天气系统为台风、冷锋、低压和气旋。大洪水一般发生在 6—9 月,尤以 7 月、8 月较多,且量级较大。洪水既有单峰型,也有双峰型及多峰型。丰满一次单峰型洪水过程总历时 7~11d,洪峰持续时间 12h 左右,涨水历时 2~3d,退水历时 5~8d。双峰洪水总历时 14~19d,两峰相隔 6~8d。

1. 设计洪水

可研阶段洪水系列为 1933—2008 年共 76 年,蓄水验收阶段将洪水系列延长到 2016 年,丰满入库、白山坝址、白山—丰满区间设计洪水成果见表 2.3.4。

表 2.3.4 丰满入库、白山坝址、白山—丰满区间设计洪水成果表

地点	项 目	均值	C_v	C_s/C_v	设计值 Q_p(W_p)				
					$p=0.01\%$	$p=0.1\%$	$p=0.2\%$	$p=0.5\%$	$p=1\%$
丰满入库	最大 12h 洪峰流量/(m³/s)	4880	0.84	2.5	39400	29600	26700	22800	19900
	最大 3d 洪量/亿 m³	9.711	0.68	2.5	59.52	46.08	42.00	36.58	32.45
	最大 7d 洪量/亿 m³	17.24	0.59	2.0	81.99	65.93	60.98	54.31	49.15
	最大 15d 洪量/亿 m³	27.41	0.57	2.0	125.5	101.3	93.85	83.79	76.04

续表

| 地点 | 项 目 | 均值 | C_v | C_s/C_v | 设计值 Q_p（W_p） | | | | |
					$p=0.01\%$	$p=0.1\%$	$p=0.2\%$	$p=0.5\%$	$p=1\%$
白山坝址	洪峰流量/（m³/s）	3260	0.94	2.5	30800	22700	20400	17200	14800
	最大3d洪量/亿 m³	5.16	0.70	2.5	32.81	22700	20400	17200	14800
	最大7d洪量/亿 m³	8.454	0.58	2.0	39.45	25.29	23.02	20	17.7
	最大15d洪量/亿 m³	13.2	0.54	2.0	56.96	31.79	29.42	26.23	23.77
白山—丰满区间	最大日平均流量/（m³/s）	2560	0.90	2.5	22700	16900	15200	12900	11200
	最大3d洪量/亿 m³	5.661	0.84	2.5	45.75	34.38	30.96	26.45	23.05
	最大7d洪量/亿 m³	9.783	0.72	2.0	58.79	46.06	42.17	36.98	32.99
	最大15d洪量/亿 m³	15.25	0.70	2.0	88.56	69.63	63.85	56.12	50.17

依据本流域的洪水特性及洪水地区组成情况，设计洪水地区组成分别采用同频率洪水组成法和典型洪水组成法计算，设计洪水过程线典型选用1953年、1960年单峰型洪水和1991年、1995年双峰型洪水共4个典型年，同时又增加了2010年洪水典型。1953年、1991年和1995年采用丰满控制、白山—丰满区间同频率、白山相应的组成方式，其中1953年采用最大12h洪峰流量、最大3d、最大7d洪量同频率控制放大；1991年、1995年采用最大12h洪峰流量、最大3d、最大7d、最大15d洪量同频率控制放大。1960年型、2010年型采用丰满控制、白山同频率、白山—丰满区间相应组成方式，按最大12h洪峰流量、最大3d、最大7d洪量同频率控制放大。

2. 施工洪水

根据松花江流域洪水成因变化规律、特点及结合施工设计要求，将丰满入库、白山坝址、白山—丰满区间施工洪水分为5期，即春汛期（3月15日至4月30日）、汛前过渡期（5月1日至6月30日）、汛期（7月1日至9月30日）、汛后期（10月1—31日）及枯水期（11月1日至次年3月14日）。

施工洪水系列为1950—2008年共59年，丰满入库、白山坝址、白山—丰满区间施工分期最大日平均流量成果见表2.3.5。

表 2.3.5　丰满入库、白山坝址、白山—丰满区间施工分期最大日平均流量成果

| 站名 | 序号 | 施 工 分 期 | 设计值 Q_p/（m³/s） | | | 备 注 |
			$p=5\%$	$p=10\%$	$p=20\%$	
丰满入库	1	春汛期（3月15日至4月30日）	3620	2870	2130	
	2	汛前过渡期（5月1日至6月30日）	5240	4210	3160	
	3	汛期（7月1日至9月30日）	12400	9840	7200	最大12h洪峰流量
	4	汛后期（10月1—31日）	1330	1060	789	
	5	枯水期（11月1日至次年3月14日）	846	690	530	

站名	序号	施工分期	设计值 Q_p/(m³/s)			备 注
			$p=5\%$	$p=10\%$	$p=20\%$	
白山坝址	1	春汛期（3月15日至4月30日）	2730	2110	1500	
	2	汛前过渡期（5月1日至6月30日）	2970	2440	1900	
	3	汛期（7月1日至9月30日）	8560	6660	4750	洪峰流量
	4	汛后期（10月1—31日）	860	657	459	
	5	枯水期（11月1日至3月14日）	497	395	292	
白山—丰满区间	1	春汛期（3月15日至4月30日）	1420	1160	893	
	2	汛前过渡期（5月1日至6月30日）	2900	2240	1580	
	3	汛期（7月1日至9月30日）	7190	5510	3860	
	4	汛后期（10月1—31日）	619	504	386	
	5	枯水期（11月1日至次年3月14日）	479	399	314	

施工设计洪水地区组成采用同频率洪水地区组成法，春汛期、汛前过渡期、汛后期洪水过程分别以1964年、1954年及1963年作为设计典型，时段为1d，采用峰比放大。

3. 冰情

长白山区冬季气候严寒，秋季封江在11月下旬或12月上旬，春季开江为4月上旬，稳定封冻期在130d左右，最大冰厚约为150cm。

2.4 地质条件

2.4.1 坝基地质条件

1. 左挡水坝段工程地质条件

1～9号坝段为左岸挡水坝段，桩号0+000.00～0+162.00m，1号坝段长16.00m，2～8号坝段各坝段长18.00m，9号坝段为溢流坝检修门库坝段，长度20.00m，左岸挡水坝段总长162.00m。

坝基桩号0+000～0+124.00m段位于左岸山坡下部，地形较陡，坡度一般为25°～35°，地面高程为200.00～273.00m；覆盖层主要为碎石混合土和块石，厚度一般为1～4m，最厚约5.5m。坝基桩号0+124.00～0+162.00m段地处河床，地形平缓，坡度为5°～8°，地面高程为190.00～195.00m，基岩多裸露。

坝基岩体为变质砾岩，深灰色，变余砾状结构，厚层状构造，变余层理较为发育，其产状为走向25°N～35°W，倾向NE（河床偏下游），倾角为25°～40°，岩质较坚硬，弱风化岩厚度为15m左右。建基岩体纵波速为3.2～5.88km/s，岩体完整性系数为0.28～0.96，平均值为0.7，综合评定以较完整岩体～完整岩体，局部为完整性差岩体。

坝基主要分布有 F_3、F_7、F_{13}、F_{23}、F_{30} 五条断层破碎带（见表2.4.1），其中 F_7 断层为1～5号坝段的深部断层，除 F_3 走向与坝轴线交角较小，为25°～45°，出露宽度为0.3～

2.0m外，其余断层走向与坝轴线交角较大，为 $78°\sim85°$，出露宽度（断层及影响带）为 $1.0\sim2.6m$。岩体节理裂隙走向 NE 的占 71%，走向 NW 的占 29%；陡倾角（$90°>\alpha>60°$）占 77%，中等倾角（$60°\geqslant\alpha>30°$）占 18%，缓倾角（$\alpha\leqslant30°$）不足 5% 且延伸局限。

表 2.4.1　　　　　　　　　　　　左岸挡水坝段建基面断层一览表

编号	位置	构造类型	产　　状			出露宽度 /m	地质描述
			走向	倾向	倾角 α		
F_{23}	1号坝段	平移断层	N10°~30°W	NE	80°~85°	<2	碎屑泥状物宽 0.05～0.1m，最宽达 0.6m，断层泥中有 0.15m 宽的石英脉侵入，并被错碎成块状
F_7	1～5号坝段深部	逆断层	N60°W	NE	50°~60°	1~2	碎屑、泥状破碎带宽 0.3m，可见断层角砾岩，棕黄色，半胶结
F_{30}	4号坝段	平移断层	N19°W	SW	70°	1.3	由断层泥、碎裂岩组成，断层泥宽约 0.5m，影响带宽约 0.5m，断层破碎带真厚度 1.0m
F_{13}	4～6号坝段	平移断层	SN	W	70°	1~2.6	由碎屑、泥状与块状破碎物组成，碎屑、泥宽 0.6m，夹角砾，半胶结，影响带为 0.4～1.8m，断层破碎带真厚度为 1.0～2.4m
F_3	6～10号坝段	平移断层	N10°E	SE	86°	0.3~2	由碎屑、泥状与块状破碎物组成，碎屑、泥宽 0.2～0.5m，夹角砾，半胶结，影响带宽 0.1～1.5m，断层破碎带真厚度为 0.3～2.0m

地下水位埋深为 $5\sim35m$，主要为弱透水岩层（埋深一般为 $20\sim80m$），局部分布中等透水岩层透镜体。相对隔水层（按透水率小于 1Lu 控制）埋深为 $25\sim75m$。

2. 溢流坝段工程地质条件

10～19 号坝段为溢流坝段，桩号 $0+162.00\sim0+342.00m$，各坝段长 18.00m，总长 180.00m。

溢流坝段坝基位于松花江左岸河床，地形平缓，基岩多裸露，地面高程为 188.00～190.00m。组成坝基岩体为变质砾岩，岩质较坚硬，弱风化岩厚度为 4～6m。据物探声波测试资料，坝基弱风化岩体纵波速一般为 $3.85\sim5.91km/s$，完整性系数为 $0.41\sim0.97$，多属完整岩体～较完整岩体，局部为完整性差岩体。

坝基见 F_{61}、F_{62}、F_{91} 三条断层破碎带通过（见表 2.4.2），F_{61} 和 F_{62} 断层走向与坝轴线近于正交，中等倾角，出露宽度分别为 1.0～3.4m 和 0.3～1.5m；F_{91} 断层走向与坝轴线交角较小，呈弧形延伸，陡倾角，宽度为 0.5～2.0m；断层破碎带经处理后满足建坝要求。

岩体节理裂隙走向 NE 的占 65%，走向 NW 的占 35%；陡倾角（$90°>\alpha>60°$）占 76%，中等倾角（$60°\geqslant\alpha>30°$）占 15%，缓倾角（$\alpha\leqslant30°$）不足 9% 且延伸局限。节理面

多较平直，间距一般为 30～50cm，多张开 1～5mm。

坝基除表部弱风化岩为中等透水岩体外，微风化及新鲜岩石为弱～微透水岩体，相对隔水层埋深一般为 35～50m。

表 2.4.2 溢流坝段建基面断层一览表

编号	构造类型	位置	产状			出露宽度/m	地质描述
			走向	倾向	倾角 α		
F_{61}	性质不明	12 号坝段	8°～40°W	NE	35°～48°	1～3.4	破碎带组成物为青灰色碎裂岩夹断层泥，真厚度为 0.6～2.3m
F_{62}	性质不明	13 号坝段	N42°W	NE	41°	0.3～1.5	破碎带组成物为青灰色碎裂岩夹断层泥，真厚度为 0.2～1.0m
F_{91}	性质不明	15～20 号坝段	N71°W～N77°E	SW 或 SE	86°	0.5～2.0	破碎带组成物为碎裂岩夹灰黄色断层泥，真厚度为 0.5～2.0m

3. 厂房坝段工程地质条件

20～25 号坝段为主河床偏右的厂房坝段，桩号 0+342.00～0+510.00m，各坝段长 28.00m，总长 168.00m。

厂房段坝基位于松花江主河床偏右，地形平缓，基岩多裸露，地面高程为 181.00～184.00m。

组成坝基的岩体为变质砾岩，岩质较坚硬，弱风化岩厚度一般为 14～17m。据物探声波测试资料，坝基弱风化岩体纵波速一般为 2.94～5.88km/s，完整性系数为 0.24～0.96，以完整岩体～较完整岩体为主，局部为较完整～完整性差岩体。

坝基主要见有 F_{63}、F_{64}、F_{65}、F_{66} 四条断层破碎带通过（见表 2.4.3），其走向与坝轴线近于正交，出露宽度分别为 0.4～0.8m、2.1～2.6m、1～2m、5.7～6.3m，F_{63} 和 F_{65} 为陡倾角断层，F_{64} 和 F_{66} 为中等倾角断层；坝基出露的断层破碎带经处理后满足建坝要求。

岩体节理裂隙走向 NE 的占 43%，走向 NW 的占 57%；陡倾角（90°>α>60°）占 65%，中等倾角（60°≥α>30°）占 27%，缓倾角（α≤30°）不足 8%且延伸局限。节理面多较平直，间距一般为 10～80cm，多张开 2～10mm。

坝基多为弱透水岩体，相对隔水层埋深一般为 40～50m。

表 2.4.3 厂房坝段建基面断层一览表

编号	构造类型	位置	产状			出露宽度/m	地质描述
			走向	倾向	倾角 α		
F_{63}	逆断层	21 号坝段	N20°W	SW	82°	0.4～0.8	断层泥宽为 1～3cm，断层破碎带组成物多为碎裂岩夹灰绿色糜棱岩，断层面较平直粗糙，断层破碎带真厚度为 0.4～0.8m

编号	构造类型	位置	产　状			出露宽度/m	地质描述
			走向	倾向	倾角 α		
F_{64}	性质不明	22 号、23 号坝段	N40°W	NE	31°	4～5	断层中心为 0.2～0.5m 不等的多条灰黄夹灰绿色断层泥，两侧为碎裂岩，断层破碎带真厚度为 2.1～2.6m
F_{65}	性质不明	23 号、24 号坝段	N35°W	SW	77°	1～2	断层泥宽约 0.5m，两侧为碎裂岩，影响带宽为 1～2m。断层破碎带真厚度为 1～2m
F_{66}	性质不明	24 号坝段	N25°W	NE	35°	10～11	破碎带由 6 条中等～陡倾角小断层组成，小断层宽 2～10cm，小断层之间岩体破碎，该断层带深挖后性状变好，断层破碎带真厚度为 5.7～6.3m

4. 右岸挡水坝段工程地质条件

26～56 号坝段为右岸挡水坝段，桩号 0+510.00～1+068.00m，坝段长 18.00m，总长 558.00m。按大坝建基基础条件可分为 4 个分段阐述。

（1）26～28 号坝段工程地质条件（桩号 0+510.00～0+564.00m）。桩号 0+510.00～0+546.00m 段坝基位于松花江右岸河床，地形平缓，河床基岩多裸露，地面高程为 184.00～186.00m；桩号 0+546.00～0+564.00m 段右岸阶地前缘，前缘陡坎高出河床约 10m，地形较平缓，坡度 1°～7°，地面高程一般为 204.00m 左右。

坝基覆盖层主要为杂填土和碎石混合土等组成，厚度一般为 6～12m。

组成坝基岩体为变质砾岩，岩质较坚硬，弱风化岩厚度一般为 0～4m。据物探声波测试资料，坝基弱风化岩体纵波速一般为 3.70～5.88km/s，完整性系数为 0.38～0.96，以完整岩体～较完整岩体为主，局部为较完整～完整性差岩体。

坝基断裂构造不发育，仅见局部节理密集带。

坝基多为弱透水岩体，相对隔水层埋深一般为 53～66m。

（2）F_{67} 断层坝段（29～32 号坝段）工程地质条件。F_{67} 断层坝段（桩号 0+564.00～0+636.00m）坝基位于松花江右岸阶地，地形平缓，地面高程为 203.80～209.00m，前缘陡坎高出河床约 10m，地形较平缓，坡度为 3°～5°。

坝基覆盖层主要为杂填土和碎石混合土等组成，局部地段分布级配不良砂，厚度一般为 6～12m。

组成坝基的岩体为变质砾岩，岩质较坚硬。坝址区一级断层 F_{67} 在本段通过。

1）开挖揭露的 F_{67} 断层分带及组成物。F_{67} 断层为坝基揭露的规模最大、性状最差的一条断层破碎带，在右岸 29 号、30 号、31 号、32 号坝段坝基通过，与坝轴线近于正交。断层破碎带由多条断层组成，各断层宽度不一，总体走向为 N15°～50°W，倾向 SW，倾角为 60°～85°。整个破碎带岩石破碎程度不均一，按其破碎情况大致可分为断层泥化带、强烈挤压破碎带和挤压破碎带 3 个部分，各带大体呈条带状分布，宽窄不一，变化复杂，多为渐变缺乏明显界线。

A. 断层泥化带。约占断层带统计总面积的 3.58%，为断层中心带，开挖建基面范围内见有连续贯穿的断层泥化带 2 条，此外尚有零星分布的泥化团块、泥化条纹等，其中 F_{67-1} 断层泥化带水平宽度为 0.75～5.7m；F_{67-2} 断层泥化带水平宽度为 0.2～0.4m。泥化带由灰～黄灰色泥夹岩屑组成，湿时具塑性。

B. 强烈挤压破碎带。约占断层带统计总面积的 13.73%，沿 F_{67-1} 断层和 F_{67-2} 断层中心带两侧分布，宽度变化较大，一般为 1.0～9.0m，由 3 组以上节理相互切割，节理间距多小于 10cm，破碎带内岩体多被压碎成数厘米大小较软的碎裂岩，其中与断层方向一致的陡倾角节理密集分布，节理多张开，无充填或泥质充填，局部有绿泥石化、高岭土化现象，受构造影响强烈。

C. 挤压破碎带。约占断层带统计总面积的 82.69%，由断层挤压破碎带和断层影响带组成，二者犬牙交错、穿插分布，界限不清，难以准确划分，统一称为挤压破碎带。总体上以断层影响带较完整岩体为主，占比超 2/3，断层影响带见有多条倾角较陡的小断层和一组与构造带小角度斜交陡倾角节理，节理间距差异较大，密集发育区范围多为 20～30cm，弱发育区节理间距为 1.5～7.0m，总体岩体受构造影响较弱，岩质较坚硬～坚硬，原岩（变质砾岩）结构基本未发生变化；挤压破碎带见有多条倾角较陡的小断层，并由 3 组以上节理相互切割，节理间距一般为 10～30cm，岩石多破碎呈 10～30cm 大小的较软弱岩块，节理多张开，无充填或泥质、钙质充填，未胶结，受构造影响较强烈。

2）开挖揭露的 F_{67} 断层岩体类别划分及比例。开挖揭露的 F_{67} 断层带岩体类别划分及面积占比见表 2.4.4。

F_{67} 断层坝段（29～32 号坝段）坝基 III_{1A} 类岩体面积占比为 11.25%，IV_{1A} 类岩体面积占比为 63.75%，IV_{2A} 类岩体面积占比为 21.73%，V 类岩体面积占比为 3.27%。

表 2.4.4 坝基建基面 F_{67} 断层带岩体类别划分及面积占比

F_{67} 断层分带	组成物特征	坝基岩体类别	面积/m²	占比/%	备 注
挤压破碎带	破碎呈 5～30cm 大小的较软弱岩块和受构造影响较弱，岩质较坚硬～坚硬，厚层状变质砾岩	IV_{1A}	3814.36	82.69	比例为各断层分带占 F_{67} 断层带开挖揭露面积的比值
强烈挤压破碎带	岩体多被压碎成数厘米大小软弱的碎裂岩	IV_{2A}	633.64	13.73	
断层泥化带	泥夹岩屑，湿时具塑性	V	165.07	3.58	

（3）F_{67} 断层影响坝段（33～36 号坝段）工程地质条件。F_{67} 断层影响坝段桩号 0＋636.00～0＋708.00m。该段坝基位于坝址右岸阶地，前缘陡坎高出河床约 10m，地形较平缓，坡度为 1°～7°，地面高程一般为 209.00～217.00m。

坝基覆盖层主要由杂填土和碎石混合土等组成，局部地段分布级配不良砂，厚度一般为 20～24m。

组成坝基的岩体为变质砾岩，岩质较坚硬，弱风化岩厚度一般为 15～20m，局部可达 40m。据物探声波测试资料，坝基弱风化岩体纵波速一般为 3.70～5.88km/s，完整性系数为 0.38～0.96，属完整性差岩体～较完整岩体。

坝基断裂构造较为发育的有 F_{68}、F_{92}、F_{93} 和 F_{96} 四条断层破碎带（见表 2.4.5）。断层 F_{68} 和断层 F_{96} 与坝轴线交角为 46°；断层 F_{92} 与坝轴线交角为 60°；F_{68}、F_{92} 和 F_{96} 均为陡倾角断层；断层 F_{93} 呈弧形延伸，与坝轴线交角为 14°～34°，倾角中等～陡倾角。

表 2.4.5　　　　　　　　　右岸挡水坝段建基面断层性状一览表

编号	构造类型	位置	产状			出露宽度/m	地 质 描 述
			走向	倾向	倾角 α		
F_{67}	平移断层	29～32 号坝段	N60°W	SW	61°	2.2～4.3	F_{67-1}断层中心为泥夹碎屑，半胶结，宽为 1.0～2.5m；F_{67-2}断层中心为泥化带，软弱，宽为 0.4～0.5m。两侧与断层方向基本一致，倾角较陡的裂隙密集，岩石多成块状，缝隙间未见有夹泥，块体本身隐闭裂隙较多，后期有正长岩脉侵入，以压碎岩为主，软弱，局部有绿泥石化、高岭土化现象；因多期构造原因，29～32 号坝段岩体结构类型分布范围规律性较差，泥化带及强烈挤压破碎带集中在 31 号、32 号坝段，29 号、30 号坝段岩体性状较好，多为挤压破碎带及 Ⅲ$_{1A}$ 类岩体
F_{93}	性质不明	32～35 号坝段	N80°E～N60°W	SE 或 SW	41°～70°	0.5～2.0	主要由碎裂岩、断层泥组成，断层泥宽约 0.1m，影响带宽为 0.4～1.9m，断层破碎带真厚度为 0.5～1.9m
F_{68}	性质不明	34～37 号坝段	N20°E	NW	84°	0.8～7.0	断层中心为断层泥，厚度达 0.5m，两侧较破碎，岩质软弱，有轻微绿泥石化、高岭土化现象，断层破碎带真厚度为 0.8～7m
F_{96}	性质不明	35 号、36 号坝段	N20°E	SE	75°～85°	0.3～0.7	断层泥宽约 0.1m，影响带为 0.2～0.6m，断层破碎带真厚度为 0.3～0.7m
F_{92}	性质不明	36 号、37 号坝段	N5°E	SE	62°	0.1～2.9	断层中心带为断层泥，宽约 0.1m，两侧影响带局部最宽处约 2.5m，断层破碎带真厚度为 0.1～2.6m
F_{75}	性质不明	40 号坝段	N30°～40°W	NE	80°	0.1～0.5	断层中心带为断层泥，宽为 0.1～0.2m，两侧影响带局部最宽处约 0.5m，断层破碎带真厚度为 0.3～0.5m
F_{95}	平移断层	47 号、48 号坝段	N48°W	SW	70°	4.4	断层泥宽约 0.5m，两侧为碎块岩，断层破碎带真厚度为 4.1m
F_{77}	平移断层	51 号、52 号坝段	N60°～65°W	NE	75°	0.5～1.0	泥夹碎屑宽为 0.15～0.5m，切割 N25°～30°E 闪长岩脉，错距达 0.85～1m，断层破碎带真厚度为 0.5～1m
F_{94}	平移断层	53 号、54 号坝段	N32°E	SE	45°	1.5	主要为碎裂岩夹断层泥，断层破碎带真厚度为 1.1m
F_{78}	平移断层	52～54 号坝段	N62°E	SE	66°	1.0	主要为碎裂岩夹断层泥，宽约 1.0m，断层破碎带真厚度为 0.9m

该段岩体与断层破碎带平行的节理裂隙亦极为发育，节理裂隙以 $65°\sim75°$ 的陡倾角节理为主，间距一般为 $20\sim40cm$，节理多张开 $1\sim2mm$，部分为泥质或岩屑所充填，节理裂隙相互切割，岩体破碎。

坝基多为弱透水岩体，局部为中等透水岩体，相对隔水层埋深一般为 $60\sim80m$，地下水位埋深一般为 $14\sim20m$。

F_{67} 断层影响坝段坝基 III_{1A} 类岩体（占面积比为 84.2%），断层破碎带通过部位为 IV_{2A} 类岩体（占面积比为 15.8%）。

（4）右岸挡水坝段（37～56 号坝段）工程地质条件。该段桩号 $0+708.00\sim1+068.00m$。其中桩号 $0+708.00\sim0+888.00m$ 段坝址为右岸阶地，地形较平缓，坡度 $1°\sim7°$，地面高程一般为 $217.00\sim240.00m$，坝基覆盖层主要由杂填土和碎石混合土等组成，局部地段分布级配不良砂，厚度一般为 $8.5\sim33m$。

桩号 $0+888.00\sim1+068.00m$ 段为右岸山坡，地形较平缓，坡度一般为 $10°\sim20°$，地面高程一般为 $240.00\sim280.00m$，坝基覆盖层主要由碎石混合土等组成，厚度一般为 $2\sim6m$，局部可达 $10m$。

组成坝基的岩体为变质砾岩，岩质较坚硬，弱风化岩厚度一般为 $14\sim17m$，局部可达 $30m$。据物探声波测试资料，坝基弱风化岩体纵波速一般为 $3.47\sim5.89km/s$，完整性系数为 $0.33\sim0.96$，多属较完整岩体～完整性差岩体，部分为完整岩体～较完整岩体，局部为破碎～较破碎岩体。

坝基主要有 F_{75}、F_{77}、F_{78}、F_{92}、F_{94} 和 F_{95} 6 条断层破碎带通过（见表 2.4.5），F_{75}、F_{77} 和 F_{95} 断层其走向与坝轴线大角度相交；断层 F_{92} 与坝轴线交角为 $60°$；断层 F_{94} 与坝轴线交角为 $35°$，为中等倾角；断层 F_{78} 与坝轴线近于平行；F_{75}、F_{77}、F_{78}、F_{92} 和 F_{95} 5 条为陡倾角断层。F_{75}、F_{77}、F_{78}、F_{92}、F_{94} 和 F_{95} 6 条断层出露宽度分别为 $0.1\sim0.5m$、$0.5\sim1.0m$、$1.0m$、$0.1\sim2.9m$、$1.5m$ 和 $4.4m$。坝基节理裂隙以 $65°\sim80°$ 陡倾角为主，间距一般为 $20\sim60cm$，节理多张开 $1\sim2mm$，部分为泥质或岩屑所充填。

坝基多为弱透水岩体，相对隔水层（$<1Lu$）埋深一般为 $30\sim85m$，地下水位埋深一般为 $15\sim25m$。

根据现场实际开挖揭露的坝基地质条件、建基岩体声波测试成果以及设计要求，对右岸 41～48 号、50 号、53～54 号挡水坝段建基高程进行了下降调整，下调深度为 $2\sim7m$ 不等，调整后的段坝基面抗滑稳定、坝体应力、坝基承载力以及坝基抗渗能力等均满足规范和设计要求。37～56 号段坝基 II_{1A} 类岩体占面积比为 42.34%，III_{1A} 类岩体占面积比为 49.18%，断层破碎带通过部位为 IV_{1A} 类岩体和 IV_{2A} 类岩体占面积比分别为 1.84% 和 6.64%。坝基出露的断层破碎带经处理后满足建坝要求。

此外，由于局部坝基覆盖层厚度较大，开挖边坡较高，边坡稳定性较差，施工中采取了有效防护措施，开挖边坡整体稳定。

2.4.2 消力池地质条件

泄洪消能建筑物布置于河床溢流坝段下游，消力池长 $80.00m$，池宽 $158.00m$，底板高程为 $182.00m$，左侧衡重式边墙，右侧箱式或重力式边墙，边墙长 $95.59m$，高

30.45m，消力池末端尾坎高 11m。

消力池区地形平缓，基岩多裸露，建基岩体为变质砾岩，呈微风化～新鲜状，以弱～微透水为主，局部中等透水。主要有 F_3（走向 N10°E，倾向 SE，倾角 86°）、F_{13}（走向 SN，倾向 W，倾角 65°～70°）、F_{61}（走向 N8°～40°W，倾向 NE，倾角 35°～48°）、F_{91}（走向 N71°W～N77°E，倾向 SW 或 SE，倾角 86°）四条断层破碎带通过，破碎带出露宽度达 0.3～3.4m，主要由碎裂岩夹断层泥组成。

消力池建基岩体节理裂隙走向 NE 的占 55.8%，走向 NW 的占 44.2%；陡倾角（90°>α>60°）占 74.8%，中等倾角（60°≥α>30°）占 19.3%，缓倾角（α≤30°）占 5.9%且延伸局限。

消力池建基岩体岩质坚硬，岩体完整性较好，为 II_A～III_{1A} 类岩体，对地基局部断层、挤压破碎带等地质缺陷，进行了刻槽置换混凝土及加强固结灌浆处理，处理后地基满足消力池承载及变形要求。

2.4.3 围堰地质条件

大坝下游围堰布置于坝址下游松花江河床。采用一次截断导流方案土石围堰：围堰起于坝址下游左岸河边，止于坝址下游右岸河边，与右岸阶地相接，围堰处地形平缓，地面高程一般为 188.00～195.00m，围堰堰顶高程为 196.50m，全长约 550m。围堰处覆盖层为人工堆积的碎石、块石，厚度为 1～3m，透水性强，局部基岩裸露，基岩为弱风化的变质砾岩，透水性较弱。堰基建在覆盖层上，进行防渗处理，覆盖层的渗透系数采用 100m³/d。

2.4.4 腰屯石料场地质条件

腰屯人工骨料、块石料场位于吉林市丰满区腰屯村附近，有公路通往坝址，公路里程约 10km，交通较便利。

料场基岩为华力西晚期钾长花岗岩（γ_4^3）分布于料场主山体及其两侧沟谷。覆盖层主要为砾质土，料场储量计算范围内覆盖层厚度一般为 1～2m，局部坡脚处崩坡积物厚达 10m。

料场全强风化带一般山脊较厚，沟底较薄。山脊全风化带厚度一般为 3～8m；强风化带厚度一般为 2～4m，全强风化带最厚达 19.5m。

料场未见较大的断层破碎带通过，岩体节理较发育，节理间距一般为 50～200cm，个别大于 200cm，微张或张开，节理面多附有铁锈或钙质。

腰屯人工骨料、块石料场勘探面积约为 24 万 m²；无用层平均厚度约为 10m，体积约为 222 万 m³；有用层平均厚度为 44.65m，总储量约为 1068 万 m³。

作为人工骨料和块石料，腰屯石料场花岗岩为非活性骨料，其岩石的各项指标均满足技术要求。

此外，由于料场开挖边坡高度较大，施工中采取了切实有效的边坡稳定防护处理措施，以确保施工安全。

第3章 混凝土配合比设计及碾压工艺试验

3.1 碾压混凝土原材料

本节主要对 2015 年年初混凝土配合比重新试验所用的水泥、粉煤灰、外加剂、砂石骨料及拌和用水等碾压混凝土原材料品质检测情况进行阐述。

3.1.1 水泥

该次混凝土配合比试验使用的水泥为"浑河"牌 P·MH42.5 中热硅酸盐水泥。根据《中热硅酸盐水泥 低热硅酸盐水泥 低热矿渣硅酸盐水泥》（GB 200—2003）相关指标要求，配合比试验前对水泥样品进行品质检测。水泥的物理力学性能检测结果见表 3.1.1，水泥的化学成分及矿物组成检测结果见表 3.1.2，水泥的水化热检测结果见表 3.1.3。

表 3.1.1　　　　　　　　　　　　水泥的物理力学性能检测结果

水泥品种或标准代号	表观密度/(g/cm³)	比表面积/(m²/kg)	安定性	凝结时间/min		抗压强度/MPa			抗折强度/MPa		
				初凝	终凝	3d	7d	28d	3d	7d	28d
"浑河"牌 P·MH42.5	3.2	339	合格	189	212	23.5	32.1	56.6	5	6.5	8.7
GB 200—2003	—	≥250	合格	≥60	≤720	≥12.0	≥22.0	≥42.5	≥3.0	≥4.5	≥6.5

表 3.1.2　　　　　　　　　　水泥的化学成分及矿物组成检测结果　　　　　　　　　　%

水泥品种或标准代号	CaO	SiO₂	Al₂O₃	Fe₂O₃	MgO	SO₃	Cl⁻	f_CaO	Na₂O	K₂O	烧失量
"浑河"牌 P·MH42.5	61.4	22.26	4.34	4.49	2.5	1.86	0.03	0.58	0.21	0.46	0.88
GB 200—2003	—	—	—	—	≤5.0	≤3.5	—	≤1.0	Na₂O+0.658K₂O≤0.60		≤3.0

表 3.1.3　　　　　　　　　　水泥的水化热检测结果　　　　　　　　单位：kJ/kg

水泥品种或标准代号	水 化 热		
	3d	7d	28d
"浑河"牌 P·MH42.5	236	284	337
GB 200—2003	≤251	≤293	—

通过上述试验检测结果可知，"浑河"牌 P·MH42.5 中热硅酸盐水泥各项指标符合规范要求，可以用于碾压混凝土配合比试验。

3.1.2　粉煤灰

该次混凝土配合比试验使用的掺合料为"龙华"牌 F 类 I 级粉煤灰。根据《水工混凝土掺用粉煤灰技术规范》（DL/T 5055—2007）相关指标要求，配合比试验前对粉煤灰样品进行了品质检测，物理力学性能检测结果见表 3.1.4。

表 3.1.4　　　　　　　　　　　粉煤灰物理力学性能检测结果

检测项目		密度 /(g/cm³)	细度 /%	需水量比 /%	含水量 /%	活性指数/%	
						3d	28d
检测结果		2.04	8.5	90	0.01	63	74
DL/T 5055—2007	I 级	—	≤12	≤95	≤1.0	—	—
	II 级	—	≤25	≤105	≤1.0	—	—
	III 级	—	≤45	≤115	≤1.0	—	—

注　粉煤灰细度为通过 45μm 方孔筛筛余物的质量百分数。

"龙华" I 级粉煤灰化学成分检测结果见表 3.1.5。

表 3.1.5　　　　　　　　　　　粉煤灰化学成分检测结果　　　　　　　　　　　%

检测项目		CaO	SO_3	f_{CaO}	Na_2O	K_2O	烧失量
检测结果		1.04	0.02	0	0.94	1.74	0.65
DL/T 5055—2007	I 级	—	≤3.0		—	—	≤5.0
	II 级	—	≤3.0	F 类≤1.0 C 类≤4.0	—	—	≤8.0
	III 级	—	≤3.0		—	—	≤15.0

不同掺量"龙华" I 级粉煤灰热学性能检测结果见表 3.1.6 及图 3.1.1。

表 3.1.6　　　　　　　不同掺量"龙华" I 级粉煤灰热学性能检测结果

检测项目	水化热/(kJ/kg)（水化热比/%）		
	3d	7d	28d
100%"浑河"牌 P·MH42.5 水泥	236	284	337
70%"浑河"牌 P·MH42.5 水泥＋ 30%"龙华" I 级粉煤灰	188（80）	228（80）	280（83）
50%"浑河"牌 P·MH42.5 水泥＋ 50%"龙华" I 级粉煤灰	133（56）	163（57）	231（69）

注　括号内的数据为检测值与纯水泥同龄期水化热的比值的百分数。

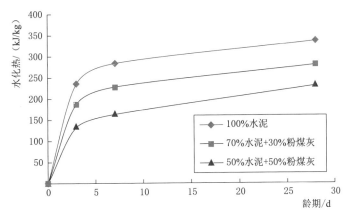

图 3.1.1 不同掺量粉煤灰热学性能与龄期关系
（"浑河"牌 P·MH42.5 水泥，"龙华"Ⅰ级粉煤灰）

"龙华"Ⅰ级粉煤灰不同掺量的水泥胶砂强度检测结果见表 3.1.7。

表 3.1.7　　　　　"龙华"Ⅰ级粉煤灰不同掺量的水泥胶砂强度检测结果

检测项目	抗压强度/MPa（抗压强度比/%）			抗折强度/MPa（抗折强度比/%）		
	7d	28d	90d	7d	28d	90d
100%"浑河"牌 P·MH42.5 水泥	38.8	60.0	72.9	6.9	8.5	10.7
70%"浑河"牌 P·MH42.5 水泥＋30%"龙华"Ⅰ级粉煤灰	28.8（74）	50.9（85）	67.8（93）	5.5（80）	7.5（88）	10.1（94）
50%"浑河"牌 P·MH42.5 水泥＋50%"龙华"Ⅰ级粉煤灰	18.5（48）	36.2（60）	59.0（81）	4.0（58）	6.9（81）	9.3（87）

注　控制水泥胶砂强度扩散度为 130～140mm；表中括号内的数据为检测值与纯水泥同龄期胶砂强度的比值的百分数。

从表 3.1.4～表 3.1.7 及图 3.1.1 可知：

（1）"龙华"F 类粉煤灰为Ⅰ级粉煤灰。

（2）"龙华"Ⅰ级粉煤灰各项指标符合规范要求。

（3）"龙华"Ⅰ级粉煤灰有一定的水化热，随着龄期增长，粉煤灰的水化热也得到进一步释放，水泥胶砂强度增长率也进一步提高。

3.1.3　外加剂

碾压混凝土外加剂采用 SBTJM®-Ⅱ缓凝高效减水剂（固体）和 GYQ-Ⅰ高效引气剂（液体，固含量 50%）。其中减水剂厂家推荐掺量为混凝土胶凝材料的 0.4%～0.9%，引气剂掺量视碾压混凝土耐久要求而定：在碾压混凝土中掺量为胶凝材料的 0.02%～0.16%。根据《水工混凝土外加剂技术规程》（DL/T 5100—2014）相关指标要求，配合比试验前对外加剂进行了品质检测。混凝土外加剂匀质性指标检测结果见表 3.1.8。

表 3.1.8 混凝土外加剂匀质性指标检验结果

外加剂品种	固含量/%	密度/(g/cm³)	Cl⁻/%	SO₄²⁻/%	K₂O/%	Na₂O/%	pH值	表面张力/(mN/m)	细度/% 0.315mm	细度/% 1.25mm	细度/% 0.08mm	备注
SBTJM®-Ⅱ缓凝高效减水剂	—	1.12	0.079	1.81	0.06	6.69	7.66	53.39	—	—	57	固体减水剂
GYQ-Ⅰ高效引气剂	50.04	1.15	0.016	0	0	6.71	11.89	35.09	—	—	—	

注 细度为不同孔径试验筛筛余物的质量百分数。

掺 SBTJM®-Ⅱ缓凝高效减水剂水泥净浆减水率、凝结时间、安定性检测结果见表 3.1.9。

表 3.1.9 掺 SBTJM®-Ⅱ缓凝高效减水剂水泥净浆减水率、凝结时间、安定性检测结果

胶凝材料比例	外加剂品种	外加剂掺量/%	标准稠度/%	标准稠度用水量/mL	减水率/%	凝结时间/min 初凝	凝结时间/min 终凝	安定性
100%"浑河"牌 P·MH42.5水泥	—	—	25.2	126	—	189	212	合格
100%"浑河"牌 P·MH42.5水泥	SBTJM®-Ⅱ缓凝高效减水剂	0.7	21.2	106	15.9	311	518	合格
70%"浑河"牌 P·MH42.5水泥+30%"龙华"Ⅰ级粉煤灰	SBTJM®-Ⅱ缓凝高效减水剂	0.7	20.8	104	17.5	401	640	合格

不同掺量 SBTJM®-Ⅱ缓凝高效减水剂在纯水泥浆中的减水率检测结果见表 3.1.10。

表 3.1.10 不同掺量 SBTJM®-Ⅱ缓凝高效减水剂在纯水泥浆中的减水率检测结果

外加剂掺量/%	0.4	0.5	0.6	0.7	0.8	0.9	1.0
标准稠度用水量/mL	115	112	109	106	104	103	102
减水率/%	8.7	11.1	13.5	15.9	17.5	18.3	19.0
凝结时间/min 初凝	—	—	—	311	—	—	—
凝结时间/min 终凝	—	—	—	518	—	—	—
安定性	—	—	—	合格	—	—	—

不同掺量 SBTJM®-Ⅱ缓凝高效减水剂在混凝土中的减水率检测结果见表 3.1.11。

表 3.1.11 不同掺量 SBTJM®-Ⅱ缓凝高效减水剂在混凝土中的减水率检测结果

减水剂掺量/%	0.4	0.5	0.6	0.7	0.8	0.9
减水率/%	14.1	16.6	18.5	19.9	20.9	21.6

掺用外加剂的混凝土的物理、力学性能检测结果见表 3.1.12。

表 3.1.12　　　　　　　　掺用外加剂的混凝土的物理、力学性能检测结果

序号或标准代号	外加剂品种	减水率/%	含气量/%	1h含气量经时变化量/%	泌水率比/%	凝结时间差/min		抗压强度比/%	
						初凝	终凝	7d	28d
1	SBTJM®-Ⅱ缓凝高效减水剂（0.7%）	19.9	2.9	—	81.3	306	216	143	125
2	GYQ-Ⅰ高效引气剂（0.01%）	7.7	6.0	−1.2	56.0	67	−2	94	87
DL/T 5100—2014	缓凝高效减水剂	≥15	<3.0	—	≤100	≥+120		≥125	≥120
	引气剂	≥6.0	4.5～5.5	−1.5～+1.5	≤70	−90～+120		≥90	≥85

注　表中括号内为相应外加剂的掺量。

从表 3.1.8～表 3.1.12 试验检测情况可知：所选用的各种外加剂品质除了引气剂含气量较大外（可调整引气剂掺量）其余指标皆符合要求。根据厂家推荐及试验结果，混凝土外加剂掺量选择为：SBTJM®-Ⅱ缓凝高效减水剂碾压混凝土掺量为 0.7%；GYQ-Ⅰ高效引气剂掺量根据碾压混凝土耐久要求、不同引气剂掺量与混凝土含气量试验结果确定。

3.1.4　砂石骨料

大坝碾压混凝土所用砂石骨料为人工砂和碎石，由腰屯砂石加工系统生产。根据《水工混凝土施工规范》（DL/T 5144—2001）和《水工碾压混凝土施工规范》（DL/T 5112—2009）等规范中相关指标要求，配合比试验前对砂石骨料品质进行了检测，检测情况如下。

（1）细骨料（人工砂）。细骨料物理、力学性能检测见表 3.1.13。

表 3.1.13　　　　　　　　细骨料物理、力学性能检测结果

品种或标准代号	表观密度/(kg/m³)	堆积密度/(kg/m³)	紧密堆积密度/(kg/m³)	面干密度/(kg/m³)	面干吸水率/%	泥块含量/%	云母含量/%	石粉含量/%
碾压混凝土用砂	2620	1490	1710	2550	2.11	0	1.1	17.8
DL/T 5144—2001、DL/T 5112—2009	≥2500	—	—	—	不允许		≤2	12～22

注　石粉含量系指粒径 $d<0.16mm$ 的颗粒总量，其中 $d<0.08mm$ 的微粒含量不宜小于 5%。

细骨料化学性能检测结果见表 3.1.14。

表 3.1.14　　　　　　　　细骨料化学性能检测结果

品种或标准代号	有机质	CaO/%	MgO/%	SiO₂/%	坚固性/%	SO₃/%	Cl⁻/%	轻物质/%	亚甲蓝MB值	碱骨料反应膨胀率/%
碾压混凝土用砂	不允许	1.28	1.94	69.78	2.0	0.04	0	0	1.25	0.03
DL/T 5144—2001、DL/T 5112—2009	不允许	—	—	—	≤8	≤1	—	—	≤1.4	≤0.10

细骨料颗粒级配检测结果见表 3.1.15 及图 3.1.2。

表 3.1.15　　　　　　　　　　　细骨料颗粒级配检测结果

筛孔尺寸（公称直径）/mm	5.00	2.50	1.25	0.630	0.315	0.160	0.080	<0.080	细度模数 FM
分计筛余/%	0	10.4	13.0	26.2	25.5	7.1	9.7	8.1	2.41
累计筛余/%	0	10.4	23.4	49.6	75.1	82.2	91.9	100	
Ⅰ区（粗砂）/%	10～0	35～5	65～35	85～71	95～80	97～85	碾压混凝土 12%～22%，其中粒径小于 0.08mm 的微粒含量不少于 5%		—
Ⅱ区（中砂）/%	10～0	25～0	50～10	70～41	92～70	94～80			
Ⅲ区（细砂）/%	10～0	15～0	25～0	40～16	85～55	94～75			
备注	颗粒级配分区标准按照《建设用砂》（GB/T 14684—2011）中机制砂分区标准，数值为累计筛余								

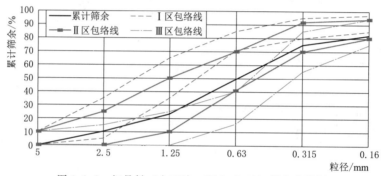

图 3.1.2　细骨料（人工砂，FM＝2.41）筛分曲线图

从表 3.1.13～表 3.1.15 可知：人工砂 $d<0.16$mm 颗粒含量为 17.8%，其中 $d<0.08$mm 颗粒含量为 8.1%，满足碾压混凝土人工砂要求。采用亚甲蓝法测定，MB 值为 1.25，小于等于 1.4，表明石粉中粒径 0.08mm 以下的颗粒是以石粉为主，其余指标均符合要求。

（2）粗骨料（人工碎石）。大坝碾压混凝土所用粗骨料的分级分为小石、中石、大石，粒径分别为 5～20mm，20～40mm，40～80mm，最大粒径分别表示为 D_{20}、D_{40}、D_{80}。粗骨料物理、力学性能检测结果见表 3.1.16。

表 3.1.16　　　　　　　　　　粗骨料物理、力学性能检测结果

骨料粒径/mm 或标准代号	表观密度/(kg/m³)	堆积密度/(kg/m³)	紧密堆积密度/(kg/m³)	面干密度/(g/cm³)	面干吸水率/%	裹粉量/%	泥块含量/%	超逊径/% 超径	超逊径/% 逊径	针片状/%	压碎指标/%
5～20	2620	1420	1620	2.59	1.00	1.80	—	10.6	8.1	1	11.8
20～40	2620	1380	1550	2.60	0.72	1.00	—	1.2	37.8	2	
40～80	2630	1380	1550	2.61	0.54	0.30	—	13.5	20.7	2	
DL/T 5144—2001	≥2550	—	—	—	—	—	不允许	<5	<10	≤15	≤20

粗骨料化学性能检测结果见表 3.1.17。

表 3.1.17 粗骨料化学性能检测结果

检测项目	CaO/%	MgO/%	SiO$_2$/%	Cl$^-$	有机质	碱骨料反应膨胀率/%	坚固性/%
检测结果	0.34	1.16	69.12	0	浅于标准色	0.09（复检0.04）	小石：1.0 中石：3.0 大石：0
DL/T 5144—2001	—	—	—	—	浅于标准色	≤0.10	有抗冻要求 ≤5

粗骨料颗粒级配检测结果见表 3.1.18，筛分曲线见图 3.1.3～图 3.1.5。

表 3.1.18 粗骨料颗粒级配检测结果

骨料粒径/mm	5～20					
筛孔径（公称直径）/mm	25.0	20.0	16.0	10.0	5.0	<5.0
分计筛余/%	3.7	6.9	19.7	35.6	26.0	8.1
累计筛余/%	3.7	10.6	30.3	65.9	91.9	100.0
JGJ 52—2006 累计筛余/%	0	0～10	—	40～80	90～100	95～100
骨料粒径/mm	20～40					
筛孔径（公称直径）/mm	50.0	40.0	31.5	25.0	20.0	<20.0
分计筛余/%	0	1.2	13.3	24.2	23.6	37.8
累计筛余/%	0	1.2	14.5	38.7	62.3	100.0
JGJ 52—2006 累计筛余/%	0	0～10	—	—	80～100	95～100
骨料粒径/mm	40～80					
筛孔径（公称直径）/mm	100	80.0	63.0	50.0	40.0	<40.0
分计筛余/%	0	13.5	34.2	20.9	10.8	20.7
累计筛余/%	0	13.5	47.7	68.6	79.4	100.0
JGJ 52—2006 累计筛余/%	0	0～10	30～60	—	70～100	95～100

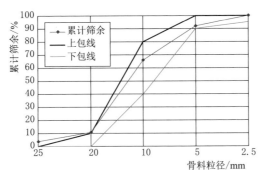

图 3.1.3 粗骨料（5～20mm）筛分曲线图

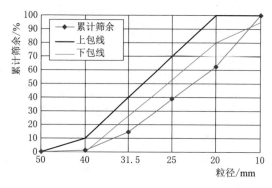
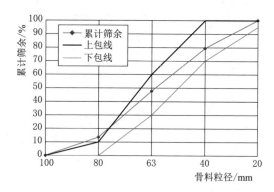

图 3.1.4　粗骨料（20～40mm）筛分曲线图　　　图 3.1.5　粗骨料（40～80mm）筛分曲线图

粗骨料不同比例组合堆积密度检测结果见表 3.1.19。

表 3.1.19　　　　　　　　粗骨料不同比例组合堆积密度检测结果

骨料比例 （小石：中石：大石）	堆积状态		紧密堆积状态		骨料表面积 系数
	密度/(kg/m³)	孔隙率/%	密度/(kg/m³)	孔隙率/%	
100：0：0	1420	45.8	1620	38.2	800
0：100：0	1380	47.3	1550	40.8	400
0：0：100	1380	47.5	1550	41.1	200
30：70：0	1470	43.9	1610	38.5	520
35：65：0	1480	43.5	1680	35.9	540
40：60：0	1500	42.7	1690	35.5	560
45：55：0	1500	42.7	1690	35.5	580
50：50：0	1500	42.7	1690	35.5	600
20：30：50	1560	40.6	1780	32.2	380
20：35：45	1550	40.9	1770	32.6	390
25：30：45	1560	40.6	1770	32.6	410
25：35：40	1560	40.5	1780	32.2	420
30：30：40	1580	39.8	1790	31.8	440
30：40：30	1560	40.5	1780	32.2	460

从表 3.1.16～表 3.1.19 可知：

（1）粗骨料中大石、中石逊径均超标，其中中石超标较严重；小石和大石超径均超标。在配合比试验时，采用经筛分合格的粗骨料，其余指标符合要求。需要在生产过程中严格控制超逊径含量。

（2）小石、中石裹粉量较大，对骨料与砂浆握裹有一定的影响，其余指标合格。

（3）从表 3.1.19 及骨料分离情况综合考虑：碾压混凝土三级配骨料比例为：小石：

中石：大石＝30：40：30；二级配骨料比例为：小石：中石＝40：60。

3.1.5 拌和用水

碾压混凝土配合比试验的拌和用水为自来水，水质分析试验结果见表3.1.20。试验结果表明，配合比试验的拌和用水水质合格。

表3.1.20 　　　　　　　　　水质分析试验结果 　　　　　　　　单位：mg/L

pH值	可溶物	不溶物	Cl^-	SO_4^{2-}	总硬度	总碱度	游离CO_2	侵蚀性CO_2
7.26	138	50	3.08	20.58	60.17	39.05	2.87	4.08

3.2 碾压混凝土配合比试验

3.2.1 试验基本条件

1. 混凝土配合比设计

为满足混凝土设计强度、耐久性、抗冻性、抗渗性等要求和施工和易性需要，应进行混凝土施工配合比设计。混凝土配合比设计应根据原材料的性能及混凝土的技术要求进行配合比计算，并通过试验室试配、调整后确定。室内试验确定的配合比根据现场情况进行必要的调整。

混凝土配合比设计应按《水工混凝土配合比设计规程》（DL/T 5330—2015）有关规定执行，设计基本原则如下。

（1）混凝土配合比设计应根据工程要求、结构型式、施工条件和原材料状况，配制出既满足工作性、强度及耐久性等要求又经济合理的混凝土，确定各项材料的用量。

（2）在满足工作度要求的前提下，宜选用较小的用水量。

（3）在满足强度、耐久性及其他要求的前提下，选用合适的水胶比。

（4）宜选取最优砂率，即在保证混凝土拌和物具有良好的黏聚性并达到要求的工作性时用水量较小、拌和物密度较大所对应的砂率。

（5）宜选用最大粒径较大的骨料及最佳级配。

2. 配合比试验的目的

该工程地处东北严寒地区，气温变化较大，封冻期长达6～7个月，坝区极端最高气温为37℃，极端最低气温为－42.5℃，昼夜温差大且寒潮频繁，施工自然条件较差。同时大坝碾压混凝土由于温控要求高，一般多掺掺合料（粉煤灰）来代替一部分水泥，降低混凝土早期水化热并利用其后期强度，对温控防裂有利。混凝土配合比试验应达到以下目的。

（1）确保混凝土的强度、抗冻性、抗渗性等耐久性指标满足不同类型结构的性能及设计要求。

（2）在满足设计要求的前提下通过掺用外加剂、掺合料等达到节约水泥用量、降低早期水化热、降低工程造价的目的。

（3）通过试验，在满足各设计指标要求的前提下，确定各种混凝土的最佳砂率、适宜的水灰比、外加剂掺量、掺合料掺合比例、碾压混凝土最佳石粉掺量等。

（4）推荐各种混凝土最优配合比。

（5）提供设计所需要的混凝土各种物理力学、热力学等性能指标和试验数据。

3．试验技术指标

应对大坝碾压混凝土、变态混凝土、碾压层面处理用的各种垫层拌和物（如砂浆、小骨料富浆混凝土、水泥净浆、水泥掺合料浆等）进行配比试验。

各种垫层拌和物所用的部位分别为：①碾压混凝土冷缝、施工缝：进行层缝面处理后，在铺筑上层碾压混凝土前须事先在层面上均匀铺一层垫层拌和物，垫层拌和物可使用与碾压混凝土相适应的砂浆（厚1～1.5cm）或小骨料富浆混凝土（厚3cm左右）其强度应比碾压混凝土等级高一级；②上游防渗区内每个碾压层面：要求铺厚2～3mm的水泥净浆或水泥掺合料浆。

变态混凝土内需加浆振捣，浆液一般为水泥净浆或水泥掺合料浆。

碾压混凝土配合比应满足下列要求：

（1）碾压混凝土总胶凝材料的最低用量应通过试验确定，但不宜低于150kg/m³。

（2）碾压混凝土采用42.5级中热硅酸盐水泥，最低水泥用量应通过试验确定，但不宜低于55kg/m³。

（3）粉煤灰掺量：各种大坝碾压混凝土及变态混凝土均需掺粉煤灰。外部混凝土（RⅠ、RⅡ、RⅢ）粉煤灰掺量不宜超过总胶凝材料用量的55%，内部混凝土（RⅥ、RⅤ）粉煤灰掺量不宜超过总胶凝材料用量的65%。

（4）混凝土的工作度（VC值）应在确保混凝土质量的前提下，根据大坝的结构断面、运输方式、碾压方式、振捣能力和气候等条件，应通过试验确定。参考出机口VC值为2～5s。

（5）对每种变态混凝土，应确定变态混凝土的抗压强度及初凝时间与浆体加入量之间的关系，以选定变态混凝土中水泥净浆或水泥掺合料浆的水胶比（不得大于0.45）和加入量。

大坝碾压混凝土和变态混凝土技术指标及要求详见表3.2.1。

表3.2.1　　　　　大坝碾压混凝土和变态混凝土技术指标及要求

设计指标	坝 体 部 位					
	防渗层（水位变动区以上）	防渗层（水位变动区以上）	防渗层（水位变动区以下）和坝基垫层	外表面	内部	溢流坝段内部过渡
分区编号	RⅡ	RⅡ	RⅢ	RⅠ	RⅤ	RⅥ
名称	$C_{90}20W6F300$	$C_{90}20W6F300$	$C_{90}20W8F100$	$C_{90}20W4F200$	$C_{90}15W4F50$	$C_{90}20W4F50$
设计龄期/d	90	90	90	90	90	90
强度保证率/%	80	80	80	80	80	80

续表

设计指标		坝体部位					
		防渗层（水位变动区以上）	防渗层（水位变动区以上）	防渗层（水位变动区以下）和坝基垫层	外表面	内部	溢流坝段内部过渡
抗渗等级（90d）		W6	W6	W8	W4	W4	W4
抗冻等级（90d）		F300	F300	F100	F200	F50	F50
极限拉伸值/（×10^{-4}）	28d	≥0.75	≥0.75	≥0.75	≥0.70	≥0.70	≥0.70
	90d	≥0.80	≥0.80	≥0.80	≥0.75	≥0.75	≥0.75
层面抗剪断强度均值（90d，保证率80%）	f'	≥1.1	≥1.1	≥1.0	≥1.0	≥1.0	≥1.0
	c'/MPa	≥1.7	≥1.7	≥1.3	≥1.3	≥1.3	≥1.3
容重/（kg/m³）		≥2350	≥2350	≥2350	≥2350	≥2350	≥2350
相对密实度/%		≥98	≥98	≥98	≥98	≥98	≥98
级配		三	二	二	三	三	三
VC值（出机口）/s		2～5	2～5	2～5	2～5	2～5	2～5

注　1. 变态混凝土极限拉伸值应比同部位碾压混凝土提高 $0.05×10^{-4}$，其他指标要求相同。

2. 28d 或 90d 强度是指按标准方法制作养护边长为 150mm 的立方体试件，在 28d 或 90d 用标准试验方法测得的具有 80% 以上保证率的抗压强度标准值。

3. f' 指极限抗剪摩擦系数，c' 指极限抗剪黏聚力。

4. 配合比试验情况简述

（1）首次配合比试验。大坝碾压混凝土配合比试验由中国水利水电第十六工程局有限公司（以下简称"水电十六局"）中心实验室进行，建设单位确定甲供原材料，施工单位将材料运送至中心实验室。首次试验于 2014 年 2 月开始，2015 年 1 月试验项目基本完成。首次配合比试验成果，仅用于碾压混凝土工艺试验中，因砂石料和粉煤灰料源更换，未用于主体工程，因此本书不进行详细阐述。

（2）重新配合比试验。由于设计变更决定取消大坝混凝土设计要求中关于 28d 和 90d 龄期 $f_{cu,k}$ 的限值，以及最大水胶比限值的规定，粉煤灰由首次配合比采用的Ⅰ级 C 类粉煤灰改变为Ⅰ级 F 类粉煤灰，骨料与首次配合比试验所用骨料料源不同，首次配合比试验所用骨料为腰屯石料厂临近料场开采的性能接近的毛料，委托具备与新建砂石料加工系统技术指标接近的加工系统进行破碎的骨料；重新配合比所用骨料为砂石料加工系统生产的骨料，两种骨料料源及生产系统不同，综合以上因素对混凝土配合比进行重新试验。混凝土配合比重新试验于 2015 年 1 月开始，至 4 月 9—10 日已经完成 56d 龄期试验。为保证大坝混凝土首仓正常浇筑，在吉林市组织召开丰满水电站大坝全面治理（重建）工程混凝土配合比咨询会议，会议上专家认为水电十六局混凝土配合比重新试验推荐的配合比是合适的，可以用于工程施工。因此，采用重新试验的混凝土配合比进行坝体混凝土浇筑。

重新试验的配合比使用时间为 2015 年 4 月 24 日至 9 月 14 日。

3.2.2　配合比参数试验

1. 粉煤灰最佳掺量计算

粉煤灰中活性的 SiO_2 和 Al_2O_3 等组分在混凝土水化的中后期与水泥的水化产物 $Ca(OH)_2$ 结晶发生火山灰反应，生成具有与水泥水化产物 C_3A、C_3S、C_2S 等凝胶性质相同的产物，加强了水泥水化时薄弱的区域，对改善混凝土的各项性能有着显著的作用。粉煤灰的中后期水化程度与水泥、粉煤灰的品质及相互比例有着密切的关系，若混凝土中水泥用量较少或水泥中 CaO 含量较低，则水泥水化时形成的 $Ca(OH)_2$ 结晶与水泥中 SiO_2 和 Al_2O_3 等成分反应后余量较少，不足以激活粉煤灰中所有的 SiO_2 和 Al_2O_3 等活性成分，当然粉煤灰颗粒较小且富含光滑玻璃珠，水化后部分多余的粉煤灰在碾压混凝土中起填充、润滑、分散作用，可改善碾压混凝土的工作性，提高碾压混凝土的密实度，而其余的粉煤灰仅起普通粉料作用，不但造成粉煤灰活性的浪费，掺量过大则混凝土的各项性能将明显降低，无法满足设计要求；相反若混凝土中水泥用量较高，虽可激活粉煤灰中全部活性成分，混凝土的力学、耐久性能也较好，但混凝土的绝热温升较高，增加了大体积混凝土的温控压力，同时混凝土的材料费用也较高。因此针对不同水泥和粉煤灰品质，合适的粉煤灰掺量应在混凝土配合比设计前在一定的范围内选定。

（1）碾压混凝土中粉煤灰最佳掺量计算方法。根据粉煤灰在水泥混凝土中的作用机理，水泥及粉煤灰水化凝结对力学性能的主要贡献为 CaO、SiO_2、Al_2O_3、Fe_2O_3，设水泥中 CaO 含量为 A，SiO_2、Al_2O_3、Fe_2O_3 的含量分别为 R、S、T；粉煤灰中 SiO_2、Al_2O_3、Fe_2O_3 的含量分别为 B、C、D，28d 的活性指数（强度比）为 E；粉煤灰与水泥的活性比为 X，碾压混凝土总胶凝材料含量为 M，粉煤灰占胶凝材料的比例为 Y。则通过粉煤灰的活性指数（为了节约时间，可采用水泥胶砂强度快速测定法代替普通水泥砂浆强度测定法，一般一天内即可测得粉煤灰的活性指数），求得粉煤灰与水泥的活性比，即

$$0.7(水泥胶砂比例) \times 1(水泥活性) + 0.3(粉煤灰胶砂比例) \times X = E \quad (3.2.1)$$

$$X = (E - 0.7)/0.3 \quad (3.2.2)$$

从式（3.2.2）可知：若 $E \leqslant 0.7$，即粉煤灰的活性指数小于或等于 70%，则该粉煤灰 28d 龄期以前无活性。

若要保证水泥水化产物 $Ca(OH)_2$ 结晶在与水泥中的 SiO_2、Al_2O_3、Fe_2O_3 作用后还能有效激活粉煤灰中所有的 SiO_2、Al_2O_3、Fe_2O_3 等活性成分，则水泥中 CaO 摩尔数应与水泥及粉煤灰中有效的活性 SiO_2、Al_2O_3、Fe_2O_3 摩尔数相当（水泥的 SiO_2、Al_2O_3、Fe_2O_3 活性为1），即

$$AM(1-Y)/56 - RM(1-Y)/60 - SM(1-Y)/102 - TM(1-Y)/160$$
$$= MBXY/60 + MCXY/102 + MDXY/160 \quad (3.2.3)$$

式（3.2.3）中数字 56、60、102、160 分别为 CaO、SiO_2、Al_2O_3、Fe_2O_3 的分子量。则

$$Y = (97920A - 91392R - 53760S - 34270T)/[97920A - 91392R - 53760S - 34270T$$
$$+ X(91392B + 53760C + 34270D)] \quad (3.2.4)$$

式（3.2.4）中所求得 Y 即碾压混凝土配合比中粉煤灰理论最佳掺量。

（2）新丰满大坝碾压混凝土粉煤灰最佳掺量计算成果。大坝内部碾压混凝土强度等级为 $C_{90}15W4F50$（三级配），总胶凝材料为 $162kg/m^3$；水泥中 CaO 含量为 61.4％，SiO_2 含量为 21.24％，Al_2O_3 含量为 4.06％，Fe_2O_3 含量为 4.22％；粉煤灰中 SiO_2 含量为 63.92％，Al_2O_3 含量为 19.82％，Fe_2O_3 含量为 5.25％；粉煤灰的活性指数（强度比）为 79％。把相关数据代入式（3.2.4），求得 $Y=0.636$，即对于该配合比，粉煤灰的理论最佳掺量为 63.6％。由于粉煤灰的活性指数试验的龄期是 28d，而碾压混凝土的实际龄期大多为 90d 或 180d，故碾压混凝土中实际的掺灰量还可适当增加（也可把粉煤灰的活性指数试验龄期延长至 90d 或 180d 或采用快速测定法进行验证）。由于新丰满大坝碾压混凝土耐久性要求较高，同时考虑到水泥和粉煤灰品质波动以及施工变异因素，最终确定该配合比的粉煤灰掺量为 60％。

通过上述计算，最终确定三级配和二级配碾压混凝土的掺灰量分别为：三级配 $C_{90}15W4F50$ 掺灰量为 60％；三级配 $C_{90}20W4F200$ 掺灰量为 50％；二级配 $C_{90}20W6F300$、三级配 $C_{90}20W6F300$ 掺灰量为 45％；二级配 $C_{90}20W8F100$ 掺灰量为 50％；三级配 $C_{90}20W4F50$ 掺灰量为 55％。

2. 引气剂掺量

碾压混凝土强调拌和物的黏聚性和施工的可碾性及层间结合，从配合比试验原材料试验结果可知：由于"龙华"Ⅰ级灰烧失量较小，掺灰量大小对掺引气剂混凝土的含气量影响不大，且该工程使用的 GYQ-Ⅰ引气剂有较大的减水作用，故通过试验确定二级配、三级配碾压混凝土引气剂掺量后再进行各种性能试验尤为重要。

碾压混凝土和变态混凝土不同引气剂掺量与含气量关系见表 3.2.2。

表 3.2.2　　　　碾压混凝土和变态混凝土不同引气剂掺量与含气量关系

（减水剂掺量 0.7％）

检测项目	混凝土种类	级配	引气剂掺量/%									
			0	0.01	0.02	0.03	0.04	0.05	0.06	0.07	0.08	0.1
含气量/%	碾压混凝土（VC 值 2~5s）	二级配（$W/C=0.5$，$F=50\%$）	1.3	1.6	2.6	3.3	4.2	4.7	5.2	5.7	6.1	7
		三级配（$W/C=0.5$，$F=55\%$）	1.1	1.2	2.2	3	3.5	4.2	4.7	5	5.8	6.5
	变态混凝土（坍落度 1~3cm）	二级配（$W/C=0.5$，$F=50\%$）	1.6	3.5	5.2	6.7	7.4	7.9	8.1	8.4	9	9.5
		三级配（$W/C=0.5$，$F=55\%$）	1.5	3.2	5.4	6.5	7.2	7.5	8	8.6	9.1	9.2

注　表中 W/C 代表水灰比，F 代表掺灰量。

碾压混凝土和变态混凝土抗渗、抗冻等级与含气量关系见表 3.2.3。

表 3.2.3　　碾压混凝土和变态混凝土抗渗、抗冻等级与含气量关系

（减水剂掺量 0.7%）

混凝土种类	混凝土标号	级配	粉煤灰掺量限制/%	水胶比限制	含气量需求/%
碾压混凝土	$C_{90}15W4F50$	三	≤65	≤0.53	2～3
	$C_{90}20W4F50$	三	≤65	≤0.53	2～3
	$C_{90}20W4F200$	三	≤55	≤0.45	4～5
	$C_{90}20W6F300$	二、三	≤55	≤0.40	5～6
	$C_{90}20W8F100$	二	≤55	≤0.50	3～4

从表 3.2.2 及表 3.2.3 可知：由于加浆变态混凝土含气量较大，除了浆液的水胶比要符合设计要求外，还应适当降低浆液的粉煤灰掺量，弥补混凝土强度损失。

3. 砂率

碾压混凝土砂率与 VC 值关系试验结果见表 3.2.4 及图 3.2.1 和图 3.2.2。根据试验结果可知：三级配碾压混凝土，当用水量为 82kg/m³，砂率为 31% 时，VC 值最小；二级配碾压混凝土，当用水量为 91kg/m³，砂率为 35% 时，VC 值最小。

为了保证现场碾压混凝土可碾性，根据以往工程经验，在上述最佳砂率的基础上分别增加 1%，即三级配碾压混凝土砂率为 32%，二级配碾压混凝土砂率为 36%。

表 3.2.4　　　　　　　　碾压混凝土砂率与 VC 值关系

三级配（灰 50%，减水剂 0.7%，引气剂 0.08%）		二级配（灰 50%，减水剂 0.7%，引气剂 0.08%）	
$W/(C+F)=0.50$，$W=82kg/m^3$		$W/(C+F)=0.50$，$W=91kg/m^3$	
砂率/%	VC 值/s	砂率/%	VC 值/s
29	3.6	33	4.0
30	3.3	34	3.3
31	2.9	35	3.0
32	3.5	36	4.4
33	4.7	37	5.3
34	6.3	38	6.8

注　表中 $W/(C+F)$ 代表水胶比；W 代表用水量。

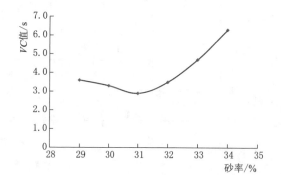

图 3.2.1　碾压混凝土砂率与 VC 值关系图
（三级配）

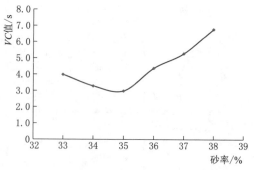

图 3.2.2　碾压混凝土砂率与 VC 值关系图
（二级配）

4. 用水量

大坝碾压混凝土用水量与 VC 值关系试验结果见表 3.2.5，减水剂掺量为 0.7%。

表 3.2.5　　　　　　　　　　碾压混凝土用水量确定

三级配（灰 50%，减水剂 0.7%，引气剂 0.08%）$W/(C+F)=0.50$，$S=32\%$		二级配（灰 50%，减水剂 0.7%，引气剂 0.08%）$W/(C+F)=0.50$，$S=36\%$	
用水量/（kg/m³）	VC 值/s	用水量/（kg/m³）	VC 值/s
78	6.4	87	6.3
80	4.9	89	5.4
82	3.5	91	3.3
84	2.5	93	2.8
86	1.9	95	2.5
88	1.5	97	1.8

注　表中 $W/(C+F)$ 代表水胶比；S 代表砂率。

从表 3.2.5 可知：为了保证二级配、三级配碾压混凝土 VC 值在 2～5s 范围内，确定三级配碾压混凝土用水量为 84kg/m³，二级配碾压混凝土用水量为 93kg/m³。

5. 碾压混凝土 VC 值经时损失

碾压混凝土 VC 值经时损失检测结果见表 3.2.6 及图 3.2.3 和图 3.2.4。

表 3.2.6　　　　　　　　碾压混凝土 VC 值经时损失测定结果

经时时间/min	VC 值/s		环境温度/℃	环境相对湿度/%
	$C_{90}20W6F300$ 三级配 [$W=84kg/m^3$，减水剂 0.7%，引气剂 0.08%，$W/(C+F)=0.42$]	$C_{90}20W8F100$ 二级配 [$W=93kg/m^3$，减水剂 0.7%，引气剂 0.03%，$W/(C+F)=0.48$]		
0	2.3	2.8	17.0	75
30	2.8	3.1	17.5	75
60	3.7	4.2	17.5	74
90	4.9	5.6	18.0	74
120	6.5	6.4	18.0	78
150	7.6	8.0	18.0	80
180	8.9	9.5	17.5	78
210	10.9	12.4	18.0	80
240	12.8	14.8	18.0	80
300	16.8	18.6	18.5	75
360	20.5	22.9	19.0	75
420	29.5	35.4	19.0	80
480	44.2	48.5	19.0	80

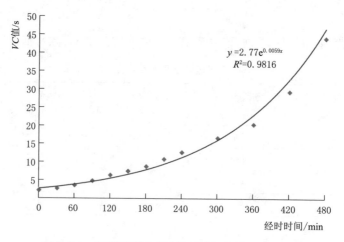

图 3.2.3　碾压混凝土 *VC* 值经时损失图（三级配）

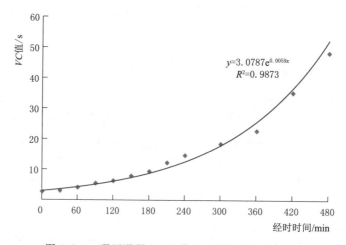

图 3.2.4　碾压混凝土 *VC* 值经时损失图（二级配）

从表 3.2.6 及图 3.2.3 和图 3.2.4 可知：三级配和二级配碾压混凝土经过 180min 后 *VC* 值还保留在 9s 左右，可满足现场施工需要。

6. 碾压混凝土及垫层砂浆抗压强度与水胶比关系

（1）首次配合比试验。碾压混凝土及垫层砂浆抗压强度与水胶比关系见表 3.2.7 及图 3.2.5～图 3.2.12。由此可知：

1）碾压混凝土前期强度较低，但后期强度发展较快，可满足设计要求。

2）从粉煤灰掺量与强度关系可以看出：早期碾压混凝土抗压强度随着粉煤灰掺量增加而减小，且相关性较好，说明前期主要是水泥在进行水化，但随着龄期增加，抗压强度与粉煤灰掺量相关性逐渐下降，说明粉煤灰参与了二次水化作用。

（2）重新配合比试验。根据水电十六局首次混凝土配合比试验结果、中国水利水电科学研究院（以下简称"水科院"）试验结果及现场碾压工艺试验结果、重新配合比试验原材料品质情况等综合考虑，确定了碾压混凝土配合比的水胶比和粉煤灰掺量，不再进行相关关系试验。

表 3.2.7 碾压混凝土及垫层砂浆抗压强度与水胶比关系

混凝土种类	级配	引气剂掺量/%	水胶比	抗压强度/MPa				相关方程 $y=ax+b$	相关系数 R	备注
				7d	28d	90d	180d			
RCC（灰55%）减水剂0.5%	三	0.06	0.60	6.0	11.4	17.6	23.7	$y_7=11.0811x-12.9811$ $y_{28}=18.3307x-19.8606$ $y_{90}=24.2324x-23.6883$ $y_{180}=20.8729x-11.3901$	0.9920 0.9948 0.9954 0.9924	VC值为2～5s
			0.55	7.0	13.3	20.1	26.8			
			0.50	8.8	16.0	23.9	30.3			
			0.45	11.2	20.6	29.7	33.6			
			0.40	15.2	26.5	37.6	41.7			
RCC（灰50%）减水剂0.5%	三	0.10	0.55	7.1	13.4	19.6	25.4	$y_7=11.9151x-14.8900$ $y_{28}=20.5592x-24.4210$ $y_{90}=25.6622x-26.9913$ $y_{180}=22.7523x-15.8534$	0.9960 0.9973 0.9998 0.9967	VC值为2～5s
			0.50	8.6	16.3	24.5	30.2			
			0.45	11.4	20.9	29.9	34.0			
			0.40	15.1	27.3	37.2	41.3			
RCC（灰45%）减水剂0.5%	三	0.16	0.55	6.4	13.0	19.0	25.8	$y_7=12.8567x-17.4069$ $y_{28}=19.2107x-22.3709$ $y_{90}=26.9271x-30.0605$ $y_{180}=25.5207x-21.3546$	0.9979 0.9992 0.9999 0.9987	VC值为2～5s
			0.50	8.1	15.7	23.7	29.1			
			0.45	10.7	20.1	29.6	35.0			
			0.40	14.8	25.6	37.5	42.3			
			0.35	19.5	32.7	46.8	51.9			
RCC（灰50%）减水剂0.5%	二	0.08	0.55	7.0	14.0	20.3	24.6	$y_7=12.3736x-15.8189$ $y_{28}=20.3242x-23.4941$ $y_{90}=26.6029x-27.775$ $y_{180}=25.6612x-21.6393$	0.9953 0.9958 0.9993 0.9968	VC值为2～5s
			0.50	8.7	16.4	25.8	29.8			
			0.45	11.3	21.7	31.4	36.2			
			0.40	15.4	27.5	38.6	42.0			
垫层砂浆（灰45%，减水剂0.7%）	一	0.005	0.55	6.8	13.8	19.8	—	$y_7=10.4511x-12.3623$ $y_{28}=16.7849x-16.8249$ $y_{90}=23.6658x-22.6453$	0.9991 0.9998 0.9977	稠度为10～14cm
			0.45	10.6	20.3	30.9	—			
			0.35	17.6	31.2	44.6	—			
垫层砂浆（灰50%，减水剂0.7%）	一	0.005	0.55	6.5	12.9	19.1	—	$y_7=10.4195x-12.7898$ $y_{28}=16.1186x-16.2595$ $y_{90}=22.9363x-22.1348$	0.9959 0.9997 0.9985	稠度为10～14cm
			0.45	9.8	19.8	29.6	—			
			0.35	17.2	29.7	43.1	—			
垫层砂浆（灰55%，减水剂0.7%）	一	0.005	0.55	6.4	12.8	19.3	—	$y_7=10.6370x-13.3564$ $y_{28}=15.6802x-15.6849$ $y_{90}=21.6983x-19.7218$	0.9943 1.0000 0.9985	稠度为10～14cm
			0.45	9.6	19.2	29.2	—			
			0.35	17.3	29.1	42.0	—			
RCC掺灰量与强度关系减水剂0.5%	二	0.08	0.45	19.1	27.4	34.3	36.1	抗压强度与粉煤灰掺量关系 $y_7=18.4008-18.4075x$ $y_{28}=27.6230-24.9741x$ $y_{90}=34.5752-20.7322x$ $y_{180}=36.8227-17.0026x$	−0.9937 −0.9910 −0.9880 −0.9559	灰0%
			0.45	14.2	22.1	30.0	33.3			灰20%
			0.45	10.1	17.9	26.6	30.2			灰40%
			0.45	7.6	14.5	23.5	28.9			灰60%
			0.45	6.3	10.3	20.9	26.5			灰70%
			0.45	4.6	8.9	18.9	23.4			灰75%
			0.45	3.4	6.1	16.3	20.7			灰80%

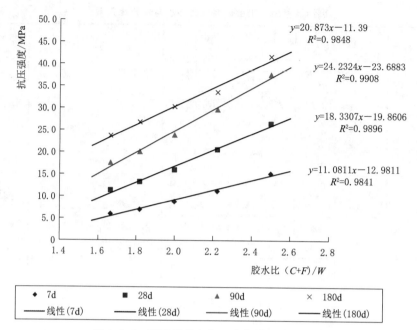

图 3.2.5　碾压混凝土抗压强度与胶水比关系

（三级配，掺灰 55％，引气剂掺 0.06％）

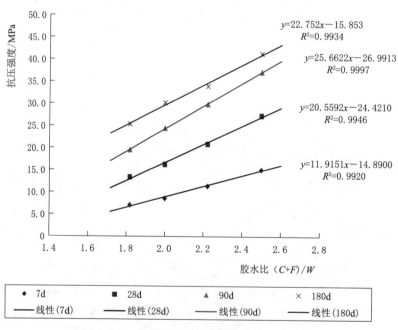

图 3.2.6　碾压混凝土抗压强度与胶水比关系

（三级配，掺灰 50％，引气剂掺 0.10％）

7. 变态混凝土加浆比例确定

变态混凝土一般用在模板边、横缝周边以及碾压与常态过渡区，混凝土坍落度设计要求为 3～5cm。不同加浆比例情况下，二级配、三级配变态混凝土坍落度情况见表 3.2.8。从表中可知，二级配、三级配变态混凝土的加浆比例为碾压混凝土体积的 5％较为合适。实际施工中加浆比例需根据碾压混凝土的 VC 值及气候条件进行动态控制，控制范围为 4％～6％。配合比试验中变态混凝土性能试验仍采用 5％的加浆比例。

表 3.2.8　　　　　　　不同加浆比例情况下二级配、三级配变态混凝土坍落度情况

级配	加浆比例（占碾压混凝土体积）/%	坍落度/cm
三	2	0.3
	3	1.8
	4	3.8
	5	5.2
	6	6.3
二	2	0
	3	1.1
	4	2.8
	5	4.5
	6	5.9

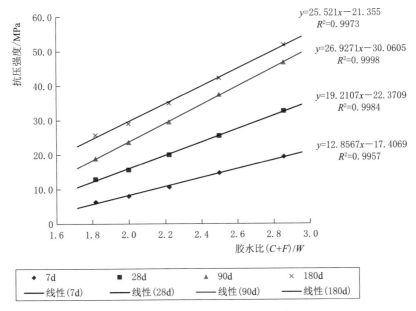

图 3.2.7　碾压混凝土抗压强度与胶水比关系
（三级配，掺灰 45％，引气剂掺量 0.16％）

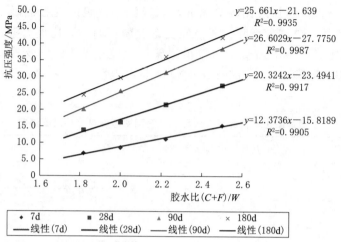

图 3.2.8　碾压混凝土抗压强度与胶水比关系（二级配，掺灰 50％，引气剂掺量 0.08％）

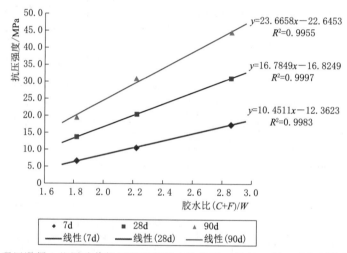

图 3.2.9　碾压混凝土垫层砂浆抗压强度与胶水比关系（掺灰 45％，引气剂掺量 0.005％）

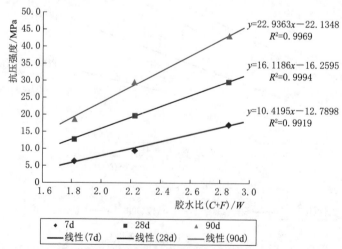

图 3.2.10　碾压混凝土垫层砂浆抗压强度与胶水比关系（掺灰 50％，引气剂掺量 0.005％）

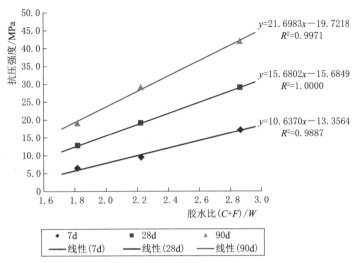

图 3.2.11　碾压混凝土垫层砂浆抗压强度与胶水比关系（掺灰 55%，引气剂掺量 0.005%）

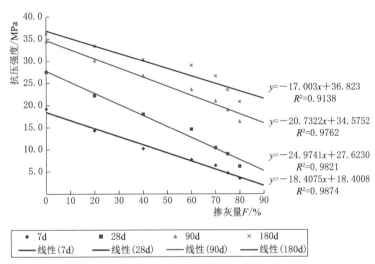

图 3.2.12　碾压混凝土抗压强度与掺灰量关系（水胶比 0.45，引气剂掺量 0.08%）

3.2.3　配合比试验

1. 试验的混凝土配合比

根据已确定的配合比参数，在不同水胶比条件下对碾压混凝土、变态混凝土及垫层砂浆进行试验。试验的配合比见表 3.2.9。

2. 拌和物性能及硬化物力学性能

碾压混凝土、变态混凝土及垫层砂浆性能见表 3.2.10。

3. 力学和变形性能

碾压混凝土和变态混凝土力学及变形性能见表 3.2.11。

4. 耐久性能

碾压混凝土和变态混凝土耐久性能见表 3.2.12。

表 3.2.9

碾压混凝土、变态混凝土及垫层层砂浆配合比

编号	设计强度	混凝土种类	级配	水胶比	掺灰量/%	砂率/%	SBTJM®-II 缓凝高效减水剂/%	GYQ-I 引气剂/%	水泥	粉煤灰	人工砂	小石	中石	大石	水	VC值/s	坍落度/cm	含气量/%	α	β	浆砂比
1	M₉₀25W6F300	砂浆1	—	0.35	45	100	0.7	0.005	399	327	997	—	—	—	254	—	10~14	6~8	—	—	—
		砂浆2	—	0.37	45	100	0.7	0.005	375	307	1046	—	—	—	252	—	10~14	6~8	—	—	—
		砂浆3	—	0.39	45	100	0.7	0.005	353	288	1093	—	—	—	250	—	10~14	6~8	—	—	—
2	C₉₀20W6F300	碾压混凝土1	三	0.40	45	32	0.7	0.08	115	95	639	416	554	416	84	2~5	—	5~6	1.44	1.64	0.45
		碾压混凝土2	三	0.42	45	32	0.7	0.08	110	90	643	418	557	418	84	2~5	—	5~6	1.40	1.62	0.45
		碾压混凝土3	三	0.44	45	32	0.7	0.08	105	86	645	420	559	420	84	2~5	—	5~6	1.37	1.61	0.44
3	C₉₀20W6F300	变态混凝土1	三	0.40	44	32	0.7	0.08	154	121	639	416	554	416	109	—	3~5	—	—	—	—
		变态混凝土2	三	0.42	44	32	0.7	0.08	149	116	643	418	557	418	110	—	3~5	—	—	—	—
		变态混凝土3	三	0.43	44	32	0.7	0.08	142	111	645	420	559	420	110	—	3~5	—	—	—	—
4	C₉₀20W6F300	碾压混凝土1	二	0.40	45	36	0.7	0.08	128	105	703	509	763	—	93	2~5	—	5~6	1.45	1.69	0.46
		碾压混凝土2	二	0.42	45	36	0.7	0.08	122	100	707	513	769	—	93	2~5	—	5~6	1.41	1.67	0.45
		碾压混凝土3	二	0.44	45	36	0.7	0.08	116	95	711	515	772	—	93	2~5	—	5~6	1.38	1.65	0.44

注：配合比参数 / 单位体积材料用量/(kg/m³)

续表

编号	设计强度	混凝土种类	级配	水胶比	掺灰量/%	砂率/%	SBTJM®-II缓凝高效减水剂/%	GYQ-I引气剂/%	水泥	粉煤灰	人工砂	小石	中石	大石	水	VC值/s	坍落度/cm	含气量/%	α	β	浆砂比
5	C₉₀20W6F300	变态混凝土1	三	0.40	44	36	0.7	0.08	167	131	703	509	763	—	118	—	3~5	—	—	—	—
		变态混凝土2	三	0.41	44	36	0.7	0.08	161	126	707	513	769	—	119	—	3~5	—	—	—	—
		变态混凝土3	三	0.44	44	36	0.7	0.08	153	120	711	515	772	—	119	—	3~5	—	—	—	—
6	C₉₀20W6F300	灰浆1	—	0.38	40	—	0.7	—	39	26	—	—	—	—	25	—	—	—	—	—	—
		灰浆2	—	0.40	40	—	0.7	—	39	26	—	—	—	—	26	—	—	—	—	—	—
		灰浆3	—	0.42	40	—	0.7	—	37	25	—	—	—	—	26	—	—	—	—	—	—
7	M₉₀25W8F100	砂浆1	—	0.38	50	100	0.7	0.005	329	329	1061	—	—	—	250	—	10~14	6~8	—	—	—
		砂浆2	—	0.40	50	100	0.7	0.005	310	310	1105	—	—	—	248	—	10~14	6~8	—	—	—
		砂浆3	—	0.42	50	100	0.7	0.005	298	298	1124	—	—	—	250	—	10~14	6~8	—	—	—
8	C₉₀20W8F100	碾压混凝土1	三	0.46	50	36	0.7	0.03	101	101	721	522	783	—	93	2~5	—	3~4	1.34	1.63	0.44
		碾压混凝土2	三	0.48	50	36	0.7	0.03	97	97	725	525	788	—	93	2~5	—	3~4	1.31	1.62	0.43
		碾压混凝土3	三	0.50	50	36	0.7	0.03	93	93	727	527	790	—	93	2~5	—	3~4	1.29	1.60	0.43
9	C₉₀20W8F100	变态混凝土1	三	0.45	49	36	0.7	0.03	134	128	721	522	783	—	119	—	3~5	—	—	—	—
		变态混凝土2	三	0.47	49	36	0.7	0.03	130	124	725	525	788	—	120	—	3~5	—	—	—	—

续表

编号	设计强度	混凝土种类	级配	水胶比	掺灰量/%	砂率/%	SBTJM®-Ⅱ缓凝高效减水剂/%	GYQ-Ⅰ引气剂/%	水泥	粉煤灰	人工砂	小石	中石	大石	水	VC值/s	坍落度/cm	含气量/%	α	β	浆砂比
9	C₉₀20W8F100	变态混凝土3	三	0.49	49	36	0.7	0.03	126	120	727	527	790	—	120	—	3~5	—	—	—	—
10	C₉₀20W8F100	灰浆1	—	0.43	45	—	0.7	—	33	27	—	—	—	—	26	—	—	—	—	—	—
		灰浆2	—	0.45	45	—	0.7	—	33	27	—	—	—	—	27	—	—	—	—	—	—
		灰浆3	—	0.45	45	—	0.7	—	33	27	—	—	—	—	27	—	—	—	—	—	—
11	M₉₀25W4F200	砂浆1	—	0.36	50	100	0.7	0.005	350	350	1012	—	—	—	252	—	10~14	6~8	—	—	—
		砂浆2	—	0.38	50	100	0.7	0.005	329	329	1061	—	—	—	250	—	10~14	6~8	—	—	—
		砂浆3	—	0.40	50	100	0.7	0.005	310	310	1105	—	—	—	248	—	10~14	6~8	—	—	—
12	C₉₀20W4F200	碾压混凝土1	三	0.44	50	32	0.7	0.05	95	95	652	424	565	424	84	2~5	—	4~5	1.36	1.61	0.44
		碾压混凝土2	三	0.46	50	32	0.7	0.05	91	91	655	426	568	426	84	2~5	—	4~5	1.33	1.59	0.44
		碾压混凝土3	三	0.48	50	32	0.7	0.05	87	87	657	427	570	427	84	2~5	—	4~5	1.30	1.58	0.43
13	C₉₀20W4F200	变态混凝土1	三	0.44	49	32	0.7	0.05	128	122	652	424	565	424	110	—	3~5	—	—	—	—
		变态混凝土2	三	0.46	49	32	0.7	0.05	123	117	655	426	568	426	110	—	3~5	—	—	—	—
		变态混凝土3	三	0.48	49	32	0.7	0.05	119	113	657	427	570	427	110	—	3~5	—	—	—	—

编号	设计强度	混凝土种类	级配	水胶比	配合比参数 掺灰量/%	砂率/%	SBTJM®-II缓凝高效减水剂/%	GYQ-I引气剂/%	单位体积材料用量/(kg/m³) 水泥	粉煤灰	人工砂	小石	中石	大石	水	VC值/s	坍落度/cm	含气量/%	α	β	浆砂比
14	C₉₀20W4F200	灰浆 1	—	0.43	45	—	0.7	—	33	27	—	—	—	—	26	—	—	—	—	—	—
		灰浆 2	—	0.45	45	—	0.7	—	32	26	—	—	—	—	26	—	—	—	—	—	—
		灰浆 3	—	0.45	45	—	0.7	—	32	26	—	—	—	—	26	—	—	—	—	—	—
15	M₉₀20W4F50	砂浆 1	—	0.42	60	100	0.7	0.005	230	344	1144	—	—	—	241	—	10~14	6~8	—	—	—
		砂浆 2	—	0.44	60	100	0.7	0.005	221	332	1161	—	—	—	243	—	10~14	6~8	—	—	—
		砂浆 3	—	0.46	60	100	0.7	0.005	213	320	1187	—	—	—	245	—	10~14	6~8	—	—	—
16	C₉₀15W4F50	碾压混凝土 1	三	0.48	60	32	0.7	0.02	67	101	665	433	577	433	84	2~5	—	2~3	1.30	1.56	0.43
		碾压混凝土 2	三	0.50	60	32	0.7	0.02	65	97	668	434	579	434	84	2~5	—	2~3	1.27	1.55	0.42
		碾压混凝土 3	三	0.52	60	32	0.7	0.02	62	94	670	435	580	435	84	2~5	—	2~3	1.25	1.54	0.42
17	C₉₀15W4F50	变态混凝土 1	三	0.50	59	32	0.7	0.02	94	134	665	433	577	433	110	—	3~5	—	—	—	—
		变态混凝土 2	三	0.52	59	32	0.7	0.02	91	129	668	434	579	434	110	—	3~5	—	—	—	—
		变态混凝土 3	三	0.54	59	32	0.7	0.02	88	126	670	435	580	435	110	—	3~5	—	—	—	—
18	C₉₀15W4F50	灰浆 1	—	0.43	55	—	0.7	—	27	33	—	—	—	—	26	—	—	—	—	—	—
		灰浆 2	—	0.45	55	—	0.7	—	26	32	—	—	—	—	26	—	—	—	—	—	—
		灰浆 3	—	0.45	55	—	0.7	—	26	32	—	—	—	—	26	—	—	—	—	—	—

续表

编号	设计强度	混凝土种类	级配	配合比参数					单位体积材料用量/(kg/m³)							VC值/s	坍落度/cm	含气量/%	α	β	浆砂比
				水胶比	掺灰量/%	砂率/%	SBTJM®-II缓凝高效减水剂/%	GYQ-I引气剂/%	水泥	粉煤灰	人工砂	小石	中石	大石	水						
19	M₉₀25W4F50	砂浆1	—	0.38	55	100	0.7	0.005	294	359	1056	—	—	—	248	—	10~14	6~8	—	—	—
		砂浆2	—	0.40	55	100	0.7	0.005	277	338	1101	—	—	—	246	—	10~14	6~8	—	—	—
		砂浆3	—	0.42	55	100	0.7	0.005	266	325	1121	—	—	—	248	—	10~14	6~8	—	—	—
20	C₉₀20W4F50	碾压混凝土1	三	0.46	55	32	0.7	0.02	82	101	662	430	573	430	84	2~5	—	2~3	1.34	1.59	0.44
		碾压混凝土2	三	0.48	55	32	0.7	0.02	79	96	664	432	576	432	84	2~5	—	2~3	1.31	1.58	0.43
		碾压混凝土3	三	0.50	55	32	0.7	0.02	76	92	667	433	578	433	84	2~5	—	2~3	1.28	1.56	0.43
21	C₉₀20W4F50	变态混凝土1	三	0.45	54	32	0.7	0.02	112	131	662	430	573	430	110	—	3~5	2~3	—	—	—
		变态混凝土2	三	0.47	54	32	0.7	0.02	108	125	664	432	576	432	110	—	3~5	2~3	—	—	—
		变态混凝土3	三	0.49	54	32	0.7	0.02	105	121	667	433	578	433	110	—	3~5	2~3	—	—	—
22	C₉₀20W4F50	灰浆1	—	0.43	50	—	0.7	—	30	30	—	—	—	—	26	—	—	—	—	—	—
		灰浆2	—	0.45	50	—	0.7	—	29	29	—	—	—	—	26	—	—	—	—	—	—
		灰浆3	—	0.45	50	—	0.7	—	29	29	—	—	—	—	26	—	—	—	—	—	—

注：
1. 表中每个配合比的砂浆、碾压混凝土、灰浆、变态混凝土一一对应。
2. α=（灰浆体积+含气量）/砂的空隙体积，β=（灰浆体积+含气量）/粗骨料的空隙体积。

表 3.2.10 碾压混凝土、变态混凝土及垫层砂浆性能

编号	设计标号	混凝土种类	级配	水胶比	实测容重/(kg/m³)	凝结时间		实测含气量/%	抗压强度/MPa				劈拉强度/MPa			
						初凝	终凝		7d	28d	56d	90d	7d	28d	56d	90d
1	M₉₀25W6F300	砂浆 1	—	0.35	—	—	—	—	15.3	29.3	36.5	41.8	—	—	—	—
		砂浆 2	—	0.37	—	—	—	—	13.6	26.8	34.7	39.3	—	—	—	—
		砂浆 3	—	0.39	—	—	—	—	12.1	23.9	32.4	36.3	—	—	—	—
2	C₉₀20W6F300	碾压混凝土 1	三	0.40	2330	36h15min	42h20min	5.0	12.5	24.0	31.2	35.8	1.03	1.87	2.39	2.72
		碾压混凝土 2	三	0.42	2320	36h26min	42h31min	5.2	11.0	22.2	29.2	33.3	0.99	1.75	2.22	2.51
		碾压混凝土 3	三	0.44	2320	36h42min	42h55min	5.6	9.8	20.4	27.0	30.8	0.92	1.53	2.01	2.27
3	C₉₀20W6F300	变态混凝土 1	三	0.40	—	38h20min	44h35min	—	12.1	24.5	32.6	35.1	1.09	1.95	2.47	2.75
		变态混凝土 2	三	0.42	—	38h36min	44h58min	—	10.7	22.9	30.8	33.7	0.91	1.88	2.31	2.54
		变态混凝土 3	三	0.44	—	39h27min	45h16min	—	9.5	20.2	27.3	31.2	0.83	1.61	2.10	2.38
4	C₉₀20W6F300	碾压混凝土 1	二	0.40	2310	36h15min	43h05min	5.6	12.3	23.9	30.4	35.4	1.07	1.98	2.49	2.76
		碾压混凝土 2	二	0.42	2300	37h09min	43h37min	5.4	11.1	21.0	27.9	32.8	0.96	1.86	2.30	2.52
		碾压混凝土 3	二	0.44	2310	37h25min	43h25min	5.2	9.8	20.0	26.3	30.9	0.85	1.60	2.07	2.30
5	C₉₀20W6F300	变态混凝土 1	二	0.39	—	38h45min	44h10min	—	12.6	25.3	35.0	38.4	1.21	2.11	2.57	2.83
		变态混凝土 2	二	0.41	—	39h21min	44h44min	—	11.4	22.0	31.9	35.4	1.08	1.90	2.43	2.67
		变态混凝土 3	二	0.43	—	39h50min	45h05min	—	10.5	21.0	29.0	32.9	0.90	1.72	2.15	2.38

续表

编号	设计标号	混凝土种类	级配	水胶比	实测容重/(kg/m³)	凝结时间		实测含气量/%	抗压强度/MPa				劈拉强度/MPa			
						初凝	终凝		7d	28d	56d	90d	7d	28d	56d	90d
7	M_{90}25W8F100	砂浆1	—	0.38	—	—	—	—	13.1	24.3	31.3	35.1	—	—	—	—
		砂浆2	—	0.40	—	—	—	—	12.4	22.7	28.4	33.3	—	—	—	—
		砂浆3	—	0.42	—	—	—	—	10.8	20.2	25.8	31.3	—	—	—	—
8	C_{90}20W8F100	碾压混凝土1	二	0.46	2340	37h50min	44h15min	4.2	10.3	19.2	24.7	27.3	0.98	1.70	2.19	2.55
		碾压混凝土2	二	0.48	2336	38h28min	45h04min	3.1	9.2	18.0	22.8	25.7	0.71	1.58	2.08	2.31
		碾压混凝土3	二	0.50	2330	38h10min	45h40min	3.8	8.6	16.7	21.0	24.3	0.50	1.36	1.83	2.08
9	C_{90}20W8F100	变态混凝土1	二	0.45	—	38h40min	45h05min	—	10.5	19.4	26.5	29.8	1.02	1.72	2.27	2.67
		变态混凝土2	二	0.47	—	39h02min	45h26min	—	9.7	17.8	24.1	27.5	0.93	1.69	2.13	2.42
		变态混凝土3	二	0.49	—	39h25min	45h50min	—	8.6	16.2	21.9	25.3	0.73	1.53	1.95	2.27
11	M_{90}25W4F200	砂浆1	—	0.36	—	—	—	—	14.3	26.7	33.6	38.6	—	—	—	—
		砂浆2	—	0.38	—	—	—	—	12.7	23.9	29.8	35.3	—	—	—	—
		砂浆3	—	0.40	—	—	—	—	11.9	21.2	27.5	32.2	—	—	—	—
12	C_{90}20W4F200	碾压混凝土1	三	0.44	2345	38h55min	45h30min	3.9	10.3	20.1	26.0	30.5	1.04	1.77	2.30	2.59
		碾压混凝土2	三	0.46	2338	39h24min	46h26min	4.3	8.9	18.4	23.9	27.8	0.79	1.50	2.13	2.42
		碾压混凝土3	三	0.48	2330	39h40min	46h50min	4.8	8.0	17.0	22.2	25.6	0.63	1.32	1.98	2.21

续表

编号	设计标号	混凝土种类	级配	水胶比	实测容重/(kg/m³)	凝结时间 初凝	凝结时间 终凝	实测含气量/%	抗压强度/MPa 7d	28d	56d	90d	劈拉强度/MPa 7d	28d	56d	90d
13	C₉₀20W4F200	变态混凝土1	三	0.44	—	38h55min	45h33min	—	9.7	21.3	26.9	30.1	1.10	1.83	2.37	2.64
		变态混凝土2	三	0.46	—	39h07min	45h58min	—	8.6	19.7	25.1	28.4	0.82	1.63	2.19	2.39
		变态混凝土3	三	0.48	—	39h10min	46h26min	—	7.8	18.1	23.3	26.7	0.65	1.44	2.07	2.28
15	M₉₀20W4F50	砂浆1	—	0.42	—	—	—	—	10.8	19.6	26.4	32.3	—	—	—	—
		砂浆2	—	0.44	—	—	—	—	9.6	17.3	24.1	30.9	—	—	—	—
		砂浆3	—	0.46	—	—	—	—	8.8	15.4	21.8	29.5	—	—	—	—
16	C₉₀15W4F50	碾压混凝土1	三	0.50	2360	31h45min	38h25min	3.0	7.3	15.2	20.6	26.0	0.59	1.37	1.84	2.24
		碾压混凝土2	三	0.52	2356	33h02min	39h24min	3.1	6.6	13.8	19.7	24.7	0.54	1.26	1.79	2.16
		碾压混凝土3	三	0.54	2350	33h30min	39h55min	3.9	6.0	12.9	18.1	23.6	0.47	1.13	1.52	1.94
17	C₉₀15W4F50	变态混凝土1	三	0.48	—	36h15min	42h00min	—	8.2	16.9	23.0	29.0	0.69	1.57	2.13	2.60
		变态混凝土2	三	0.50	—	36h10min	42h16min	—	6.8	14.5	20.9	26.9	0.53	1.41	1.92	2.37
		变态混凝土3	三	0.52	—	36h50min	43h10min	—	6.2	13.7	19.2	24.9	0.50	1.27	1.75	2.22
19	M₉₀25W4F50	砂浆1	—	0.38	—	—	—	—	13.0	24.9	31.4	36.4	—	—	—	—
		砂浆2	—	0.40	—	—	—	—	11.8	22.2	27.9	33.0	—	—	—	—
		砂浆3	—	0.42	—	—	—	—	10.7	19.6	25.8	30.1	—	—	—	—
20	C₉₀20W4F50	碾压混凝土1	三	0.46	2380	34h05min	40h10min	3.0	9.1	18.5	24.3	29.0	0.85	1.70	2.21	2.57
		碾压混凝土2	三	0.48	2375	34h28min	41h14min	2.6	8.2	17.3	22.4	27.4	0.67	1.49	2.02	2.38
		碾压混凝土3	三	0.50	2360	34h45min	41h10min	3.6	7.7	15.7	21.3	26.9	0.62	1.41	1.94	2.29
21	C₉₀20W4F50	变态混凝土1	三	0.45	—	36h16min	43h10min	—	10.0	19.8	26.0	30.4	0.99	1.79	2.36	2.69
		变态混凝土2	三	0.47	—	36h37min	43h29min	—	8.9	18.1	23.6	29.0	0.86	1.58	2.11	2.52
		变态混凝土3	三	0.49	—	37h40min	44h50min	—	7.8	16.5	21.7	27.9	0.72	1.28	1.90	2.37

表3.2.11 碾压混凝土和变态混凝土力学及变形性能

编号	设计标号	混凝土类别	级配	水胶比	静力抗压弹性模量 /(×10⁴MPa)			抗拉弹性模量 /(×10⁴MPa)			轴心抗拉强度 /MPa			极限拉伸 /(×10⁻⁴)		
					7d	28d	90d	7d	28d	90d	7d	28d	90d	7d	28d	90d
2	$C_{90}20W6F300$	碾压混凝土1	三	0.40	1.72	2.35	2.94	1.76	2.42	3.03	0.87	1.72	2.57	0.67	0.90	0.99
		碾压混凝土2	三	0.42	1.58	2.25	2.86	1.61	2.34	2.97	0.83	1.64	2.42	0.58	0.86	0.97
		碾压混凝土3	三	0.44	1.39	2.17	2.70	1.44	2.20	2.75	0.76	1.52	2.19	0.51	0.78	0.84
3	$C_{90}20W6F300$	变态混凝土1	三	0.40	1.75	2.40	3.04	1.79	2.53	3.10	0.99	1.84	2.68	0.69	0.85	1.07
		变态混凝土2	三	0.42	1.53	2.37	2.90	1.49	2.45	3.06	0.96	1.77	2.45	0.64	0.84	1.01
		变态混凝土3	三	0.44	1.40	2.20	2.72	1.39	2.25	2.84	0.77	1.56	2.31	0.57	0.76	0.92
4	$C_{90}20W6F300$	碾压混凝土1	二	0.40	1.79	2.45	3.08	1.81	2.47	3.12	1.02	1.83	2.78	0.61	0.93	1.15
		碾压混凝土2	二	0.42	1.64	2.31	2.92	1.58	2.36	2.97	0.95	1.63	2.48	0.54	0.91	1.13
		碾压混凝土3	二	0.44	1.37	2.15	2.69	1.42	2.16	2.70	0.79	1.57	2.23	0.50	0.81	0.96
5	$C_{90}20W6F300$	变态混凝土1	二	0.39	1.85	2.57	3.12	1.79	2.63	3.17	1.13	1.87	2.74	0.72	0.98	1.19
		变态混凝土2	二	0.41	1.72	2.46	3.04	1.63	2.49	3.10	1.01	1.78	2.62	0.67	0.93	1.19
		变态混凝土3	二	0.43	1.54	2.21	2.85	1.45	2.30	2.90	0.92	1.53	2.47	0.60	0.87	0.94
8	$C_{90}20W8F100$	碾压混凝土1	二	0.46	1.40	2.23	2.90	1.62	2.37	2.98	0.78	1.51	2.49	0.50	0.79	0.86
		碾压混凝土2	二	0.48	1.29	2.13	2.76	1.47	2.12	2.89	0.63	1.40	2.21	0.44	0.76	0.84
		碾压混凝土3	二	0.50	1.13	1.87	2.56	1.25	1.90	2.71	0.60	1.18	1.92	0.39	0.68	0.82
9	$C_{90}20W8F100$	变态混凝土1	二	0.45	1.47	2.30	2.92	1.53	2.38	3.05	0.78	1.63	2.54	0.52	0.83	0.90
		变态混凝土2	二	0.47	1.36	2.19	2.74	1.42	2.24	2.85	0.73	1.51	2.32	0.47	0.79	0.87
		变态混凝土3	二	0.49	1.20	2.07	2.54	1.32	2.10	2.72	0.61	1.39	2.17	0.45	0.72	0.82

续表

编号	设计标号	混凝土类别	级配	水胶比	静力抗压弹性模量 /(×10⁴MPa)			抗拉弹性模量 /(×10⁴MPa)			轴心抗拉强度 /MPa			极限拉伸 /(×10⁻⁴)		
					7d	28d	90d	7d	28d	90d	7d	28d	90d	7d	28d	90d
12	$C_{90}20W4F200$	碾压混凝土1	三	0.44	1.49	2.28	2.97	1.57	2.33	3.06	0.80	1.57	2.39	0.57	0.86	0.97
		碾压混凝土2	三	0.46	1.31	2.10	2.81	1.42	2.15	2.88	0.77	1.39	2.22	0.48	0.81	0.90
		碾压混凝土3	三	0.48	1.23	2.01	2.70	1.38	2.19	2.79	0.72	1.19	2.12	0.46	0.77	0.84
13	$C_{90}20W4F200$	变态混凝土1	三	0.44	1.52	2.37	3.10	1.59	2.42	3.19	0.83	1.72	2.54	0.60	0.89	1.00
		变态混凝土2	三	0.46	1.44	2.31	2.97	1.49	2.32	3.05	0.79	1.58	2.45	0.50	0.83	0.92
		变态混凝土3	三	0.48	1.25	2.07	2.76	1.36	2.21	2.83	0.75	1.22	2.19	0.47	0.28	0.84
16	$C_{90}15W4F50$	碾压混凝土1	三	0.50	1.15	1.85	2.52	1.32	2.12	2.68	0.63	1.27	2.17	0.44	0.72	0.83
		碾压混凝土2	三	0.52	1.11	1.79	2.48	1.28	2.03	2.57	0.54	1.11	2.10	0.39	0.71	0.82
		碾压混凝土3	三	0.54	0.98	1.70	2.32	1.11	1.79	2.39	0.50	1.03	2.02	0.39	0.68	0.81
17	$C_{90}15W4F50$	变态混凝土1	三	0.48	1.31	2.10	2.79	1.37	2.25	2.90	0.73	1.30	2.42	0.51	0.79	0.89
		变态混凝土2	三	0.50	1.23	1.98	2.64	1.16	2.13	2.70	0.61	1.25	2.19	0.45	0.72	0.83
		变态混凝土3	三	0.52	1.17	1.83	2.57	1.14	1.96	2.62	0.55	1.17	2.01	0.40	0.68	0.81
20	$C_{90}20W4F50$	碾压混凝土1	三	0.46	1.31	2.08	2.79	1.45	2.35	2.97	0.83	1.52	2.46	0.55	0.81	0.89
		碾压混凝土2	三	0.48	1.22	1.97	2.62	1.38	2.27	2.82	0.72	1.31	2.35	0.46	0.75	0.85
		碾压混凝土3	三	0.50	1.17	1.90	2.56	1.33	2.19	2.71	0.70	1.19	2.12	0.45	0.73	0.83
21	$C_{90}20W4F50$	变态混凝土1	三	0.45	1.47	2.26	2.95	1.59	2.47	3.07	0.81	1.53	2.39	0.56	0.83	0.91
		变态混凝土2	三	0.47	1.30	2.12	2.72	1.47	2.36	2.86	0.75	1.46	2.22	0.47	0.79	0.86
		变态混凝土3	三	0.49	1.15	1.96	2.57	1.20	2.14	2.70	0.69	1.30	2.07	0.42	0.75	0.81

表3.2.12   碾压混凝土和变态混凝土耐久性能

编号	设计标号	混凝土类别	级配	水胶比	抗渗强度（90d）	抗冻强度（90d）			
						冻融次数	相对动弹性模量 P/%	质量损失率/%	抗冻标号评定
	C₉₀20W6F300	碾压混凝土1	三	0.40	＞W6	50	97.2	0.42	＞F300
						100	95.6	0.53	
						150	88.0	1.08	
						200	86.5	1.46	
						250	78.3	2.61	
						300	72.1	3.60	
2	C₉₀20W6F300	碾压混凝土2	三	0.42	＞W6	50	94.7	0.46	＞F300
						100	92.6	0.61	
						150	86.2	1.24	
						200	84.1	1.96	
						250	75.3	2.71	
						300	69.1	3.89	
	C₉₀20W6F300	碾压混凝土3	三	0.44	＞W6	50	92.4	0.52	＞F300
						100	89.7	0.81	
						150	85.0	1.36	
						200	79.1	2.18	
						250	73.7	3.00	
						300	68.5	4.02	
	C₉₀20W6F300	变态混凝土1	三	0.40	＞W6	50	97.2	0.33	＞F300
						100	96.8	0.38	
						150	91.4	0.86	
						200	88.4	1.46	
						250	78.1	2.31	
3						300	69.3	3.25	
	C₉₀20W6F300	变态混凝土2	三	0.42	＞W6	50	95.4	0.36	＞F300
						100	92.1	0.42	
						150	88.5	0.91	
						200	85.6	1.58	
						250	76.3	2.40	
						300	68.2	3.33	

编号	设计标号	混凝土类别	级配	水胶比	抗渗强度（90d）	抗冻强度（90d）			抗冻标号评定
						冻融次数	相对动弹性模量 P/%	质量损失率/%	
3	C$_{90}$20W6F300	变态混凝土3	三	0.44	＞W6	50	93.6	0.40	＞F300
						100	90.4	0.53	
						150	86.1	1.22	
						200	83.2	1.87	
						250	75.7	2.60	
						300	67.1	3.48	
	C$_{90}$20W6F300	碾压混凝土1	二	0.40	＞W6	50	97.6	0.44	＞F300
						100	95.3	0.58	
						150	90.2	1.13	
						200	87.1	1.56	
						250	78.3	2.66	
						300	74.0	3.69	
4	C$_{90}$20W6F300	碾压混凝土2	二	0.42	＞W6	50	95.1	0.48	＞F300
						100	93.3	0.60	
						150	89.2	1.38	
						200	86.0	1.87	
						250	77.4	2.96	
						300	72.1	3.72	
	C$_{90}$20W6F300	碾压混凝土3	二	0.44	＞W6	50	93.3	0.50	＞F300
						100	90.6	0.61	
						150	87.2	1.42	
						200	83.1	1.96	
						250	75.4	3.03	
						300	69.8	3.92	
5	C$_{90}$20W6F300	变态混凝土1	二	0.39	＞W6	50	97.6	0.32	＞F300
						100	95.2	0.48	
						150	91.3	1.10	
						200	87.5	1.47	
						250	76.3	2.36	
						300	71.4	3.05	

续表

编号	设计标号	混凝土类别	级配	水胶比	抗渗强度（90d）	抗冻强度（90d）			抗冻标号评定
						冻融次数	相对动弹性模量 P/%	质量损失率/%	
5	$C_{90}20W6F300$	变态混凝土2	二	0.41	>W6	50	96.3	0.55	>F300
						100	94.8	0.66	
						150	90.3	1.28	
						200	87.2	1.53	
						250	75.4	2.49	
						300	69.3	3.13	
	$C_{90}20W6F300$	变态混凝土3	二	0.43	>W6	50	95.8	0.63	>F300
						100	93.2	0.71	
						150	89.5	1.38	
						200	85.3	1.70	
						250	74.1	2.54	
						300	68.5	3.27	
8	$C_{90}20W8F100$	碾压混凝土1	二	0.46	>W8	50	96.7	0.36	>F100
						100	85.9	1.09	
	$C_{90}20W8F100$	碾压混凝土2	二	0.48	>W8	50	94.2	0.38	>F100
						100	83.1	1.23	
	$C_{90}20W8F100$	碾压混凝土3	二	0.50	>W8	50	92.3	0.41	>F100
						100	80.4	1.39	
9	$C_{90}20W8F100$	变态混凝土1	二	0.45	>W8	50	97.1	0.23	>F100
						100	84.3	1.18	
	$C_{90}20W8F100$	变态混凝土2	二	0.47	>W8	50	96.5	0.26	>F100
						100	83.7	1.38	
	$C_{90}20W8F100$	变态混凝土3	二	0.49	>W8	50	94.3	0.30	>F100
						100	81.2	1.44	
12	$C_{90}20W4F200$	碾压混凝土1	三	0.44	>W4	50	95.1	0.53	>F200
						100	93.6	0.69	
						150	86.7	1.32	
						200	80.2	2.86	
	$C_{90}20W4F200$	碾压混凝土2	三	0.46	>W4	50	94.7	0.58	>F200
						100	92.8	0.77	

编号	设计标号	混凝土类别	级配	水胶比	抗渗强度（90d）	抗冻强度（90d）			抗冻标号评定
						冻融次数	相对动弹性模量 P/%	质量损失率/%	
12	$C_{90}20W4F200$	碾压混凝土2	三	0.46	>W4	150	85.4	1.38	>F200
						200	79.1	3.03	
	$C_{90}20W4F200$	碾压混凝土3	三	0.48	>W4	50	92.8	0.60	>F200
						100	90.3	0.78	
						150	83.1	1.42	
						200	78.6	3.15	
13	$C_{90}20W4F200$	变态混凝土1	三	0.44	>W4	50	96.9	0.33	>F200
						100	95.3	0.48	
						150	86.9	1.21	
						200	81.1	2.60	
	$C_{90}20W4F200$	变态混凝土2	三	0.46	>W4	50	95.7	0.35	>F200
						100	94.2	0.50	
						150	84.8	1.28	
						200	78.1	2.71	
	$C_{90}20W4F200$	变态混凝土3	三	0.48	>W4	50	93.6	0.40	>F200
						100	92.5	0.59	
						150	83.3	1.31	
						200	77.6	2.89	
16	$C_{90}15W4F50$	碾压混凝土1	三	0.50	>W4	25	97.3	0.00	>F50
						50	93.4	0.41	
	$C_{90}15W4F50$	碾压混凝土2	三	0.52	>W4	25	96.4	0.10	>F50
						50	92.8	0.44	
	$C_{90}15W4F50$	碾压混凝土3	三	0.54	>W4	25	94.3	0.13	>F50
						50	90.7	0.49	
17	$C_{90}15W4F50$	变态混凝土1	三	0.48	>W4	25	98.8	0.13	>F50
						50	95.9	0.60	
	$C_{90}15W4F50$	变态混凝土2	三	0.50	>W4	25	97.3	0.15	>F50
						50	94.8	0.64	
	$C_{90}15W4F50$	变态混凝土3	三	0.52	>W4	25	96.2	0.19	>F50
						50	92.6	0.72	

编号	设计标号	混凝土类别	级配	水胶比	抗渗强度（90d）	抗冻强度（90d）			
						冻融次数	相对动弹性模量 P/%	质量损失率/%	抗冻标号评定
20	$C_{90}20W4F50$	碾压混凝土1	三	0.46	>W4	25	98.3	0.00	>F50
						50	94.2	0.39	
	$C_{90}20W4F50$	碾压混凝土2	三	0.48	>W4	25	96.8	0.11	>F50
						50	92.9	0.43	
	$C_{90}20W4F50$	碾压混凝土3	三	0.50	>W4	25	94.6	0.14	>F50
						50	91.3	0.50	
21	$C_{90}20W4F50$	变态混凝土1	三	0.45	>W4	25	98.6	0.12	>F50
						50	96.0	0.58	
	$C_{90}20W4F50$	变态混凝土2	三	0.47	>W4	25	97.4	0.13	>F50
						50	94.9	0.62	
	$C_{90}20W4F50$	变态混凝土3	三	0.49	>W4	25	96.5	0.20	>F50
						50	93.1	0.78	

5. 热力学及变形性能

（1）热力学及变形性能试验项目。根据设计及规范要求，大坝碾压混凝土热力学及变形性能试验项目见表 3.2.13。

表 3.2.13　　　　　大坝碾压混凝土热力学及变形性能试验项目

混凝土品种	样品编号	设计标号	级配	泊松比	干缩	自生体积变形	抗压徐变	比热	导热系数	导温系数	线膨胀系数	绝热温升
碾压混凝土	RCC-1	$C_{90}15W4F50$	三	1	1	1	1	1	1	1	1	1
	RCC-2	$C_{90}20W4F50$	三			1						1
	RCC-3	$C_{90}20W8F100$	二			1	1					1
	RCC-4	$C_{90}20W6F300$	三			1						1
变态混凝土	VCC-1	$C_{90}20W4F50$	三	1	1	1	1	1	1	1	1	1
	VCC-2	$C_{90}20W8F100$	二									1
	VCC-3	$C_{90}20W6F300$	三									1
统计（组）				4	4	8	5	4	4	4	4	10

（2）试验配合比。大坝碾压混凝土热力学及变形性能试验的配合比见表 3.2.14。

（3）热力学及变形性能试验成果。

1）混凝土热力学（泊松比）性能。两种混凝土配合比的泊松比试验结果见表 3.2.15。

表 3.2.14 大坝碾压混凝土热力学及变形性能试验的配合比

样品编号	设计标号	级配	配合比参数					单位体积材料用量/(kg/m³)								VC值/s	坍落度/cm	含气量/%	浆砂比
			水胶比	掺灰量/%	砂率/%	减水剂/%	引气剂/%	水泥	粉煤灰	砂	小石	中石	大石	水				
RCC-1	C₉₀15W4F50	三	0.52	60	32	0.7	0.02	65	97	668	434	579	434	84	2~5	—	2~3	0.42
RCC-2	C₉₀20W4F50	三	0.48	55	32	0.7	0.02	79	96	664	432	576	432	84	2~5	—	2~3	0.43
RCC-3	C₉₀20W8F100	二	0.48	50	36	0.7	0.03	97	97	725	525	788	—	93	2~5	—	3~4	0.43
RCC-4	C₉₀20W6F300	三	0.42	45	32	0.7	0.08	110	90	643	418	557	418	84	2~5	—	5~6	0.45
VCC-1	C₉₀20W4F50	三	0.47	54	32	0.7	0.02	108	125	664	432	576	432	110	—	3~5	—	—
VCC-2	C₉₀20W8F100	二	0.47	49	36	0.7	0.03	130	124	725	525	788	—	120	—	3~5	—	—
VCC-3	C₉₀20W6F300	三	0.42	44	32	0.7	0.08	149	116	643	418	557	418	110	—	3~5	—	—

表 3.2.15 混凝土泊松比试验结果

混凝土品种	样品编号	设计标号及级配	试验项目	试验龄期	
				90d	180d
碾压混凝土	RCC-1	C₉₀15W4F50 三级配	抗压弹性模量/(×10⁴MPa)	2.35	2.53
			泊松比	0.166	0.161
变态混凝土	VCC-1	C₉₀20W4F50 三级配	抗压弹性模量/(×10⁴MPa)	2.07	2.44
			泊松比	0.160	0.163
			泊松比	0.181	0.171

2) 热学性能。

A. 热物理系数。两种混凝土配合比的线膨胀系数、导温系数、导热系数以及比热等热物理系数试验结果见表 3.2.16。

表 3.2.16 混凝土热物理系数试验结果

混凝土品种	样品编号	设计标号及级配	线膨胀系数/(×10⁻⁶℃)	导温系数 a/(m²/h)	导热系数 k/[kJ/(m·h·K)]	比热 c/[kJ/(kg·K)]
碾压混凝土	RCC-1	C₉₀15W4F50 三级配	8.46	0.003820	8.71	0.919
变态混凝土	VCC-1	C₉₀20W4F50 三级配	9.58	0.003144	6.82	0.950

B. 绝热温升。7组配合比混凝土的绝热温升详见表 3.2.17、图 3.2.13 和图 3.2.14。试验结果表明，RCC-1、RCC-2、RCC-3、RCC-4 碾压混凝土的28d绝热温升分别为 15.1℃、17.3℃、19.8℃、21.2℃；VCC-1、VCC-2、VCC-3 变态混凝土28d绝热温升分别为 21.9℃、23.3℃、23.9℃。

表 3.2.17　　　　　混凝土的绝热温升试验结果　　　　单位：℃

混凝土品种	样品编号	设计标号及级配	龄期							
			1d	3d	5d	7d	10d	14d	21d	28d
碾压混凝土	RCC－1	$C_{90}15W4F50$ 三级配	1.95	7.64	9.68	11.0	12.4	13.7	14.6	15.1
	RCC－2	$C_{90}20W4F50$ 三级配	2.30	9.42	12.1	13.6	15.2	16.2	16.8	17.3
	RCC－3	$C_{90}20W8F100$ 二级配	2.32	10.4	13.1	15.1	17.2	18.6	19.3	19.8
	RCC－4	$C_{90}20W6F300$ 三级配	2.40	11.1	14.2	16.4	18.6	20.0	20.9	21.2
变态混凝土	VCC－1	$C_{90}20W4F50$ 三级配	2.44	10.4	16.8	19.1	20.3	20.9	21.5	21.9
	VCC－2	$C_{90}20W8F100$ 二级配	2.58	11.2	17.5	19.5	21.2	21.9	22.6	23.3
	VCC－3	$C_{90}20W6F300$ 三级配	2.90	12.6	18.4	20.8	22.0	22.8	23.3	23.9

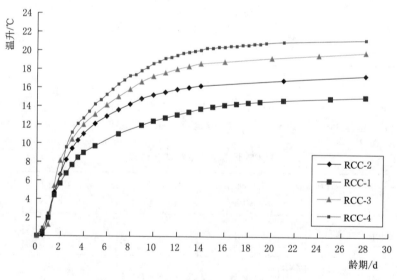

图 3.2.13　碾压混凝土绝热温升曲线图

3）变形性能。

A. 干缩变形。碾压混凝土和变态混凝土干缩变形试验结果详见表 3.2.18 和图 3.2.15。RCC－1 碾压混凝土 90d 龄期干缩率为 -3.37×10^{-4}；VCC－1 变态混凝土 90d 龄期干缩率为 -3.49×10^{-4}。

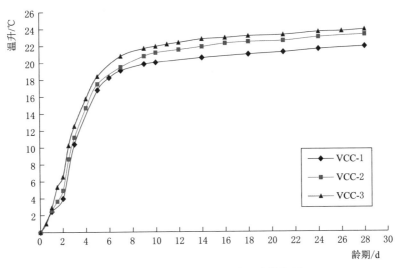

图 3.2.14　变态混凝土绝热温升曲线图

表 3.2.18　　　　　　　　　混 凝 土 干 缩 变 形

混凝土品种	样品编号	设计标号及级配	干缩变形/(×10⁻⁴)												
			1d	3d	5d	7d	10d	14d	21d	28d	40d	50d	60d	75d	90d
碾压混凝土	RCC-1	C₉₀15W4F50三级配	-0.19	-0.50	-0.96	-1.31	-1.73	-2.22	-2.74	-2.97	-3.13	-3.22	-3.28	-3.33	-3.37
变态混凝土	VCC-1	C₉₀20W4F50三级配	-0.23	-0.66	-1.08	-1.49	-1.93	-2.49	-2.90	-3.14	-3.30	-3.36	-3.40	-3.46	-3.49

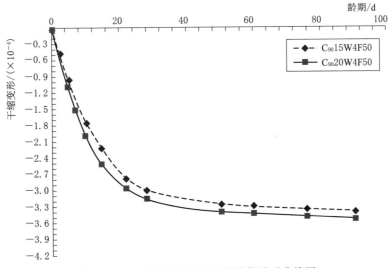

图 3.2.15　混凝土干缩变形与龄期关系曲线图

B. 自生体积变形。对 5 种配合比的混凝土进行自生体积变形试验，试验结果详见表 3.2.19、图 3.2.16 和图 3.2.17。

表 3.2.19　混凝土自生体积变形试验结果

混凝土品种	样品编号	设计标号及级配	自生体积变形/($\times 10^{-6}$)															
			1d	3d	7d	14d	28d	40d	50d	60d	70d	90d	120d	150d	180d	240d	300d	360d
碾压混凝土	RCC-1	C_{90}15W4F50 三级配	-3.76	-6.04	-8.33	-7.20	-4.75	-2.80	-1.42	-0.24	0.20	-1.2	-4.8	-8.7	-11.5	-16.3	-18.9	-20.3
	RCC-2	C_{90}20W4F50 三级配	-0.30	-2.79	-5.80	-6.03	-0.97	-2.27	4.20	6.05	6.98	8.02	8.10	5.81	-0.05	-4.48	-6.82	-7.65
	RCC-3	C_{90}20W8F100 二级配	-3.58	-6.08	-7.82	-6.21	-1.50	1.87	4.48	6.45	7.70	8.20	8.52	7.50	4.73	0.32	-2.35	-3.15
	RCC-4	C_{90}20W6F300 三级配	-2.07	-3.68	-6.32	-4.70	0.31	2.95	4.28	5.15	5.70	6.85	6.53	5.04	2.94	0.18	-1.62	-1.83
变态混凝土	VCC-1	C_{90}20W4F50 三级配	-6.10	-13.0	-14.1	-12.2	-5.06	0.45	2.43	3.10	3.71	4.50	4.72	3.3	-0.20	-3.82	-5.95	-6.40

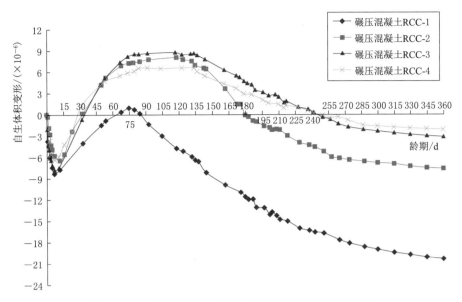

图 3.2.16 碾压混凝土自生体积变形与龄期关系曲线图

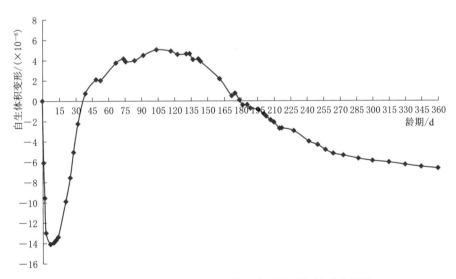

图 3.2.17 变态混凝土自生体积变形与龄期关系曲线图

试验结果表明，4 组碾压混凝土自生体积变形早期（7～10d 前）呈收缩状态，收缩变形为 $-6 \times 10^{-6} \sim -8 \times 10^{-6}$，之后在约 120d 龄期前呈微膨胀状态，微膨胀达 $1 \times 10^{-6} \sim 9 \times 10^{-6}$；后期又出现收缩，在 360d 龄期时，RCC-1、RCC-2、RCC-3、RCC-4 四组碾压混凝土的自生体积变形分别为 -20.3×10^{-6}、-7.65×10^{-6}、-3.15×10^{-6}、-1.83×10^{-6}。

变态混凝土 VCC-1 早期收缩、中期微膨胀、后期收缩，7d 龄期时，收缩变形 -14.1×10^{-6}，120d 龄期时微膨胀为 4.72×10^{-6}，360d 龄期时收缩变形为 -6.40×10^{-6}。

C. 抗压徐变试验。在 3d、7d、28d、90d、180d 等 5 个加荷龄期下，对 RCC-1、RCC-3、VCC-1 等共 3 种配合比混凝土样品进行徐变度试验，试验结果见表 3.2.20～表 3.2.22 和图 3.2.18～图 3.2.20。

表 3.2.20　　　　　　　　　　　RCC-1 的徐变度

持荷时间 t /d	徐变度/（$\times 10^{-6}$MPa）				
	3d	7d	28d	90d	180d
1	−29.5	−21.2	−5.7	−2.43	−1.02
3	−39.1	−27.5	−8.3	−3.64	−1.46
7	−49.2	−36.9	−10.9	−5.2	−1.93
14	−56.4	−41.7	−13.1	−7.05	−2.75
28	−62.3	−44.7	−14.8	−8.95	−3.81
50	−65.2	−47.0	−16.9	−11.4	−4.82
60	−66.2	−47.6	−17.6	−12.3	−5.22
70	−67.1	−48.1	−18.8	−13.0	−5.43
90	−70.3	−50.0	−20.0	−14.2	−6.02
180	−78.2	−57.3	−26.6	−16.4	−7.39
270	−82.0	−60.8	−28.8	−18.3	—
360	−83.2	−61.8	−29.4	—	—

注　徐变试件尺寸为 ϕ150mm×150mm，三级配样品筛除大骨料并根据灰浆比率修正。

表 3.2.21　　　　　　　　　　　RCC-3 的徐变度

持荷时间 t /d	徐变度/（$\times 10^{-6}$MPa）				
	3d	7d	28d	90d	180d
1	−28.5	−15.2	−6.78	−2.75	−1.32
3	−44.3	−22.9	−9.86	−4.11	−1.95
7	−55.2	−29.6	−11.8	−6.16	−2.78
14	−60.7	−34.3	−14.1	−7.34	−4.10
28	−64.1	−37.9	−15.7	−9.23	−5.95
50	−67.2	−40.6	−16.8	−11.7	−7.29
60	−68.1	−41.5	−17.3	−12.9	−8.07
70	−69.0	−42.1	−18.8	−13.4	−8.40
90	−70.0	−43.3	−21.5	−14.5	−9.90
180	−75.2	−48.3	−27.0	−17.0	−11.7
270	−80.7	−52.3	−28.6	−17.9	—
360	−83.1	−54.6	−29.7	—	—

表 3.2.22   VCC-1 的 徐 变 度

持荷时间 t /d	徐变度/$(\times 10^{-6}\,\mathrm{MPa})$				
	3d	7d	28d	90d	180d
1	−20.2	−14.9	−4.97	−3.56	−1.66
3	−29.0	−20.1	−6.64	−4.88	−2.50
7	−41.2	−25.9	−8.50	−6.48	−3.51
14	−46.8	−30.1	−10.9	−8.30	−4.40
28	−50.0	−33.0	−13.2	−10.0	−5.78
50	−53.0	−34.9	−15.5	−11.8	−7.03
60	−55.9	−36.6	−16.1	−13.1	−7.40
70	−57.3	−37.8	−17.4	−13.5	−7.72
90	−60.4	−39.4	−19.6	−14.8	−8.16
180	−70.0	−47.0	−24.9	−17.7	−10.4
270	−77.3	−52.9	−26.9	−19.6	—
360	−78.6	−54.7	−28.6	—	—

注 徐变试件尺寸 $\phi150\mathrm{mm}\times150\mathrm{mm}$，三级配样品筛除大骨料并根据灰浆比率修正。

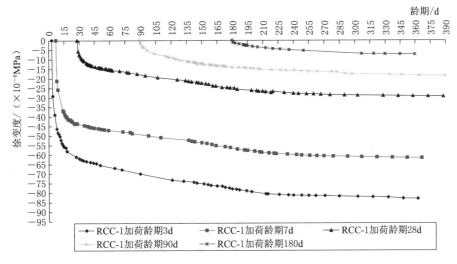

图 3.2.18 RCC-1 徐变度过程线

混凝土的徐变度是加荷龄期与持荷时间的函数。3d、7d 加荷龄期徐变度相对较大，90d、180d 加荷龄期徐变度相对较小，同一加荷龄期徐变度随持荷时间增长而增加，且前期徐变增长较快。

试验结果显示，加荷龄期为 3d、7d、28d 时，RCC-1 持荷 360d 的徐变度分别为 $83.2\times10^{-6}\,\mathrm{MPa}$、$61.8\times10^{-6}\,\mathrm{MPa}$、$29.4\times10^{-6}\,\mathrm{MPa}$；加荷龄期为 90d 时，RCC-1 持荷 300d 的徐变度为 $18.3\times10^{-6}\,\mathrm{MPa}$；加荷龄期为 180d 时，RCC-1 持荷 180d 的徐变度为

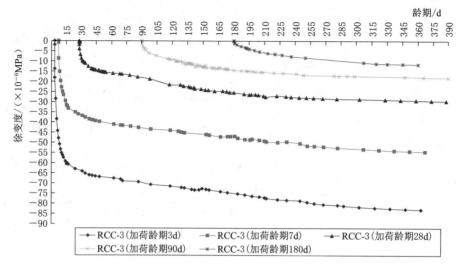

图 3.2.19　RCC-3 徐变度过程线

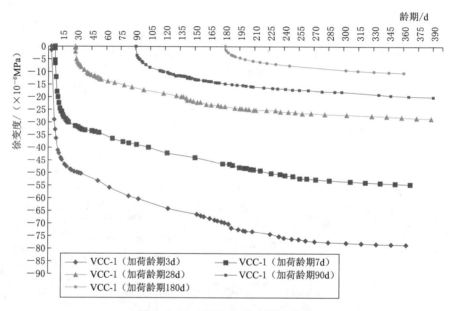

图 3.2.20　VCC-1 徐变度过程线

7.39×10^{-6} MPa。

加荷龄期为 3d、7d、28d 时，RCC-3 持荷 360d 徐变度分别为 83.1×10^{-6} MPa、54.6×10^{-6} MPa、29.7×10^{-6} MPa；加荷龄期为 90d 时，RCC-3 持荷 300d 的徐变度为 17.9×10^{-6} MPa；加荷龄期为 180d 时，RCC-3 持荷 180d 的徐变度为 11.3×10^{-6} MPa。

3.2.4　施工配合比

经过配合比试验，最终确定碾压混凝土及垫层砂浆施工配合比见表 3.2.23。

表3.2.23　　碾压混凝土及垫层砂浆施工配合比

编号	设计标号	混凝土种类	级配	配合比参数					单位体积材料用量/(kg/m³)							VC值/s	坍落度/cm	含气量/%	α	β	浆砂比
				水胶比	掺灰量/%	砂率/%	SBTJM®-II缓凝高效减水剂/%	GYQ-I引气剂/%	水泥	粉煤灰	人工砂	小石	中石	大石	水						
1	$M_{90}25W6F300$	砂浆	—	0.39	45	100	0.7	0.005	353	288	1093	—	—	—	250	—	10~14	6~8	—	—	—
2	$C_{90}20W6F300$	碾压混凝土	三	0.44	45	32	0.7	0.08	105	86	645	420	559	420	84	2~5	—	5~6	1.37	1.61	0.44
3	$C_{90}20W6F300$	碾压混凝土	二	0.44	45	36	0.7	0.08	116	95	711	515	772	—	93	2~5	—	5~6	1.38	1.65	0.44
4	$M_{90}25W8F100$	砂浆	—	0.40	50	100	0.7	0.005	310	310	1105	—	—	—	248	—	10~14	6~8	—	—	—
5	$C_{90}20W8F100$	碾压混凝土	三	0.48	50	36	0.7	0.03	97	97	725	525	788	—	93	2~5	—	3~4	1.31	1.62	0.43
6	$M_{90}25W4F200$	砂浆	—	0.40	50	100	0.7	0.005	310	310	1105	—	—	—	248	—	10~14	6~8	—	—	—
7	$C_{90}20W4F200$	碾压混凝土	三	0.48	50	32	0.7	0.05	87	87	657	427	570	427	84	2~5	—	4~5	1.30	1.58	0.43
8	$M_{90}25W4F50$	砂浆	—	0.44	60	100	0.7	0.005	221	332	1161	—	—	—	243	—	10~14	6~8	—	—	—
9	$C_{90}15W4F50$	碾压混凝土	三	0.52	60	32	0.7	0.02	65	97	668	434	579	434	84	2~5	—	2~3	1.27	1.55	0.42
10	$M_{90}25W4F50$	砂浆	—	0.42	55	100	0.7	0.005	266	325	1121	—	—	—	248	—	10~14	6~8	—	—	—
11	$C_{90}20W4F50$	碾压混凝土	三	0.50	55	32	0.7	0.02	76	92	667	433	578	433	84	2~5	—	2~3	1.28	1.56	0.43

注　表中α=（灰浆体积+含气量）/砂的空隙体积，β=（灰浆体积+含气量）/粗骨料的空隙体积。

3.3　碾压混凝土工艺试验

3.3.1　碾压试验概述

1. 试验目的

通过现场工艺试验，模拟现场实际施工情况，确定碾压混凝土拌和参数、碾压施工参数、骨料分离控制措施、层间结合和层面处理技术措施、成缝工艺、变态混凝土施工工艺等。验证室内配合比拌制的碾压混凝土的可碾性，实测碾压混凝土各项物理性能，验证和确定碾压混凝土质量控制措施，并结合现场试验对碾压作业人员进行培训，从而为坝体进行正式碾压施工奠定基础。

现场碾压试验的目的主要包括：

（1）测定碾压混凝土是否满足设计要求的容重、物理力学、变形、耐久等各项指标。检验坝体渗透性与密实度、本体强度与层间结合强度的关系。

（2）检验碾压混凝土施工生产系统的运行和配套的合理性，检验混凝土拌和系统、运输设备与浇筑系统之间的合理性和适用性。

（3）检验所选用的碾压机械的适用性及其性能的可靠性，检验施工机械组合方式的科学性。通过碾压试验的摊铺、入仓及碾压方式研究，完善坝体填筑的施工工艺和措施。

（4）确定达到设计标准的施工工艺参数（如摊铺厚度、碾压遍数、层间间隔时间等），测定铺筑厚度与碾压遍数的关系。研究层间处理方式与层间结合强度的关系，确定层间结合技术及碾压层面处理措施，研究改进措施。

（5）测试碾压混凝土 VC 值与气温、风速、相对湿度、施工历时之间的关系，确定合理的施工控制指标范围。

（6）测试当时气候条件下汽车运输过程中出机口温度和浇筑温度之间的混凝土温度升高值，并提出相应的保护措施。

（7）通过试验及检测核实坝体设计配合比的合理性，根据试验成果提出调整配合比的建议。

（8）实地培训技术人员、操作人员，提高施工队伍的素质。

（9）获取碾压混凝土施工参数，指导主坝碾压混凝土的施工。

2. 试验依据

（1）《水工碾压混凝土施工规范》（DL/T 5112—2009）。

（2）《水工混凝土施工规范》（DL/T 5144—2001）。

（3）《水工混凝土试验规程》（DL/T 5150—2001）。

（4）《水工碾压混凝土试验规程》（DL/T 5433—2009）。

（5）《丰满水电站全面治理（重建）工程大坝碾压混凝土现场碾压试验技术要求》。

3. 试验块布置

现场碾压试验于 2014 年 10 月 19 日开始，试验场尺寸为 40m×20m（长×宽），混凝土块高 1.8m（含垫层 0.3m），混凝土总工程量为 1440m³，分 $C_{90}20W8F100$ 二级配、$C_{90}20W6F300$

三级配、C$_{90}$15W4F50 三级配、C$_{90}$20W4F200 三级配 4 个区，具体详见图 3.3.1。

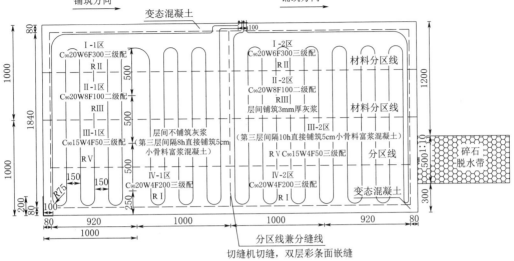

图 3.3.1 碾压混凝土工艺试验场地布置图（单位：cm）

3.3.2 试验项目

1. 试验混凝土的种类

碾压混凝土工艺试验主要对 C$_{90}$20W8F100 二级配、C$_{90}$20W6F300 三级配、C$_{90}$15W4F50 三级配、C$_{90}$20W4F200 三级配的碾压混凝土和变态混凝土等进行试验，碾压混凝土设计指标见表 3.3.1。

表 3.3.1　　　　　　　　　　碾压混凝土设计指标

序号	项　　目.		RⅡ C$_{90}$20W6F300 三级配 （水位变动区 以上防渗层）	RⅢ C$_{90}$20W8F100 二级配 （水位变动区 以下防渗层）	RV C$_{90}$15W4F50 三级配 （内部）	RI C$_{90}$20W4F200 三级配 （外表面）
			碾压混凝土标号			
1	立方体抗压强度标准值 $f_{cu,k}$/MPa	28d	≥24.0	≥19.5	≥13.5	≥19.3
		90d	≥31.2	≥25.3	≥22.5	≥25.1
2	极限拉伸值/（×10^{-4}）	28d	≥0.75	≥0.75	≥0.70	≥0.75
		90d	≥0.80	≥0.80	≥0.75	≥0.80
3	层面抗剪断强度均值 （90d，保证率80%）	f'	≥1.1	≥1.1	≥1.0	≥1.0
		c'/MPa	≥1.7	≥1.7	≥1.3	≥1.3
4	容重（参考值）/（kg/m^3）		≥2400	≥2400	≥2400	≥2400
5	相对密实度/%		≥98	≥98	≥98	≥98

注　f'指极限抗剪摩擦系数，c'指极限抗剪黏聚力。

2. 混凝土基本性能检测试验

（1）碾压混凝土筑坝原材料：水泥、粉煤灰、外加剂、骨料等品质检验。

（2）碾压混凝土室内试验推荐的混凝土配合比验证及调整。

（3）混凝土拌和楼出机口碾压混凝土拌和物质量控制检测，碾压混凝土性能试验（VC 值、含气量、容重、凝结时间、温度）。

（4）仓面碾压混凝土拌和物质量控制检测，碾压混凝土性能试验（VC 值、含气量、容重、凝结时间、温度、泌水）。

（5）出机口碾压混凝土力学性能试验（包括 7d、28d、90d、180d 抗压强度，劈拉强度，弯拉强度、抗弯极限拉伸及抗弯弹性模量，轴心抗拉强度、极限拉伸及抗拉弹性模量、轴心抗压强度、抗压弹性模量，抗渗，抗冻，抗剪断强度）。

（6）现场声测及回弹测试：对各分区碾压混凝土测试在 28d 龄期的声速值及回弹值。

（7）后期实际龄期的各分区碾压混凝土现场声速及回弹测试，测试芯样实际龄期的抗压强度、抗压弹性模量、劈拉强度、轴心抗拉强度、极限拉伸及抗拉弹性模量、抗渗、抗冻、抗剪断强度。

（8）次年开春后，做钻孔压水试验：对各分区碾压混凝土测试实际龄期本体和层面的渗水特性。

3. 碾压混凝土层面结合和施工缝结合影响因素及控制方法试验

2015 年开春后，针对 R Ⅴ区，在采取层间不铺筑灰浆和层间铺筑灰浆这两种不同措施处理的层面上，实际龄期制作 2 组（每组 4 块）试块，进行实际龄期碾压混凝土层间原位直剪试验（平推法）。

4. 施工工艺试验

（1）混凝土拌和楼运转试验（碾压混凝土拌和投料程序、拌和时间、衡器精度和生产能力等）。

（2）碾压混凝土施工工艺和机具协调配合试验。

（3）碾压混凝土现场质量控制。

（4）成缝的方法和工艺试验研究。

（5）变态混凝土加浆的施工设备及工艺。

（6）研究碾压参数与压实度的关系，确定达到碾压混凝土的压实度标准的最佳碾压参数。

5. 试验项目组数

（1）混凝土原材料检测项目及组数见表 3.3.2。

表 3.3.2 混凝土原材料检测项目及组数

序号	试 验 内 容	控制要求及龄期	试验组数	备 注
一	水泥物理性能检测			"浑河"牌 P·MH42.5 水泥
1	表观密度	—	3	
2	比表面积	—	3	
3	凝结时间	—	3	
4	标准稠度	—	3	

序号	试 验 内 容	控制要求及龄期	试验组数	备　注
5	安定性	—	3	"浑河"牌 P·MH42.5 水泥
6	强度	3d、28d	3	
7	水化热	3d、7d、28d	1	
二	粉煤灰物理化学性能检测			
1	烧失量	—	3	"龙华"Ⅰ级粉煤灰
2	表观密度	—	3	
3	细度	45μm	3	
4	需水量比	—	3	
5	强度比	28d	3	
6	SO₃	—	3	
三	人工砂石骨料物理性能检测			
（一）	人工砂检测			
1	级配、细度	—	3	—
2	石粉含量（小于 0.16mm 和小于 0.08mm）	—	3	
3	表观密度	两种状态	1	
4	吸水率	饱和面干	1	
5	密度、空隙率	—	1	
6	坚固性	—	1	
（二）	碎石骨料检测			
1	表观密度	—	3	
2	吸水率	—	3	
3	容重、空隙率	紧密状态	3	
4	含泥或含石粉量	—	3	
5	超逊径含量	—	3	
6	针片状含量	—	3	
7	压碎指标	—	3	
8	坚固性	—	3	
四	外加剂检测			
1	含气量	—	2	减水剂检测1次，引气剂检测1次
2	泌水率检测	—	2	
3	凝结时间差	—	2	
4	抗压强度比	3d、7d、28d	2	
5	减水率	—	2	

（2）混凝土性能试验内容及组数见表 3.3.3。

表 3.3.3　　　　　　　　　　混凝土性能试验内容及组数

序号	试验内容	控制要求及龄期	试验组数	备　注
（一）	出机口取样			
1	VC 值、温度	—		各种混凝土，每 2h 检测 1 次
2	坍落度、温度	—		各种变态混凝土，每 2h 检测 1 次
3	凝结时间	—		每种混凝土品种检测 1 次
4	立方体抗压强度			每种混凝土品种检测 3 次
	$C_{90}20W8F100$ 二级配碾压混凝土	7d、28d、90d、180d	12	
	$C_{90}15W4F50$ 三级配碾压混凝土	7d、28d、90d、180d	12	
	$C_{90}20W6F300$ 三级配碾压混凝土	7d、28d、90d、180d	12	
	$C_{90}20W4F200$ 三级配碾压混凝土	7d、28d、90d、180d	12	
	$C_{90}20W8F100$ 二级配变态混凝土	7d、28d、90d、180d	12	
	$C_{90}15W4F50$ 三级配变态混凝土	7d、28d、90d、180d	12	
	$C_{90}20W6F300$ 三级配变态混凝土	7d、28d、90d、180d	12	
	$C_{90}20W4F200$ 三级配变态混凝土	7d、28d、90d、180d	12	
5	劈裂抗拉强度			$C_{90}20W8F100$、$C_{90}20W6F300$ 混凝土检测 3 次，$C_{90}15W4F50$、$C_{90}20W4F200$ 检测 2 次
	$C_{90}20W8F100$ 二级配碾压混凝土	28d、90d、180d	9	
	$C_{90}15W4F50$ 三级配碾压混凝土	28d、90d、180d	6	
	$C_{90}20W6F300$ 三级配碾压混凝土	28d、90d、180d	9	
	$C_{90}20W4F200$ 三级配碾压混凝土	7d、28d、90d、180d	6	
	$C_{90}20W8F100$ 二级配变态混凝土	28d、90d、180d	9	
	$C_{90}15W4F50$ 三级配变态混凝土	28d、90d、180d	6	
	$C_{90}20W6F300$ 三级配变态混凝土	28d、90d、180d	9	
	$C_{90}20W4F200$ 三级配变态混凝土	28d、90d、180d	6	
6	弯拉强度、抗弯极限拉伸及抗弯弹性模量			$C_{90}20W8F100$、$C_{90}20W6F300$ 混凝土检测 3 次，$C_{90}15W4F50$、$C_{90}20W4F200$ 检测 2 次
	$C_{90}20W8F100$ 二级配碾压混凝土	28d、90d、180d	9	
	$C_{90}15W4F50$ 三级配碾压混凝土	28d、90d、180d	6	
	$C_{90}20W6F300$ 三级配碾压混凝土	28d、90d、180d	9	
	$C_{90}20W4F200$ 三级配变态混凝土	28d、90d、180d	6	
7	轴心抗拉强度、极限拉伸及抗拉弹性模量			碾压混凝土 $C_{90}20W8F100$、$C_{90}20W6F300$ 混凝土检测 3 次，$C_{90}15W4F50$、$C_{90}20W4F200$ 检测 2 次；变态混凝土各检测 1 次
	$C_{90}20W8F100$ 二级配碾压混凝土	28d、90d、180d	9	
	$C_{90}15W4F50$ 三级配碾压混凝土	28d、90d、180d	6	
	$C_{90}20W6F300$ 三级配碾压混凝土	28d、90d、180d	9	

序号	试验内容	控制要求及龄期	试验组数	备　注
7	$C_{90}20W4F200$ 三级配碾压混凝土	28d、90d、180d	6	碾压混凝土 $C_{90}20W8F100$、$C_{90}20W6F300$ 混凝土检测3次，$C_{90}15W4F50$、$C_{90}20W4F200$ 检测2次；变态混凝土各检测1次
	$C_{90}20W8F100$ 二级配变态混凝土	28d、90d、180d	3	
	$C_{90}15W4F50$ 三级配变态混凝土	28d、90d、180d	3	
	$C_{90}20W6F300$ 三级配变态混凝土	28d、90d、180d	3	
	$C_{90}20W4F200$ 三级配变态混凝土	28d、90d、180d	3	
8	轴心抗压强度、抗压弹性模量			每种碾压混凝土各检测2次；每种变态混凝土各检测1次
	$C_{90}20W8F100$ 二级配碾压混凝土	28d、90d、180d	6	
	$C_{90}15W4F50$ 三级配碾压混凝土	28d、90d、180d	6	
	$C_{90}20W6F300$ 三级配碾压混凝土	28d、90d、180d	6	
	$C_{90}20W4F200$ 三级配碾压混凝土	28d、90d、180d	6	
	$C_{90}20W8F100$ 二级配变态混凝土	28d、90d、180d	3	
	$C_{90}15W4F50$ 三级配变态混凝土	28d、90d、180d	3	
	$C_{90}20W6F300$ 三级配变态混凝土	28d、90d、180d	3	
	$C_{90}20W4F200$ 三级配变态混凝土	28d、90d、180d	3	
9	抗渗			碾压混凝土各混凝土检测2次；变态混凝土各检测1次
	$C_{90}20W8F100$ 二级配碾压混凝土	90d、180d	4	
	$C_{90}15W4F50$ 三级配碾压混凝土	90d、180d	4	
	$C_{90}20W6F300$ 三级配碾压混凝土	90d、180d	4	
	$C_{90}20W4F200$ 三级配碾压混凝土	90d、180d	4	
	$C_{90}20W8F100$ 二级配变态混凝土	90d、180d	2	
	$C_{90}15W4F50$ 三级配变态混凝土	90d、180d	2	
	$C_{90}20W6F300$ 三级配变态混凝土	90d、180d	2	
	$C_{90}20W4F200$ 三级配变态混凝土	90d、180d	2	
10	抗冻			每种碾压混凝土各检测2次；变态混凝土各检测1次
	$C_{90}20W8F100$ 二级配碾压混凝土	90d、180d	4	
	$C_{90}15W4F50$ 三级配碾压混凝土	90d、180d	4	
	$C_{90}20W6F300$ 三级配碾压混凝土	90d、180d	4	
	$C_{90}20W4F200$ 三级配碾压混凝土	90d、180d	4	
	$C_{90}20W8F100$ 二级配变态混凝土	90d、180d	2	
	$C_{90}15W4F50$ 三级配变态混凝土	90d、180d	2	
	$C_{90}20W6F300$ 三级配变态混凝土	90d、180d	2	
	$C_{90}20W4F200$ 三级配变态混凝土	90d、180d	2	

续表

序号	试验内容	控制要求及龄期	试验组数	备 注
	室内抗剪断			
11	$C_{90}20W8F100$ 二级配碾压混凝土	90d、180d	2	$C_{90}15W4F50$ 碾压混凝土 2 种层面处理措施,其他混凝土 1 种层面处理措施
	$C_{90}15W4F50$ 三级配碾压混凝土	90d、180d	4	
	$C_{90}20W6F300$ 三级配碾压混凝土	90d、180d	2	
	$C_{90}20W4F200$ 三级配碾压混凝土	90d、180d	2	
(二)	仓面取样			
1	VC 值、温度	每 2h 1 次		各种混凝土,每 2h 检测 1 次
2	坍落度、温度	每 2h 1 次		各种变态混凝土,每 2h 检测 1 次
3	凝结时间	每种混凝土各检测 1 次		每种混凝土各检测 1 次
	立方体抗压强度			
4	$C_{90}20W8F100$ 二级配碾压混凝土	7d、28d、90d、180d	4	每种混凝土各检测 1 次
	$C_{90}15W4F50$ 三级配碾压混凝土	7d、28d、90d、180d	4	
	$C_{90}20W6F300$ 三级配碾压混凝土	7d、28d、90d、180d	4	
	$C_{90}20W4F200$ 三级配碾压混凝土	7d、28d、90d、180d	4	
	$C_{90}20W8F100$ 二级配变态混凝土	7d、28d、90d、180d	4	
	$C_{90}15W4F50$ 三级配变态混凝土	7d、28d、90d、180d	4	
	$C_{90}20W6F300$ 三级配变态混凝土	7d、28d、90d、180d	4	
	$C_{90}20W4F200$ 三级配变态混凝土	7d、28d、90d、180d	4	
	劈裂抗拉强度			
5	$C_{90}20W8F100$ 二级配碾压混凝土	28d、90d、180d	3	每种混凝土各检测 1 次
	$C_{90}15W4F50$ 三级配碾压混凝土	28d、90d、180d	3	
	$C_{90}20W6F300$ 三级配碾压混凝土	28d、90d、180d	3	
	$C_{90}20W4F200$ 三级配碾压混凝土	28d、90d、180d	3	
	$C_{90}20W8F100$ 二级配变态混凝土	28d、90d、180d	3	
	$C_{90}15W4F50$ 三级配变态混凝土	28d、90d、180d	3	
	$C_{90}20W6F300$ 三级配变态混凝土	28d、90d、180d	3	
	$C_{90}20W4F200$ 三级配变态混凝土	28d、90d、180d	3	
6	表观密度检测	—	105	每种混凝土每层各检测 3 个点,两种混凝土遍数与表观密度关系
7	骨料分离情况	全过程控制		不允许出现骨料集中现象
8	两个碾压层间隔时间	按试验内容控制		由试验确定不同气候条件下的允许层间间隔时间,并按其控制

序号	试验内容	控制要求及龄期	试验组数	备 注
9	混凝土加水拌和至碾压完毕时间	全过程控制		小于 2h 或通过试验确定
注：表观密度检测采用核子水分密度仪，以碾压完毕 10min 后的测试结果作为表观密度判定依据				
（三）	混凝土力学性能检测（钻孔取芯）			
1	芯样密度	—	18	每种混凝土各检测 3 组
2	轴心抗压强度、抗压弹性模量			每种混凝土各检测 2 次
	$C_{90}20W8F100$ 二级配碾压混凝土	实际龄期	4	
	$C_{90}15W4F50$ 三级配碾压混凝土	实际龄期	4	
	$C_{90}20W6F300$ 三级配碾压混凝土	实际龄期	4	
	$C_{90}20W4F200$ 三级配碾压混凝土	实际龄期	4	
	$C_{90}20W8F100$ 二级配变态混凝土	实际龄期	4	
	$C_{90}15W4F50$ 三级配变态混凝土	实际龄期	4	
	$C_{90}20W6F300$ 三级配变态混凝土	实际龄期	4	
	$C_{90}20W4F200$ 三级配变态混凝土	实际龄期	4	
3	劈裂抗拉强度			每种混凝土各检测 1 次
	$C_{90}20W8F100$ 二级配碾压混凝土	实际龄期	4	
	$C_{90}15W4F50$ 三级配碾压混凝土	实际龄期	2	
	$C_{90}20W6F300$ 三级配碾压混凝土	实际龄期	4	
	$C_{90}20W4F200$ 三级配碾压混凝土	实际龄期	2	
	$C_{90}20W8F100$ 二级配变态混凝土	实际龄期	2	
	$C_{90}15W4F50$ 三级配变态混凝土	实际龄期	2	
	$C_{90}20W6F300$ 三级配变态混凝土	实际龄期	2	
	$C_{90}20W4F200$ 三级配变态混凝土	实际龄期	2	
4	轴心抗拉强度、极限拉伸及抗拉弹性模量			碾压混凝土各检测 3 次；变态混凝土各检测 1 次
	$C_{90}20W8F100$ 二级配碾压混凝土	实际龄期	4	
	$C_{90}15W4F50$ 三级配碾压混凝土	实际龄期	2	
	$C_{90}20W6F300$ 三级配碾压混凝土	实际龄期	4	
	$C_{90}20W4F200$ 三级配碾压混凝土	实际龄期	2	
	$C_{90}20W8F100$ 二级配变态混凝土	实际龄期	2	
	$C_{90}15W4F50$ 三级配变态混凝土	实际龄期	2	
	$C_{90}20W6F300$ 三级配变态混凝土	实际龄期	2	
	$C_{90}20W4F200$ 三级配变态混凝土	实际龄期	2	
5	抗渗			
	$C_{90}20W8F100$ 二级配碾压混凝土	实际龄期	4	

续表

序号	试验内容	控制要求及龄期	试验组数	备　注
5	$C_{90}15W4F50$ 三级配碾压混凝土	实际龄期	2	
	$C_{90}20W6F300$ 三级配碾压混凝土	实际龄期	2	
	$C_{90}20W4F200$ 三级配碾压混凝土	实际龄期	2	
	$C_{90}20W8F100$ 二级配变态混凝土	实际龄期	2	
	$C_{90}15W4F50$ 三级配变态混凝土	实际龄期	2	
	$C_{90}20W6F300$ 三级配变态混凝土	实际龄期	2	
	$C_{90}20W4F200$ 三级配变态混凝土	实际龄期	2	
	抗　冻			
6	$C_{90}20W8F100$ 二级配碾压混凝土	实际龄期	4	
	$C_{90}15W4F50$ 三级配碾压混凝土	实际龄期	2	
	$C_{90}20W6F300$ 三级配碾压混凝土	实际龄期	4	
	$C_{90}20W4F200$ 三级配碾压混凝土	实际龄期	2	
	$C_{90}20W8F100$ 二级配变态混凝土	实际龄期	2	
	$C_{90}15W4F50$ 三级配变态混凝土	实际龄期	2	
	$C_{90}20W6F300$ 三级配变态混凝土	实际龄期	2	
	$C_{90}20W4F200$ 三级配变态混凝土	实际龄期	2	
	抗剪断			
7	$C_{90}20W8F100$ 二级配碾压混凝土	实际龄期	4	
	$C_{90}15W4F50$ 三级配碾压混凝土	实际龄期	6	
	$C_{90}20W6F200$ 三级配碾压混凝土	实际龄期	4	
	$C_{90}20W4F200$ 三级配碾压混凝土	实际龄期	4	

3.3.3　试验准备

碾压混凝土现场碾压工艺试验前进行以下准备工作。

（1）成立碾压试验领导小组，明确各职能部门、工区的相关职责。

（2）熟悉碾压混凝土配合比要求和碾压标准，并备足材料。

（3）碾压试验块场地平整，试验块轮廓线以外 0.5m 范围内预留足够的空间，确保满足 3m×3m 钢模板安装。

（4）碾压试验块基础清理、石渣铺筑、振动碾压及垫层混凝土浇筑。

（5）布置洗车台、铺设 45m 脱水带。立模时为保证钢模板底部水平，采用方木条用于底部找平；在进仓之前合适的水平位置处设置洗车台。

（6）试验块结构边线采用 3m×3m 钢模板立模，每块模板支撑由 6 条直径 14mm 的拉筋（三排）和一根长度为 3m、直径为 25mm 的钢筋组成，拉筋底部距模板边 0.6m。

（7）采用预制混凝土作为入仓口模板用，预制块尺寸为 500cm×40cm×60cm（长×

宽×高），共制作 3 块。

（8）根据工艺试验计划使用的机械类型，备齐试验所用的设备、工具、器材，并逐件详细检查。对量测器材，核实其规格、量测范围和精度，并进行率定。试验用的碾压机械与实际上坝施工的机械一致。

（9）做好防雨材料准备工作，防雨材料与仓面面积相当，备放在现场。

（10）在现场碾压工艺试验开始前，对各种原材料的供应、混凝土拌制、运输、铺筑、碾压、切缝、变态振捣和检测等设备的能力、工况及施工措施等进行综合检查。

3.3.4　试验工艺流程

1. 碾压混凝土施工工艺流程

碾压混凝土施工工艺流程见图 3.3.2。

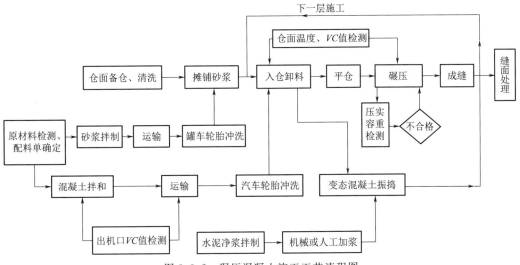

图 3.3.2　碾压混凝土施工工艺流程图

2. 碾压混凝土试验施工步骤及内容

碾压混凝土现场试验施工步骤及内容见表 3.3.4。

表 3.3.4　　　　　　　　碾压混凝土现场试验施工步骤及内容

步　骤	项　目	内　　容
第一步	准备工作	场地冲洗、水电布置、洗车台、入仓道路铺筑、原材料检测、测量放样、模板安装、入仓口立模、层厚标识、质检验仓
第二步	第 1 层浇筑	拌和时间试验、出机口检测、砂浆及混凝土摊铺、摊铺层厚（测量）、碾压遍数＋行走速度配合压实度检测、仓面常规试验检测（VC 值、气温、混凝土温度等）、模板位移（测量）、成缝
第三步	第 2 层浇筑	出机口检测、砂浆及混凝土摊铺、摊铺层厚（测量）、碾压遍数＋行走速度配合压实度检测、仓面常规试验检测（VC 值、气温、混凝土温度等）、模板位移（测量）、成缝
第四步	第 3 层浇筑	出机口检测、砂浆及混凝土摊铺、摊铺层厚（测量）、碾压遍数＋行走速度配合压实度检测、仓面常规试验检测（VC 值、气温、混凝土温度等）、模板位移（测量）、成缝

续表

步 骤	项 目	内 容
第五步	第4层浇筑	Ⅰ区、Ⅱ区按正常浇筑，出机口检测、压实度检测、仓面常规试验检测（VC值、气温、混凝土温度等）、摊铺层厚（测量）、模板位移（测量）、成缝
第六步	层间间隔	Ⅲ-1区，间隔8h，层间铺小骨料富浆混凝土后摊铺下一层碾压混凝土。Ⅲ-2区，间隔10h，层间铺小骨料富浆混凝土后摊铺下一层碾压混凝土。具体加垫层铺筑允许时间根据第1层、第2层凝结时间测试结果动态调整
第七步	第4层浇筑	Ⅲ区仓面层间5cm小骨料富浆混凝土铺筑及碾压混凝土摊铺，出机口检测、压实度检测、仓面常规试验检测（VC值、气温、混凝土温度等）、摊铺层厚（测量）、模板位移（测量）、成缝、养护
第八步	层间间隔	第四层浇筑完成后，冲毛、养护，间隔7d。Ⅰ-1区、Ⅱ-1区、Ⅲ-1区、Ⅳ-1区层间结合的垫层拌和物为1.5cm厚砂浆；Ⅰ-2区、Ⅱ-2区、Ⅲ-2区、Ⅳ-2区层间结合的垫层拌和物为5cm厚小骨料富浆混凝土。做不同垫层拌和物的对比试验
第九步	第5层浇筑	出机口检测、压实度检测、仓面常规试验检测（VC值、气温、混凝土温度等）、摊铺层厚（测量）、模板位移（测量）、成缝

3.3.5 碾压混凝土工艺试验过程

1. 入仓口和模板

入仓道路开挖石渣铺筑，表面10cm铺碎石脱水带，入仓口宽度为5m，随试验块上升而逐步加高，仓口预制块混凝土模板同步叠加，试验块周边结构模板采用3m×3m悬臂钢模板，拉模筋采用直径14mm的圆钢焊接。混凝土浇筑过程中，安排专职人员检查、维护，防止跑模。

2. 拌和

（1）拌和设备：碾压混凝土由右岸2×3m³强制式拌和楼拌制。

（2）投料顺序：砂→水泥＋粉煤灰→（水＋外加剂）→小石→中石→大石。

（3）拌和时间：在同等工况下（混凝土配合比一样，投料顺序一样），拌和时间分别为60s、70s、80s，检测拌和物的均匀性，确定最佳拌和时间。可根据实际情况增加拌和时间测试数量。

（4）质量控制：在混凝土拌和过程中，试验中心拌和楼质控人员对出机口混凝土质量情况加强巡视、检查，发现异常情况时查找原因及时处理，严禁不合格的混凝土入仓。构成下列情况之一者作为废料处理：

1）拌和不充分的生料。

2）VC值大于12s。

3）混凝土拌和物均匀性很差，达不到密度要求。

4）发现混凝土拌和楼配料秤超重、欠秤的混凝土。

（5）拌和设备保养：拌和过程中拌和楼值班人员应经常观察灰浆在拌和机叶片上的黏结情况，若黏结严重应及时清理。交接班之前，必须将拌和机内黏结物清除。配料、拌和过程中出现漏水、漏液、漏灰和电子秤飘移现象后应及时检修，严重影响混凝土质量时应临时停机处理。

（6）VC值的控制：拌和楼机口碾压混凝土VC值控制，应在配合比设计范围内根据气候和途中损失值进行动态控制，如若超出配合比设计调整值范围，应尽量保持$W/C+F$不变的情况下调整用水量或外加剂掺量，仓面VC值调整由指挥长决定，并由仓面试验室人员通知拌和楼执行。

3. 运输

运输采用15t自卸汽车运输，汽车两侧栏板顶部安装自动遮阳翻板。汽车先后经过拌和楼、洗车台、碎石脱水带、入仓口直接进入仓面。

4. 卸料、平仓

（1）卸料：15t自卸汽车直接进仓卸料，采用退铺法进行卸料，卸料方式为两点卸料法，卸料时自由落差不大于1.5m，对运至现场试验块区域后卸落的混凝土拌和物进行骨料分离情况评价、骨料包裹情况评价。

（2）平仓设备：平仓设备采用SD10YS型平仓机。

（3）平仓机平仓时，摊铺层厚为（34±2）cm，并保持条带前部略低，以降低汽车卸料高度，达到减少骨料分离的目的。仓面平仓后要求做到基本平整，无显著坑洼。摊铺完成后，进行碾压，压实厚度控制为30cm，碾压后10min开始压实容重检测。本次试验安排1～3层（0～0.9m）做斜层碾压试验，斜层坡比控制在1：10～1：15，不得陡于1：10，具体坡度根据现场供料强度及仓面VC值情况动态控制。

5. 碾压

（1）碾压设备：振动碾采用BW－203AD型。

（2）碾压机行走速度选择1km/h、1.5km/h进行试验。碾压作业要求条带清楚，行走偏差距离应控制在10cm范围内，相邻条带碾压必须搭接20cm，同一条带分段碾压时，其接头部位应重叠碾压1m。两条碾压条带间因碾压作业形成的高差，一般应采用无振慢速碾压1～2遍压平处理。

（3）由于第1层底部为实地，相关数据无法模拟大坝现场浇筑工况。因此，在第2、第3层进行碾压遍数的试验，在不同碾压条带进行，先以无振碾压2遍、然后以有振碾压4～9遍，在各自碾压遍数组合完成后进行压实容重检测，若第2、第3层获取的碾压试验参数不佳，在第4层增加碾压遍数与压实度关系试验。在上述要求范围内根据试验检测结果筛选出最佳的碾压参数。

6. 成缝方式及工艺

（1）切缝设备：切缝设备采用HCD－70型。

（2）试验块设置诱导缝，主要采用"先碾后切"的方式成缝，层面碾压遍数满足设计要求后，在各分区线处进行切缝工艺试验。切缝缝深20cm，长度35cm，切缝时先拉线定出分区线位置，采用切缝机无间隔切缝，缝内填塞双层彩条布。利用切缝机将彩条布平顺地切入缝内，完成后再用振动碾进行补碾。

7. 冷却水管布设

碾压试验块内埋设一层冷却水管，布置在斜层碾压第10层（0.9m高处）层面上采用高强度导热聚乙烯塑料管，按1.5m水平间距"S"形布置，埋设时水管距诱导缝

0.5m、距模板边至少 1m，铺设时需将冷却水管用 U 形卡（直径 6.5mm 或 8mm）固定在仓面。冷却水管铺设见图 3.3.3。埋设的冷却水管不能堵塞，管道的连接确保接头连接牢固，不得漏水。对已安装好的冷却水管须进行通水检查，在下一层碾压混凝土摊铺碾压后应及时进行通水试验，如发现堵塞或漏水现象，立即处理。为测试水科院自动化系统的工作性能，该次碾压试验采用自动电磁阀代替球形闸阀，安装时由工区作业人员配合厂家人员进行安装。

图 3.3.3　冷却水管铺设

8. 变态混凝土振捣

（1）变态混凝土施工是在已摊铺好的碾压混凝土拌和物中，掺入适量水泥掺合料净浆，以常态混凝土振捣法作业振实，并能满足设计要求的混凝土。

（2）变态混凝土施工设备：加浆振捣一体机或高频配直径 100mm 振捣棒。

（3）变态混凝土的加浆及振捣大部分采用注浆振捣一体机进行施工，注浆振捣一体机不能施工的部位，采用插孔定量加浆法，再采用高频振动棒振捣密实，要求振捣棒深入下一层混凝土 5～10cm，以振捣棒振捣后拔出不留孔洞为准。

（4）该次试验为模拟上坝浇筑工况，采取加浆变态混凝土与机拌变态混凝土对比试验，变态区域 1～4 层（0～1.2m）变态区域采用加浆变态混凝土施工，最后一层（1.2～1.5m）采用机拌变态混凝土施工。机拌变态混凝土施工工艺与常态混凝土相同。

（5）由于松铺状态的混凝土比碾压后的混凝土更容易让变态浆液渗透，因此必须先加浆，让浆液充分渗透。待混凝土平仓后，振动碾先静压 1～2 遍，确保加浆车能顺利通过碾压区进入变态区加浆，加浆完毕，采用先碾压后变态振捣的方式，在变态混凝土与碾压混凝土交接处，用振捣器向碾压混凝土方向振捣，使两者互相融混密实。

（6）插孔加浆法施工时，一般铺浆前先在摊铺好的碾压混凝土面上用直径 10mm 的造孔器进行造孔，插孔按梅花形布置，孔距为 30cm，孔深 20cm。

（7）变态混凝土的定量加浆，采用"容器法"人工定量加浆，浆液由灰浆运输车运至仓面，由统一容量的人工手提皮桶控制加浆量，加浆量拟定 6%、7%、8% 三种，则 1m 变态区加浆量为 18～24L/m，每 2m 为一个控制单元。灰浆洒铺应均匀、不漏铺，洒铺时不得向模板直接洒铺，溅到模板上的灰浆应立即处理干净。

9. 温度计埋设

该次试验共埋设 7 支 LCT01 温度计和 1 支串形温度计，除Ⅲ-5 号温度计置于混凝土顶面以上、保温被以下外，其余温度计均埋设于混凝土内。

由于在碾压混凝土内埋设监测仪器，不同于常态混凝土，要求仪器外壳有足够刚度，以适应施工过程中受较大荷载的碾压不致破坏，且不降低监测精度，仪器的测值能真实地反映混凝土实际情况。为此，待混凝土浇筑到温度计埋设的预定高程且平仓压实后，在布置位置挖深约 20cm 的槽子将仪器放入，用混凝土覆盖，再进行碾压。温度计埋设由水科院自动化系统工作人员安装，水电十六局现场作业人员配合埋设。

10. 混凝土温度计算

（1）混凝土原材料温度。砂、骨料温度采用月平均气温 14.9℃，水温按水库表层月平均温度 20.7℃，水泥及粉煤灰温度根据工程所在地环境特点及同等气候条件下施工经验分别取 50℃、45℃。

（2）混凝土温度计算。由于 R V 区 $C_{90}15W4F50$ 三级配碾压混凝土在整个大坝混凝土中所占体积较大，因此温控计算采用 $C_{90}15W4F50$ 三级配碾压混凝土配合比作为碾压混凝土温度计算典型代表。

1）混凝土入仓方式。碾压混凝土试验混凝土水平运输采用 15t 自卸车运输，运至碾压混凝土试验场地后直接入仓。

2）混凝土出机口温度。混凝土出机口温度主要取决于拌和前各种原材料的温度。拌和时机械热产生的温度甚微。

利用拌和前混凝土原材料总热量与拌和后流态混凝土的总热量相等的原理，可求得混凝土的出机口温度 T_0：

$$T_0 = \frac{(C_S + C_w q_S)W_S T_S + (C_G + C_w q_G)W_G T_G + C_C W_C T_C + C_w(W_w - q_S W_S - q_G W_G)T_w + Q_j}{C_S W_S + C_G W_G + C_C W_C + C_w W_w}$$

$$(3.3.1)$$

式中　　T_0——混凝土出机口温度，℃；

C_S——砂的比热，取 $0.21 kcal/(kg \cdot ℃)$；

C_G——石的比热，取 $0.21 kcal/(kg \cdot ℃)$；

C_C——水泥的比热，取 $0.21 kcal/(kg \cdot ℃)$；

C_W——水的比热，取 $1.0 kcal/(kg \cdot ℃)$；

q_S——砂的含水量，以%表示，取 3%；

q_G——石的含水量，以%表示，取 0.5%；

W_S——每立方米混凝土中砂的重量，kg/m^3，按《混凝土配合比表》选取；

W_G——每立方米混凝土中石的重量，kg/m^3，按《混凝土配合比表》选取；

W_C——每立方米混凝土中水泥和粉煤灰的重量，kg/m^3，按《混凝土配合比表》选取；

W_W——每立方米混凝土中水的重量，kg/m^3，按《混凝土配合比表》选取；

T_S——砂的温度，℃，按月平均气温选取；

T_G——石的温度,℃,按月平均气温选取;

T_c——水泥、粉煤灰的温度,℃,根据相关条件分别取50℃和45℃;

T_W——水的温度,℃,采用水库表层月平均水温;

Q_j——混凝土拌和时产生的机械热,$kcal/m^3$,混凝土出机口温度为自然出机温度时,其值取$500kcal/m^3$;生产12℃或10℃预冷混凝土时其值取1200～$1500kcal/m^3$。

将相关参数代入式(3.3.1)中,经计算,出机口温度$T_0 = 18.13℃$。

3)混凝土入仓温度。混凝土入仓温度取决于混凝土出机口温度、运输工具类型、运输时间和转运次数。入仓温度按式(3.3.2)计算:

$$T_{Bp} = T_0 + (T_a - T_0) \times (\theta_1 + \theta_2 + \theta_3 + \cdots + \theta_n) \tag{3.3.2}$$

式中　　　　　　T_{Bp}——混凝土入仓温度,℃;

T_0——混凝土出机口温度,℃;

T_a——混凝土运输时气温,℃,采用月平均气温;

$\theta_i (i=1,2,3\cdots,n)$——温度回升系数,混凝土装、卸和转运每次$\theta = 0.032$,混凝土运输时,$\theta = At$,平均转运2次;

A——混凝土运输过程中温度回升系数,混凝土水平运输为自卸运输车,温度回升系数A_1取0.0021,运输时间为2min;

t——运输时间,min,按《水工混凝土施工规范》(DL/T 5144—2001)和招标文件有关规定确定。

将相关参数代入式(3.3.2)中,经计算,入仓温度$T_{Bp} = 17.91℃$。

4)混凝土浇筑温度。混凝土浇筑温度由混凝土的入仓温度、浇筑过程中温度增减两部分组成,采用《水利水电工程施工手册·混凝土工程》的公式进行计算,即

$$T_p = T_{Bp} + \theta_p \times \tau \times (T_a - T_{Bp}) \tag{3.3.3}$$

式中　T_p——混凝土浇筑温度,℃;

T_{Bp}——混凝土入仓温度,℃;

T_a——混凝土运输时气温,℃,采用各月平均气温;

θ_p——混凝土浇筑过程中温度倒灌系数,一般可根据现场实测资料确定,本次计算选取$\theta_p = 0.000659$;

τ——铺料平仓振捣至上层混凝土覆盖前的时间,min,碾压混凝土取120min。

将相关参数代入式(3.3.3)中,经计算,浇筑温度$T_p = 17.67℃$。

上述数据根据月平均气温及水库表层月平均水温计算得出,施工时由于气温、水温变化及日照、风速的影响会发生相应的浮动。

11. 碾压混凝土仓面雾化状态的建立和养护试验

为了避免未经碾压的混凝土在高温天气施工时VC值损失过快,以及已碾压完毕的混凝土出现过快失水开裂等现象,进行仓面雾化状态工艺试验,采用移动式喷雾机或高压冲毛枪喷雾,保持仓面湿润,控制并降低整个仓面的环境温度,同时对已碾压完成的混

凝土及时进行养护。

12. 保温方案

（1）仓面临时保温方案。混凝土浇筑完成后，覆盖 2 层 2cm 聚乙烯保温被进行临时保温，其等效放热系数不大于 98.58kJ/（m²·d·℃）。

（2）越冬顶面保温方案。首先在越冬层面铺设一层塑料薄膜（厚 0.6mm），然后在其上面铺设 2 层 2cm 厚的聚乙烯保温被，再在上面铺设 13 层 2cm 厚棉被，最后在顶部铺设一层三防帆布，其等效放热系数不大于 29.79kJ/（m²·d·℃）。塑料薄膜、棉被和三防帆布铺设有一定的搭接，相邻两层之间的聚乙烯保温被及棉被须错缝铺设，三防帆布接缝用堆叠沙袋进行压盖。

（3）越冬侧面保温方案。越冬侧面采用喷涂聚氨酯保温。

3.3.6 各项试验成果及总结

1. 拌和均匀性试验

碾压混凝土拌制采用右岸 2×3m³ 强制式拌和楼，每盘拌料 3m³，拌和均匀性试验结果见表 3.3.5。

表 3.3.5 拌和楼混凝土拌和均匀性试验结果

环境温度： 16 ℃　　　水温： 10 ℃　　　检验用仪器设备：①名称： 电子天平
②名称： 筛子 　　　　　　　　　　　　　　　　　　　　　　粗骨料品种： 碎石
取样日期： 2014 年 10 月 18 日　　　　　　　取样地点： 右岸 2×3m³ 拌和楼

试验时间	设计标号	拌和量/m³	拌和时间/s	取样位置	取样重量/kg	砂浆容重/(kg/m³)	机首尾砂浆容重差/(kg/m³)	大于5mm骨料重/kg	骨料占混凝土比例/%	机首尾之差/%	机首尾砂浆重差/(kg/m³)	机首尾骨料比例/%	备注
16：47	C₉₀15W4F50	3	50	机首	20.0	2391	13	8.87	44.3	3.6	≤30	≤10	
				机尾	20.0	2404		9.58	47.9				
17：20	C₉₀15W4F50	3	70	机首	25.78	2338	4	14.19	54.6	0.8	≤30	≤10	
				机尾	25.02	2342		13.27	53.8				
17：50	C₉₀15W4F50	3	90	机首	25.044	2338	5	14.33	57.5	1.1	≤30	≤10	
				机尾	24.015	2343		13.54	56.4				

注　1. 砂浆容重是由混凝土筛出大于 5mm 骨料所得砂浆测得的。
　　2. 骨料投料顺序为砂→（水泥＋粉煤灰）→（水＋外加剂）→粗骨料。

根据表 3.3.5 均匀性试验结果，确定碾压混凝土搅拌最佳时间为 70s。

2. 原材料试验

（1）水泥。碾压试验块使用的水泥为抚顺水泥股份有限公司生产的"浑河"牌 P·MH42.5 中热硅酸盐水泥，水泥物理力学性能检测结果见表 3.3.6，各项指标符合要求。

表 3.3.6　　　　　　　　　　　　　水泥物理力学性能检测结果

样品编号	水泥品种	标准稠度/%	安定性	凝结时间		抗折强度/MPa			抗压强度/MPa		
				初凝	终凝	3d	7d	28d	3d	7d	28d
C12-2014-39	"浑河" P·MH42.5	24.4	合格	2h12min	3h08min	4.1	6.2	9.5	20.6	31.7	49.6
C12-2014-46	"浑河" P·MH42.5	24.8	合格	2h26min	3h12min	4.0	6.4	9.4	20.3	30.9	48.9
C12-2014-48	"浑河" P·MH42.5	24.6	合格	2h16min	3h08min	4.3	6.0	9.3	21.0	30.6	49.2
C12-2014-49	"浑河" P·MH42.5	24.6	合格	2h09min	3h04min	4.1	6.3	9.1	20.5	31.2	49.5

（2）掺合料。掺合料采用吉林江北龙华热电厂生产的Ⅰ级粉煤灰，其物理性能检测结果见表 3.3.7，各项指标符合要求。

表 3.3.7　　　　　　　　　　　　粉煤灰物理性能检测结果

样品编号	粉煤灰品种	细度/%	需水量比/%	含水量/%	烧失量/%	密度/(g/cm³)
F12-2014-5	龙华Ⅰ级灰	11.2	92	0.1	1.85	2.10
F12-2014-6	龙华Ⅰ级灰	11.3	92	0.1	2.07	2.10
F12-2014-7	龙华Ⅰ级灰	10.8	92	0.1	2.03	2.10
F12-2014-8	龙华Ⅰ级灰	11.6	91	0.2	1.95	2.13
F12-2014-8-1	龙华Ⅰ级灰	11.8	91	0.2	2.01	2.11
F12-2014-9	龙华Ⅰ级灰	10.1	92	0.0	1.97	2.09

（3）外加剂。减水剂采用江苏苏博特新材料股份有限公司生产的 SBTJM®-Ⅱ缓凝高效减水剂，引气剂采用江苏苏博特新材料股份有限公司生产的高效引气剂 GYQ-Ⅰ，其物理力学性能检测结果见表 3.3.8，各项指标符合要求。

表 3.3.8　　　　　　　　　　　　外加剂物理力学性能检测结果

外加剂品种	pH值	细度/%	密度/(g/cm³)	固形物含量/%	减水率/%	含气量/%	泌水率比/%	凝结时间差/min		抗压强度比	
								初凝	终凝	7d	28d
SBTJM®-Ⅱ缓凝高效减水剂	8.8	57	1.11	—	23.1	1.7	68	551	734	152	131
高效引气剂 GYQ-Ⅰ	11.9	—	1.2	50.0	8.2	6.1	51	69	75	96	92

（4）砂石骨料。采用砂石料加工系统生产的人工碎石和人工砂，岩性为华力西晚期钾长花岗岩，筛分试验结果见表 3.3.9 和表 3.3.10。由检测结果可知，人工碎石各项检测结果满足规范要求；人工砂细度模数为 2.33～2.48，石粉含量为 14.0%～16.4%，对碾压混凝土而言石粉含量偏低，在实际生产中需提高人工砂的石粉含量。

表 3.3.9 粗骨料筛分试验结果

取样日期	小 石					中石		大石		取样地点
	超径/%	逊径/%	含水率/%	表面含水率/%	压碎指标/%	超径/%	逊径/%	超径/%	逊径/%	
2014 年 10 月 15 日	1	6	—	—	—	3	6	4	4	2×3m³ 拌和楼
2014 年 10 月 17 日	3	7	1.0	0.3	11	1	7	4	5	2×3m³ 拌和楼
2014 年 10 月 19 日	5	9	1.3	0.6	—	3	9	2	3	2×3m³ 拌和楼
2014 年 10 月 20 日	2	8	0.9	0.2	—	0	9	5	3	2×3m³ 拌和楼
2014 年 10 月 28 日	2	9	1.0	0.6	—	1	6	4	5	2×3m³ 拌和楼

表 3.3.10 细骨料筛分试验结果

品 种	取样日期	细度模数	大于 5mm 微粒含量/%	0.08～0.16mm 微粒含量/%	小于等于 0.08mm 微粒含量/%	石粉含量/%	含水率/%	表面含水率/%	取样地点
碾压人工砂	2014 年 10 月 15 日	2.33	0.3	7.2	9.2	16.4	—	—	2×3m³ 拌和楼
碾压人工砂	2014 年 10 月 17 日	2.42	0	4.9	9.2	14.1	4.20	2.05	2×3m³ 拌和楼
碾压人工砂	2014 年 10 月 19 日	2.32	0.4	5.6	8.4	14.0	4.15	3.00	2×3m³ 拌和楼
碾压人工砂	2014 年 10 月 20 日	2.48	0.4	7.1	7.6	14.7	4.30	2.15	2×3m³ 拌和楼
碾压人工砂	2014 年 10 月 28 日	2.46	0.1	7.0	8.4	15.4	4.95	2.80	2×3m³ 拌和楼

（5）拌和用水。由大坝工程生产用水系统供水，其品质符合要求。

3. 碾压混凝土配合比验证

根据现场碾压工艺试验各种碾压混凝土配合比的砂率和 VC 值适中，骨料基本无分离现象发生，可碾性良好，因人工砂石粉含量偏低，工艺试验碾压混凝土表面泛浆效果略差。碾压混凝土和变态混凝土配合比见表 3.3.11。

4. 碾压混凝土性能试验

碾压混凝土拌和物凝结时间见表 3.3.12，碾压混凝土物理性能检测成果见表 3.3.13，出机口碾压混凝土和变态混凝土力学性能检测成果见表 3.3.14 和表 3.3.15，仓面碾压混凝土及变态混凝土力学性能检测成果见表 3.3.16，碾压混凝土抗弯拉力学性能检测成果见表 3.3.17，碾压混凝土抗剪切力学性能检测成果见表 3.3.18，碾压混凝土及变态混凝土力学和变形检测成果见表 3.3.19，碾压混凝土和变态混凝土耐久性能检测成果见表 3.3.20。

表3.3.11　碾压混凝土和变态混凝土配合比（粉煤灰需水量比 95%）

编号	设计标号	混凝土种类	级配	配合比参数					单位体积材料用量/(kg/m³)							VC值/s	坍落度/cm	含气量/%	α	β	浆砂比
				水胶比	掺灰量/%	砂率/%	SBTJM®-II缓凝高效减水剂/%	GYQ-I引气剂/%	水泥	粉煤灰	人工砂	小石	中石	大石	水						
1	C$_{90}$15W4F50	碾压混凝土	三	0.55	60	33	0.5	0.06	60	91	697	434	579	434	83	2~4	—	3.5~4.5	1.53	1.49	0.43
2	C$_{90}$15W4F50	变态混凝土灰浆	一	0.45	60	—	0.5	—	25	37	—	—	—	—	28	—	—	—	—	—	—
3	C$_{90}$20W4F200	碾压混凝土	三	0.50	50	33	0.5	0.1	83	83	685	426	568	426	83	2~4	—	4.5~5.5	1.68	1.56	0.45
4	C$_{90}$20W4F200	变态混凝土灰浆	一	0.45	50	—	0.5	—	31	31	—	—	—	—	28	—	—	—	—	—	—
5	C$_{90}$20W6F300	碾压混凝土	三	0.45	45	33	0.5	0.16	101	83	672	418	557	418	83	2~4	—	5.5~6.5	1.84	1.62	0.48
6	C$_{90}$20W6F300	变态混凝土灰浆	一	0.45	45	—	0.5	—	34	28	—	—	—	—	28	—	—	—	—	—	—
7	C$_{90}$20W8F100	碾压混凝土	二	0.50	50	37	0.5	0.08	92	92	763	531	797	—	92	2~4	—	3.5~4.5	1.56	1.69	0.43
8	C$_{90}$20W8F100	变态混凝土灰浆	一	0.45	50	—	0.5	—	31	31	—	—	—	—	28	—	—	—	—	—	—
9	C$_{90}$20	细石混凝土	一	0.46	30	47	0.7	0.02	275	118	779	896	—	—	181	—	14~18	—	—	—	—

表 3.3.12 碾压混凝土拌和物凝结时间

检测日期	设计标号	级配	加水时间（时:分）	初凝/min	终凝/min	备注
2014 年 10 月 19 日	C_{90}15W4F50	三	10:07	760	1214	气温为 4.5～17.5℃
2014 年 10 月 19 日	C_{90}20W6F300	三	10:16	778	1212	气温为 4.5～17.5℃
2014 年 10 月 20 日	C_{90}15W4F50	三	9:40	1900	3384	气温为 −6.0～−4.0℃
2014 年 10 月 20 日	C_{90}20W6F300	三	15:10	1736	3492	气温为 −6.0～−4.0℃

表 3.3.13 碾压混凝土物理性能检测成果表

设计标号	测试时间（时:分）	VC 值/s	含气量/%	气温/℃	混凝土温度/℃	实测容重/(kg/m³)
C_{90}15W4F50	10:16	6.0	3.8	17.0	12.0	2386
C_{90}20W8F100	10:47	8.4	4.2	17.0	13.0	—
C_{90}20W6F300	11:06	2.5	7.2	17.0	13.0	2327
C_{90}20W8F100	11:35	3.2	6.6	19.0	15.0	—
C_{90}20W4F200	13:18	3.1	5.4	18.0	16.5	—
C_{90}20W8F100	13:45	4.6	4.6	17.0	16.0	2369
C_{90}15W4F50	14:14	4.0	4.2	17.0	15.5	—
C_{90}20W6F300	16:09	5.4	4.3	17.0	15.0	—
C_{90}15W4F50	18:28	5.7	4.0	15.0	15.0	2384
C_{90}15W4F50	18:42	5.5	4.2	15.0	15.0	—
C_{90}15W4F50	18:50	4.0	5.0	15.0	15.0	—
C_{90}20W4F200	19:00	5.8	5.2	15.0	16.0	2350
C_{90}20W6F300	19:46	4.2	5.8	15.0	16.0	—
C_{90}20W6F300	21:05	7.8	5.0	15.0	16.0	—
C_{90}20W4F200	21:43	6.4	4.5	14.0	15.0	2362
C_{90}20W8F100	22:36	2.7	—	14.0	15.0	—
C_{90}15W4F50	23:43	3.2	—	14.0	15.0	—

表 3.3.14　出机口碾压混凝土力学性能检测成果表

单位：MPa

设计标号	级配	序号	7d 单组抗压平均强度	7d 平均强度	28d 单组抗压平均强度	28d 平均强度	28d 单组劈拉平均强度	28d 平均劈拉强度	90d 单组抗压平均强度	90d 平均强度	90d 单组劈拉平均强度	90d 平均劈拉强度	180d 单组抗压平均强度	180d 平均强度	180d 单组劈拉平均强度	180d 平均劈拉强度	取样部位
$C_{90}20W8F100$	二	1	5.1		12.1		1.89		24.2		2.14		26.5		2.29		
		2	5.0	4.9	11.8	12.3	1.99	1.87	23.6	23.6	2.07	2.10	27.2	26.7	2.24	2.27	
		3	4.5		13.1		1.72		23.1		2.09		26.4		2.28		
$C_{90}20W4F200$	三	1	7.3		16.0		1.94		27.4		2.46		30.4		2.72		
		2	8.1		16.7		1.82		27.6		2.53		29.3		2.76		
		3	8.1	7.8	16.1	16.6	1.90	1.83	26.5	27.2	2.57	2.52	29.5	30.7	2.76	2.68	出机口
		4	—		16.3		1.78		28.0		—		31.7		2.67		
		5	—		17.6		1.69		26.6		—		32.4		2.60		
$C_{90}20W6F300$	三	1	8.6		19.5		2.11		31.5		2.75		34.2		2.80		
		2	8.2		18.4		1.96		30.5		2.83		34.1		2.87		
		3	9.2	8.7	19.4		2.04		32.0		2.69		35.5	35.1	2.85	2.84	
		4	—		19.0	18.8	2.01	2.01	31.3	31.2	—	2.76	34.7		—		
		5	—		19.8		1.95		30.6		—		35.5		—		
		6			—		—		—				36.7				
$C_{90}15W4F50$	三	1	4.2		9.6	11.0	1.01	1.03	18.0	19.2	1.62	1.70	23.7	23.3	1.88	1.83	
		2	4.5	4.4	11.4		0.92		19.9		1.75		22.7		1.79		
		3	4.5		11.9		1.17		19.8		1.72		23.1		1.81		

表3.3.15　出机口变态混凝土力学性能检测成果表

单位：MPa

设计标号	级配	序号	7d 单组抗压平均强度	7d 平均强度	28d 单组抗压平均强度	28d 平均强度	28d 单组劈拉平均强度	28d 平均劈拉强度	90d 单组抗压平均强度	90d 平均强度	90d 单组劈拉平均强度	90d 平均劈拉强度	180d 单组抗压平均强度	180d 平均强度	180d 单组劈拉平均强度	180d 平均劈拉强度	取样部位
C_{90}20W6F300	三	1	7.7		19.7		1.98		31.6		2.70		35.6		2.84		
		2	7.5	7.5	20.2	19.8	2.00	1.96	30.7	31.4	2.71	2.70	38.3	36.9	2.86	2.86	
		3	7.3		19.5		1.89		32.0		2.69		36.7		2.85		
C_{90}20W8F100	二	1	3.7		8.3		0.87		19.7		1.74		23.8		2.01		出机口
		2	3.6	3.6	8.0	8.3	1.03	0.93	20.5	20.1	1.79	1.77	23.2	23.5	2.20	2.05	
		3	3.6		8.6		0.89		20.1		1.77		23.4		1.95		
C_{90}15W4F50	三	1	3.6		9.2		0.97		21.1		1.78		26.1		2.24		
		2	3.1	3.4	10.2	9.5	1.09	1.0	21.8	21.8	1.79	1.80	26.1	26.4	2.21	2.24	
		3	3.4		9.2		0.95		22.7		1.82		26.9		2.27		
C_{90}20W4F200	三	1	6.2		15.3		1.59		30.0		2.42		33.0		2.73		
		2	6.8	6.5	15.8	15.5	1.63	1.57	30.6	29.5	2.46	2.43	34.0	33.6	2.68	2.73	
		3	6.4		15.5		1.50		27.9		2.40		33.7		2.77		

表3.3.16　仓面碾压混凝土及变态混凝土力学性能检测成果表

单位：MPa

设计标号	级配及混凝土类型	序号	7d 单组抗压强度平均值	7d 平均强度	28d 单组抗压强度平均值	28d 平均强度	28d 单组劈拉强度	28d 平均劈拉强度	90d 单组抗压强度平均值	90d 平均强度	90d 单组劈拉强度	90d 平均劈拉强度	180d 单组抗压强度平均值	180d 平均强度	180d 单组劈拉强度	180d 平均劈拉强度	取样部位
C_{90}20W8F100	三级配碾压混凝土	1	5.9	5.9	13.1	13.1	1.28	1.28	24.2	24.2	2.02	2.02	26.7	26.7	2.11	2.11	仓面
C_{90}20W4F200	三级配碾压混凝土	1	8.5	8.5	17.9	17.9	1.81	1.81	29.3	29.3	2.45	2.45	33.7	33.7	2.70	2.70	
C_{90}20W6F300	三级配碾压混凝土	1	9.4	9.4	20.5	20.5	1.91	1.91	32.6	32.6	2.63	2.63	36.0	36.0	2.78	2.78	
C_{90}15W4F50	三级配碾压混凝土	1	5.3	5.3	12.4	12.4	1.32	1.32	19.8	19.8	1.78	1.78	23.6	23.6	1.82	1.82	
C_{90}20W6F300	三级配变态混凝土	1	8.1	8.1	20.5	20.5	2.02	2.02	31.5	31.5	2.68	2.68	35.7	35.7	2.75	2.75	
C_{90}20W8F100	三级配变态混凝土	1	4.5	4.5	9.2	9.2	1.06	1.06	21.6	21.6	1.74	1.74	24.9	24.9	2.03	2.03	
C_{90}15W4F50	三级配变态混凝土	1	4.2	4.2	10.1	10.1	1.05	1.05	21.9	21.9	1.78	1.78	25.6	25.6	2.10	2.10	
C_{90}20W4F200	三级配变态混凝土	1	7.4	7.4	17.0	17.0	1.85	1.85	28.5	28.5	2.54	2.54	33.2	33.2	2.72	2.72	

表 3.3.17　碾压混凝土抗弯拉力学性能检测成果表

设计标号	级配	成型编号	序号	28d					90d				
				单组抗弯拉伸平均强度/MPa	平均抗弯拉伸强度/MPa	抗弯极限拉伸/(×10⁻⁴)	抗弯弹性模量/(×10⁴MPa)	单组抗弯拉伸平均强度/MPa	平均抗弯拉伸强度/MPa	抗弯极限拉伸/(×10⁻⁴)	抗弯弹性模量/(×10⁴MPa)
$C_{90}20W8F100$	二	R1	1	2.04	2.11	1.23	2.59	2.90	3.05	1.90	2.69
			2	2.04		1.08	2.69	3.04		1.78	2.81
			3	2.24		1.10	2.38	3.21		2.02	2.80
$C_{90}20W4F200$	三	R2	1	1.71	1.74	1.21	1.90	4.03	4.12	1.81	2.72
			2	1.78		1.11	1.89	4.22		1.93	2.78
			3	1.73		1.28	2.04	4.11		2.28	2.54
$C_{90}20W6F300$	三	R3	1	3.03	2.94	2.12	3.02	5.01	5.04	2.32	3.58
			2	2.82		2.22	2.88	4.75		2.18	2.90
			3	2.96		2.02	2.78	5.36		2.33	3.39
$C_{90}15W4F50$	三	R4	1	1.71	1.63	1.01	2.51	3.40	3.34	1.93	2.57
			2	1.51		0.96	2.56	3.27		1.96	2.64
			3	1.67		1.07	2.46	3.36		1.86	2.27

101

表 3.3.18　碾压混凝土抗剪切力学性能检测成果表

设计标号	级配	成型编号	序号	摩擦系数 f' (90d)	黏聚力 c'/MPa (90d)
C₉₀20W8F100	二	R1	1	1.07	2.98
C₉₀20W4F200	三	R2	1	1.02	3.03
C₉₀20W6F300	三	R3	1	1.12	2.19
C₉₀15W4F50	三	R4	1	1.04	3.02

表 3.3.19　碾压混凝土及变态混凝土力学和变形检测成果表

编号	设计标号	混凝土类别	级配	静力抗压弹性模量/(×10⁴MPa) 28d	90d	抗拉弹性模量/(×10⁴MPa) 28d	90d	轴心抗拉强度/MPa 28d	90d	极限拉伸/(×10⁻⁴) 28d	90d
R1	C9020W8F100	碾压混凝土	二	1.67	2.38	1.69	2.40	1.80	1.83	0.68	0.81
				1.70	2.37	1.71	2.45	1.75	1.88	0.66	0.84
				1.66	2.43	1.75	2.41	1.62	1.78	0.69	0.80
R2	C9020W4F200	碾压混凝土	三	2.08	2.60	2.09	2.68	1.65	2.21	0.75	0.86
				2.07	2.62	2.12	2.71	1.76	2.25	0.74	0.86
R3	C9020W6F300	碾压混凝土	三	2.14	2.95	2.17	2.91	1.79	2.42	0.77	0.90
				2.12	2.89	2.19	2.90	1.89	2.39	0.82	0.92
				2.15	2.98	2.21	2.89	1.81	2.45	0.84	0.89
R4	C9015W4F50	碾压混凝土	三	1.61	2.15	1.65	2.21	0.93	1.57	0.63	0.75
				1.70	2.18	1.73	2.25	1.02	1.45	0.65	0.75
BT01	C9020W6F300	变态混凝土	三	2.18	3.05	2.35	2.94	1.83	2.39	0.87	0.95
BT02	C9020W8F100	变态混凝土	二	1.48	2.12	1.49	2.21	0.82	1.55	0.60	0.85
BT03	C9015W4F50	变态混凝土	三	1.52	2.28	1.56	2.30	0.87	1.54	0.59	0.78
BT04	C9020W4F200	变态混凝土	三	2.02	2.65	2.13	2.67	1.48	2.11	0.78	0.89

表 3.3.20　　碾压混凝土和变态混凝土耐久性能检测成果表

编号	设计标号	混凝土类别	级配	序号	抗渗强度（90d）	抗渗强度（180d）	抗冻强度（90d）			
							冻融次数	相对动弹性模数 P/%	重量损失率/%	抗冻标号评定
R1	C_{90}20W8F100	碾压混凝土	二	1	W8	>W8	100	93.6	1.68	>F100
				2	W8	>W8	100	93.2	2.52	
R2	C_{90}20W4F200	碾压混凝土	三	1	>W4	>W4	200	86.5	4.25	F200
				2	>W4	>W4	200	88.5	4.65	
R3	C_{90}20W6F300	碾压混凝土	三	1	>W6	>W6	300	89.7	3.54	>F300
				2	>W6	>W6	300	88.4	3.97	
R4	C_{90}15W4F50	碾压混凝土	三	1	>W4	>W4	50	97.3	2.05	>F50
				2	>W4	>W4	50	96.3	2.12	
BT01	C_{90}20W6F300	变态混凝土	三	1	>W6	>W6	300	88.6	2.19	>F300
BT02	C_{90}20W8F100	变态混凝土	二	1	>W8	>W8	100	94.4	2.72	>F100
BT03	C_{90}15W4F50	变态混凝土	三	1	>W4	>W4	50	92.4	2.81	>F50
BT04	C_{90}20W4F200	变态混凝土	三	1	>W4	>W4	200	87.7	4.90	F200

从表 3.3.12 和表 3.3.13 可以看出：气温骤降导致混凝土凝结时间产生较大的波动；实测的碾压混凝土容重与设计的配合比理论容重相近，且含气量、VC 值也都在设计要求范围内。

从混凝土凝结时间测试结果可知：4 个强度等级碾压混凝土最小初凝时间为 760min，根据施工单位碾压混凝土施工经验，碾压混凝土直接铺筑允许时间应小于混凝土初凝时间，由于该次试验在 10 月中下旬，施工时温度较低，混凝土凝结时间较长。因此碾压混凝土直接铺筑允许时间可控制在 700min 内，但必须注意仓面的保湿，在大坝施工中应进行动态控制，碾压混凝土直接铺筑允许时间应在上层混凝土碾压完成前，下层混凝土应处于未初凝状态，并在上层混凝土铺筑前及时补充下层混凝土损失（日晒或风吹）的水分。

从表 3.3.14～表 3.3.20 的试验检测成果可知：

（1）7d 及 28d 龄期混凝土抗压强度偏低，90d 龄期混凝土抗压强度满足设计要求，$C_{90}20W6F300$ 超强较多。

（2）$C_{90}20W8F100$ 和 $C_{90}15W4F50$ 碾压混凝土 28d 极限拉伸值略低于设计值，其余两个等级混凝土极限拉伸值满足设计要求。

（3）四个强度等级的碾压混凝土抗渗等满足设计要求。

（4）$C_{90}20W8F100$、$C_{90}15W4F50$、$C_{90}20W4F200$、$C_{90}20W6F300$ 碾压混凝土和变态混凝土抗冻均满足设计要求。

5. 碾压混凝土 VC 值及温度测试

碾压混凝土运输过程 VC 值损失与温度变化见表 3.3.21。

6. 碾压混凝土 VC 值经时损失试验

碾压混凝土 VC 值经时损失试验测定成果见表 3.3.22 及图 3.3.4 和图 3.3.5。

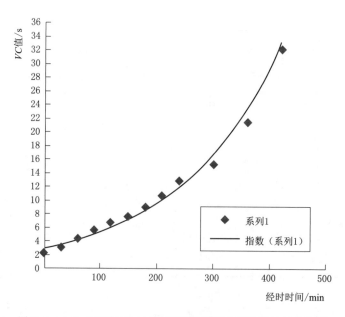

图 3.3.4　$C_{90}20W6F300$ 三级配碾压混凝土 VC 值经时损失图

表3.3.21 碾压混凝土运输过程VC值损失与温度变化一览表

自卸汽车编号	设计标号	出机口					仓面						VC值损失		测试间隔时间
		测试时间（时：分）	VC值/s	含气量/%	气温/℃	混凝土温度/℃	测试时间（时：分）	VC值/s	含气量/%	气温/℃	混凝土温度/℃	测试时间间隔/min	VC值损失/s	VC值损失平均值/s	时间平均值/min
19	C_{90}15W4F50	10:16	6.0	3.8	17.0	12.0	10:32	7.0	4.1	20.0	13.0	16	1.0	0.5	12
19	C_{90}20W8F100	10:47	8.4	4.2	17.0	13.0	11:01	9.0	—	20.0	14.0	14	0.6		
18	C_{90}20W6F300	11:06	2.5	7.2	17.0	13.0	11:24	3.0	6.6	23.0	15.0	18	0.5		
17	C_{90}20W8F100	11:35	3.2	6.6	19.0	15.0	11:48	3.9	—	25.0	15.0	13	0.7		
17	C_{90}20W4F200	13:18	3.1	5.4	18.0	16.5	13:29	3.6	—	25.0	15.0	11	0.5		
20	C_{90}20W8F100	13:45	4.6	4.6	17.0	16.0	13:57	4.6	4.4	25.0	15.0	12	0.0		
19	C_{90}15W4F50	14:14	4.0	4.2	17.0	15.5	14:25	4.4	3.8	24.0	15.0	11	0.4		
20	C_{90}20W6F300	16:09	5.4	4.3	17.0	15.0	16:23	6.0	—	22.0	15.0	14	0.6		
19	C_{90}15W4F50	18:28	5.7	4.0	15.0	15.0	18:35	6.0	4.4	15.0	15.0	7	0.3		
17	C_{90}15W4F50	18:42	5.5	4.2	15.0	15.0	18:50	6.0	3.7	15.0	15.0	8	0.5		
16	C_{90}20W6F300	18:50	4.0	5.0	15.0	15.0	19:04	4.1	—	15.0	15.0	14	0.1		
16	C_{90}20W4F200	19:00	5.8	5.2	15.0	16.0	19:11	6.7	4.6	15.0	16.0	11	0.9		
19	C_{90}20W6F300	19:46	4.2	5.8	15.0	16.0	20:02	4.5	—	14.0	16.0	16	0.3		
16	C_{90}20W6F300	21:05	7.8	5.0	15.0	16.0	21:21	8.3	4.0	14.0	16.0	16	0.5		
17	C_{90}20W4F200	21:43	6.4	4.5	14.0	15.0	21:55	7.0	4.1	14.0	15.0	12	0.6		
19	C_{90}20W8F100	22:36	2.7	—	14.0	15.0	22:47	2.7	—	14.0	14.5	11	0.0		
16	C_{90}15W4F50	23:43	3.2	—	14.0	15.0	23:55	3.5	—	14.0	14.0	12	0.3		

表 3.3.22　　　　　　　　　碾压混凝土 VC 值经时损失测定成果表

经时时间/min	VC 值/s		环境温度/℃	环境相对湿度/%
	C$_{90}$20W6F300 三级配 [$W=83\mathrm{kg/m^3}$，减水剂 0.5%，引气剂 0.1%，$W/(C+F)=0.45$]	C$_{90}$20W8F100 二级配 [$W=92\mathrm{kg/m^3}$，减水剂 0.5%，引气剂 0.05%，$W/(C+F)=0.50$]		
0	2.4	2.2	20.0	85
30	3.2	2.7	21.0	85
60	4.4	3.4	23.0	87
90	5.7	4.4	23.0	88
120	6.7	5.3	25.0	88
150	7.7	6.9	25.0	88
180	9.0	8.4	25.0	88
210	10.8	11.1	25.0	85
240	12.7	12.6	23.0	85
300	15.2	15.7	20.0	85
360	21.4	22.6	18.0	83
420	32.1	31.5	17.0	83

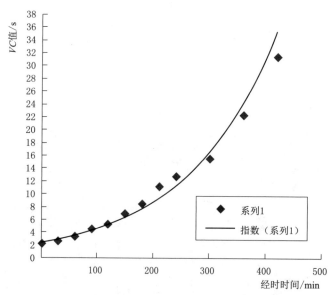

图 3.3.5　C$_{90}$20W8F100 三级配碾压混凝土 VC 值经时损失图

从碾压混凝土经时损失试验可知：碾压混凝土在放置 2h（120min）后，三级配碾压混凝土 VC 值损失为 4.3s，二级配碾压混凝土 VC 值损失为 3.1s，根据碾压混凝土施工规范（碾压混凝土机口 VC 值允许偏差±3s，现场 VC 值宜控制在 2～12s），因碾压混凝土设计 VC 值为 2～5s，因此，碾压混凝土 VC 值经时损失宜控制在 4s 内，碾压混凝土从拌和到碾压完毕的允许时间宜控制在 2h 以内。

7. 振动碾行走速度、碾压遍数与容重关系

碾压遍数取决于将层底混凝土压密到设计容重所需的压实功能与振动碾对层底所提供的压实功能之比。一般确定碾压混凝土的碾压遍数，首先测出有振碾压之后每一遍的压实容重，然后绘制出碾压遍数与压实容重的关系曲线图，找出最优容重对应的碾压遍数。碾压混凝土在施工过程中大面积采用大型自行式振动碾，边角部分使用手扶式小型振动碾压实。对于手扶式振动碾的试验，和大振动碾一样，但在试验碾压遍数时，由于小振动碾激振力小，遍数应增加。无论有振碾压遍数是多少，有振碾压前均需进行无振碾压 2 遍，完成有振碾压后，最后再无振碾压 2 遍收面。无振碾压采取大错距，即每遍搭接 20cm。有振碾压采取半错距，即每遍碾压错开半个压轮，按 2 遍计算，不得在仓号内转弯掉头。工程所用振动碾为 BW203AD 型振动碾，其技术参数见表 3.3.23。

表 3.3.23   BW203AD 振动碾技术参数

振动碾重量 /t	钢轮宽度 /mm	外边距 /mm	行驶速度 /(km/h)	振动频率 /Hz	振动幅度 /mm	离心力（每个钢轮）/kN
11.8	2135	2295	0～6/0～11	40/50	0.83/0.35	130/78

二级配、三级配碾压混凝土在 1.5km/s 碾压行走速度下不同碾压遍数与压实容重关系结果见表 3.3.24 及图 3.3.6～图 3.3.9。

表 3.3.24   碾压遍数与压实容重关系一览表   单位：kg/m³

设计标号及试验层号	行驶速度	测点	象限	遍 数						
				2+2	2+3	2+4	2+5	2+6	2+7	2+8
C₉₀15W4F50（第3层）	1.5km/h	A	1	2354	2319	2352	2334	2360	2333	2353
			2	2305	2343	2317	2341	2362	2348	2372
			3	2246	2299	2356	2377	2336	2364	2332
			4	2311	2311	2319	2342	2359	2349	2343
			各象限平均	2304	2318	2336	2349	2354	2349	2350
		B	1	2304	2310	2326	2329	2350	2345	2349
			2	2308	2323	2337	2359	2336	2353	2343
			3	2315	2325	2346	2337	2355	2339	2327
			4	2292	2320	2327	2333	2340	2334	2342
			各象限平均	2305	2320	2334	2340	2345	2343	2340
		各点平均值		2304	2319	2335	2344	2350	2346	2345
C₉₀20W8F100（第2层）	1.5km/h	A	1	2275	2248	2299	2328	2342	2329	2318
			2	2256	2331	2332	2327	2322	2318	2345
			3	2319	2284	2330	2315	2347	2352	2328
			4	2289	2324	2284	2331	2325	2327	2328

续表

设计标号及试验层号	行驶速度	测点	象限	遍　数						
				2+2	2+3	2+4	2+5	2+6	2+7	2+8
$C_{90}20W8F100$ （第2层）	1.5km/h	A	各象限平均	2285	2297	2311	2325	2334	2332	2330
			标准差	27	39	24	7	12	14	11
		B	1	2300	2300	2326	2331	2304	2331	2352
			2	2281	2317	2322	2326	2334	2313	2311
			3	2218	2292	2303	2313	2340	2344	2327
			4	2319	2323	2330	2338	2348	2333	2320
			各象限平均	2280	2308	2320	2327	2332	2330	2328
			标准差	44	14	12	11	19	13	18
		各点平均值		2282	2302	2316	2326	2333	2331	2329
$C_{90}20W4F200$ （第3层）	1.5km/h	A	1	2268	2267	2315	2321	2334	2330	2311
			2	2259	2295	2300	2315	2312	2305	2309
			3	2285	2309	2305	2334	2310	2305	2322
			4	2265	2298	2319	2300	2315	2314	2300
			各象限平均	2269	2292	2310	2318	2318	2314	2311
		B	1	2249	2266	2298	2311	2321	2323	2321
			2	2279	2302	2320	2320	2320	2318	2337
			3	2276	2282	2302	2323	2327	2315	2304
			4	2282	2297	2305	2313	2322	2331	2312
			各象限平均	2272	2287	2306	2317	2323	2322	2319
		各点平均值		2270	2290	2308	2317	2320	2318	2315
$C_{90}20W6F300$ （第2层）	1.5km/h	A	1	2258	2279	2287	2301	2311	2299	2299
			2	2263	2282	2279	2310	2306	2287	2322
			3	2249	2265	2292	2280	2298	2319	2288
			4	2253	2269	2278	2291	2299	2310	2305
			各象限平均	2256	2274	2284	2296	2304	2304	2304
		B	1	2272	2253	2267	2281	2317	2316	2295
			2	2256	2285	2275	2293	2308	2309	2290
			3	2241	2279	2290	2310	2293	2298	2311
			4	2249	2268	2281	2309	2314	2299	2317
			各象限平均	2255	2271	2278	2298	2308	2306	2303
		各点平均值		2255	2273	2281	2297	2306	2305	2303

注　表中 2+X 表示无振碾压 2 遍，再有振碾压 X 遍；测试深度 30cm。

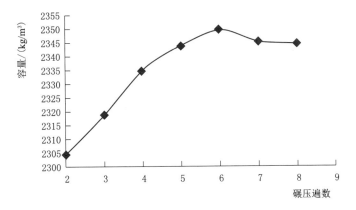

图 3.3.6 $C_{90}15W4F50$ 三级配碾压混凝土碾压遍数与压实容重关系曲线图

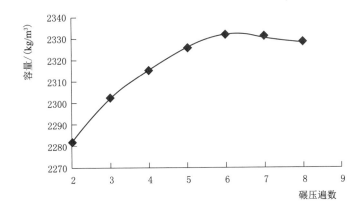

图 3.3.7 $C_{90}20W8F100$ 二级配碾压混凝土碾压遍数与压实容重关系曲线图

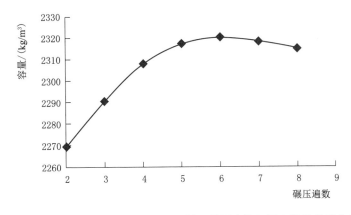

图 3.3.8 $C_{90}20W4F200$ 三级配碾压混凝土碾压遍数与压实容重关系曲线图

从表 3.3.24 及图 3.3.6～图 3.3.9 得知：对二级配、三级配而言，当振动碾行走速度在 1.5km/h 之内先无振碾压 2 遍，再有振碾压 6 遍时，碾压混凝土压实容重基本达

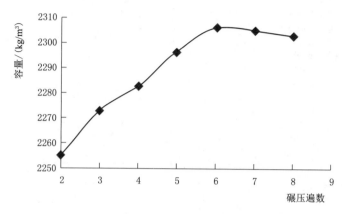

图 3.3.9 $C_{90}20W6F300$ 三级配碾压混凝土碾压遍数与压实容重关系曲线图

到最大值，之后随着碾压遍数增加，碾压混凝土压实容重基本不变，故在大坝碾压混凝土施工中拟采用振动碾行走速度为 1.5km/h，先无振碾压 2 遍，再有振碾压 6 遍的碾压方式。四个配合比在无振碾压 2 遍，再有振碾压 6 遍后，测试的最大容重平均值分别为 $C_{90}15W4F50$ 三级配碾压混凝土 $2350kg/m^3$、$C_{90}20W8F100$ 二级配碾压混凝土 $2333kg/m^3$、$C_{90}20W4F200$ 三级配碾压混凝土 $2320kg/m^3$、$C_{90}20W6F300$ 三级配碾压混凝土 $2306kg/m^3$，其压实度分别为 $C_{90}15W4F50$ 三级配碾压混凝土 98.8%、$C_{90}20W8F100$ 二级配碾压混凝土 98.6%、$C_{90}20W4F200$ 三级配碾压混凝土 98.6%、$C_{90}20W6F300$ 三级配碾压混凝土 98.9%，均已达到规范要求。

8. 成缝的方法和工艺

通过对收仓后碾压工艺试验块分区位置成缝效果检查，采用"先碾后切"的成缝工艺达到预期成缝效果。

9. 变态混凝土加浆的施工设备及工艺

该次试验分别进行了注浆振捣一体机加浆振捣和人工加浆振捣的对比试验，根据现场实际情况得出，人工加浆振捣的可操作性更强，一体机应用于大坝施工还需略加改进。变态混凝土加浆采用插孔法，采用"容器法"人工定量加浆，加浆比例为混凝土体积的 6%、7%、8%，出机口及仓面变态混凝土拌和物物理性能检测成果见表 3.3.25。

表 3.3.25   变态混凝土拌和物物理性能检测成果表

测试地点	测试日期	测试时间（时:分）	设计标号	混凝土种类	级配	坍落度/cm	含气量/%	气温/℃	混凝土温/℃	加浆比例/%
仓面	2014 年 10 月 19 日	13:30	$C_{90}20W6F300$	加浆变态混凝土	三	7.4	5.2	25.0	16.0	8
	2014 年 10 月 19 日	13:45	$C_{90}20W8F100$	加浆变态混凝土	二	6.5	4.5	25.0	17.0	7
	2014 年 10 月 19 日	14:15	$C_{90}15W4F50$	加浆变态混凝土	三	6.3	3.2	25.0	16.0	8

测试地点	测试日期	测试时间（时：分）	设计标号	混凝土种类	级配	坍落度/cm	含气量/%	气温/℃	混凝土温/℃	加浆比例/%
仓面	2014年10月19日	16：25	$C_{90}20W6F300$	加浆变态混凝土	三	6.1	5.5	20.0	15.0	7
	2014年10月19日	16：45	$C_{90}20W4F200$	加浆变态混凝土	三	4.7	4.0	18.0	15.0	6
	2014年10月19日	20：20	$C_{90}20W8F100$	加浆变态混凝土	二	5.2	5.0	15.0	13.0	6
机口	2014年10月20日	11：20	$C_{90}20W8F100$	机拌变态混凝土	二	5.1	5.4	7.0	9.0	5
	2014年10月20日	15：20	$C_{90}15W4F50$	机拌变态混凝土	三	2.6	4.4	6.0	9.0	5
	2014年10月20日	16：13	$C_{90}20W4F200$	机拌变态混凝土	三	2.9	5.1	5.0	7.5	5
	2014年10月20日	17：10	$C_{90}20W6F300$	机拌变态混凝土	三	3.1	6.5	5.0	7.5	5

从加浆比例和混凝土坍落度检测结果可知：当仓面人工加浆比例为6%和拌和楼机拌加浆比例为5%时，混凝土坍落度基本在设计要求的3~5cm范围内，偏差值符合规范要求（根据DL/T 5144—2001相关条款，当设计坍落度小于5cm时，允许偏差为±1cm；当设计坍落度为5~10cm时，允许偏差为±2cm）。综上，在实际施工时，采用仓面加浆变态混凝土则加浆比例为6%，采用拌和楼直接拌制机拌变态混凝土则加浆比例为5%。

10. 碾压混凝土仓面雾化状态的建立和养护试验

喷雾采用高压冲毛枪和移动式喷雾机喷雾，能够保持仓面湿润，可以有效控制并降低整个仓面的环境温度。对养护后的碾压混凝土进行检查，养护效果良好。

11. 碾压混凝土压实度测试

碾压工艺试验块压实度检测结果见表3.3.26。从检测结果可知，碾压遍数为2+6（无振碾压2遍+有振碾压6遍）时，压实容重和压实度均满足设计及规范要求。

12. 总结

（1）碾压混凝土拌和采用布置在右岸2×3m³强制式搅拌楼进行拌制，投料顺序：人工砂→（水泥+粉煤灰）→（水+外加剂）→粗骨料（小石、中石、大石），经过试验检测，混凝土拌制时间为70s时，拌和物均匀性能满足要求且混凝土和易性较好。

（2）混凝土采用15t自卸车进行运输，车厢上搭设遮阳棚，混凝土运输时间为12min，运距约1km，运输过程三级配和二级配VC值损失为0.5s。混凝土入仓VC值都控制在2~8s，骨料基本无分离现象，自卸车水平运输满足要求。

（3）试验块碾压层厚度为30cm，摊铺厚度为34~36cm。采用振动碾行走速度为1.5km/h，四种配合比在先无振碾压2遍，再有振碾压6遍后，测得的碾压混凝土最大容重平均值分别为$C_{90}20W6F300$三级配2306kg/m³，$C_{90}20W8F100$二级配2333kg/m³，$C_{90}15W4F50$三级配2350kg/m³，$C_{90}20W4F200$三级配2320kg/m³，其压实度分别为$C_{90}20W6F300$三级配98.9%，$C_{90}20W8F100$二级配98.6%，$C_{90}15W4F50$三级配98.6%，$C_{90}20W4F200$三级配98.8%，均已达到规范要求。根据试验结果，在大坝施工采用振动碾行走速度为1.5km/h，碾压遍数为先无振碾压2遍，再有振碾压6遍后，即2+6，碾压结束后根据仓面平整情况，实行无振碾压1~2遍平整混凝土面。

表 3.3.26　碾压工艺试验块压实度检测结果

混凝土标号	级配	碾压遍数	层次	理论容重/(kg/m³)	压实容重平均值/(kg/m³)	压实度平均值/%	压实容重及压实度				压实度最小值/%	标准差
							压实容重最大值/(kg/m³)	压实度最大值/%	压实容重最小值/(kg/m³)			
C₉₀20W6F300	三	2+6	2	2332	2315	99.3	2335	100	2288	98.1	16.3
C₉₀20W8F100	二			2367	2337	98.7	2363	99.8	2314	97.8	16.5
C₉₀15W4F50	三			2378	2361	99.3	2383	100	2344	98.6	12
C₉₀20W4F200	三	2+6	3	2354	2320	98.6	2334	99.2	2310	98.1	7.9
C₉₀20W6F300	三			2332	2332	98.9	2317	99.4	2293	98.3	8.4
C₉₀20W8F100	二			2367	2367	98.6	2364	99.9	2305	97.4	18.3
C₉₀15W4F50	三	2+6	4	2392	2378	99.4	2362	98.7	2336	97.7	11
C₉₀20W4F200	三			2357	2354	99.9	2354	99.9	2312	98.1	13.4
C₉₀20W6F300	三			2332	2308	99.0	2331	100	2288	98.1	16.3
C₉₀20W8F100	二	2+6	5	2367	2335	98.6	2373	100	2318	97.9	15.3
C₉₀15W4F50	三			2378	2361	99.3	2401	100	2341	98.4	20.1
C₉₀20W4F200	三			2354	2329	98.9	2352	99.9	2301	97.7	15.1
C₉₀20W6F300	三	2+6	6	2332	2310	99.1	2335	100	2276	97.6	19.8
C₉₀20W8F100	二			2367	2342	98.9	2365	99.9	2319	98.0	17.8
C₉₀15W4F50	三			2378	2360	99.2	2371	99.7	2347	98.7	9.6
C₉₀20W4F200	三	2+6		2354	2333	99.1	2363	100	2305	97.9	21.7
C₉₀20W6F300	三			2332	2332	100	2360	100	2309	99	19.1
C₉₀20W8F100	二			2367	2343	99.0	2371	100	2319	98	21.1
C₉₀15W4F50	三			2378	2361	99.3	2388	100	2346	98.7	16.5
C₉₀20W4F200	三			2354	2331	99.0	2353	100	2317	98.4	11.2

混凝土标号	级配	碾压遍数	层次	理论容重/(kg/m³)	压实容重及压实度						
---	---	---	---	---	压实容重平均值/(kg/m³)	压实度平均值/%	压实容重最大值/(kg/m³)	压实度最大值/%	压实容重最小值/(kg/m³)	压实度最小值/%	标准差
$C'_{90}20W6F300$	三	2+6	7	2332	2306	98.9	2331	100	2288	98.1	16.5
$C'_{90}20W8F100$	二			2367	2332	98.5	2371	100.2	2295	97	22.7
$C'_{90}15W4F50$	三			2378	2352	98.9	2373	99.8	2337	98.3	13.8
$C'_{90}20W4F200$	三			2354	2329	98.9	2343	99.5	2314	98.3	10.5
$C'_{90}20W6F300$	三	2+6	8	2332	2305	98.8	2340	100	2282	97.9	19.7
$C'_{90}20W8F100$	二			2367	2337	98.7	2375	100	2320	98	20.7
$C'_{90}15W4F50$	三			2378	2359	99.2	2387	100	2339	98.4	16.7
$C'_{90}20W4F200$	三			2354	2329	98.9	2347	99.7	2312	98.2	12.3
$C'_{90}20W6F300$	三	2+6	9	2332	2315	99.3	2333	100	2294	98.4	14.5
$C'_{90}20W8F100$	二			2367	2342	98.9	2359	99.7	2333	98.6	10.2
$C'_{90}15W4F50$	三			2378	2361	99.3	2397	99.8	2344	98	17.4
$C'_{90}20W4F200$	三			2354	2337	99.3	2364	99.8	2315	98.2	16.1
$C'_{90}20W6F300$	三	2+6	10*	2332	2310	99.1	2328	99.8	2294	98.4	9.2
$C'_{90}20W8F100$	二			2367	2341	98.9	2372	100	2321	98.1	12.9
$C'_{90}15W4F50$	三			2378	2361	99.3	2383	100	2346	98.7	12.8
$C'_{90}20W4F200$	三			2354	2338	99.3	2363	100	2318	98.5	15.3

（4）现场加浆变态混凝土施工时，采用插孔法，先在摊铺好的碾压混凝土面上用直径 10mm 的造孔器进行造孔，插孔按梅花形布置，孔距为 30cm，孔深为 20cm，用"容器法"人工定量加浆，仓面加浆变态混凝土加浆比例为 6%，采用拌和楼直接拌制的机拌变态混凝土，加浆比例为 5%。

（5）成缝工艺及施工方法：每层碾压混凝土碾压完成后，采用切缝机进行切缝，切缝缝宽、缝距、深度、方向按设计要求进行控制，切缝面积是缝面积的 2/3，保证成缝质量。切缝时先拉线定出横缝线位置后再进行切缝，然后用切缝机将隔缝材料（彩条布）平顺地切入缝内，完成后再用振动碾进行补碾。

（6）碾压混凝土抗压强度满足设计要求，$C_{90}20W6F300$ 超强较多；$C_{90}20W8F100$ 和 $C_{90}15W4F50$ 碾压混凝土 28d 极限拉伸值略低于设计值；四个强度等级混凝土抗渗强度满足设计要求；$C_{90}20W8F100$、$C_{90}15W4F50$、$C_{90}20W4F200$、$C_{90}20W6F300$ 碾压混凝土和变态混凝土抗冻均满足设计要求。

（7）根据混凝土力学及耐久性能试验结果，建议各强度等级碾压混凝土水胶比降低 0.02~0.04，保证混凝土性能满足设计要求。

（8）人工砂筛分检测成果表明，人工砂石粉含量为 14.0%~16.4%。对碾压混凝土而言，含粉量偏低，会造成碾压区层面泛浆效果差，对层间结合不利，不利于碾压混凝土防渗效果等。

3.4　配合比调整及最佳石粉含量控制技术

3.4.1　配合比调整

2015 年 9 月 14 日，由于使用的水泥、人工砂、粉煤灰及引气剂质量与原配合比试验时有所变化，且趋于稳定，中热水泥 28d 抗压强度基本为 46~50MPa，人工砂石粉含量提高了 4%~6%，人工砂含泥量也有所增加，粉煤灰需水量比平均值 93% 提高了约 3%，原设计的配合比用水量和保证率已较难满足要求，因此对现有配合比进行调整。调整后的配合比使用时间为 2015 年 9 月 15 日至 2016 年 8 月 23 日。

2016 年 8 月 23 日，为了提高碾压混凝土现场碾压泛浆效果及可碾性，经参建各方讨论，采用 5% 粉煤灰替代同体积人工砂的碾压混凝土配合比。粉煤灰替代部分石粉的配合比使用时间为 2016 年 8 月 24 日至工程结束。

3.4.2　粉煤灰代砂技术

施工过程中，经检测人工砂石粉含量为 16%~20%，平均为 17.8%。高温季节施工时发现碾压混凝土存在泛浆效果和可碾性略差的情况。为此新丰满大坝进行了不同比例粉煤灰替代同体积人工砂试验，补充人工砂中的细颗粒含量，以提高碾压混凝土泛浆效果。同时对 $C_{90}15W4F50$、$C_{90}20W4F50$ 和 $C_{90}20W8F100$ 三个配合比进行粉煤灰替代砂配合比试验（$C_{90}20W4F200$ 和 $C_{90}20W6F300$ 因胶材用量较高无须进行替代）。根据试验结果，采用 5% 粉煤灰代替同体积人工砂，可达到最优效果。通过粉煤灰代砂技术，有效地解决了人工砂石粉含量不足的问题，保证了碾压混凝土施工质量。

粉煤灰代砂后大坝碾压混凝土（含变态混凝土）配合比见表 3.4.1。

表 3.4.1 粉煤灰代砂后大坝碾压混凝土（含变态混凝土）配合比

编号	设计标号	混凝土种类	级配	粉煤灰代砂/%	配合比参数					单位体积材料用量/(kg/m³)								VC值/s	坍落度/cm	含气量/%
					水胶比	掺灰量/%	砂率/%	SBTM®-II缓凝高效减水剂/%	GYQ-I引气剂/%	水泥	粉煤灰	粉煤灰代砂	人工砂	小石	中石	大石	水			
1	C_{90}20W6F300	碾压混凝土	三	—	0.42	45	32	0.9	0.09	110	90	—	643	418	557	418	84	2~5	—	5~6
2	C_{90}20W6F300	变态混凝土	三	—	0.42	44	32	0.9	0.06	149	116	—	643	418	557	418	110	—	3~5	—
3	C_{90}20W8F100	碾压混凝土	二	—	0.48	50	36	0.9	0.07	97	97	—	725	525	788	—	93	2~5	—	3~4
4	C_{90}20W8F100	碾压混凝土	二	5	0.48	50	36	0.7	0.07	97	97	29	688	525	788	—	93	2~5	—	3~4
5	C_{90}20W8F100	变态混凝土	二	—	0.47	49	36	0.9	0.03	130	124	—	725	525	788	—	120	—	3~5	—
6	C_{90}20W4F200	碾压混凝土	三	—	0.46	50	32	0.9	0.08	91	91	—	655	426	568	426	84	2~5	—	4~5
7	C_{90}20W4F200	变态混凝土	三	—	0.46	49	32	0.9	0.05	123	117	—	655	426	568	426	110	—	3~5	—
8	C_{90}15W4F50	碾压混凝土	三	—	0.52	60	32	0.9	0.06	65	97	—	668	434	579	434	84	2~5	—	2~3
9	C_{90}15W4F50	碾压混凝土	三	5	0.52	60	32	0.9	0.06	65	97	27	634	434	579	434	84	2~5	—	2~3
10	C_{90}15W4F50	变态混凝土	三	—	0.50	59	32	0.9	0.02	91	129	—	668	434	579	434	110	—	3~5	—
11	C_{90}20W4F50	碾压混凝土	三	—	0.48	55	32	0.9	0.06	79	96	—	664	432	576	432	84	2~5	—	2~3
12	C_{90}20W4F50	碾压混凝土	三	5	0.48	55	32	0.7	0.06	79	96	27	631	432	576	432	84	2~5	—	2~3
13	C_{90}20W4F50	变态混凝土	三	—	0.47	54	32	0.9	0.02	108	125	—	664	432	576	432	110	—	3~5	—

第4章 大坝辅助施工系统规划与设计

4.1 混凝土生产系统

4.1.1 砂石料生产系统

1. 砂石料生产系统概述

砂石料生产系统位于吉林市丰满区腰屯村附近,由腰屯石料场、砂石料加工系统、腰屯弃渣场等组成,施工中为独立标段。

(1) 腰屯石料场。新丰满大坝混凝土砂石骨料主要由腰屯石料场开采加工。腰屯石料场位于吉林市丰满区腰屯村附近的丰满左岸佛手山西坡,距坝址现有公路距离约为10km,交通较便利。

(2) 砂石料加工系统。砂石料加工系统布置在腰屯石料场西侧约 0.5km 处山坡上,距坝址现有公路距离约为 10km,系统内各主要车间顺山坡台阶布置,地面高程为288.00~268.00m。加工厂占地面积约 16.56 万 m²,砂石加工系统全貌见图 4.1.1。

图 4.1.1 砂石加工系统全貌

砂石料加工系统为每日工作 2 班 (14h),毛料处理能力为 1450t/h,成品骨料生产能力为 1240t/h,其中,人工砂生产能力为 412t/h,人工碎石生产最大粒径为 150mm。满足工程主体混凝土约 338.5 万 m³ 所需的成品骨料的供应。根据该工程混凝土骨料级配平衡计算,共需生产成品骨料约 716 万 t,其中,人工碎石 482 万 t,人工砂 234 万 t。

根据工程建设所需砂石骨料级配要求,砂石料加工系统按照以生产三级配碾压混凝土骨料为主,同时具备生产四级配常态混凝土骨料的能力进行设计。

（3）腰屯弃渣场。腰屯弃渣场距腰屯石料场开采区距离为 0.5km，渣场位置原为一天然冲沟，适于弃渣堆存，并且渣场对周围居民影响较小。腰屯弃渣场初期为开挖渣料、表土剥离等弃渣及暂存场地，工程完工后为永久弃渣场。考虑腰屯石料场后期无用料回填量和表土回填量后，弃渣场最终规划占地面积为 13.38 万 m^2（200.66 亩），堆渣边坡为 1∶2.0，堆渣最大高度为 20.00m。渣场至开采区新建临时道路 0.5km。

2. 腰屯石料场开采

（1）覆盖剥离施工。料场设计开采范围内的覆盖剥离主要集中在料场顶部和外侧边邦，另有料场内的无用料夹层。在先期完成揭顶施工后，其他开采梯段内覆盖剥离与毛料开采同步进行，但在同一开采平台范围采用先剥离后开采的施工程序。

覆盖剥离分土方和石方剥离，土方直接挖掘，石方经爆破松动后挖掘。土方边坡采用挖掘机修整后直接形成，石方边坡采用预裂爆破法形成。每个梯段开采施工时，开口爆破的位置选择在南侧与料场开采道路接口附近，以便尽快连通料场支路和开采平台，然后再向料场内部扩展。

梯段开挖接近覆盖剥离区域边缘时，在平台外侧预留保护区，保护区顶面宽度不小于 5m，防止爆破石渣滚落；保留区开挖采用 YT-28 型手风钻造孔，ϕ32mm 乳化炸药装药，从上至下以 3m 为一层进行爆破，爆破方向朝向平台内侧。采用反铲挖掘机配合人工，将爆破后石渣翻至平台内，再进行装运挖除。

（2）毛料开采施工。料场设备按混凝土最大月浇筑强度进行配置，即混凝土高峰期月平均浇筑强度为 16 万 m^3，相应的毛料开采最大月强度约为 19.2 万 m^3，同时每月还有约 2 万 m^3 覆盖剥离料开挖。因此，选择设备配置为：9 台 CAT330B 反铲（斗容 2.0m^3），1 台 ZL50D 装载机（斗容 3.0m^3），1 台 TY320 推土机，3 台 CM351 钻机，2 台 YQ-100 潜孔钻机，6 台 YT-28 手风钻机，25 台斯太尔自卸汽车（载重 25t）。

为满足毛料开采强度需要，高峰期当月布置两层开采平台，提供 5 个毛料开挖掌子面和 1 个覆盖剥离料开挖掌子面。在相邻开采平台之间设置场内施工便道连通，施工便道宽 10m，纵坡小于 10%。

毛料开采的施工程序为：推土机平整爆块工作面→测量放样→钻孔作业→爆破→挖装运输。

毛料开采采用梯段爆破法，边坡采用预裂爆破法开挖。为了保证毛料块度的均匀性和钻孔爆破质量，爆块工作面需用推土机进行清理。推土机同时还负责整个采场工作平台的场地平整工作，为场内施工机械及运输车辆提供良好的通行路面。

3. 砂石料生产关键工艺

砂石生产系统由粗碎、筛分、中碎、细碎、超细碎（立轴破）、制砂、半成品堆场、成品堆场、调节料仓、供电、供水和废水处理设施等部分组成，主要采用"四段破碎、三级筛分"生产工艺，结合该工程特点，关键生产工艺为破碎工艺与制砂工艺。

（1）破碎工艺。腰屯石料场岩石为花岗岩，饱和抗压强度平均为 93MPa，属于岩石中较难破碎的岩石。针对原料特性，结合在建类似工程的经验，破碎选用四次破碎，即粗碎、中碎、细碎、超细碎。破碎设备均采用国外先进成熟设备。

（2）制砂工艺。人工砂生产是砂石骨料生产中技术含量最高、难度最大的环节。目前常用的制砂工艺设备主要有棒磨机和破碎机两种。棒磨机是传统的制砂设备，国内应用较多，破碎机制砂目前国际上发展较快，应用亦越来越多。用于制砂的破碎机种类较多，主要有锤式破碎机、反击式破碎机、旋盘式破碎机、惯性圆锥式破碎机和立轴式冲击破碎机等，其中用于大型人工砂石加工系统且取得成功经验的主要有旋盘式破碎机、立轴式冲击破碎机和惯性圆锥式破碎机。棒磨机、圆锥式破碎机、立轴式冲击破碎机三种制砂设备工艺特点如下。

1）棒磨机制砂。棒磨机是传统的制砂设备，具有结构简单、操作方便、工作可靠等优点，适用于各种硬度的岩石；棒磨机生产出来的人工砂，质量稳定可靠，产品具有规律良好的粒径分布特性；产品粒形好，一般无超径物料；只要给料量和给料粒径稳定，人工砂的细度模数就较为稳定。其缺点：棒磨机体积大、设备笨重且单机生产能力较低，大型砂石系统需配置设备台数较多；另外，棒磨机土建费用较高，且钢耗、能耗及运行成本均较高。

2）圆锥式破碎机制砂。圆锥式破碎机通过动锥的偏心转动，与定锥形成一个挤压破碎腔，物料进入破碎腔经过动锥与定锥的挤压后被破碎，设备安装方便，性能稳定，故障率低，适合于硬度偏大的石料。

3）立轴式冲击破碎机制砂。立轴式冲击破碎机有双料流和单料流冲击式两种。前者加工原料通过料斗分成两股料流，一路从中心管进入旋冲盘加速，借离心力甩向四周与另一路直接从四周落下的石料相遇，多次反复冲撞而破碎。单料流冲击式破碎机物料直接从中心管进入旋冲盘，通过盘上导料板将物料均匀地按一定角度甩向外壁的铁砧上，破碎后从排料口排出，其产砂率比双料流高。但其在处理花岗岩等抗压强度较高的岩石时，成砂细度模数偏高。

针对上述制砂工艺的特点，并结合施工单位以前成熟制砂经验，在制砂工艺设计中，采用了 B9100 立轴式冲击破碎机闭路制砂，以及常规的棒磨机（MBZ2136）制砂，即立轴破碎机和棒磨机联合制砂工艺，以达到综合两种工艺优点的目的，取长补短，提高工效、降低钢耗能耗、确保成品砂的产量和质量。在设备数量配置上，充分考虑制砂工艺的合理性及设备投入的经济性，结合实际需要，配置了 2 台棒磨机与 4 台 B9100 立轴破碎机联合制砂。

碾压砂采用立轴式冲击破碎机制砂，辅助使用高速立破，对立破后 3～5mm 粗砂进行整形，并补充生产石粉。常态砂采用棒磨机制砂。

（3）废水处理工艺。本系统污水处理设计采用了"机械预处理—辐流沉淀池—机械脱水"处理工艺，对生产废水进行分级处理，对废水中的细砂和石粉用细砂回收装置进行回收，辐流沉淀池底泥经渣浆泵抽送至卧式螺旋离心脱水机进行脱水，泥饼用自卸汽车运至指定弃渣场，实现了废水全部回收利用，达到了零排放目标。系统主要由细砂回收车间、辐流沉淀池、机械脱水车间（泥浆脱水）、管渠系统、供配电设施、生产辅助房建等组成。

（4）成品砂石粉含量控制。

1）成品砂石粉含量较低时，利用回收细砂和石粉进行添加。

A. 设置细砂回收车间从冲洗车间产生的废水中回收细砂及部分石粉。

B. 设置卧式螺旋离心脱水机对废水中的石粉进一步干化处理，然后通过石粉添加设备添加进成品砂中，以达到提高成品砂石粉含量的目的。

2）成品砂石粉含量较高时，采用选粉机处理。

A. 利用选粉机对成品砂进行脱粉处理，脱离出的石粉利用粉罐储存，汽车运至指定渣场堆存。

B. 回收的细砂进行有选择的添加，以满足质量要求。

（5）成品砂脱水工艺。该系统破碎筛分采用干法生产，进入成品仓后采用砂仓盲沟脱水等工艺，并且成品仓加盖防雨棚，通过这一系列措施，成品砂的含水率可完全控制在 6％以下。

（6）成品砂细度模数控制。成品砂的细度模数要求为 2.4～2.8，根据 B9100 破碎曲线（同类岩石），计算出其产砂的细度模数约为 2.8，而中碎、细碎产砂的细度模数更大，为 3.1～3.3。为此，采取如下工艺措施来保证成品砂的细度模数：二筛最下层 5mm 筛网的筛下物进入三筛中的一台高频筛再进行筛分，三筛采用两层高频筛，筛网分别为 5mm、3mm，分离 5～3mm 颗粒，使中细碎车间产砂中只有部分细砂进入成品仓。立轴破产砂中根据实际情况和实验数据，灵活调节进入成品仓的砂，同时严格控制棒磨机进料粒径，通过该工艺，成品砂的细度模数可完全控制在 2.4～2.8。也可调整进入整形车间的 5～3mm 的量，以达到调整细度模数的目的。

4. 设备选型与配置

（1）粗碎。根据粗碎车间处理量为 1450t/h 的要求，经棒条筛筛分后大于 150mm 的石料约为 1160t/h，粗碎选用 3 台 C125 颚式破碎机，用于处理原料中粒径大于 150mm 的石料，单机处理能力为 472t/h。

该设备产量高、性能稳定；经破碎后的石料粒形好，负荷率为 73％。

（2）中碎、细碎。中碎车间处理量为 808t/h，选用 2 台山特 CS660C 圆锥破碎机，单台处理能力为 530t/h，负荷率为 76.2％。细碎车间处理量约为 303t/h，选用 2 台美卓 GP11F 圆锥破碎机，单台处理能力约为 210t/h，负荷率为 72.1％。

这两种设备产量高、性能稳定。破碎后的产品粒形好，针状、片状含量极少。

（3）超细碎。超细碎车间处理量为 1072t/h，选用 4 台美卓 B9100 立轴式破碎机，单台处理能力为 350t/h。该设备对小石整形效果好，针片状少，制砂效果也好，负荷率为 76.6％。该制砂设备性能优越，砂产品质量好。

（4）制砂设备。棒磨车间处理量分别为 60t/h，选用 2 台 MBZ2136 棒磨机。

（5）筛分与脱水设备。一筛车间选用 4 台 2YKR2460H 重型圆振动筛；二筛选用 5 台 3YKR2460 圆振筛；三筛选用 5 台 2618VM 高频筛，冲洗车间选用 4 台 YKR2060 圆振筛。

5. 砂石料生产工艺流程

粗碎车间设置 3 台 GZDZ1656－2V 棒条筛、3 台 C125 颚式破碎机。毛料经自卸汽车运输倒入粗碎受料仓，通过棒条振动给料机，粒径大于 150mm 的石料进入破碎机，破碎后的物料与小于 150mm 的物料通过 A1 胶带机进入半成品料仓堆存。

中碎，一筛车间构成一个闭路生产。中碎车间设置 2 台 CS660C 圆锥破碎机，一筛车间设置 4 台 2YKR2460H 重型筛，筛孔尺寸分别为 150mm×150mm、80mm×80mm、40mm×40mm。半成品料仓石料依次通过 A2、A3 胶带机进入一筛车间，经筛分分级后，粒径大于 150mm 的石料依次通过 B1、B7、B9 胶带机进入中碎车间，150～80mm 特大石部分通过 B2 胶带机部分进入冲洗筛分车间冲洗后再通过 B5 胶带机进入 150～80mm 骨料仓。平衡后多余的特大石通过 B1、B7、B9 胶带机进入中碎车间破碎，破碎后依次经过 B13、B14 胶带机进入半成品料仓。80～40mm 大石部分通过 B3 胶带机进入冲洗筛分车间冲洗后再通过 B6 胶带机进入 80～40mm 骨料仓。平衡后多余的大石部分通过 B3、B7、B9 胶带机进入中碎车间破碎，部分通过 B3、B8、B10 胶带机进入细碎车间。小于 40mm 的则依次通过 B4、B18、B19 进入二筛料仓。

细碎车间与二筛车间形成闭路循环。细碎车间设置 2 台 GP11F 圆锥破碎机。二筛车间设置 5 台 3YKR2460 圆振动筛，筛孔尺寸分别为 40mm×40mm，20mm×20mm，5mm×5mm。二筛料仓石料分别通过 B20、B21、B22、B23、B24 胶带机进入圆振动筛筛分，经筛分分级后，大于 40mm 的石料依次经过 B25、B8、B10 胶带机返回细碎车间破碎。40～20mm 的石料部分经过 B26 胶带机进入冲洗筛分车间冲洗后再通过 B28 胶带机进入 40～20mm 骨料仓，部分通过 B26、B30、B32、B34、B35 胶带机进入超细碎料仓。20～5mm 的石料部分经过 B27 胶带机进入冲洗筛分车间冲洗后再通过 B29 胶带机进入 20～5mm 骨料仓，部分通过 B27、B30、B32、B34、B35 胶带机进入超细碎料仓。小于 5mm 物料通过 B31 胶带机进入三筛其中的一台高频筛进行 5～3mm 与小于 3mm 物料分级。

超细碎、三筛构成一个闭路生产。超细碎车间设置 4 台 B9100 立轴破碎机，三筛车间设置 5 台 2618VM 高频筛（其中 1 台用来对二筛小于 5mm 物料进行分级），筛网尺寸分别为 5mm×5mm，3mm×3mm。超细碎料仓石料分别通过 C1、C2、C3、C4 胶带机进入立轴破碎机破碎，破碎后分别经过 C5、C6、C7、C8 进入高频筛筛分分级，经筛分分级后，大于 5mm 的石料依次经过 B32、B34、B35 胶带机进入超细碎料仓，5～3mm 的石料部分通过 C11 胶带机进入选粉车间进行选粉，部分通过 B33、C9 胶带机进入棒磨料仓，部分通过 B33、C10 胶带机进入粗砂整形车间整形。小于 3mm 的石料通过 C11 胶带机进入选粉车间进行选粉，选粉机处理后的成品砂通过 C15、C16 胶带机进入砂仓。

棒磨车间设置 2 台 MBZ2136 棒磨机，2 台 FC-12 螺旋分级机，2 台 ZSJ1233 脱水筛。棒磨料仓石料分别通过 C12、C13 胶带机进入棒磨机制砂，然后通过分级和脱水后，再依次经过 C14、C15、C16 胶带机进入砂仓。

废水处理分为细砂回收车间、辐流沉淀车间和泥浆脱水车间。细砂回收车间布置 2 台 ZX-200B 旋流器，辐流沉淀池车间布置 2 个直径 16m 的辐流沉淀池，泥浆脱水车间布置 2 台 LWNJ-C-7000 卧螺机。细砂回收车间回收的细砂上 C14 胶带机然后进仓，细砂回收装置溢流废水自流进入辐流沉淀池沉淀。辐流沉淀池和卧螺机的溢流水自流进入清水池，由清水池旁的立式管道泵加压至系统各用水点。泥饼经自卸车运输至指定弃渣场。

4.1.2　砂石料运输系统

砂石料加工系统距大坝左岸拌和系统成品料堆受料仓 6.8km，距大坝右岸拌和系统成品料堆受料仓 8.2km。重建工地处吉林市郊，坝趾区周边公路网络较为便利，因此成品砂砾石骨料运输主要依托现有公路网络，新建部分骨料运输道路，采用自卸汽车进行。

新建成品骨料运输道路 2.4km，公路等级为三级公路，荷载标准为公路Ⅱ级（同时满足骨料运输车辆的荷载要求），路面为混凝土结构，路面宽 7m。新建永久交通洞 1 条，长度约为 0.4km；骨料运输交通洞采用城门洞型 7.5m×6m（宽×高），布置在腰屯石料场南侧，洞底纵坡 2.8%，洞身单侧设排水明沟，路面为混凝土结构，厚度为 22cm，Ⅳ～Ⅴ类围岩，钢筋混凝土衬砌。利用现有道路 4.3km（其中改扩建道路 0.5km，其余 3.8km 为利用现用的丰满区、电站厂区的现有道路，道路状况良好），加固桥梁 2 座（总长约 120m）。

4.1.3 混凝土拌和系统

1. 系统概况

大坝混凝土拌和系统分左右两岸布置。左岸系统按总进度计划混凝土月高峰浇筑强度复核后确定设计生产能力为 545m³/h。设置 2 座 HL320（2×4.5m³）强制型制冷混凝土拌和楼，均采用双线出料，可同时生产两种不同标号的混凝土。左岸拌和系统全貌见图 4.1.2。

图 4.1.2　左岸拌和系统全貌

右岸系统按总进度计划混凝土月高峰浇筑强度复核后确定设计生产能力为 515m³/h。设置一座 HL240（2×3m³）和一座 HL360（2×6m³）强制型制冷混凝土拌和楼，均采用双线出料，可以同时生产两种不同标号的混凝土。HL360（2×6m³）拌和楼全部生产碾压混凝土，HL240（2×3m³）拌和楼生产常态混凝土。必要时，可采用 HL240（2×3m³）拌和楼其中一个出料线生产碾压混凝土，对大坝右岸碾压混凝土浇筑进行补充。同时确保另一出料线生产常态混凝土，以保证大坝及外供常态混凝土的浇筑要求，且与碾压混凝土生产不产生干扰。右岸拌和系统全貌见图 4.1.3。

2. 系统平面布置

（1）总平面布置及外部交通。左岸系统位于坝址左岸"至腰屯石料场施工区"道路南侧坡地上（左岸 1 号临建区），距道路约 120m，场地高程为 245.00～280.00m，场地大小为 250m×210m，总面积约 52000m²。场地进出到至腰屯石料场施工区道路的通道利用现有道路左 1 号和左 2 号路拓宽改造。外部交通组织主要依托至腰屯石料场施工区道

图 4.1.3　右岸拌和系统全貌

路，左岸系统至左岸坝肩距离 1.7km，混凝土平均运距约 2.0km。

右岸系统位于坝址右岸"培训中心"右侧，场地从西到东分为几个台地，场面高程为 206.00～215.00m，场地东西向最宽处约为 310m，南北向最宽处约为 220m，总面积约 65000m²。外部交通组织主要依托 YY1 路，右岸系统至右岸坝肩距离 800m，混凝土平均运距约 1.0km。

（2）系统组成及布置思路。两岸系统由成品骨料受料及储存、一次风冷料仓、水泥及掺合料计量储运、压风厂、外加剂车间、一次及二次制冷车间、电气控制、搅拌楼等子系统组成。系统布置思路为：以拌和楼为中心，各子系统根据使用功能、料流方向、工艺流程次序、协作关系等条件合理利用临建场地地形布置，既要集中紧凑，又要留有一定余地，同时简化各车间、设施之间的物料运输环节。

因此，左右岸系统压风厂靠近粉料罐布置，配电室靠近主要用电负荷。进料平台及受料坑布置在骨料来料方向且靠近场地进口处。地磅布置在骨料、粉料来料方向。一次风冷料仓及拌和楼尽量布置在一条直线上避免增加转料环节。污水处理车间布置在高程最低处且距拌和楼距离尽量近。

（3）场内交通组织及出料线布置。左右岸拌和系统场内交通主要由三部分组成：混凝土运输路线及出料线、水泥及掺合料运输路线和成品骨料运输路线，其他如外加剂等数量较少或零星的材料、场内检修等利用以上三部分的通道。

1）混凝土运输路线及出料线布置。

左岸：空车从场地西北侧进口进入系统，左转进入拌和楼接料后再左转从场地北侧出口驶出系统。两座拌和楼布置在场地进出口中间，每座楼布置两条出料线，四条接料线平行。

右岸：空车在博物馆前从 YY1 路左拐进入拌和楼通道，拌和楼接料后直行重新汇入 YY1 路。1 号拌和楼与 2 号拌和楼从西到东交错布置，每座楼布置两条出料线，四条接料线平行。

2）水泥及掺合料运输路线。

左岸：罐车从场地西北侧进口进入系统，先进入地磅称量后进入高程 260.00m 通道驶入灰罐边卸料，空车从场地北侧出口驶出系统。

右岸：罐车从电厂大门沿 YY1 路进入地磅称量后右转驶入布置在拌和楼边的灰罐卸料。空车前行汇入 YY1 路后驶出系统场地。

3）成品骨料运输路线。

左岸：运料车从场地西北侧进口进入系统，先进入地磅称量后驶入高程 282.00m 进料平台卸料，空车从原路返回驶出系统。

右岸：运料车从电厂大门沿 YY1 路进入地磅称量后直行进入进料平台卸料，空车从原路返回驶出系统。

（4）拌和系统主要建筑物布置。

1）左岸。

A. 拌和楼：拌和楼布置在场地西北侧场地进口与出口中间的部位，布置高程为 254.00m 和 255.00m。

B. 水泥及粉煤灰罐：系统共设置 3 座水泥罐和 4 座粉煤灰罐集中布置在左 1 号拌和楼上料胶带机的右侧，布置高程为 259.00m。

C. 外加剂车间：外加剂车间紧邻压风厂布置在左 1 号拌和楼上料胶带机的左侧，布置高程为 260.00m。

D. 受料坑及成品料堆场：进料平台及受料坑布置在场地最南端高程 282.00m 处，砂与粗骨料分别设置受料坑，左右分开布置。成品粗骨料堆场布置在高程 278.00m 平台上，砂仓布置在高程 270.00m 平台上。人工砂分两仓堆放，分别放置碾压砂和常态砂。粗骨料分四仓堆放，分别放置特大石、大石、中石、小石。人工砂采用单地弄出料，粗骨料采用双地弄出料。

E. 配电及总控室：系统设置两座配电室。1 号配电室（左岸 12 号变电所）布置在高程 270.00m 平台一次风冷料仓旁。2 号配电室（左岸 13 号变电所）布置在二次制冷车间左侧，布置高程为 260.00m。

F. 污水处理车间：污水处理设施布置在系统场地西侧角上，拌和楼污水采用盖板渠排入污水处理车间。

左岸拌和系统平面布置见图 4.1.4。

2）右岸。

A. 拌和楼：拌和楼布置在场地西侧博物馆前空地上，左侧靠近河岸，右侧靠近 YY1 路。右 1 号拌和楼靠河岸，右 2 号拌和楼靠 YY1 路东西交错布置，布置高程为 207.00m。

B. 水泥及粉煤灰罐：系统共设置 4 座水泥罐和 4 座粉煤灰罐，其中 4 个罐布置在右 1 号拌和楼上料胶带机的右侧，4 个罐两两布置在右 2 号拌和楼上料胶带机的两侧。

C. 外加剂车间：外加剂车间利用原电厂供应科 8 号仓库进行改造，布置高程为 207.00m。

D. 受料坑及成品料堆场：进料平台及受料坑布置在场地北侧 YY1 路边，进料平台高程为 212.00m。砂与粗骨料分别设置受料坑，前后交错布置。成品料堆场布置在场地东侧的高程 215.00m 和 213.00m 平台上。砂仓与粗骨料仓分仓形式和出料方式与左岸拌和系统一致。

E. 配电及总控室：系统设置两座配电室及一座总控室。1 号配电室（右岸 14 号变电

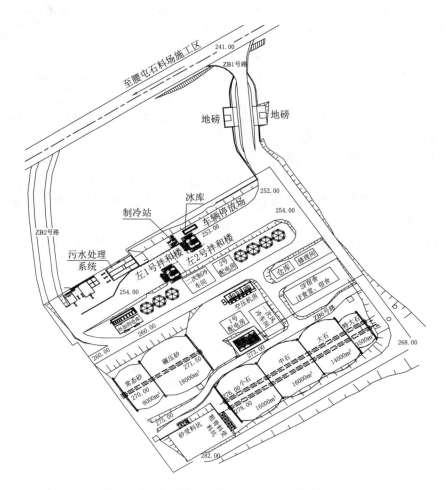

图 4.1.4　左岸拌和系统平面布置图（单位：m）

所）利用原电厂供应科 9 号仓库进行改造。2 号配电室（右岸 15 号变电所）布置在右 1
号拌和楼靠江侧，布置高程均为 207.00m。

　　F. 排水系统及污水处理车间：污水处理设施布置在原电厂铆焊车间靠江侧空地上，
拌和楼污水采用盖板渠排入污水处理车间。右岸拌和系统平面布置见图 4.1.5。

　　（5）风、水、电、灰等管路的布置。系统输风、供水、供电、输灰等管路采用综合
管沟进行布置，有越冬要求的水管设置保温措施或埋设在冻土层之下。

　　3. 拌和系统工艺设计

　　（1）系统生产能力复核。

　　1）主要技术规模指标计算。根据招投标阶段总进度计划确定的混凝土浇筑强度，按
照《水电工程施工组织设计规范》（DL/T 5397—2007）中的规定，取每月工作 500h、不
均衡系数 1.5，按照下式："月强度（m³/月）×1.5÷500（h/月）＝拌和系统最小需要生
产能力（m³/h）"验算拌和系统所需的生产能力，相关计算结果见表 4.1.1。对表 4.1.1
的结果进行整理，得出左右岸系统所需的最小生产能力，见表 4.1.2。

表 4.1.1 左右岸拌和系统所需生产能力计算表

项目	2014年							2015年							2016年	
	4月	5月	6月	7月	8月	9月	10月	4月	5月	6月	7月	8月	9月	10月	4月	5月
左岸系统混凝土生产强度(m³/月)	0	0	0	1047	3508	5104	0	7029	14115	54751	48304	44600	80557	75878	50398	68362
右岸系统混凝土生产强度(m³/月)	0	0	0	0	21346	81940	63837	143060	168376	76279	78610	78314	118162	114726	143210	143045
左岸碾压生产强度(m³/月)	0	0	0	0	0	0	0	0	7085	25909	25029	26888	56270	55479	32687	50632
左岸常态生产强度(m³/月)	0	0	0	1047	3508	5104	0	7029	7030	28842	23275	17712	24287	20399	17711	17730
右岸碾压生产强度(m³/月)	0	0	0	0	18652	76912	63837	95591	120068	44364	38896	39687	69906	65470	103023	104174
右岸常态生产强度(m³/月)	0	0	0	1047	2694	15028	10000	47469	48308	31915	39714	38627	48256	49256	40187	38871
左、右岸合计总强度(m³/月)	0	0	0	1047	24854	87044	63837	150089	182491	131030	126914	122914	198719	190604	193608	211407
左、右岸合计小时总强度(m³/h)	0	0	0	3	75	261	192	450	547	393	381	369	596	572	581	634
左岸小时总强度(m³/h)	0	0	0	3	11	15	0	21	42	164	145	134	242	228	151	205
左岸碾压混凝土小时强度(m³/h)	0	0	0	0	0	0	0	0	21	78	75	81	169	166	98	152
左岸常态混凝土小时强度(m³/h)	0	0	0	3	11	15	0	21	21	87	70	53	73	61	53	53
右岸小时总强度(m³/h)	0	0	0	0	64	246	192	429	505	229	236	235	354	344	430	429
右岸碾压混凝土小时强度(m³/h)	0	0	0	0	56	231	192	287	360	133	117	119	210	196	309	313
右岸常态混凝土小时强度(m³/h)	0	0	0	0	8	45	30	145	142	96	119	116	145	148	121	117

续表

项　　目	2016 年					2017 年							2018 年		
	6 月	7 月	8 月	9 月	10 月	4 月	5 月	6 月	7 月	8 月	9 月	10 月	4 月	5 月	6 月
左岸系统混凝土生产强度/(m³/月)	47412	77368	70347	83421	67904	40980	47313	45807	37235	7382	984	562	436.7	1635.7	1507
右岸系统混凝土生产强度/(m³/月)	92909	91731	92479	107594	129727	149697	145008	83080	73269	29752	21104	6879	2008	1923	754
左岸碾压生产强度/(m³/月)	43320	72971	65279	77785	58996	32000	8950	7252	0	0	0	0	0	0	0
左岸常态生产强度/(m³/月)	4092	4397	5068	5636	8908	8980	38363	38555	37235	7382	984	562	436.7	1635.7	1507
右岸碾压生产强度/(m³/月)	72192	26084	42194	54451	72762	71882	69164	32033	30634	0	0	0	0	0	0
右岸常态生产强度/(m³/月)	20717	65547	50285	53143	56965	77815	75844	51047	42635	29752	21104	6879	2008	1923	754
左、右岸合计总强度/(m³/月)	140321	169099	162826	191015	197631	190677	192321	128887	110504	37134	22088	7441	2445	3558	2261
左、右岸合计总小时强度/(m³/h)	421	507	488	573	593	572	577	387	332	111	66	22	7	11	7
左岸小时总强度/(m³/h)	142	232	211	250	204	123	142	137	112	22	3	2	1	5	5
左岸碾压混凝土小时强度/(m³/h)	130	219	196	233	177	96	27	22	0	0	0	0	0	0	0
左岸常态混凝土小时强度/(m³/h)	12	13	15	17	27	27	115	116	112	22	3	2	1	5	5
右岸小时总强度/(m³/h)	279	275	277	323	389	449	435	249	220	89	63	21	6	6	2
右岸碾压混凝土小时强度/(m³/h)	217	78	127	163	218	216	207	96	92	0	0	0	0	0	0
右岸常态混凝土小时强度/(m³/h)	62	197	151	159	171	233	228	153	128	89	63	21	6	6	2

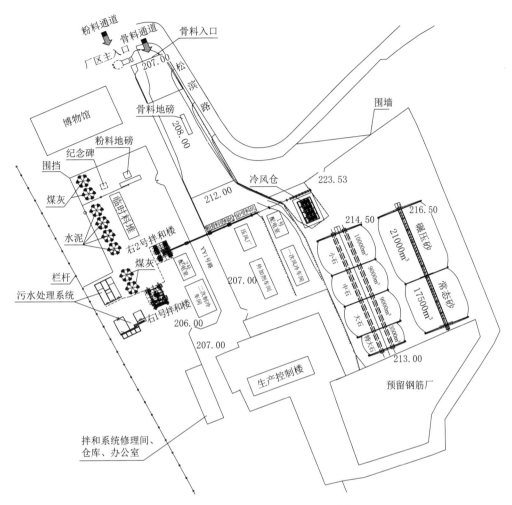

图 4.1.5　右岸拌和系统平面布置图（单位：m）

表 4.1.2　　　　　　　　左、右岸混凝土系统所需最小生产能力指标表

项　　目	单位	指标	时段
左右岸系统最大小时强度	m³/h	634	2016 年 5 月
左岸混凝土最大小时强度	m³/h	250	2016 年 9 月
左岸最大叠加预冷混凝土强度	m³/h	232	2016 年 7 月
左岸最大预冷碾压混凝土强度	m³/h	219	2016 年 7 月
左岸最大碾压混凝土强度	m³/h	233	2016 年 9 月
左岸最大预冷常态混凝土强度	m³/h	116	2017 年 6 月
左岸最大常态混凝土强度	m³/h	116	2017 年 6 月
右岸混凝土最大小时强度	m³/h	505	2016 年 5 月
右岸最大叠加预冷混凝土强度	m³/h	279	2016 年 6 月

项　　目	单位	指标	时段
右岸最大预冷碾压混凝土强度	m³/h	217	2016 年 6 月
右岸最大碾压混凝土强度	m³/h	360	2016 年 5 月
右岸最大预冷常态混凝土强度	m³/h	197	2016 年 7 月
右岸最大常态混凝土强度	m³/h	233	2017 年 4 月

根据表 4.1.2 的最小生产能力要求和招标文件主要技术规模指标，确定左、右岸拌和系统主要技术设计指标见表 4.1.3。

表 4.1.3　　　　　　　　　　左、右岸拌和系统主要技术设计指标

系统	项目名称	单位	技术指标	备　　注
左岸拌和系统	混凝土设计生产能力	m³/h	545	按全拌碾压
	预冷混凝土生产能力	m³/h	360	碾压与常态叠加
	大坝预冷碾压混凝土生产能力	m³/h	270	安排 3 条线生产
	大坝常温碾压混凝土生产能力	m³/h	400	安排 3 条线生产
	常温常态混凝土生产能力	m³/h	160	安排 1 条线生产
	预冷常态混凝土生产能力	m³/h	90	安排 1 条线生产
右岸拌和系统	混凝土设计生产能力	m³/h	515	
	预冷混凝土生产能力	m³/h	390	碾压与常态叠加
	大坝预冷碾压混凝土生产能力	m³/h	250	安排 2×6m³ 拌和楼生产
	大坝常温碾压混凝土生产能力	m³/h	390	安排 2×6m³ 拌和楼 2 条线、2×3m³ 拌和楼 1 条线生产
	常温常态混凝土生产能力	m³/h	240	安排 2×3m³ 拌和楼生产
	预冷常态混凝土生产能力	m³/h	140	安排 2×3m³ 拌和楼生产

2）仓面覆盖强度复核。浇筑方案确定的右岸最大浇筑仓面为 32208m²（通仓），按斜层碾压每层 4000m² 控制，确保 5h 内覆盖一层，计算最小浇筑强度为 240m³/h，小于右岸系统预冷碾压混凝土设计生产能力，可满足覆盖时间要求。左岸最大浇筑仓面按斜层碾压每层 3600m² 控制，计算最小浇筑强度为 216m³/h，小于左岸系统预冷碾压混凝土设计生产能力，可满足覆盖时间要求。

（2）工艺流程设计及设备选型。左、右岸拌和系统工艺流程见图 4.1.6 和图 4.1.7。图中 S_i、G_i、B_i（$i=1$、2、3，…）分别代表砂仓、骨料仓、拌和楼的输送胶带机机号，W、C、F、CW、ICE、A、AN、AL、AD 分别代表水、水泥、粉煤灰、冷水、冰、压缩空气、液氨、氨气、外加剂。

1）成品骨料受料与储存。大坝混凝土所需成品骨料由腰屯砂石加工系统提供，成品骨料由砂石加工系统负责运输至大坝设置的受料坑。根据左右岸混凝土浇筑最高峰月的浇筑强度来计算骨料的受料强度，其中每月时间运输时间按照 25d 计，每天按两班 14h

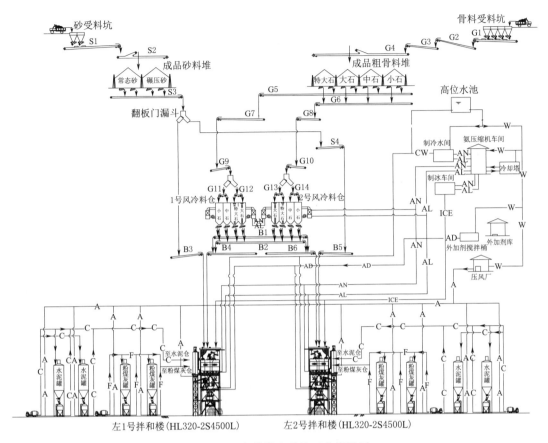

图 4.1.6　左岸拌和系统工艺流程图

为有效时间，1m³ 混凝土砂的所占比例为 33%。

左岸砂：83421m³/月÷25d/月÷14h/d×2.1t/m³×0.33＝167t/h；

左岸石：83421m³/月÷25d/月÷14h/d×2.1t/m³×0.67＝346t/h；

右岸砂：168376m³/月÷25d/月÷14h/d×2.1t/m³×0.33＝337t/h；

右岸石：168376m³/月÷25d/月÷14h/d×2.1t/m³×0.67＝698t/h；

两岸总受料强度：左岸砂＋左岸石＋右岸砂＋右岸石＝1548t/h；

因此高峰月需提供不小于 1548t/h 的成品骨料运输能力，各档料的比例根据左、右岸系统运行工况及时调整。

A. 受料坑配置。由于受料强度大，储料仓长度较长且骨料品种多，因此粗骨料与砂分别受料。

左岸：高峰期砂用量不小于 167t/h、石用量不小于 346t/h，综合考虑运行工况、设备配置等条件，砂及石的下料口选择配置 GZG1253 振动给料机（单台给料能力约 300～500t/h）给料。考虑备用及骨料种类多等因素，砂配置 2 个受料口，石配置 4 个受料口，每个受料口均配置 1 台给料机。

右岸：高峰期砂用量不小于 337t/h、石用量不小于 698t/h，受料坑配置与左岸相同。

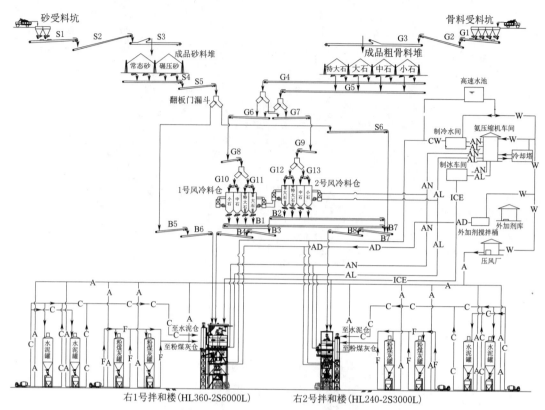

图 4.1.7　右岸拌和系统工艺流程图

B. 成品料的储存。左、右岸均设置一座成品骨料堆存场，用于堆存碾压砂、常态砂、特大石、大石、中石、小石等 6 种成品骨料。根据目前施工用地的规划范围，最大限度地布置成品骨料堆存场，其中右岸设计储量为 70000m³，左岸为 77500m³。左、右岸成品料总储量可满足高峰期约 10d 的用量，活容积能满足高峰期约 6d 的用量。骨料从自卸车直接倒入受料坑，受料坑给料机给料至胶带机，料仓上的卸料小车按照规划要求分别卸入相应各仓中堆存。

左、右岸拌和系统成品骨料堆存场设计指标见表 4.1.4。

表 4.1.4　　　　　　　左、右岸拌和系统成品骨料堆存场设计指标　　　　　　　单位：m³

序号	料仓名称	左岸储量	右岸储量	备注
1	特大石料仓	3500	3500	
2	大石料仓	14000	9000	
3	中石料仓	16000	9000	
4	小石料仓	16000	10000	
5	成品碾压砂仓	18000	21000	
6	成品常态砂仓	8000	17500	
	合计	75500	70000	堆积方

注　骨料堆积密度按平均 1.5t/m³ 计。

2）粗骨料二次筛分。招标文件要求：为了提高混凝土质量控制要求，以及预冷混凝土骨料连续风冷效率提高，要求增加冷却前混凝土粗骨料（不含砂）进行二次筛分。二次筛分设置在一次风冷料仓前，采用混合上料筛分。投标阶段左右岸系统均布置了二次筛分。

目前，该工程左右岸混凝土拌和系统的规划用地均较为狭小，系统布置用地紧张局促，成品料仓储较小，将无法满足工程高峰月混凝土生产的强度要求。考虑到投标阶段二次筛分方案为干筛，对风冷骨料效率的提升作用不大，为优化左右岸系统的平面布局，增大系统成品骨料的储量，提高系统运行的可靠性，取消了左右岸混凝土系统的二次筛分。

3）成品骨料输送。粗骨料从成品料堆存场地弄取料用胶带机分别送入相应的一次风冷料仓进行冷却及储存，温度合格后通过料仓底部的给料机给料至上楼胶带机。左岸2号拌和楼从成品料堆存场地弄取料用胶带机直接输送上楼。

砂直接从成品料堆存场砂仓地弄通过给料机给料至出料胶带机，左右岸1号楼与2号楼轮流上砂。

4）压风厂。混凝土生产系统用风主要为拌和楼及其他部位气动部件用风、外加剂车间用风、水泥罐车卸料用风、仓式泵用风等。

拌和系统高峰压缩空气需用量按照式（4.1.1）进行计算：

$$Q = K_1 K_2 K_3 \sum nq K_4 \tag{4.1.1}$$

式中　　Q——高峰压缩空气需用量，m^3/min；

K_1——未计入的小用量用风修正系数，取1.1；

K_2——管网漏风修正系数，取1.2；

K_3——高程修正系数，工程地高程按300.00m计，查表取1.03；

K_4——用风设备利用系数，拌和楼取1.0，卸粉料取0.8，送粉料取0.6；

n——每班内相同设备工作台数；

q——单台设备耗风量，m^3/min。

因此，左、右岸拌和系统高峰压缩空气需用量 $Q = 1.1 \times 1.2 \times 1.03 \times$（拌和楼 $2 \times 10m^3/min \times 1.0 +$ 散装车卸料 $2 \times 12m^3/min \times 0.8 +$ 仓泵 $4 \times 20m^3/min \times 0.6$）$= 118.56m^3/min$。

左、右岸压风厂分别配置6台LW-22/7型固定电动空压机及配套设施，总供气量120m^3/min，可满足施工需要。系统在适当位置设置7个4m^3的储气罐以保证系统的供气压力。空压机房旁设冷却水池，水池为二级冷却，总容积大于20m^3，冷却水池根据水位及水温自动补充新鲜冷水。水池通过一台离心泵循环向空压机提供冷却水，冷却水循环量大于60m^3/h。压风系统采用一体化供风布置，输送用风与操作用风独立提供，管道之间设置常闭闸阀，必要时可互为备用，以提高供风效率和稳定性，降低能耗。

左、右岸压风厂主要设备选型见表4.1.5。

表4.1.5　　　　　　　　　左、右岸压风厂主要设备选型表

序号	设　备　名　称	数量	功率/kW
1	LW-22/7型空气压缩机	6台	132
2	4m^3储气罐	7个	—

序号	设 备 名 称	数量	功率/kW
3	150S50B 型冷却水循环离心泵	1 台	15
4	电气控制系统	1 套	—
5	合计功率		807

5）外加剂车间。外加剂车间由储存仓库、配制池、水泵间、值班室等组成，左、右岸各布置一个车间，供减水剂和引气剂的配制，必要时也可以配制第三种外加剂。根据经验，配制池按照系统设计能力 $0.1m^3/m^3$ 的容积进行计算，外加剂仓库储量按照高峰月 15d 的使用量进行配置。

A．左岸。拌和系统设计生产能力为 $545m^3/h$，配制池容积应大于 $54.5m^3$，因此布置 6 个 $12m^3$ 的溶液配制池，1 号、2 号拌和楼共用，使用时采用电磁三通换向阀控制输送流向。减水剂采用风力搅拌和机械搅拌联合运行方式配制搅拌溶液，而后采用耐腐泵（化工泵）送到拌和楼；引气剂采用机械搅拌，耐腐泵输送至拌和楼。耐腐泵选用 IS80 - 65 - 200 型化工泵，共配置 6 台，每池独立配置 1 台。左岸最大高峰期强度为 $83421m^3/$月，平均外加剂用量按照 $2kg/m^3$ 计算，外加剂储存库的储量需大于 100t。左岸外加剂库建筑面积为 $190m^2$，存储能力约 200t，可满足要求。

左岸外加剂车间主要设备选型见表 4.1.6。

表 4.1.6　　　　　　　　　左岸外加剂车间主要设备选型表

序号	设 备 名 称	数量	功率/kW	能力
1	$12m^3$ 溶液配制池	6 个	—	—
2	BLD3 - 35 - 4kW 型搅拌器	6 台	4	—
3	IS100 - 65 - 200 型化工泵	6 台	5.5	扬程为 40m，流量为 $15m^3/h$
4	合计功率		57	—

B．右岸。拌和系统设计生产能力为 $515m^3/h$，配制池容积应大于 $51.5m^3$，因此同样布置 6 个 $12m^3$ 的溶液配制池，可满足施工需要。减水剂、引气剂溶液配制工艺及输送方式与左岸相同。右岸最大高峰期强度为 $168376m^3/$月，平均外加剂用量按照 $2kg/m^3$ 计算，外加剂储存库的储量需大于 202t。左岸外加剂库建筑面积为 $230m^2$，存储能力约 250t，可满足要求。

外加剂车间主要设备选型与左岸一致。

6）供水及废水处理系统。

A．供水系统。左、右岸混凝土拌和系统生产用水分别接自左、右岸的高位水池。

B．废水处理系统。混凝土拌和系统场地全部采用硬化处理，进入拌和系统场地的车辆必须经过轮胎清洗槽。

混凝土拌和系统的废水来源主要有两点：①清洗混凝土运输车和搅拌主机而产生的废水，此部分废水量大、浓度高；②冲洗生产场地而产生的废水，此废水量一般比洗车产生的废水量少。

该项目充分考虑环境保护的要求及场地情况，拌和系统采用砂石分离设备和废水处理系统相结合的方式，通过一定的工艺和技术手段将生产废水进行回收并重复用于车辆冲洗和混凝土搅拌。

混凝土运输车在洗车场处通过抽取澄清水洗车池或 2 号回收水搅拌池的水进行冲洗，冲洗后的废水通过钢制水槽进入砂石分离设备，对砂、石、水进行分离，分离出来的水进入 1 号回收水搅拌池，1 号回收水搅拌池内的水经充分搅拌后，直接抽送到拌和楼中的水罐并用于混凝土搅拌，砂石料也可以回收利用。清洗搅拌主机和冲洗场地产生的废水经收集后进入集水池，集水池的废水经过沉降后，上部澄清水通过溢流口进入澄清水洗车池。当 2 号回收水搅拌池中的水不足时，由澄清水洗车池补充。整个污水处理系统结构紧凑，运行情况良好，达到环境保护要求。

7）供电系统。根据混凝土生产系统设计规划，整个混凝土拌和系统包含粉料储存及输送系统、压缩空气系统、外加剂制备系统、骨料储存及上料系统、制冷厂、污水处理车间、拌和楼等，所有用电负荷为三级负荷，除制冷厂部分负荷为 10kV 高压负荷外，其余负荷均为 0.4kV 电压等级。

根据工程施工供电总体规划，结合混凝土拌和系统布置情况，从变电所尽量靠近负荷中心的角度考虑，在左岸拌和系统设 2 个变电所（12 号、13 号变电所），变电所 10kV 电源由新建 10kV 开闭所 Z6 号线提供；在右岸拌和系统设 2 个变电所（14 号、15 号变电所），变电所 10kV 电源由新建 10kV 开闭所 Y2 号线 Y3 号线提供。变电所内设置 10kV 开关柜直配制冷系统 10kV 螺杆制冷压缩机组。

A. 供电设计基本原则。系统的电气设备选用性能先进、运行可靠、维护方便的产品。高压开关柜选用 KYN 系列，低压开关柜选用 GGD 系列固定式开关柜；电力变压器选用 S11 型系列节能变压器；在骨料上料系统自动控制、保护、监视方面，采用当今先进、成熟的 PLC 程序及计算机控制系统。

综合考虑经济运行原则和供电部门的功率因数考核要求，供电系统进行了功率因数补偿，补偿措施如下：在高压系统设置高压电容补偿柜，补偿 10kV 螺杆制冷压缩机组无功功率，低压系统装设低压电容补偿柜补偿低压负荷无功功率。补偿后功率因数达 0.9 以上。

B. 负荷情况。左岸混凝土生产系统计算功率约 4336kW，其中 1750kW 为高压负荷，其余为低压负荷。根据系统负荷的分布情况，分别由 12 号、13 号变电所供电。

右岸混凝土生产系统计算功率约 5415kW，其中 2455kW 为高压负荷，其余为低压负荷。根据系统负荷的分布情况，分别由 14 号、15 号变电所供电。

4. 电气控制系统

依据国家现行规程规范、行业标准及招标文件的要求，遵循"技术优先、经济合理、使用简便、安全可靠、易于维护、方便扩展、适应性强"的原则，选用经多个同类工程实践检验的先进可靠电气控制产品（硬件和软件），结合以往的成功经验，对混凝土拌和系统的电气控制系统进行设计。混凝土拌和系统的电气控制系统为综合自动化系统，主要由骨料上料 PLC 控制系统和工业电视监控系统组成。

（1）骨料上料 PLC 控制系统。系统分为两个控制层级，即 PLC 控制层（PLC 集控中心）、现地操作层（设备现地控制箱或启动箱）。

系统控制层级按优先级别实现操作闭锁，其优先级别为：设备就地操作第一，PLC 集控中心操作第二。每个控制单元都由该单元的程控台和现地控制箱或启动箱组成。

主控设备为左、右岸混凝土拌和系统内的皮带机和振动给料机。皮带机、振动给料器设置现地控制箱，自动控制时遵循逆料流方向顺序起动，顺料流方向顺序停机的原则，设备的连锁启/停时间长度可在 PLC 上进行设定和修改，缩短启/停时间以利于降耗节能，确保系统启动在允许范围，停机时保证皮带机上不过多积料。

手动操作方式与 PLC 可编程控制器无关，最大限度地确保控制系统的可靠性。在设备现地控制箱上有"远方/现地"模式选择开关。选择"现地"模式时，则"远方"操作无效；选择"远方"模式时，集控中心程控台可对受控设备实施远方自动或手动操作，此时在设备现地控制箱上仍可对设备实施紧急停机操作。设备现地控制主要用于调试检修和现地紧急停机。

在各集控中心程控台上设有紧急停机按钮，可使系统紧急停机，系统运行过程中任一设备发生异常、故障时，需要紧急停机，可拉开就近的事故开关或按下紧急停机按钮，使该设备和上级设备立即停机，并将事故信号反馈到相应的集控室，发生报警信号。

（2）工业电视监控系统。通过工业电视监控系统，管理人员在集控中心对整个系统的生产进行实时监控，评估现场环境、系统运行情况、设备状况以及料仓料位。

监控系统选择全中文界面的硬盘录像机作为电视监控系统的主机，其主要特点为所有操作控制均在集控中心进行，可方便进行影像资料查看、检索、回放、备份录制、打印当前画面截图等。

报警时，能自动弹出报警地图指示报警区域，视频丢失时报警并伴随音响。

生产现场电视监控实况的单画面和多画面在集控室电视监控显示器上能够被看到。

（3）声光信号。系统设有示警电铃和事故电笛音响以及灯光指示（工作电源、系统运行状态、故障等），音箱消音由控制台操作，故障音响消音后故障指示仍然保持直至故障消除系统复位。在集控室设置示警电铃和事故电笛以及灯光指示，在设备现地启动控制柜/箱内配置示警电铃以及灯光指示，在需要设置的部位也设置示警电铃。

（4）远方开机音响。开机预告：系统开机前，集控室统一向所属系统给出启动预告电铃铃声。

开机示警：开机前首先自动发出启动示警铃声，然后系统远方开机。

（5）现地开机音响。现地开机时，利用现地的预告按钮发出预告铃声。

（6）故障声光信号。当发生故障停机时，集控室发出电笛音响，同时在马赛克模拟屏上相应的故障设备指示灯闪烁。

（7）电气保护。该系统的电气保护主要是对电机、皮带输送机、变压器等进行保护。

对于电动机设备有过流速断保护和过流延时保护。过流速断电流整定值为 7 倍电动机额定电流值；过流延时保护电流整定值为 1.1 倍电动机额定电流值，延时 15s。

对皮带输送机的保护，可接入其跑偏开关信号使输送机轻跑偏报警，重跑偏停机。

保护动作后的系统复位在控制台进行。

4.1.4 粉料储备系统

散装水泥及掺合料（粉煤灰）储量按照高峰月生产6d用量确定设计指标。

左岸：要求储量水泥不小于3600t，粉煤灰不小于2400t。因此配置3座1500t水泥罐，储量达4500t。粉煤灰采用4座1000t罐储存，总储量达到4000t。

右岸：要求储量水泥不小于6420t，粉煤灰不小于4280t。水泥配置4座1500t储罐，总储量达6000t，加上楼上储罐储量，可满足要求。粉煤灰配置4座1000t储罐，总储量达到4000t，加上楼上储罐储量，可满足要求。

水泥及粉煤灰采用LTR5000型浓相仓式输送泵气力输送入拌和楼水泥及粉煤灰储仓。每罐对应1台仓泵。各罐锥体部分设置环形风路破拱装置，储存相同品牌、规格的各罐之间设有倒料装置，可定期倒仓。

左、右岸水泥及粉煤灰的计量和储运设备选型见表4.1.7。

表4.1.7 左、右岸水泥及粉煤灰的计量及储运设备选型表

序号	设备名称	规格型号	单位	左岸	右岸	能力
1	水泥储存罐	直径10m	座	3	4	1500t
2	粉煤灰储存罐	直径10m	座	4	4	1000t
3	罐顶除尘器	GLC	台	7	8	功率1kW
4	浓相仓式泵	LTR500	台	7	8	≥55t/h
5	全电子汽车衡	100t（3.4m×16m）	台	2	2	100t
6	电气控制系统	PLC，集控	套	1	1	

4.1.5 混凝土生产预冷系统

1. 预冷系统布置

左、右岸拌和系统内各配置了1套混凝土生产预冷系统，包含一次风冷车间和二次风冷车间各1座及配置1套集装箱制冰装置。

2. 混凝土生产预冷系统制冷工艺

大坝左岸混凝土预冷系统布置在左岸拌和系统内，配合2座$2×4.5m^3$拌和楼生产12℃预冷混凝土和溢流坝段强约束区的11℃预冷混凝土，预冷混凝土生产能力为360m^3/h。混凝土预冷采用二次风冷及加冷水拌和的综合措施，由于部分溢流坝段强约束区混凝土还需加片冰拌和，1座拌和楼配置加冰装置，预冷系统应配置制冷容量9653kW（830万kcal/h，标准工况）。由于左岸$2×4.5m^3$拌和楼的预冷混凝土生产能力实际可接近$2×6m^3$拌和楼，为了高峰时能生产更多预冷混凝土，提高保证率，预冷系统按实际强度需配置制冷容量11281kW（970万kcal/h，标准工况）。

大坝右岸混凝土预冷系统布置在右岸拌和系统内生产系统，配合1座$2×6m^3$拌和楼和1座$2×3m^3$拌和楼生产12℃预冷混凝土，预冷混凝土生产能力为390m^3/h（$2×6m^3$拌和楼为250m^3/h，$2×3m^3$拌和楼为140m^3/h）。混凝土预冷采用二次风冷和加冷水拌和

的综合措施，需配置制冷容量 9304kW（800 万 kcal/h，标准工况）。

混凝土生产预冷系统制冷工艺流程见图 4.1.8。

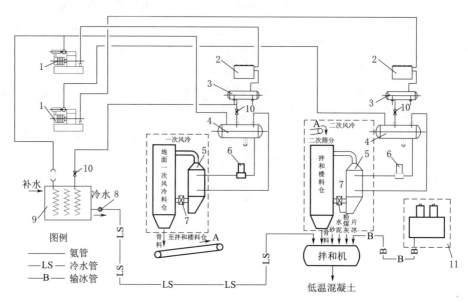

图 4.1.8　混凝土生产预冷系统制冷工艺流程图

1—螺杆制冷压缩机；2—蒸发式冷凝器；3—储氨器；4—低压循环储氨器；5—高效空气冷却器；
6—氨泵；7—离心风机；8—水泵；9—螺旋管蒸发器；10—节流阀；11—集装箱式制冰装置

3. 左岸混凝土生产预冷系统

（1）一次风冷。一次风冷包括制冷车间内的主机、辅机及地面骨料调节料仓冷风循环系统。一次风冷制冷主机装机容量为 6048kW（520×10⁴kcal/h，标准工况），共配置 4 台长导程螺杆制冷压缩机，其中 1 台为备机。制冷主机、辅机集中布置在一次风冷车间内，末端设备为高效空气冷却器，放置在地面调节料仓旁边的冷风机平台上。高效空气冷却器、离心风机、地面调节料仓及其送风、配风装置，用相应的风道连接组成冷风闭式循环系统，用以冷却调节料仓内的骨料。地面调节料仓分设 4 个仓，每个仓内分别装小石、中石、大石、特大石四种骨料，骨料冷却采用连续冷却，料仓内骨料流向自上而下，冷风流向自下而上，其换热方式为逆流式热交换过程。

（2）二次风冷及制冷水。二次风冷由二次风冷车间内的主机、辅机及拌和楼上的冷风循环系统组成。制冷主机装机容量为 4536kW（390×10⁴kcal/h，标准工况），制冷主机、辅机集中布置在二次风冷车间内，末端设备为高效空气冷却器，放置在拌和楼料仓边的冷风机平台上，高效空气冷却器、离心风机、拌和楼料仓及其送风、配风装置，用相应的风道连接组成冷风闭式循环系统，用以冷却料仓内的骨料。拌和楼的 4 个骨料仓在生产混凝土时分别装入通过一次风冷的各种骨料实施二次风冷，骨料冷却过程与一次风冷一致。

冷水由二次风冷车间内的螺旋管蒸发器制取，制冷水与二次风冷共用冷源，螺旋管蒸发器生产的 4℃冷水除供片冰机制冰用外还可同时供夏季混凝土外加剂掺加用水。在过渡季节不需用片冰时全部用作拌和水。

（3）制冰系统。为满足溢流坝段强约束区碾压混凝土的浇筑要求，在左岸混凝土预冷系统中设置自带冷源的集装箱制冰装置，通过每立方米混凝土加8kg片冰拌和，使该处预冷混凝土出机口温度达到11℃。该集装箱制冰装置配合2座2×4.5m³拌和楼使用，制冰能力为60t/d（2台30t制冰机），储冰量为40t，送冰能力为2×（8～10）t/h。除满足11℃的溢流坝段强约束区碾压混凝土的浇筑要求，还可配合系统生产别的碾压和常态预冷混凝土生产，加冰能力按照360m³/h配置。

（4）主要技术参数。大坝左岸混凝土预冷系统主要技术参数见表4.1.8。

表4.1.8 大坝左岸混凝土预冷系统主要技术参数

序号	分 项	单位	技 术 参 数 指 标			备 注
			一次风冷	二次风冷＋制冷水	制冰	
1	拌和楼		2×4.5m³强制式拌和楼2座			
2	预冷混凝土产量	m³/h	360×（180+180）			
3	混凝土出机口温度	℃	12（溢流坝段强约束区11）			
4	制冷装机容量	10⁴kcal/h	520	390	约60	标准工况备用机1台
5	电机功率	kW	约5900			
6	充氨量	t	约32	约28	—	以实际充氨量为准

（5）主要设备清单。大坝左岸混凝土预冷系统主要制冷设备见表4.1.9。

表4.1.9 大坝左岸混凝土预冷系统主要制冷设备表

序号	名 称	单位	数量		型 号	主 要 技 术 参 数
			一次风冷	二次风冷＋制冰		
1	螺杆制冷压缩机组	台	4	3	KA25CBL	标准工况制冷量为130×10⁴kcal/h（1512kW），主电机功率为560kW，额定电压为10kV
2	蒸发式冷凝器	台	4	3	LNZ3500	单台：排热量为3500kW，29.5kW
3	热虹吸储液器	台	2	2	HG2.5	单台：满足压缩机理论排量10000m³/h的需要
4	高压储氨器	台	3	2	ZA8（ZY8）	单台：容积为8m³
5	低压循环储液器	台	3	2	ZDX15（DXW15）	单台：容积为15m³
6	氨泵	台	10	6	CNF40-200	单台：流量为25m³/h，扬程为44m，功率为6.5kW
7	集油器	台	2	2	JY500R	
8	紧急泄氨器	台	2	2	JX159	
9	空气分离器	台	1	1	KF50	

续表

序号	名　称	单位	数量 一次风冷	数量 二次风冷＋制冰	型　号	主　要　技　术　参　数
10	空气冷却器	台	4	—	GKL2800	单台：蒸发面积为 2800m²，传热系数不小于 23W/(m²·℃)，上进下出
11	空气冷却器	台	4	—	GKL2000	单台：蒸发面积为 2000m²，传热系数不小于 23W/(m²·℃)，上进下出
12	空气冷却器	台	—	2	GKL2000	单台：蒸发面积为 2200m²，传热系数不小于 23W/(m²·℃)，上进下出
13	空气冷却器	台	—	4	GKL1800	单台：蒸发面积为 1800m²，传热系数不小于 23W/(m²·℃)，上进下出
14	空气冷却器	台	—	2	GKL1500	单台：蒸发面积为 1500m²，传热系数不小于 23W/(m²·℃)，上进下出
15	离心风机	台	7	—	4-75-11NO.12E	单台：流量为 55000~85000m³/h 全压为 3000~2000Pa，功率为 90kW
16	离心风机	台	1	—	4-72-12C	单台：风量为 53978~75552m³/h，风压：2746~2172Pa，功率为 75kW
17	离心风机	台	—	8	4-75-11NO.9E	单台：流量为 32000~48000m³/h 全压为 3100~2200Pa，功率为 55kW
18	螺旋管蒸发器	台	—	1	ZFL270	蒸发面积为 270m²，传热系数为 580~690W/(m²·℃)，功率为 2×4W
19	集装箱制冰装置	台	—	1		制冰能力为 60t/d，储冰量为 40t，送冰能力为 2×(8~10) t/h
20	氨气报警装置	套	1	1	ES2000＋ESD100	
21	冷水泵	台	—	3	KQL80/160-7.5/2	流量为 50m³/h，扬程为 32m，功率为 7.5kW
22	防爆式排风扇	台	10	8	BT35-11NO.5	0.37
23	移动式防爆排风扇	台	1	1	BT40-11NO.8	4

4. 右岸混凝土生产预冷系统

（1）一次风冷。一次风冷包括制冷车间内的主机、辅机及地面骨料调节料仓冷风循环系统。一次风冷制冷主机装机容量为 4536kW（390×10⁴kcal/h，标准工况），共配置 3 台长导程螺杆制冷压缩机。设备布置方案、骨料一次冷却工艺与左岸相同。

（2）二次风冷及制冷水。二次风冷由二次风冷车间内的主机、辅机及拌和楼上的冷风循环系统组成。制冷主机装机容量为 4187kW（360×10⁴kcal/h，标准工况）。设备布置方案、骨料二次冷却工艺、制冷水过程与左岸相同。

（3）制冰系统。右岸集装箱制冰装置制冰能力为 60t/d（两台 30t 制冰机），储冰量为

50t，送冰能力为 12t/h。除满足 11℃ 的溢流坝段强约束区碾压混凝土的浇筑要求，还可配合系统生产别的碾压和常态预冷混凝土生产，加冰能力按照 375m³/h 配置。

（4）主要技术参数。大坝右岸混凝土预冷系统主要技术参数见表 4.1.10。

表 4.1.10　　　　　　　　大坝右岸混凝土预冷系统主要技术参数

序号	分　项	单位	技术参数指标			备　注
			一次风冷	二次风冷＋制冷水	制冰	
1	拌和楼		2×6m³ 强制式拌和楼 1 座 2×3m³ 强制式拌和楼 1 座			
2	预冷混凝土产量	m³/h	390（250＋140）			
3	混凝土出机口温度	℃	12（溢流坝段强约束区 11）			
4	制冷装机容量	10⁴kcal/h	390	360	50	标准工况
5	电机功率	kW	约 5200			
6	充氨量	t	约 32	约 28	约 3	以实际充氨量为准

（5）主要设备清单。大坝右岸混凝土预冷系统主要制冷设备见表 4.1.11。

表 4.1.11　　　　　　　　大坝右岸混凝土预冷系统主要制冷设备表

序号	名　称	单位	数量		型　号	主　要　技　术　参　数
			一次风冷	二次风冷＋制冰		
1	螺杆制冷压缩机组	台	3	2	KA25CBL	标准工况制冷量为 130×10⁴kcal/h（1512kW），主电机功率为 560kW，额定电压为 10kV
2	螺杆制冷压缩机组	台	—	1	LG25MYB	标准工况制冷量为 100×10⁴kcal/h（1163kW），主电机功率为 450kW，额定电压为 10kV
3	螺杆式氨泵机组	台	—	1	W－JABLGⅢ220	标准工况制冷量为 50×10⁴kcal/h（582kW），主电机功率为 220kW
4	蒸发式冷凝器	台	4	3	LNZ3500	单台：排热量为 3500kW，功率为 29.5kW
5	热虹吸储液器	台	2	2	HG1.5	单台：满足压缩机理论排量 8000m³/h 的需要
6	高压储氨器	台	3	2	ZA8	单台：容积为 8m³
7	低压循环储液器	台	3	2	ZDX15（DXW15）	单台：容积为 15m³
8	氨泵	台	10	6	CNF40－200	单台：流量为 25m³/h，扬程为 44m，功率为 6.5kW
9	集油器	台	2	2	JY500R	

序号	名 称	单位	数 量		型 号	主 要 技 术 参 数
			一次风冷	二次风冷＋制冰		
10	紧急泄氨器	台	2	2	JX159	
11	空气分离器	台	1	1	KFA50	
12	空气冷却器	台	2	—	GKL3400	单台：蒸发面积为3400m²，传热系数不小于23W/(m²·℃)，上进下出
13	空气冷却器	台	2	—	GKL2800	单台：蒸发面积为2800m²，传热系数不小于23W/(m²·℃)，上进下出
14	空气冷却器	台	—	2	GKL2200	单台：蒸发面积为2200m²，传热系数不小于23W/(m²·℃)，上进下出
15	空气冷却器	台	—	2	GKL1800	单台：蒸发面积为1800m²，传热系数不小于23W/(m²·℃)，上进下出
16	空气冷却器	台	1	—	GKL2600	单台：蒸发面积为2600m²，传热系数不小于23W/(m²·℃)，上进下出
17	空气冷却器	台	1	—	GKL2400	单台：蒸发面积为2400m²，传热系数不小于23W/(m²·℃)，上进下出
18	空气冷却器	台	2	—	GKL2200	单台：蒸发面积为2200m²，传热系数不小于23W/(m²·℃)，上进下出
19	空气冷却器	台	—	2	GKL1500	单台：蒸发面积为1500m²，传热系数不小于23W/(m²·℃)，上进下出
20	空气冷却器	台	—	2	GKL1100	单台：蒸发面积为1100m²，传热系数不小于23W/(m²·℃)，上进下出
21	离心风机	台	4	—	4-75-11NO.12E	单台：流量为55000～85000m³/h，全压为3000～2000Pa，功率为90kW
22	离心风机	台	4	—	4-72-12C	单台：风量为53978～75552m³/h，风压：2746～2172Pa，功率为75kW
23	离心风机	台	—	4	4-75-11NO.10.5E	单台：流量为42000～63000m³/h，全压为2900～2100Pa，功率为75kW
24	离心风机	台	—	4	4-75-11NO.9E	单台：流量为32000～48000m³/h，全压为3100～2200Pa，功率为55kW
25	螺旋管蒸发器	台	—	1	LZA360	蒸发面积为360m²，传热系数为580～690W/(m²·℃)，功率为2×4W
26	集装箱制冰装置	台	—	1	FIP60＋AIS50＋ID12S	制冷能力为60t/d，储冰量为50t，送冰能力为2×(8～10) t/h

序号	名　称	单位	数　量		型　号	主 要 技 术 参 数
			一次风冷	二次风冷＋制冰		
27	氨气报警装置	套	1	3	ES2000＋ESD100	
28	冷水泵	台	—	2	KQL80/170－7.5/2	流量为 43.5m³/h，扬程为 38m，功率为 7.5kW
29	防爆式排风扇	台	10	9	BT35－11No.5	0.37
30	移动式防爆排风扇	台	1	1	BT40－11No.8	4

5. 混凝土预冷系统控制

混凝土预冷系统的控制主要为自动与手动相结合的方式。低压循环储液器、氨循环泵系统采用自动控制方式，氨压机组、蒸发冷却器及一次与二次风冷风机均采用手动控制方式，可在机旁进行一对一启停操作。

各设备运行状态及事故情况主要由低压开关柜、现地控制箱及启动控制柜上的指示仪表、信号灯或音响设施进行监视和报警。

根据制冷工艺安全运行要求，氨气报警装置与制冷车间排风扇联动。

6. 该工程制冷系统特点

（1）合理布置一次、二次制冷车间位置，两个车间应分别靠近一次风冷料仓及搅拌楼冷风平台，就近布置可缩短系统管路减少热损失，提高效率，提高系统可靠性及安全性。合理布置制冰设备位置，特别是片冰采用风送时，如距离太近送冰管路太陡，普通风压无法将冰送至配料层，如距离太远坡度过缓，则送冰效率低。

（2）该工程具有夏季混凝土高峰浇筑强度大温控要求高的特点，因此混凝土拌和系统出机口温度标准较低（一般预冷混凝土温度为 12℃，溢流坝段强约束区预冷混凝土温度为 11℃）。为确保出机口温度能够达到要求，同时兼顾过渡季节的需要，所配置的预冷系统可根据外界气温及混凝土出机口温度要求，选择单独开启一次风冷、二次风冷、加冷水及加冰拌和的任一种、两种、三种或全部措施的组合，以灵活多变的形式打造一个节能、高效、经济的系统。

（3）与以往工程相比，优化了风冷料仓及配风窗的结构。一是通过加大一次风冷料仓的深度、平面尺寸及配风窗的长度，延长了骨料的冷却时间、减少了风阻，提高了一次风冷的效率；二是加大了搅拌楼料仓的配风窗断面尺寸，将原配置的轴流风机改为离心风机，增加了风量，提高了风压，保证二次风冷的冷却效果。

（4）配置全自动骨料上料控制系统，同时对控制系统的算法进行了优化和改进，骨料在 PLC 及工控机的控制下按照预设料位自动实现一次风冷料仓、二次风冷料仓的连续补料，避免由于补料不及时出现的低料位或空仓，确保仓内最低料位不低于料仓内回风道上部 1m 厚覆盖层高度，防止出现冷风短路而影响骨料冷却效果。

（5）采用蒸发式冷凝器，对于类似该工程这样长时高负荷运行的预冷系统，一方面可提高并保证系统的效率；另一方面可实现节能、节水的目的。

4.1.6 拌和楼冬季改造

1. 概况

碾压混凝土早期强度较低，而较大的仓面面积难以采用保温棚进行冬季施工保温，开裂风险极大。因此严寒地区冬季不宜进行碾压混凝土浇筑，如有需要可以采取一系列冬季施工措施进行部分常态或变态混凝土施工。冬季混凝土施工需对拌和系统进行冬季施工改造或在拌和系统设计时即考虑冬季浇筑工况，以确保混凝土出机口温度大于5℃。新丰满大坝在冬季进行了少量常态混凝土和变态混凝土施工。在考虑运输过程的温度损失及混凝土用量的情况下，主要对右岸拌和系统中的 1 号拌和楼（2×3m³ 拌和楼）进行冬季改造。

主要改造措施为：在围堰下游侧设置浮筒取水点，在 1 号拌和楼处设置水箱、外加剂箱及引气剂箱，拌和楼拌和混凝土时由泵将水、外加剂及引气剂输送到拌和楼配料层。为满足冬季运行要求，供水管线及上楼管路需全线包裹发热带及保温海绵，水箱底部设置加热棒，外围包裹橡塑海绵及棉被保温，同时为保证楼内拌和温度需求，需在拌和楼内安装数台小取暖器。

2. 具体措施

（1）供水管路冬季改造。正常工况下 1 号拌和楼（2×3m³ 拌和楼）用水来源为右岸拌和系统高位水池，进入冬季后右岸高位水池不具备运行条件，拌和楼冬季用水另寻水源。因此，在大坝围堰下游侧靠近右岸拌和系统处设置新的取水点，采用浮筒船加水泵取水，现场采用 1 台排污泵（型号为 50WQ18 - 60 - 5.5kW）抽水，供水管路采用 ϕ50mm 聚乙烯塑料管，需全线包裹发热带及一层橡塑保温海绵。

1）供水管路线路布置。为保证供水管路在停止供水时管路内不残留积水，供水管线带角度布设，现场共设置 3 个固定点，1 号固定点为岸边栏杆处，主要固定栏杆到取水点之间供水管线，其中 1 号固定点高程约为 207.00m，取水点高程约为 192.00m，两点高差15m；2 号固定点设置在 4 号水泥管立柱上，主要固定立柱到栏杆之间的供水管路，2 号固定点高程约为 215.00m，两点高差 8m；3 号固定点设置在 B4B6 上楼皮带机四管柱上，高程约为 219.00m，主要固定四管柱到水泥罐立柱之间及四管柱到 1 号拌和楼临时水箱之间，高差分别为 4m 和 13m。

2）供水管路保温施工。供水管路保温采用发热带加热保温及橡塑海绵包裹，发热带型号为 3.5kW/100m，采用锡箔纸黏附在供水管路外侧，发热带应紧附在供水管路外壁。发热带安装完成后在外围包裹一层橡塑海绵，厚 3cm，采用尼龙扎带固定，橡塑海绵包裹应平整，扎带紧固适中、间距均匀，相邻两段橡塑海绵连接接头处应包裹严密。

3）供水管路固定方法。供水管线架设方式为钢绞线牵引悬挂，在 3 个固定点与取水点及水箱之间悬挂固定 16mm² 钢绞线，其中 2 号固定点（4 号水泥罐立柱）及 3 号固定点（上楼皮带机四管柱）固定点离地面较高，固定钢绞线时需借助 25t 吊车及吊篮进行固定，固定完成后采用钢丝卡子将保温完成后的供水管路及水泵电缆与钢绞线绑扎固定。

（2）水箱、外加剂箱及引气剂箱施工。为满足拌和楼冬季施工需求，在 1 号拌和楼处设置水箱、外加剂箱及引气剂箱。水箱及外加剂箱采用 12mm 厚钢板制作，尺寸为 4.5m×1.5m×1.5m，中间设置隔板分为两个箱体，其中水箱体积为 2.5m×1.5m×1.5m，外加剂箱体积为 2.0m×1.5m×1.5m，引气剂箱尺寸为 1.5m×1.5m×1.5m。水箱底部设置电热管，功率为 12000W，共 10 套，外加剂箱及引气剂箱底部各设置一套电热管，功率为 9000W。

水箱、外加剂箱及引气剂箱放置在由 20 槽钢加工成的支架上，支架尺寸为 4.5m×1.5m，高 1m。箱体制作完成后采用 25t 吊车吊装在支架上。

3 个箱体外侧需全面包裹橡塑保温海绵，共安装 3 层，每层厚 3cm，保温海绵应包裹严密、均匀平整，水箱底部的保温橡塑海绵应在吊装完成前施工完毕，橡塑海绵施工完成后需在外侧覆盖棉被，棉被覆盖完成后采用∠50×5 角钢配合 M16 螺栓将其固定在水箱外侧。

水箱顶部应设置盖板密封，并进行橡塑海绵保温及棉被覆盖，在 3 个箱子顶部各设置一个投料孔，尺寸为 0.4m×0.4m，在箱子顶部四周安装 1.2m 高栏杆，栏杆采用∠50×5 角钢焊接制成，并配置相应的爬梯作为上下通道。

（3）上楼管线施工。拌和楼冬季施工技术改造措施中，水、外加剂及引气剂均以泵送的形式输送至拌和楼配料平台，水箱内布置潜水泵 1 台，功率为 5.5kW，外加剂箱及引气剂箱内布置 3 台 2.2kW 的化工泵，供应拌和楼的水、外加剂及引气剂分别由 φ50mm、φ40mm 镀锌钢管输送至拌和楼，上楼管路需采用电热管加热及包裹橡塑海绵的方式进行保温，具体施工方法与供水管路一致。

（4）拌和楼内保温措施。为满足拌和楼冬季运行温度需求，在拌和楼内安装 30 台小太阳取暖器（功率 1000W），对传感器等重要部位要保持运行要求的最低温度，搅拌机启动前拌和楼工作人员必须先开启小太阳加热器提高楼内温度，同时检查各部件运行是否灵活，运行前必须加热搅拌机减速器，防止启动负荷过大造成电机烧毁。

（5）水箱、灰罐单仓泵及水泥罐单仓泵保温棚搭设。前期现场布置的水箱、外加剂箱、引气剂箱及粉煤灰罐单仓泵均直接暴露在空气中，为满足拌和楼冬季运行要求，对以上部位搭设保温暖棚，共搭设 4 个，其中水箱处搭设 1 个，尺寸为 10m×8m，高 5m；粉煤灰罐单仓泵搭设 1 个、水泥罐单仓泵搭设 2 个，尺寸规格为 6m×6m，高 5m。保温暖棚搭设时采用 φ50mm 钢管搭设框架，在钢管框架外侧安装 10cm 厚夹心彩钢板墙面及棚顶，彩钢板安装完成后在外侧包裹 1~2 层棉被，采用钢管及铁丝将其固定。水箱处保温棚搭设时设置大门，门宽 4m，高 2.5m，满足外加剂倒运车（长城轻卡）出入。单仓泵保温棚搭设时顶部与罐体底部应搭接严密，有缝隙的地方用保温橡塑海绵或棉被封堵。

（6）骨料保温措施。为防止冬季施工时骨料因温度过低影响混凝土拌制，在骨料堆外侧覆盖三防帆布，防止雨雪渗入使骨料结冰，同时可使骨料保持一定的温度。在骨料仓及砂料仓地弄出口处，除皮带机及骨料进出口外，采用棉被遮盖保温，同时根据现场气温情况在地弄内部增加一定数目的小太阳加热器，确保给料机能正常开启及关闭，同时保持骨料运输时保持一定的温度。

3. 相关技术措施

混凝土拌制时，改变拌和加料顺序，将骨料与水先拌和，再加入水泥及外加剂。

混凝土拌和前，用热水冲洗拌和机，并将积水排除，使拌和料斗及出料口处于正常状态。冬季施工时混凝土出机口温度应不低于 5℃。

4. 水温及流量校核

（1）气温、水温条件。根据吉林市气象站及丰满水库的气温、水温资料，年平均气温为 4.9℃，年平均水温为 11.6℃，其中 11 月平均气温为 −3.7℃，平均水温为 10.1℃（表 4.1.12）。由于冬季施工涉及 11 月，因此按 11 月平均水温进行温度核算。

表 4.1.12　　　　　　　　　丰满坝址多年月平均气温、水温表　　　　　　　　单位：℃

月份	1 月	2 月	3 月	4 月	5 月	6 月	7 月	8 月	9 月	10 月	11 月	12 月	全年
平均气温	−17.4	−13	−2.8	7.4	14.9	20.2	22.9	21.4	14.9	6.8	−3.7	−13	4.9
平均水温	0	0	0	3.8	10.2	20.2	26.6	26.5	20.7	16.9	10.1	4.4	11.6

（2）混凝土原材料特性。混凝土原材料物理热学性质见表 4.1.13。

表 4.1.13　　　　　　　　　　　混凝土原材料物理热学性质

材料	容重 /(kg/m³)	比热 /[J/(kg·℃)]	含水率 /%	孔隙率 /%	导热系数 /[W/(m²·℃)]
特大石	1430	963	1	44	2.529
大石	1430	963	1	44	2.529
中石	1460	963	1	44	2.529
小石	1460	963	1	44	2.529
砂	1530	963	6	43	2.529
水泥	1300	796			
粉煤灰	1000	796			
水	1000	4187			

（3）混凝土原材料温度。混凝土原材料温度见表 4.1.14。

表 4.1.14　　　　　　　　　　　混凝土原材料温度表　　　　　　　　　　单位：℃

月份	水泥	粉煤灰	砂	粗骨料	拌和水
11 月	50	45	−3.7	−3.7	—

（4）典型混凝土级配。冬季施工主要针对厂房坝段混凝土及消力池混凝土，主要级配有：$C_{90}20W4F200$ 三级配混凝土、C30W6F300 二级配混凝土、C30W6F400 三级配混凝土。现以 $C_{90}20W4F200$ 三级配混凝土进行温度核算，见表 4.1.15。

表 4.1.15　　　　　　　　　　　典 型 混 凝 土 级 配 表

级配	用水量 /(kg/m³)	水胶比	水泥用量 /(kg/m³)	粉煤灰用量 /(kg/m³)	砂用量 /(kg/m³)	骨料用量 /(kg/m³)	砂率 /%
$C_{90}20W4F200$ 三级配	113	0.50	158	68	546	1430	28

（5）出机口温度计算。混凝土理论出机口温度计算如下：

$$T_0 = \frac{\sum T_i G_i C_i + Q - 335 n G_c}{\sum G_i C} \tag{4.1.2}$$

式中　T_0——混凝土出机口计算温度，℃；

T_i——组成混凝土中第 i 类材料的平均进料温度，℃；

G_i——每立方米混凝土中第 i 类材料的质量，kg；

C_i——第 i 类材料的比热，kJ/(kg·K)；

Q——每立方米混凝土拌和时产生的机械热，取 4000kJ/m³；

n——冰的冷量利用率，以小数计；

G_c——每立方米混凝土的加冰量，kg。

混凝土拌和未加冰，故出机口温度计算公式为

$$T_0 = \frac{\sum T_i G_i C_i + Q}{\sum G_i C} \tag{4.1.3}$$

经过计算，拌和水温为 45℃ 时，混凝土出机口温度为 8.19℃。由于冬季外部气温较低，混凝土在运输及浇筑过程中有温度损失，为保证混凝土拌和质量，满足混凝土冬季施工温度要求，本次冬季施工改造在水箱内部增设发热管，确保拌和水温度为 50℃。拌和水加热计算如下：

$$T = Cm(t_2 - t_1)/P3600 \tag{4.1.4}$$

式中　T——水温加热时间，h；

C——每千克水的比热，4200J/(kg·℃)；

m——水的重量，kg；

t_1、t_2——加温前后的温度，℃；

P——加热器功率，W。

拌和楼配置水箱规格为：2.5m×1.5m×1.5m，共计水的重量 m 为 5625kg。按每立方米混凝土用水 113kg（$C_{90}20W4F200$ 三级配混凝土），每箱水可拌和骨料 49.8m³。

水箱内共配置 12 根发热管，每根 12000W，共计加热器功率 P 为 144000W。

拌和水加温前温度 t_1 为 10.1℃，加热后温度 t_2 为 50℃。

将 m=5625kg、P=144000W、t_1=10.1℃、t_2=50℃ 代入式（4.1.4）中可得：将 10.1℃ 水加热至 50℃ 时需 1.8h。因此，每小时可用 50℃ 水拌制的混凝土工程量为：49.8m³/1.8h=28.0m³/h。

冬季施工上楼管路全部采用发热带加热保温及橡塑海绵包裹，拌和楼出水箱外部设置保温被及保温棚，同时配置 5 根 12000W 发热管作为备用，如出机口温度偏低则增加水箱内发热管数。另外，现场备制 2.5m×1.5m×1.5m 水箱一个，并配备 10 根 12000W 发热管，如混凝土需求过大则启用备用水箱，确保拌和水温在 50℃ 左右，以保证混凝土出机口温度。

（6）供水流量校核。根据现场布置，围堰下游取水及水箱上楼供水均为 50WQ18-60-5.5kW 型潜水泵，该水泵流量为 18m³/h。取混凝土每立方米需求最大用水量 162kg（$C_{90}20W4F200$ 三级配混凝土），根据潜水泵流量计算，每小时供水可拌和的混凝土方量

为：$(18m^3 \times 1000kg/m^3)/(162kg/m^3) = 111m^3$，可满足现场混凝土施工强度要求。

4.2　混凝土运输及入仓道路系统

4.2.1　左岸高边坡满管系统设计与变更

1. 原左岸高边坡满管系统设计

左岸边坡较陡，高程 210.00m 以上无法填筑入仓道路，原施工组织设计阶段，左岸设置满管溜槽系统，布置在左岸 3 号坝段靠 3 号、4 号坝段横缝处，主要解决 10～19 号坝段高程 210.00～240.00m、1～9 号坝段高程 210.00～265.00m 碾压混凝土的入仓问题。左岸满管溜槽系统见图 4.2.1。

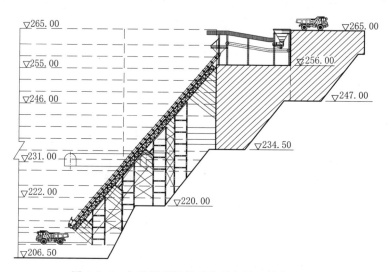

图 4.2.1　左岸满管溜槽系统示意图（单位：m）

左岸满管溜槽系统采用 80cm×80cm 箱式满管直接输送到大坝工作面，满管高程为 214.30～265.00m，垂直高度为 50.70m，其中 3 号坝段浇筑至高程 256.00m，3 号坝段内采用皮带机输送混凝土，受料斗位于 2 号、3 号坝段横缝处，高程为 265.30m，由皮带机运输混凝土至满管顶部料斗内，料斗满管以 50°角斜向 5 号坝段，为避开坝内爬坡廊道，满管出口向下游斜向布置，与坝轴线成 37°夹角，下料口高程为 214.30m。当坝体浇筑至高程 256.00m 时对满管进行改造，将斜满管进行拆除，采用 2 号、3 号坝段处直满管进行浇筑。

2. 左岸入仓系统变更

由于实施阶段设计廊道层结构复杂，与满管走向有数次交叉，为避免混凝土施工过程干扰过多，通过对比分析，决定采用填筑入仓道路来代替左岸满管系统，采用自卸汽车直接运输入仓浇筑。左岸各施工道路运输入仓浇筑情况见图 4.2.2。

（1）12～19 号坝段高程 206.00～209.00m、13～19 号坝段高程 209.00～213.00m 和 15～19 号坝段高程 213.00～216.00m 等三个碾压混凝土仓块，通过 ZL2 号施工道路运输

入仓浇筑。

（2）5～11 号坝段高程 206.00～209.00m、5～12 号高程 209.00～213.00m、5～14 号高程 213.00～216.00m 三个碾压混凝土仓块通过 YL4-1 号施工道路运输入仓浇筑，使得 5～19 号坝段在高程 216.00m 形成通仓。而后，从 17 号坝段起逐渐向左采用退台阶法浇筑高程 216.00m 以上混凝土，直至完成 4～5 号坝段高程 240.00～243.00m 混凝土仓块，该部分均通过 YL4-1 号施工道路运输入仓浇筑。为保证 19 号坝段高程 212.50m 廊道上层混凝土覆盖厚度，19 号坝段高程 216.00～219.00m 单独浇筑，其碾压混凝土采用相同标号、级配的机拌变态混凝土替代。

（3）4 号坝段高程 243.00～246.50m 仓内通道形成后，溢流坝段及左挡水坝段高程 240.00m 以下碾压混凝土均通过 ZL1 号施工道路运输入仓浇筑，采用 3.0m 升层和 4.5m 升层相结合的形式，以加快施工进度。

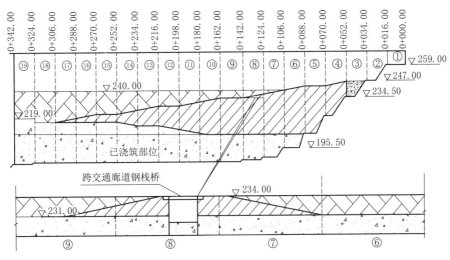

图 4.2.2 左岸各施工道路运输入仓浇筑情况（单位：m）

4.2.2 道路交通布置

根据坝址两岸地形、交通、现有道路条件、拌和系统平面位置及坝体结构型式等特点，结合斜层碾压连续上升的施工工艺，大坝碾压混凝土主要采用自卸汽车入仓为主，入仓施工道路均采用 C15 三级配碾压混凝土硬化，并根据高程变化及年度施工形象面貌进行动态调整。现以 2015—2018 年碾压混凝土运输道路为例进行简要介绍。

1. 2015 年大坝碾压混凝土施工道路布置

（1）2015 年大坝形象面貌。2015 年度大坝混凝土累计完成 40.75 万 m³，其中碾压 34.75 万 m³。溢流坝段上游平台浇筑至高程 188.90m，下游平台浇筑至高程 182.90m（其中 10～15 号坝段下游平台退台阶浇筑至高程 188.90m）。厂房坝段 20～25 号坝段浇筑至高程 182.90m。右岸挡水坝段 26～27 号坝段浇筑至高程 182.90m；28～33 号坝段浇筑至高程 187.00m；34～39 号坝段浇筑至高程 202.00m；40～45 号坝段浇筑至高程 198.50m。具体形象详见图 4.2.3 及图 4.2.4。

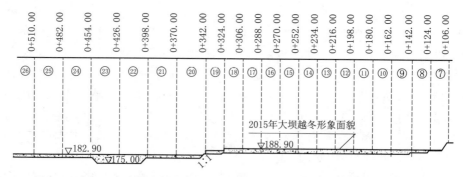

图 4.2.3　2015 年左挡水坝段、溢流坝段及厂房坝段越冬形象面貌（单位：m）

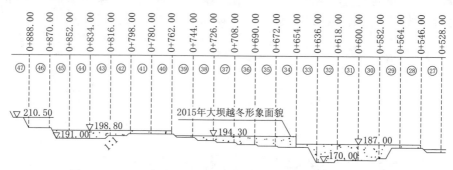

图 4.2.4　2015 年右挡水、厂房坝段越冬形象面貌（单位：m）

（2）2015 年入仓施工道路布置。2015 年度大坝碾压混凝土运输主要依托开挖阶段布置的临时施工道路，主要有 4 条：ZL3 号施工道路、ZL2 号施工道路、YL1 号道路、YL2 号施工道路，布置情况见图 4.2.5～图 4.2.7。

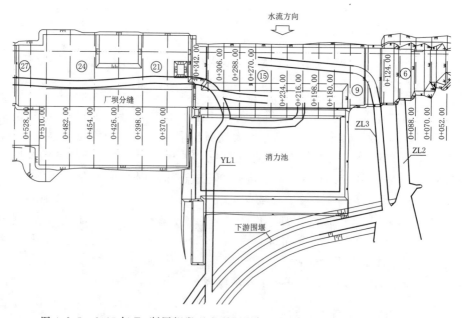

图 4.2.5　2015 年 F_{67} 断层坝段以左碾压混凝土施工道路布置图（单位：m）

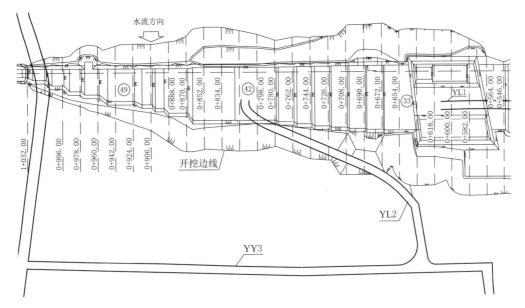

图 4.2.6 2015年 F_{67} 断层坝段以右碾压混凝土施工道路布置图（单位：m）

图 4.2.7 2015年碾压混凝土施工道路形象面貌图

1）ZL3号施工道路主要用于左岸9～19号坝段高程188.90m以下碾压混凝土施工入仓。

2）ZL2号施工道路主要用于7号、8号坝段高程188.90m以下碾压混凝土施工入仓。

3）YL1号施工道路主要用于20～25号坝段高程182.90m以下碾压混凝土入仓、F_{67} 断层坝段高程187.00m以下碾压混凝土入仓。

4）YL2号施工道路主要用于右岸34～45号坝段混凝土入仓。

2. 2016年大坝碾压混凝土施工道路布置

（1）2016年大坝形象面貌。2016年度大坝混凝土完成112.55万 m^3，其中碾压105.17万 m^3。主要形象面貌如下：3号坝段浇筑至高程246.50m，6～14号坝段浇筑至高程206.00m，15～19号坝段浇筑至高程207.00m，20～38号坝段浇筑至高程

218.00m，39～42 号坝段浇筑至高程 221.00m，43～44 号坝段浇筑至高程 224.00m，45
号坝段浇筑至高程 227.00m，46～45 号坝段浇筑至高程 230.00m。具体形象详见图 4.2.8
和图 4.2.9。

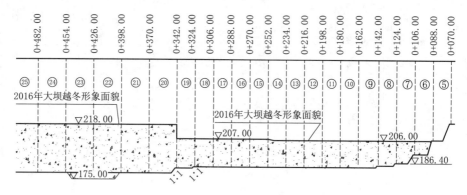

图 4.2.8　2016 年左挡水坝段、溢流坝段、厂房坝段越冬形象面貌（单位：m）

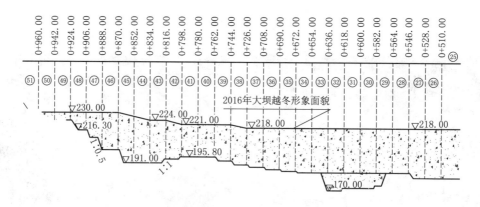

图 4.2.9　2016 年右挡水坝段越冬形象面貌（单位：m）

（2）2016 年入仓施工道路布置。2016 年大坝碾压混凝土入仓道路共修筑 5 条，入仓
道路宽 8m，最大坡度为 10.7%，布置情况见图 4.2.10～图 4.2.13。

1）ZL3 便道：起点为下游围堰上游侧，终点为大坝 9 号坝段下游面，道路长度为
130m，最大坡度为 8%，主要用于 9～19 号坝段高程 198.00m 以下碾压混凝土的入仓。
自卸汽车从左岸拌和系统接料→ZY2→ZY1→ZL3→仓面，运距约 2.3km。

2）ZL2 便道：起点为三期厂房上游侧，终点为大坝 7 号坝段下游面，道路长度为
170m，最大坡度为 8%，主要用于 9～19 号坝段高程 198.00～206.00m 碾压混凝土的入
仓。自卸汽车从左岸拌和系统接料→ZY2→ZY1→ZL2→仓面，运距约 2.3km。

3）YL2 便道：起点为 YY1 号路，在 39 号坝段下游侧沿左右岸方向分为 2 条临时施
工道路，其中沿右岸方向为 YL2-3 号施工道路，通往 44 号坝段下游，在大坝 44 号坝段
采用下游面浇筑仓内临时道路形式，坝外便道不断加高，作为 34～45 号坝段高程
212.00m 及以下碾压混凝土的入仓道路，在浇筑至高程 212.00m 后，沿此道路采用仓内

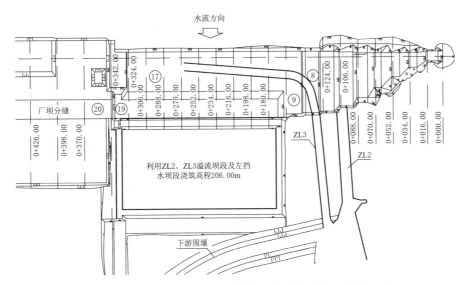

图 4.2.10 2016年左岸及溢流坝段入仓道路布置（单位：m）

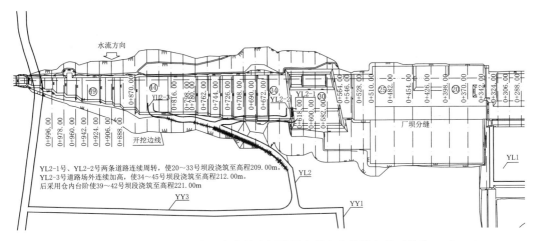

图 4.2.11 2016年厂房及右岸挡水坝段低高程入仓道路布置（单位：m）

收台阶的方式使 39～42 号坝段浇筑至高程 212.00m。沿左岸方向分为 YL2-1 号和 YL2-2 号道路，在大坝 32 号、33 号坝段采用下游面浇筑仓内临时道路形式，循环周转，坝外便道不断加高，主要用于 20～33 号坝段高程 209.00m 以下碾压混凝土的入仓，各道路长度为 120m，局部最大坡度为 10.7%，自卸汽车从右岸拌和系统接料→YY1→YL2→仓面，运距约 1.4km。

当 33 号坝段浇筑至高程 209.00～212.00m 仓内道路时，沿左右岸方向道路合并为 1 条施工道路，YL2-1 号和 YL2-2 号道路进行拆除。

4）YL3 便道：起点为 YY3 路，终点为 41 号坝段，道路最终长度为 200m，局部最大坡度为 8.6%，主要用于向左岸方向 20～39 号坝段高程 218.00m 以下碾压混凝土的入

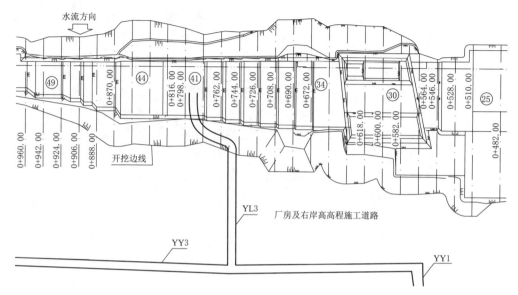

图 4.2.12　2016 年厂房及右岸挡水坝段高高程入仓道路布置（单位：m）

图 4.2.13　2016 年入仓道路布置形象面貌

仓，沿右岸方向采用仓内收台阶的方式，50 号坝段浇筑至高程 230.00m。自卸汽车从右岸拌和系统接料→YY1→YY3→YL3→仓面，运距约 1.1km。

3. 2017 年大坝碾压混凝土施工道路布置

（1）2017 年大坝形象面貌。2017 年 3 月 27 日，年度首仓常态混凝土开始浇筑（5 号坝段断层）。2017 年 4 月 2 日，年度首仓碾压混凝土开始浇筑（12～19 号坝段高程 206.00～209.00m 碾压混凝土色块）。截至 2017 年年底，共完成混凝土浇筑 85.55 万 m^3。至开工累计完成混凝土浇筑 235.77 万 m^3。

其中 3～6 号坝段浇筑至高程 240.75～246.50m，7～24 号坝段浇筑至高程 239.00m，25 号坝段浇筑至高程 241.36m，26～31 号坝段浇筑至高程 248.80m，32～55 号坝段浇筑至高程 254.00～261.00m。越冬形象面貌见图 4.2.14 和图 4.2.15。

（2）2017 年入仓施工道路布置。左岸挡水坝段及溢流坝段入仓系统共计 3 条，布置情况见图 4.2.16 和图 4.2.17。

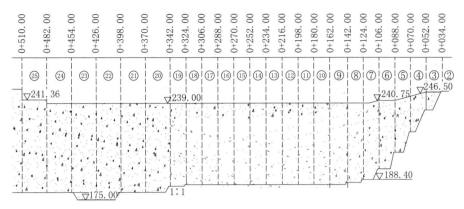

图 4.2.14 2017 年左挡水坝段、溢流坝段及厂房坝段越冬形象面貌（单位：m）

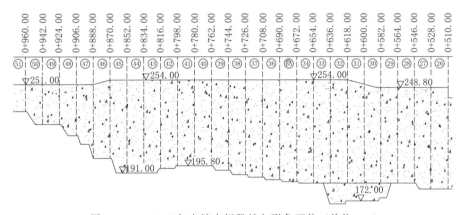

图 4.2.15 2017 年右挡水坝段越冬形象面貌（单位：m）

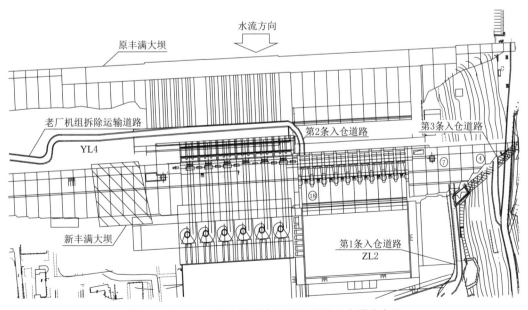

图 4.2.16 2017 年左岸挡水及溢流坝段入仓道路布置

图 4.2.17　左岸挡水坝段及溢流坝段仓内台阶入仓道路

1）第 1 条入仓道路（ZL2 便道）：起点为三期厂房上游侧，终点为大坝 7 号坝段下游面，道路长度为 170m，最大坡度为 8％，主要用于 7～19 号坝段高程 206.00～218.00m 碾压混凝土的入仓，形成一个左岸 7 号坝段低，溢流坝段 17 号、18 号、19 号坝段高的一个仓面台阶面道路系统。自卸汽车从左岸拌和系统接料→ZY2→ZY1→ZL2→仓面，运距约 2.3km。

2）第 2 条入仓道路（YL4 施工道路）：主要为坝前入仓道路，沿老厂机组拆除运输道路，经过厂房坝段，转至 17 号、18 号、19 号坝段，道路端头高程为 218.00m，坝前道路总长为 1.0km，最大坡度为 8％，主要用于 7～19 号坝段高程 206.00～218.00m 台阶浇筑，使整个左岸全部浇筑水平，然后再浇筑 3～19 号坝段高程 218.00～246.50m 仓内台阶道路，形成一个 3 号坝段高，19 号坝段低的仓内台阶道路系统。

3）第 3 条入仓道路，主要为左岸入仓道路，从左岸上坝公路开挖临时道路至 3 号坝段。主要用于浇筑溢流坝段、左挡水坝段形成的台阶面，使之形成一个水平面。

厂房坝段入仓系统共计有 2 条道路，布置情况见图 4.2.18 和图 4.2.19。

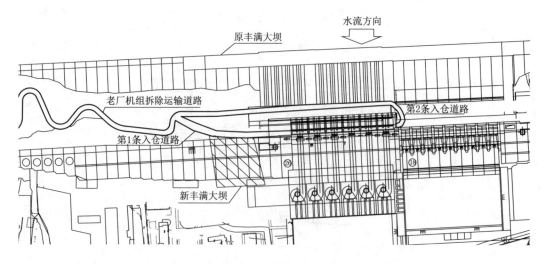

图 4.2.18　2017 年厂房坝段高高程入仓道路布置

图 4.2.19 2017 年厂房坝段入仓系统布置

1）第 1 条入仓道路：从老厂机组拆除运输道路分支，道路端头至 25 号坝段高程 218.00m，利用拦污栅底板暂未浇筑工作面，作为临时入仓受料平台。

2）第 2 条入仓道路：利用左岸及溢流坝段坝前入仓道路，在 18 号、19 号坝段上游位置填筑道路至 20 号坝段高程 218.00m，利用拦污栅底板暂未浇筑工作面，作为临时入仓受料平台。

厂房坝段采用垂直运输，低高程时采用布料机入仓，高高程时采用门塔机群进行入仓。

右岸挡水坝段入仓系统共计有 3 条道路，布置情况见图 4.2.20 和图 4.2.21。

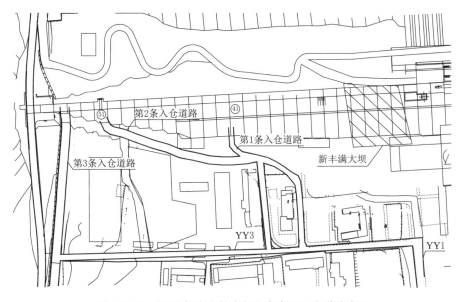

图 4.2.20 2017 年右岸挡水坝段高高程入仓道路布置

1）第 1 条入仓道路：沿 2016 年右岸施工道路，通往 41 号坝段，由于 2017 年鱼道系统由 51 号坝段调整为 41 号坝段，第 1 条施工道路主要浇筑 41 号坝段以左坝段，使之浇筑至高程 228.90m 处，随后更改道路。

2）第 2 条入仓道路：沿 YY1-1 上坝道路，沿右岸坝后临建观礼台，填筑临时道路

图 4.2.21　2017 年右岸挡水坝段入仓系统布置

至 51 号坝段，主要浇筑 51 号坝段以左部位高程 254.00m 以下及 51 号、54 号坝段反台阶道路，为通往 54 号坝段施工道路提供仓内斜坡道。

3）第 3 条入仓道路：沿 YY1-1 上坝道路，至右岸坝头位置，开挖临时道路至 54 号坝段，主要浇筑 54 号坝段以左部位高程 254.00m 以下混凝土，此道路为后续至坝顶混凝土入仓的主要通道。

右岸碾压混凝土入仓均为自卸汽车直接入仓。

4. 2018 年大坝碾压混凝土施工道路布置

（1）2018 年大坝形象面貌。2018 年 3 月 31 日，年度首仓碾压混凝土开始浇筑。截至 2018 年年底，2018 年累计完成混凝土浇筑 41.07 万 m³，开工累计完成混凝土浇筑 272.69 万 m³。形象面貌见图 4.2.22 和图 4.2.23。

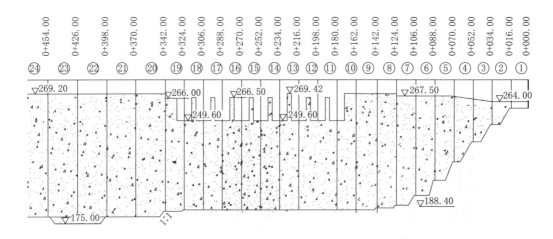

图 4.2.22　2018 年左挡水坝段、溢流坝段及厂房坝段越冬形象面貌（单位：m）

1）左挡水坝段形象面貌：1 号、2 号坝段浇筑至高程 264.00m，5～7 号坝段浇筑至高程 267.50m，8 号、9 号坝段浇筑至高程 269.25m。

2）溢流坝段形象面貌：10～19 号坝段上游浇筑至高程 269.42m，下游浇筑至高程 269.72m。

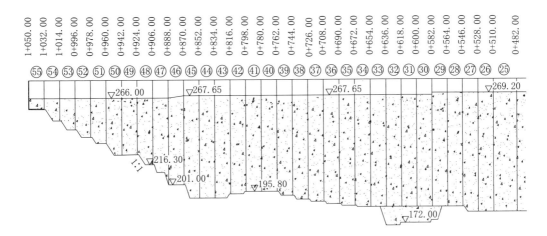

图 4.2.23　2018 年右挡水坝段越冬形象面貌（单位：m）

3）厂房坝段形象面貌：坝体混凝土全部浇筑至高程 269.20m。

4）拦污栅墩形象面貌：20 号坝段浇筑至高程 264.00m，21 号坝段浇筑至高程 262.00m，22 号、23 号坝段浇筑至高程 259.60m，24 号坝段浇筑至高程 266.50m，25 号坝段浇筑至高程 266.50m。

5）右挡水坝段形象面貌：26～29 号坝段浇筑至高程 269.25m，30～46 号坝段浇筑至高程 267.65m，47～55 号坝段浇筑至高程 266.00m。

（2）2018 年入仓施工道路布置。2018 年施工道路布置较为简单，基本为 2017 年已形成的施工道路，局部进行小范围的调整，布置情况见图 4.2.24～图 4.2.26。

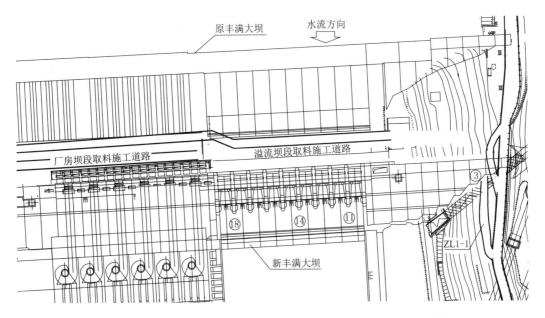

图 4.2.24　2018 年左挡水坝段、溢流坝段及厂房坝段混凝土施工道路布置

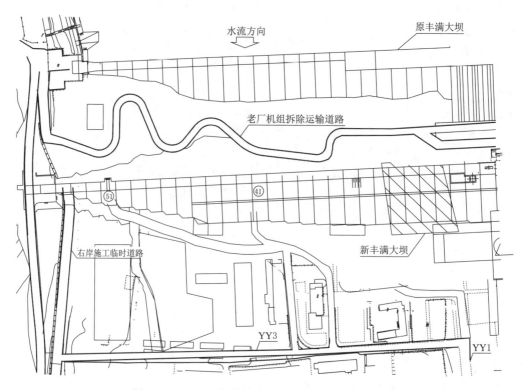

图 4.2.25　2018 年右挡水坝段混凝土施工道路布置

图 4.2.26　2018 年入仓施工道路布置

1）左岸挡水及溢流坝段混凝土入仓道路：沿左岸 3 号坝段坝后临时施工道路 ZL1－1 号入仓（通往 3 号坝段下游侧道路），后续高高程施工再修筑通往 2 号坝段入仓道路。高程 246.00m 以上溢流坝段闸墩混凝土主要采用自卸汽车水平运输，沿坝前临时施工道路 YL4 延伸至老坝消力池坝前门机接料点，采用坝前 MQ1260 门机垂直运输，12 号坝段、17 号坝段各布置一台塔机辅助垂直运输。

2）厂房坝段上游入仓道路：利用现有 YL4 施工道路，在厂房坝段门机平台部位作为受料点，采用门机吊装吊罐进行混凝土浇筑。具备条件时利用右岸挡水坝段及左岸溢流坝段碾压区仓内作为厂房坝段入仓通道进行混凝土浇筑。

3）右岸挡水坝段入仓道路：利用现有 54 号坝段高程 254.00m 临时施工道路作为右岸挡水坝段混凝土施工道路，待浇筑至高高程时再由右坝头入仓，混凝土水平运输均采用自卸汽车。

4.2.3 小结

碾压混凝土筑坝最初的概念是提供一种简单的施工方法，让碾压混凝土从一个坝肩向另一个坝肩水平延伸。峡谷地区进行碾压混凝土筑坝，采用缆机、溜槽、塔机、皮带运输机等进行碾压混凝土入仓，将自卸汽车、平仓机、切缝机、振动碾等设备放置在浇筑仓内进行碾压混凝土快速上升。新丰满大坝坝址区为宽阔河谷，河谷两岸并无高山，因此部分垂直入仓设施无法利用。左右岸拌和系统距离坝址区较近，坝址周围存在左右岸上坝公路、电厂内道路等现有道路，且开挖时驶入坝基的临时道路也可加以利用，交通便利，综合分析认为，碾压混凝土采取自卸汽车直接入仓最为快速。

碾压混凝土入仓施工道路在坝前和坝后均有布置，但坝前施工道路仅作为自卸汽车进入大坝的通道，浇筑时不在此处设置先浇式入仓口，也不作为封仓口使用。

第5章 严寒地区大坝碾压混凝土快速施工

5.1 坝基处理及垫层混凝土施工

5.1.1 建基面预裂开挖

1. 建基面预裂开挖

在电站枢纽运行区内进行大型水电站坝基开挖难度极大，新丰满大坝基础开挖存在如下难点。

（1）新老坝间仅相距120m，坝基开挖期间，丰满老坝仍发挥其应有的挡水、泄洪等功能。

（2）爆破影响范围内的丰满电厂一二期发电厂房、三期厂房、三期泄洪洞等电厂设施内机电设备正在运行且运行多年，厂区内还有诸多办公楼还在使用。

（3）坝址区地处 AAAA 级景区，两岸上坝公路也在爆破影响范围内，游客、社会车辆过往频繁，爆破及警戒时间极为有限。

（4）坝基爆破开挖主要在寒冬进行，气候条件极其恶劣。

（5）大坝基岩为变质砾岩。

因此，新丰满大坝坝基开挖爆破需精细设计、控制爆破。施工过程中对每一炮均进行了爆破设计，从控制爆破规模、单响药量、联网方式、飞石方向、炮区覆盖沙袋和炮被等方面对爆破振动和飞石进行控制，同时对每一炮均进行了爆破振动监测，通过监测数据分析不断优化调整爆破设计，这也是大型水电站振动监测规模最大的，累计监测676次爆破，各测点的爆破峰值振动均满足各保护对象爆破振动安全允许振速。

大坝所有建基面均采用预裂控制爆破技术。主要包括后边坡预裂和水平预裂，主要采用大孔径钻孔机械钻孔，先行预裂，在预裂面的保护下，辅以垂直浅孔梯段爆破法进行保护层岩体爆破开挖。预裂爆破钻孔机械以高风压潜孔钻 CM351 和潜孔钻 YQ100B 为主，采用不耦合、间隔装药方式。

基础台阶边坡开挖采用预裂爆破，一次爆破成形。预裂孔钻孔角度与边坡设计角度一致，孔深根据基础台阶高度确定，大于10m根据实际情况采用大于10m的深孔梯段或分层爆破。预裂孔先行起爆，不偶合间隔装药使预裂孔内受力均匀，在预裂孔的导向作用下沿预裂孔贯通成缝，保证倾斜边坡的平整和稳定。同时，垂直浅孔梯段爆破时，预裂面也起到了减震作业，将爆破振动对边坡及支护的影响降至最低。

新丰满大坝水平建基面保护层厚度为 2.5m，开挖采用水平预裂开挖技术，即采用高风压机械钻水平预裂孔和梯段爆破孔，控制装药量，先水平预裂孔起爆，然后保护层爆破孔从梯段自由面前排起依次向后引爆，孔间微差分段起爆，将保护层一次爆破挖除，见图 5.1.1。水平预裂爆破法在建基面预先形成了一个预裂面，保护层松动爆破时，大大地消减了对建基面以下岩体的振动和冲击，起到了保护建基面的作用。坝基爆前爆后声波波速平均衰减率范围为 0.04%～9.7%，满足设计要求。

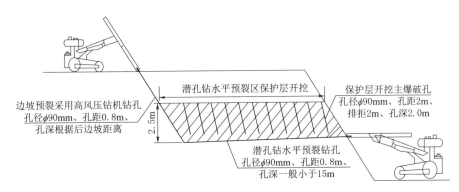

图 5.1.1　建基面保护层开挖示意图

施工中使用低温施工用油、风冷系统钻机、机械自动化系统改用手动操作等措施，极大地提高了冬季开挖施工速度，减少了人工劳动强度，保证了在严寒气候条件下的保护层快速施工。

2. 先锋槽设置

厂房坝段、溢流坝段、消力池等部位坝体较宽的区域，水平建基面较大且没有理想的临空面，采用常规建基面水平预裂钻孔，由于预裂孔较长（大于15m），钻孔精度难以保证，会影响建基面开挖平整度。所以根据水平建基面总宽度和钻孔机具的体型，预先形成纵向先锋槽，再进行建基面保护层水平预裂爆破。

首先在坝内平行坝轴线方向进行掏槽爆破，形成一条底宽 6m，深 4～5m 的倒梯形槽，槽底部低于建基面1.5m，即满足潜孔钻进行水平钻孔最低高度要求，再采用水平预裂开挖技术进行水平建基面保护层开挖。预先形成的先锋槽虽然增加了部分开挖量，但大大缩短了水平预裂钻孔长度，降低了开挖施工难度，保证了钻孔精度，使得水平建基面平整度大幅度提高，水平建基面开挖质量优良。

先锋槽建基面水平预裂开挖见图 5.1.2。

5.1.2　断层处理

1. 一般断层及断层破碎带处理

断层及断层破碎带强度低，压缩变形大，易使坝基产生不均匀变形，引起不利的应力分布，导致坝体开裂，需要处理。

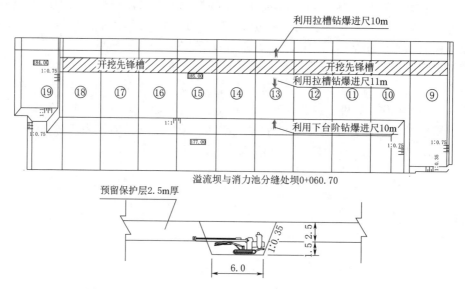

图 5.1.2　先锋槽建基面水平预裂开挖示意图（单位：m）

新丰满大坝坝基出露断层及断层破碎带除 F_{67}（宽达 40～62m）规模较大以外，其余出露宽度一般在 6m 以下，顺河向贯穿坝基。主要采取的综合处理措施如下。

（1）二次槽挖。对坝基出露的断层及断层破碎带进行二次槽挖，槽挖深度根据断层破碎带宽度 B（断层中心带＋两侧影响带）以及断层倾角（以 45° 为界分为陡倾角和缓倾角断层）等的不同取值，两侧开挖坡比不陡于 1：0.5。其中，$B \leqslant 0.5m$ 的陡倾角断层适当掏挖。

（2）混凝土塞。对二次槽挖部位回填混凝土形成混凝土塞，使混凝土回填基础与岩体形成组合地基，同时坝体传来的荷载通过混凝土塞体均匀传向两侧坚硬岩石，以达到均匀坝体应力和减少坝体不均匀沉降的目的。混凝土塞在坝基向上下游各延伸一定的长度。回填混凝土主要采用 $C_{90}20W6F100$ 三级配微膨胀混凝土，其中 $B \leqslant 0.5m$ 的陡倾角断层采用二级配微膨胀混凝土回填。

厂房坝段坝基出露的 F_{64}、F_{65}、F_{66} 断层规模相对较大，断层交汇并相互切割，导致坝基岩体破碎、完整性差。因此，进行了整体下挖，下挖深度最低高程 165.50m（原设计建基面高程 180.00m）。高程 175.30m 以下上游防渗区采用 $C_{90}20W8F100$ 二级配富胶凝机拌变态混凝土回填，内部采用 $C_{90}15W4F50$ 三级配机拌变态混凝土回填。高程 175.30m 以上工作面满足碾压混凝土施工条件，因此采用与上部坝体同种混凝土进行施工，即上游防渗区为 $C_{90}20W8F100$ 二级配碾压混凝土＋富胶凝机拌变态混凝土，坝体内部为 $C_{90}15W4F50$ 三级配碾压混凝土（含变态混凝土），下游侧则为压力钢管支墩常态混凝土。

宽度小于等于 0.5m 的陡倾角断层掏挖后回填混凝土不配筋，不设锚杆；缓倾角断层塞以及宽度超过 0.5m 的陡倾角断层塞顶面坝体内全配筋防裂；缓倾角断层塞以及宽度超过 1m 的陡倾角断层塞底面配筋承载，两侧壁设置锚杆。

断层处理原则及开挖参数计算见表 5.1.1。断层两侧壁开挖坡比参数见表 5.1.2。

表 5.1.1　　　　　　　　　　断层处理原则及开挖参数计算表

断层出露宽度 B/m	断层倾角 α	断层处理的最小深度 h/m	参数 a /m	上下游延伸长度 L/m	开挖坡面是否设置锚杆	混凝土塞底面是否配筋	塞体顶面坝体内是否配筋
$B\leqslant0.5$	$\alpha<45°$	$h=B$ 并大于等于 0.3 平面上最小为 2	—	2	两侧均设	配筋	顶面全配筋
	$\alpha\geqslant45°$	掏挖 $h=B$ 并大于等于 0.3	—	0	不设	不配筋	不配筋
$0.5<B\leqslant1$	$\alpha<45°$	—	—	—	—	—	—
	$\alpha\geqslant45°$	$h=B$	0.2	2	不设	不配筋	顶面全配筋
$1<B\leqslant3$	$\alpha<45°$	$h=B$ 平面上最小为 2	0.2	2	两侧均设	配筋	顶面全配筋
	$\alpha\geqslant45°$	$h=B$，F_{68} 为 1.5B	0.2	2	两侧均设	配筋	顶面全配筋
$3<B\leqslant6$	$\alpha<45°$	h 最小为 2	0.5	2	两侧均设	配筋	顶面全配筋
	$\alpha\geqslant45°$	$h=B$	0.5	2	两侧均设	配筋	顶面全配筋
$B>6$	$\alpha<45°$	h 最小为 2	0.5	2	两侧均设	配筋	顶面全配筋
	$\alpha\geqslant45°$	—	—	—	—	—	—

注　1. 坝基开挖出露的断层未见出露宽度 $0.5<B\leqslant1$ 的缓倾角断层和出露宽度 $B>6$ 的陡倾角断层。

　　2. 参数 a 为断层槽挖出露宽度向两侧扩挖宽度。

表 5.1.2　　　　　　　　　　断层两侧壁开挖坡比参数表

断层倾角 α	倾向方向开挖坡比 $1:e_1$	另一侧开挖坡比 $1:e_2$
$65°\leqslant\alpha<90°$	1:0.5	1:0.5
$45°\leqslant\alpha<65°$	1:0.5	$1:m$
$30°\leqslant\alpha<45°$	1:0.5	$1:m$（顶面 0.5m 高采用 1:0.5）

注　m 为断层倾角 α 的余切值。

　　倾角大于 45°的陡倾角断层和倾角小于 45°的缓倾角断层处理典型断面见图 5.1.3 和图 5.1.4。

　　（3）加强固结灌浆。为提高混凝土塞基础岩体的强度、整体性及抗渗性，对断层破碎带及两侧影响带加强固结灌浆处理，固结灌浆铅直钻孔深入建基面以下 15m，间排距 3.0m，在浇筑不小于 3m 厚的混凝土盖重后进行。

　　2. **断层密集带处理**

　　根据坝基开挖揭露的实际情况，右岸 45～47 号、51～54 号挡水坝段坝基出露的断层最为密集，多条断层交汇并相互切割，导致坝基岩体破碎、完整性差，对坝基防渗、应力分布等极为不利，且容易导致坝体开裂，为此，考虑在上述坝段采取全坝基加强固结

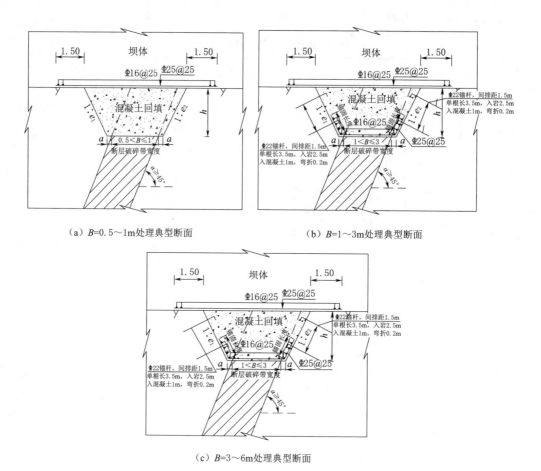

（a）$B=0.5\sim1m$ 处理典型断面　　　　　　（b）$B=1\sim3m$ 处理典型断面

（c）$B=3\sim6m$ 处理典型断面

图 5.1.3　倾角大于 45°断层处理示意图（单位：m）

灌浆以及加强上游帷幕灌浆的综合处理措施。

3. F_{67} 断层处理

（1）总体处理方案。F_{67} 断层宽度达 $40\sim62m$，在右岸阶地部位顺江通过坝址区，与坝轴线近于正交，为坝址区发育规模最大、性状最差的一条断层破碎带，破碎带岩体多具有岩体破碎、软弱、强度低、易变形和渗透稳定性差等特点，岩体/岩体抗剪断参数低，给坝基抗滑稳定带来极为不利的影响。

F_{67} 断层坝段基础处理采用回填混凝土＋齿槽方案，高程 $184.00\sim179.50m$ 为回填混凝土部分，高程 179.50m 以下为齿槽部分。

坝踵齿槽上游侧坡比为 1∶0.5，下游侧坡比为 1∶1，具体布置为：29 号坝段深 4m，底宽 18m；30 号和 31 号坝段深 6m，底宽 15m；32 号坝段深 8m，底宽共 12m。

坝趾齿槽上游侧坡比为 1∶1，下游侧坡比为 1∶0.5。4 个坝段坝趾齿槽均深 4m，底宽 18m。

高程 179.50m 以下回填混凝土：上游防渗区采用 $C_{90}20W8F100$ 二级配富胶凝机拌变态混凝土，内部采用 $C_{90}20W4F50$ 三级配机拌变态混凝土。

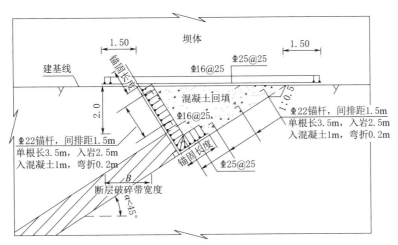

（a）除F_{64}、F_{66}的其他缓倾角断层处理典型断面

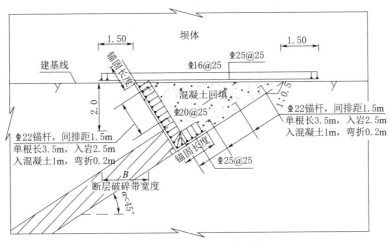

（b）F_{64}、F_{66}缓倾角断层处理典型断面

图 5.1.4　倾角小于45°断层处理示意图（单位：m）

　　高程 179.50～184.00m 回填混凝土：由于工作面满足碾压混凝土施工条件，开始采取全断面碾压混凝土施工，材料分区按坝体混凝土材料分区进行施工，即上游防渗区采用 $C_{90}20W8F100$ 二级配富胶凝碾压混凝土＋机拌变态混凝土，内部采用 $C_{90}15W4F50$ 三级配碾压混凝土，下游采用 $C_{90}20W8F100$ 二级配富胶凝碾压混凝土＋机拌变态混凝土。

　　断层开挖共影响 6 个坝段，其中 28 号和 29 号坝段之间、32 号和 33 号坝段之间两道坝体横缝底高程均为 184.00m，以下布置并缝钢筋，防止坝缝开展，上述两道坝缝之间的其余 3 条坝缝均通至开挖底高程。

　　F_{67} 断层坝段基础处理方案见图 5.1.5。

　　（2）加强处理措施。

　　1）加强坝基防渗帷幕。F_{67} 断层破碎带坝段坝基，考虑到坝基岩体破碎、岩质软弱、

165

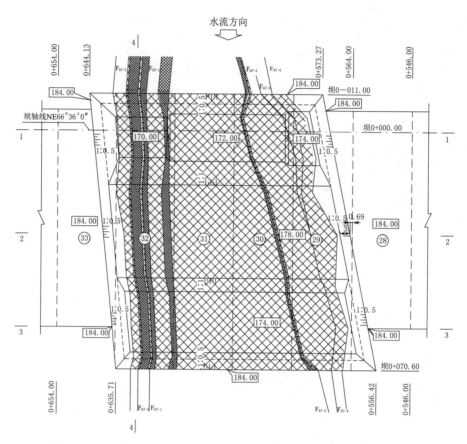

图 5.1.5　F_{67} 断层坝段回填混凝土＋混凝土齿槽方案平面图（单位：m）

强度低、易变形和渗透稳定性差等特点，采用一道主帷幕、两道副帷幕，帷幕下游侧设置坝基排水孔的布置方案。即在常规坝段一主、一副两排帷幕的基础上再在下游侧增加一排加强帷幕，深度与上游副帷幕深度相同，即主帷幕深度的 0.5 倍。

2）加强坝基固结灌浆。为提高 F_{67} 断层整体性、承载力以及浅层抗渗能力，F_{67} 断层坝段全坝基进行固结灌浆，固结灌浆深度由常规坝段的 5m 或 8m 统一加深至 15m。

3）设置尾岩体接触灌浆。F_{67} 断层坝段由于坝基岩体抗剪断参数低，坝基抗滑稳定安全是坝基处理的重点，总体处理思路是深挖置换混凝土并利用尾岩抗力。为避免坝趾部位置换混凝土后期冷却收缩与尾岩体脱开，特在接缝部位设置接触灌浆处理。

4）坝基横缝部位设置铜止水。为防止 F_{67} 断层坝段坝基断层泥细颗粒在渗透水流作用下向横缝移动以致流失，在坝基横缝部位设置铜止水一道，上游侧与坝体上游面横缝铜止水相接，下游与坝体下游面横缝铜止水相接，沿程设置两道竖向止水埋入基岩止水坑。

5）坝基软弱部位设置受力钢筋。沿强烈挤压破碎带以及断层泥走向铺设直径 25mm、间距 25cm 的受力钢筋，防止坝基软硬交界部位混凝土由于坝基不均匀变形引起开裂。

6）坝基处理混凝土设施工纵缝。F_{67} 断层坝段坝基置换混凝土在上下游方向长度最大达 87.6m，坝段宽度仅为 18m，长宽比较大，同时又薄层长间歇施工，坝基垫层混凝土极易在施工期发生开裂。为此，在桩号坝 0+017.00m 和坝 0+042.60m 设置平行坝轴线方向的施工纵缝，纵缝高度 1.5m，在上层混凝土浇筑前设置双层直径 32mm 的钢筋进行并缝处理，并缝钢筋下设置直径 219mm 半圆管。

5.1.3 垫层混凝土施工

地质缺陷处理完成后，坝基进行一定厚度的垫层混凝土浇筑，然后才进行坝体碾压混凝土铺筑。新丰满大坝 2015 年 4 月 24 日开始首仓混凝土浇筑（垫层混凝土），2015 年 9 月 15 日，最后一仓单独浇筑的垫层混凝土浇筑完成（除两岸岸坡坝段外，其余坝段垫层均浇筑完成）。

为充分发挥碾压混凝土快速施工优势，借鉴国内多个类似工程的成功经验，2013 年 7 月，中国水利水电建设工程咨询公司在吉林市主持召开了丰满水电站全面治理（重建）工程施工阶段第一次技术咨询会议，根据咨询意见，取消了可研阶段 1.5m 厚的坝基常态混凝土垫层，取而代之的为 30cm 厚的二级配富浆碾压混凝土找平层，找平层施工完毕后紧接碾压混凝土施工。

在凹凸不平的建基面上直接浇筑富浆碾压混凝土可能会出现局部碾压不密实的情况。因此，针对现场碾压试验中间成果以及设计有关的技术指标和要求，开展了多次技术交流和讨论。根据技术交流讨论会达成的相关意见，对碾压混凝土铺筑前的垫层混凝土进行调整。主要调整内容如下。

（1）坝基面（水平面和斜坡面）在填塘前或浇筑垫层前先铺一层 2～3cm 厚的砂浆，保证与基岩面结合良好。

（2）左岸 1～9 号挡水坝段垫层采用机拌变态混凝土浇筑，水平段厚度为 0.5m（铅直厚度），斜坡段厚度为 0.5m（水平厚度），该部位垫层分 3 区。上游区垫层（上游防渗区）在高程 240.00m 及以下采用 $C_{90}20W8F100$ 二级配富胶凝机拌变态混凝土浇筑，在高程 240.00m 以上采用 $C_{90}20W6F300$ 三级配富胶凝机拌变态混凝土；下游区垫层（下游防冻区）在高程 199.00m 及以下采用 $C_{90}20W6F300$ 三级配富胶凝机拌变态混凝土浇筑，在高程 199.00m 以上采用 $C_{90}20W4F200$ 三级配富胶凝机拌变态混凝土；中间区垫层（$C_{90}15$ 内部区域）水平段采用 $C_{90}20W4F50$ 三级配机拌变态混凝土浇筑，斜坡段在高程 240.00m 及以下采用 $C_{90}20W8F100$ 二级配富胶凝混凝土，高程 240.00m 以上采用 $C_{90}20W6F300$ 三级配富胶凝机拌变态混凝土，并与同高程处的坝体碾压混凝土同步上升。

（3）10～45 号坝段坝基垫层采用机拌变态混凝土浇筑，水平段厚度为 0.3～0.5m（铅直厚度）。斜坡段厚度为 0.5m（水平厚度），该部位垫层分 2 区。上游区垫层（上游防渗区）采用 $C_{90}20W8F100$ 二级配富胶凝机拌变态混凝土浇筑；下游区垫层（除上游防渗区以外的其他区域）采用 $C_{90}20W4F50$ 三级配机拌变态混凝土浇筑，水平段垫层混凝土浇筑完毕后间隔 3～7d，进行施工缝面处理后，转入大坝碾压混凝土的施工。斜坡段坝基垫层采用与该坝段水平坝基面相同分区的垫层混凝土浇筑，水平厚度为 0.5m，并与同高程处的坝体碾压混凝土同步上升。

（4）右岸 46～55 号挡水坝段垫层采用机拌变态混凝土浇筑，水平段厚度为 0.5m

（铅直厚度），斜坡段厚度为 0.5m（水平厚度），该部位垫层分 2 区。上游区垫层（上游防渗区）在高程 240.00m 及以下采用 $C_{90}20W8F100$ 二级配富胶凝机拌变态混凝土浇筑，在高程 240.00m 以上采用 $C_{90}20W6F300$ 三级配富胶凝机拌变态混凝土；下游区垫层（除上游防渗区以外的其他区域）水平段采用 $C_{90}20W4F50$ 三级配机拌变态混凝土浇筑，斜坡段在高程 240.00m 及以下采用 $C_{90}20W8F100$ 二级配富胶凝混凝土，在高程 240.00m 以上采用 $C_{90}20W6F300$ 三级配富胶凝机拌变态混凝土，并与同高程处的坝体碾压混凝土同步上升。

（5）1～9 号、46～55 号挡水坝段的垫层混凝土浇筑后，不允许被扰动。

5.1.4　小结

碾压混凝土坝基础垫层通常采用常态混凝土浇筑，常态混凝土水化热高、对温控不利，需要进行分块浇筑，这样一来将导致模板制作安装工程量增大，基岩面覆盖时间延长，无法充分发挥碾压混凝土快速施工优势。阿海、功果桥、金安桥、景洪、龙开口、鲁地拉、沙沱、百色等电站基础垫层主要采用常态混凝土，垫层厚度为 0.5～3m。碾压混凝土坝采用变态混凝土作为基础垫层的工程实践尚在少数。

新丰满大坝经过多次技术研讨、优化，采用 0.3～0.5m 厚机拌变态混凝土找平基岩面，相对于常态混凝土，更进一步地降低了基础垫层混凝土的水化热反应，可有效控制基础温差，防止坝基混凝土深层裂缝的发生。钻孔取芯中也显示垫层混凝土与坝体混凝土、基岩均接触良好。同时，0.3～0.5m 的找平层厚度，大大减少了模板制作安装工程量和垫层混凝土浇筑量，使得碾压混凝土得以快速上坝施工，减小了坝体冷升层时间，也有利于控制混凝土裂缝的产生。

5.2　碾压混凝土快速施工

5.2.1　碾压混凝土浇筑资源配置

1. 施工人员

根据每仓浇筑量及预计浇筑时间配置足够多的施工人员，以保证碾压混凝土施工安全、质量和进度。作业工区根据施工项目划分班组，如混凝土浇筑班组、钢筋制作班组、模板安装班组等。每班组应配置带班班长。

2. 仓面管理人员

每班设 1 名"仓面指挥长"，由水电十六局项目部配置。负责施工资源的调配、施工安排、施工协调等，施工现场所有指令须有"仓面指挥长"发出，其他人员未经允许不得直接对施工人员发出指令。

每班配置 1 名质检人员，负责施工质量的控制、协调验收工作等。

每班现场配置试验人员 3～5 名，负责现场各项试验检测工作。

监理中心每班配置 2 名旁站监理，负责碾压混凝土铺筑全过程的监督管理。

3. 机械设备

每仓碾压混凝土所用机械设备，具体数量可根据进度调整。大坝碾压施工的大型设备应运转良好，操作工按 2 班进行配置，操作工技能应熟练，服从现场指挥。施工设备应根据仓面特性进行安排，如正在施工的设备出现故障，备用设备要及时启动进入现场施工。碾压混凝土施工主要机械设备见表 5.2.1。

表 5.2.1　　　　　　　　　碾压混凝土施工主要机械设备

序号	设　备	规　格	单位	数量	备注
1	平仓机	SD13YS	台	2	
2	振动碾	BW203AD-4	台	6	
3	自卸汽车	25t	台	20	
4	改装切缝机	—	台	1	
5	高压冲毛机	WLQ80/70（50）	台	2	
6	高频振捣器	$\phi100$（70）mm	台	4	
7	装载机	ZL30	台	2	

5.2.2　拌和

（1）拌和楼称量设备精度检验由质量管理人员负责实施，设备物资部门负责检查验收。碾压混凝土组成材料的计量装置应在作业开始之前对其精度进行检验，称量设备精度应符合有关规程规范的规定，确认正常后方可开机。

（2）开机前（包括更换配料单），应按试验中心签发的配料单输入参数，经试验中心质控员校核无误后方可开机拌和。用水量调整权属试验中心质控员，未经当班试验中心质控员同意，任何人不得擅自改变用水量。

（3）材料称量误差不应超过下述范围（按重量计）：

1）水、水泥、粉煤灰、外加剂：±1%；粗细骨料：±2%。

2）当频繁发生较大范围波动，质量无保证时，操作人员应及时汇报试验中心质控员并查找原因，必要时应临时停机，立即检查、排除故障再经校核后开机。

（4）碾压混凝土应充分搅拌均匀，满足施工的工作度要求，其投料顺序（强制楼）为砂→水泥＋粉煤灰→（水＋外加剂）→小石→中石→大石。根据碾压混凝土工艺试验成果，拌和时间定为 70s。

（5）在混凝土拌和过程中，试验中心驻拌和楼质控人员对出机口混凝土质量情况加强巡视、检查，发现异常情况时应查找原因及时处理，严禁不合格的混凝土入仓。构成下列情况之一者作为废料处理：①拌和不充分的生料；②非雨季施工时，VC 值大于 12s；③混凝土拌和物均匀性很差，达不到碾压密实度要求；④当发现混凝土拌和楼配料称重超、欠称超出有关规程规范规定的混凝土。

废料的鉴定工作由试验中心和质量管理人员实施并上报质量负责人，由施工管理部门人员安排废料的处理工作。

（6）拌和过程中拌和楼值班人员应经常观察灰浆在拌和机叶片上的黏结情况，若黏结严重应及时清理。交接班之前，必须将拌和机内黏结物清除干净。

（7）配料、拌和过程中出现漏水、漏液、漏灰和电子秤飘移现象后应及时检修，严重影响混凝土质量时应临时停机处理。

（8）拌和楼出机口碾压混凝土 VC 值控制，应在配合比设计范围内根据气候变化情况和施工过程损失值进行动态控制，如若超出配合比设计调整值范围，应尽量保持 $W/(C+F)$ 不变情况下调整用水量或外加剂掺量，仓面 VC 值调整由仓面指挥长决定，并由仓面试验中心人员通知拌和楼试验质控员执行。

5.2.3　施工前准备

1. 施工前准备工作

（1）由施工管理部负责检查碾压混凝土浇筑前的各项准备工作，如浇筑仓面验收情况、施工设备、人员配置、入仓道路、通信设施情况、仓内供电及照明、供排水等浇筑一条龙相关准备工作情况检查，水电十六局质检员负责浇筑仓面验收和检测仪器状态检查。各工区所负责的机械设备自行负责，其余统一由施工部负责检查。

（2）采用自卸汽车运输直接入仓布料时，汽车轮胎冲洗处的设施应符合技术要求。距浇筑仓面入仓口设置足够的脱水距离（一般为 40~60m），进仓道路必须铺设脱水碎石路面并冲洗干净，且无污染、无积水。

（3）入仓口均采用先浇式仓口，入仓道路采用开挖石渣铺筑，表面 10cm 铺碎石脱水带，入仓口宽度为 6m，自卸汽车先后经过拌和楼、入仓道路、洗车台、碎石脱水带、入仓口直接进入仓面。仓口外侧石渣道路填筑随模板翻升而同步加高。

（4）施工设备检查工作由浇筑作业队负责。汽车轮胎冲洗设施由浇筑作业队负责，质检员负责检查；入仓道路由施工管理部负责安排，并提前 3~6h 完成筑路石渣及碎石脱水路面铺筑，洗车台由浇筑作业队负责按施工方案设定位置摆放并接通供水管路保证冲洗用水。

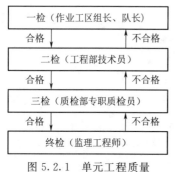

图 5.2.1　单元工程质量
检查验收流程图

2. 仓内单元工程检查验收

（1）仓内单元工程质量检查验收坚持内部"三检制"（作业工区一检、工程部二检、质检部三检）和监理工程师终检制度，质检部按验收组织流程图组织过程检查和最终验收。验收前测量中心应完成模板、预埋件等校核工作，浇筑作业队应认真做好一检并填写检查表格，质检人员应加强施工过程的检查，单元工程终检合格后进行质量评定。仓内单元工程质量检查验收组织流程见图 5.2.1。

（2）仓内单元工程检查验收项目。验收项目包括：①基础或混凝土施工缝面；②模板；③钢筋；④止水、伸缩缝；⑤预埋件；⑥混凝土预制件；⑦灌浆及通水冷却系统。验收的施工仓面见图 5.2.2。

3. 开仓证签发和施工中的检查

（1）按内部"三检制"对仓面全部检查合格后，由专职质检人员申请监理工程师验收。经验收合格后，由监理工程师签发开仓证。

图 5.2.2　验收的施工仓面

（2）开仓证一式两份，由质检部留作竣工验收资料保存。

（3）监理工程师未签发开仓证，严禁开仓浇筑混凝土，否则按严重违章处理。

（4）通仓浇筑时，如坝体分段验收，则模板、钢筋、灌浆管路和预埋件等工序也需分段验收。

（5）仓面各项验收项目，在碾压混凝土施工中应派专人值班并认真保护。发现异常情况及时认真检查处理，如损坏严重应立即报告仓面指挥长，由仓面指挥长通知相关作业班组（队）迅速采取措施纠正。

5.2.4　碾压混凝土运输

1. 自卸汽车运输

（1）由驾驶员负责自卸汽车运输过程中的相关工作，每一仓块浇筑前后应冲洗车厢并排除积水使之保持干燥、洁净，自卸汽车按要求加盖遮阳棚或安装自动遮阳翻板，对车厢加装橡塑海绵保温板，质检人员、仓面指挥长负责检查执行情况。

（2）采用自卸汽车运输混凝土时，车辆行走的道路必须平整，施工道路坡度不得陡于 1∶10（此坡比车辆装料后行驶方便）。

（3）在仓块开仓前由施工管理人员负责进仓道路、洗车装置施工及其他路况的检查，发现问题及时安排整改。冲洗人员负责自卸汽车入仓前用洗车台或人工用高压水将轮胎冲洗干净，并经脱水路面以防将水带入仓面。轮胎冲洗情况由洗车台操作人员负责检查。自卸汽车入仓及轮胎清洗见图 5.2.3。

图 5.2.3　自卸汽车入仓及轮胎清洗

（4）汽车装运混凝土时，驾驶员应服从仓面诱导员指挥。由集料斗向汽车放料时，自卸汽车驾驶员必须坚持两点或多点接料，否则由该车驾驶员负责溢出料的清理和赔偿，装料满后驾驶室应挂标识牌，标明所装混凝土的种类后方可驶离拌和楼，未挂标识牌的汽车不得驶离拌和楼进入浇筑仓内。由浇筑作业队在拌和楼设置联络员，联络员负责对混凝土运输车辆准确发放标识牌。砂浆运输完毕，应将搅拌车清洗干净后方可进行常态混凝土运输装车。

（5）驾驶员负责保持在仓面运输混凝土的汽车整洁，加强保养、维修、保持车况良好，无漏油、漏水。

（6）仓面碾压混凝土运输采用 25t 自卸汽车，自卸汽车应为底卸式或后卸式，自卸汽车在仓面上应行驶平稳、严格控制行驶速度，无论是空车还是载重，其行驶速度必须控制在 10km/h 之内，行车路线尽量避开已铺设砂浆或水泥粉煤灰净浆的部位，避免急刹车、急转弯等有损碾压混凝土质量的操作，对不听劝告者，专职质检员和仓面指挥长均有权对其按工程质量管理奖罚实施细则执行相应处罚。

（7）混凝土运输车在拌和楼必须服从试验中心质控人员取样要求。

2. 入仓口设置

为最大限度地保证自行汽车快速行驶入仓，新丰满大坝主要采用先浇式入仓口设计，即提前在坝内浇筑 6m 宽、1∶4～1∶6 坡比的斜坡作为入仓通道，车道两侧设置 1∶0.5 的斜坡。先浇式入仓口按部位主要分为两种形式：一种为下游侧先浇式入仓口，主要设置在坝体下游侧，与填筑的入仓道路连接，见图 5.2.4；另一种为坝内先浇式入仓口，主要设置在坝段分缝处或跨横向交通廊道两侧，形成斜坡通道，将坝体不同高程浇筑面连接，使得自卸汽车可直接行驶进入低高程仓号，见图 5.2.5。下游侧先浇式入仓口及坝内先浇式入仓口结合，形成了混凝土运输入仓快速通道。

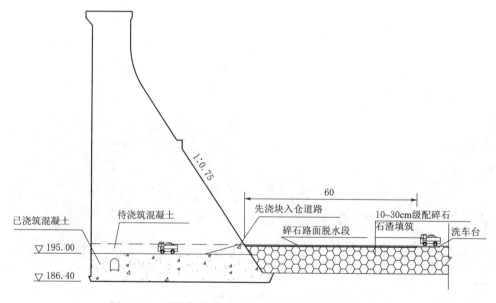

图 5.2.4　下游侧先浇式入仓口布置示意图（单位：m）

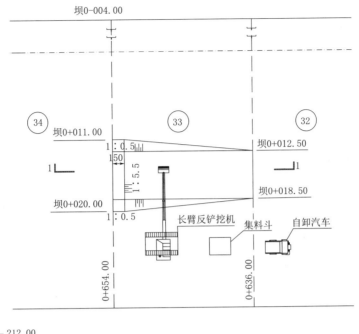

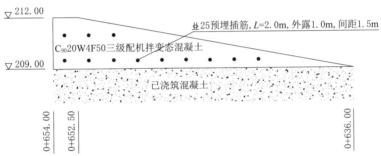

图 5.2.5 坝内先浇式入仓口设计（单位：高程、桩号为 m；其余为 cm）

入仓道路采用开挖石渣铺筑，表面铺 10cm 厚碎石脱水带，宽度为 6m。后期为进一步减少自卸汽车入仓的污染，入仓道路表面均采用 C15 碾压混凝土硬化。自卸汽车先后经过拌和楼、入仓道路、洗车台、脱水带、入仓口直接进入仓面。仓口外侧石渣道路随模板翻升而同步加高。

坝基回填及低高程坝体浇筑时，主要施工位于河床和右岸台地的溢流坝段、厂房坝段及部分右挡水坝段，上下游方向长度均较长，一般在 60～70m 左右，先浇式入仓口在同高程坝体断面中占比较小，宽度所占比例最大约为 10%。由于低高程阶段主要进行开挖基坑回填以形成大面积施工作业面，因此下游侧先浇式入仓口使用较少，坝内先浇式入仓口布置较多，从而形成不同建基面高程坝段的入仓通道。

随着坝体不断升高，不同建基面高程的坝段浇筑至同一高程，开始同步上升，形成可进行大面积碾压混凝土施工的几个甚至十几个坝段。这些部位主要采用下游侧先浇式入仓口，在大仓号边缘的一个坝段内利用备仓时段布置先浇式入仓口，使得碾压混凝土连续快速施工。

坝体上升至一定高程后，原有入仓道路再继续填筑，工程量较大，耗时较长，将影响坝体碾压混凝土快速上升。因此，入仓道路由河床及右岸阶地的坝段调整至两岸边坡坝段，以较低填筑量快速形成入仓通道。坝体上升至一定高程后，大坝上下游方向逐渐缩短，先浇式入仓口体型所占比例不断增大，为避免先浇式入仓口影响坝体结构安全，下游侧先浇式入仓口首先停止使用，而坝内先浇式入仓口也逐渐发生转变，由先浇式入仓口（坝体偏下游侧）→带限裂钢筋的先浇式入仓口（坝体中部）→与下游面结合的带限裂钢筋的先浇式入仓口。带限裂钢筋的先浇式入仓口设计见图5.2.6。

图5.2.6　带限裂钢筋的先浇式入仓口设计

5.2.5　卸料与平仓

碾压混凝土采用通仓薄层碾压连续铺筑或斜面薄层连续铺筑碾压工艺，碾压层厚度为30cm，摊铺厚度为34～36cm，斜面铺筑坡度控制在1∶10～1∶15范围内，根据仓面覆盖能力做动态调整。若有改变，须经监理工程师批准。

1．卸料

（1）采用自卸汽车直接进仓卸料布料时，为了减少骨料分离，自卸汽车卸料时宜采用两点卸料。卸料尽可能均匀，料堆旁出现的少量分离骨料，应由人工或用其他机械将其均匀地摊铺到未碾压的混凝土面上。

（2）仓面诱导员按浇筑要领图的要求逐层逐条带的铺筑顺序，指挥自卸汽车运行路线和卸料部位，驾驶员必须服从指挥，见图5.2.7。

图5.2.7　仓面诱导员卸料

（3）卸料堆边缘与模板距离不应小于1.2m。

（4）卸料平仓时仓面诱导员应严格控制不同级配或标号混凝土分界线，分界线每20m设一红旗进行标识，混凝土摊铺后误差相对于性能高的混凝土不允许有负值，也不得大于30cm，并由质检员负责检查。

（5）由拌和楼控制室操作人员和试验人

员在拌和楼出机口共同把关，严禁不合格的碾压混凝土料进仓，一旦不合格碾压混凝土料进入仓内，由仓面指挥长全权负责处理。

2. 平仓

（1）测量人员负责安排在周边模板上每隔 20m 画线放样，标识桩号、高程，浇筑作业队技术员绘制平仓控制线，用于控制摊铺层厚等；对二级配区和三级配区等不同混凝土之间的混凝土分界线每 20m 进行放样，浇筑作业队按放样点进行红旗标识。

（2）采用 SD10YS 型等平仓机平仓，平仓机运行时履带不得破坏已碾好的混凝土，确实需要通过碾压混凝土面的，设备通过后，及时将破坏的混凝土面修补。人工辅助边缘部位及其他被指定或认可部位的平仓作业，人工操作由仓面指挥长指挥，专职质检员监督。

（3）平仓作业由平仓机手负责，碾压混凝土平仓方向应按浇筑要领图的要求进行，摊铺要均匀，每碾压层平仓一次，质检员根据周边所标识的平仓线进行目测或拉线检查，每层平仓厚度为 34cm±2cm，检查结果超出规定值的部位必须重新平仓，局部不平的部位用人工辅助摊平。平仓机平仓见图 5.2.8。

图 5.2.8　平仓机平仓

（4）自卸汽车卸下的混凝土料应及时平仓，以便于混凝土料卸于铺筑层摊铺前沿的层面上，以满足由拌和物投料加水拌和起至拌和物在仓面上碾压完毕在 2h 内完成的要求。平仓过的混凝土表面应平整、无凹坑。

（5）平仓过程出现在料堆两侧和坡脚集中的骨料由机械搅拌，人工辅助分散于条带上，由仓面指挥长安排实施，质检人员负责检查、监督。

（6）平仓后若发现层面有局部骨料集中，可用人工铺洒细骨料进行处理。

5.2.6　碾压

（1）碾压设备：振动碾机型的选择，应考虑碾压效率、激振力、滚筒尺寸、振动频率、振幅、行走速度、维护要求和运行的可靠性。对边角部位或大型振动碾无法碾压到位的区域混凝土，直接改用变态混凝土施工。

（2）对计划采用的各类碾压设备应在正式浇筑碾压混凝土前通过碾压试验来确定满足混凝土设计要求的各项碾压参数，并经监理工程师批准。

（3）由碾压机手负责碾压作业，每个条带铺筑层摊平后，按要求的振动碾压遍数进行碾压。采用 BW203AD 等型号振动碾，根据现场碾压工艺试验成果，拟定的碾压遍数为：2+6，即先无振碾压 2 遍，再有振碾压 6 遍，直至混凝土表面泛浆，如发现两条带间出现局部不平，采用无振碾进行骑带碾压 1～2 遍。碾压机手在每一条带碾压过程中必须遵守规定碾压遍数，不得随意更改。仓面指挥长和专职质检员可以根据表面泛浆情况和核子密度仪检测结果决定是否增加碾压遍数。专职质检员负责碾压作业的随机检查。碾压方向应按浇筑要领图的要求，大坝迎水面 3～5m 范围内碾压方向应为平行坝轴线方向，碾压条带间的搭接宽度为 10～20cm，端头部位的搭接宽度不少于 100cm。碾压施工见图 5.2.9。

（4）由试验中心仓面检测员负责碾压混凝土密实度检测，每层碾压作业结束后，应及时按网格布点检测混凝土压实容重，核子密度计按 100～200m² 的网格布点且每一浇筑单元中每一碾压层面不少于 3 个点，相对压实度的控制标准不低于 98%，所测容重低于规定指标时，应立即重复检测，确定低于规定指标时应立即报告仓面指挥长并协助查找原因，采取补碾等处理措施，碾压机手必须无条件服从仓面指挥长的补碾指示。

（5）碾压机手负责控制振动碾的行走速度在 1.5km/h 范围内。专职质检员必须随时检测振动碾行走速度是否满足要求，要求每班不少于 2 次。发现超速度应及时向碾压机手指出并要求改正。

（6）当密实度低于设计要求时，应及时通知碾压机手，按指示补碾，补碾后仍达不到要求，应挖除处理。碾压过程中仓面质检员应做好施工情况记录，质控人员做好质控记录，可通过数字化设施辅助检查压实层厚、压实速度、压实遍数等工艺参数的符合性。

（7）模板、基岩无法碾压到的周边或复杂结构物周边 50～100cm 范围，可直接浇筑变态混凝土。

（8）对于振动碾单轮行走部位，应补碾至规定的碾压遍数。

（9）碾压时出现的橡皮混凝土及泌水部位周边 50cm 处的混凝土，采用插入式振捣器振捣密实，对混凝土表层产生裂纹、表面骨料集中部位碾压不密实时，质检人员应要求仓面指挥长采用人工挖除，重新铺料碾压直至达到设计要求。

（10）入仓碾压混凝土 VC 值一般控制在 2～5s。天气晴朗阳光暴晒且气温高于 20℃ 时取 1～3s，否则为 2～5s；出现 3mm/h 以内的降雨时，VC 值为 6～12s，现场试验中心应根据现场的气温、昼夜、阴晴、湿度、风力等气候条件适当调整出机口 VC 值。碾压混凝土以碾压完毕的混凝土层面达到全面泛浆、人在层面上行走有微弹性、层面无骨料集中的外观为标准。

（11）碾压混凝土入仓后，应尽快摊铺碾压，避免堆放时间过长造成碾压混凝土表面水分损失而泛白。碾压混凝土两侧变态混凝土在上料间歇时必须进行防晒覆盖，见图 5.2.10。

图 5.2.9　碾压施工

图 5.2.10　变态混凝土浇筑间歇覆盖

（12）由仓面指挥长负责控制碾压层间歇时间，如需进行层面处理，具体要求见5.2.8节。

5.2.7 切缝成缝

（1）由仓面指挥长负责安排切缝时间，用 HCD-70 小型振动式切缝器或 PC55c-9 挖掘机改装的切缝机进行机械化切缝，见图 5.2.11。碾压层面切缝采取"先碾后切"的方式，切缝深度不小于 25cm，成缝面积每层应不小于设计面积的 60%，填缝材料采用彩条布。

（2）造缝应注意选择成缝时间、控制缝距、方向及斜度，以保证成缝质量。

（3）切缝时需注意先切缝再用切缝机装隔缝材料切入缝内，隔缝材料切入缝内时必须保证平顺，不能褶皱。

图 5.2.11 机械化切缝

5.2.8 层、缝面处理

1. 施工缝处理

（1）整个碾压混凝土块体必须浇筑得充分连续一致，使之凝结成一个整块，不得有层间薄弱面和渗水通道。

（2）冷缝及施工缝必须进行缝面处理，处理合格后方能继续施工。

（3）缝面处理可用高压水冲毛等方法清除混凝土表面的浮砂及松动骨料（以微露出粗砂为准）。处理合格后，先均匀刮铺一层 15mm 砂浆层（砂浆强度等级比碾压混凝土高一级或 5cm 厚细石混凝土），然后立即在其上摊铺碾压混凝土，并应在砂浆初凝以前碾压完毕。

（4）根据施工时段和气温条件、混凝土强度、设备性能等因素，确定混凝土面的最佳冲毛时间为碾压混凝土终凝后 2~6h，具体时间以现场试冲情况为准。

（5）碾压混凝土铺筑层面在收仓时要基本上达到同一高程或下游侧略高于上游侧（$i=1\%$）的斜面。因施工计划变更、降雨或其他原因造成施工中断时，应及时对已摊铺的混凝土进行碾压，停止铺筑处的混凝土面宜碾压成不大于1∶4的斜面。

（6）由仓面指挥长负责在浇筑过程中保持缝面洁净和湿润，不得有污染、干燥区和积水区。为减少仓面二次污染，砂浆宜逐条带分段依次铺浆。已受污染的缝面待铺砂浆之前应用高压冲毛机冲洗干净，或用真空吸泥机清除干净。

2. 水泥粉煤灰净浆铺设

（1）在冷却水管铺设层面和各碾压混凝土层上游防渗区，均铺设2～3mm的水泥粉煤灰净浆；各种变态混凝土的加浆施工等也需水泥粉煤灰净浆。水泥粉煤灰浆按试验中心签发的配料单配制，要求配料计量准确，搅拌均匀。现场试验质控人员对配制浆液的质量进行监控。

（2）水泥粉煤灰浆液铺设全过程由仓面指挥长安排，在需要洒铺作业前1h应通知制浆站值班人员进行制浆准备工作，保证在需要时可立即开始作业。

（3）洒铺水泥粉煤灰浆之前，仓面指挥长应负责监督做到洒铺区干净、无积水，并避免出现水泥粉煤灰浆沉淀问题。

（4）上游防渗区层面、冷却水管铺设层面洒铺水泥粉煤灰浆不宜过早，应在卸料之前分段进行，不允许洒铺水泥浆后，长时间未覆盖混凝土。

3. 层面处理

（1）除上游防渗区和冷却水管铺设层面必须铺设水泥粉煤灰净浆外，其他区域碾压混凝土层间间隔时间（系指下层混凝土拌和物拌和加水时起到上层碾压混凝土碾压完毕为止）6h内直接铺筑下层碾压混凝土，6～12h范围内应在层面铺洒水泥粉煤灰浆再铺筑下层碾压混凝土，12～18h范围内应在层面铺洒砂浆再铺筑下层碾压混凝土，超过18h应按施工缝处理。

（2）超过终凝时间的混凝土层面为冷缝，按施工缝面处理。

（3）水泥粉煤灰净浆由固定的铺浆工负责实施。上游二级配防渗区范围内，每个碾压层面都要均匀铺2～3mm厚水泥粉煤灰净浆。现场试验质控人员应对配制灰浆的比重进行检测，提供浆液比重资料每班至少一次。

（4）当异种混凝土表面初凝后，清除表层乳皮铺砂浆或净浆再浇上一层。

5.2.9　变态混凝土施工

变态混凝土主要分为加浆变态混凝土和机拌变态混凝土两种。加浆变态混凝土是在碾压混凝土拌和物铺料后洒铺水泥粉煤灰净浆予以变态，以常态混凝土振捣法作业振实，并能满足设计要求的混凝土；机拌变态混凝土是在拌和楼拌制，由试验所确定的配合比，按照一定的顺序和比例向搅拌机内投入石子、水泥、砂和水等原材料，在试验所确定的时间内搅拌均匀后，经出料口由自卸车运输至现场使用。

不同于多数碾压混凝土坝采用加浆变态混凝土，为保证变态混凝土良好的和易性、均匀性，新丰满大坝多采用机拌变态混凝土。

（1）大坝上游防渗区、下游模板边、廊道周边、两岸岸坡及其他大面积变态区域采用机拌变态混凝土施工，仅在碾压混凝土与常态混凝土或变态混凝土搭接部位、坝体内部碾压混凝土与横缝模板接触部位等少量区域采用加浆变态混凝土。

（2）变态混凝土与主体碾压混凝土同步浇筑，两种混凝土均应在2h内浇捣完毕。

（3）加浆变态混凝土施工采用注浆法（即先插孔后加浆），插孔的深度控制在30cm左右，按照6％原则人工加浆。振捣采用直径100mm高频振捣器或直径70mm软轴式振捣器。

（4）加浆变态混凝土所用水泥煤灰净浆采用集中制浆站拌制，通过专用管道及灰浆泵输送至仓面灰浆搅拌运输车上的储浆桶内。水泥粉煤灰浆的摊铺速度与碾压混凝土的摊铺速度相适应，仓面铺浆按2m一段分段控制。在摊铺过程中对浆液进行不停地搅拌，以保证浆液均匀混合。注浆管出口安有流量计量器，以控制注浆量。为防止浆液的沉淀，在供浆过程中要保持搅拌设备的连续运转。输送浆液的管道在进入仓面以前的适当位置设置放空阀门，以便根据需要冲洗排空管道内沉淀的浆液或清洗管道的废水。

（5）由于松铺状态的混凝土比碾压后的混凝土更容易让变态浆液渗透，因此需加浆的碾压混凝土应先加浆，让浆液充分渗透。待混凝土平仓后，振动碾先静碾1～2遍，确保加浆车能顺利通过碾压区进入加浆变态区，加浆完毕，可先碾压后变态振捣，也可以先变态振捣再碾压。

（6）仓面指挥长负责安排变态混凝土施工时间，根据现场情况，主要采用先变态后碾压的方式。如采用先碾压后变态的方式，在变态混凝土与碾压混凝土交接处，用振捣器向碾压混凝土方向振捣，使两者互相融混密实。

（7）先变态混凝土后碾压混凝土时的振捣时间不小于20s，先碾压混凝土后变态混凝土时的振捣时间不小于30s。对于变态混凝土与碾压混凝土搭接凸出部分，采用振动碾碾平。

（8）注浆振捣一体机进行了现场试验，见图5.2.12。受模板周边拉条、限裂钢筋等影响，现场很难形成大面积无障碍变态混凝土区域，使用较为受限。

图5.2.12　注浆振捣一体机振捣

5.2.10　止水及预埋件

1. 止水结构

（1）止水结构布置。为防止坝体横缝渗漏，碾压混凝土重力坝横缝的上游面、溢流面、下游面最高水位以下以及与横缝相交的坝内廊道和孔洞四周均设置止水设施。

止水设置原则主要根据坝体的高低布置，一般有"两铜一井"型式、"两铜一胶"型式、"一铜一胶"型式，"铜"指止水铜片，"胶"指橡胶止水。高坝上游一般采用2～3道止水铜片，中坝上游面一般设置一道铜止水，一道橡胶止水，低坝可简化布置。

新丰满大坝上游面横缝止水共设2道铜片止水：第一道止水向上通至防浪墙顶；第二道止水向上通至坝顶铺装层位置。第二道止水后设直径219mm的圆形排水井，横缝排水井为热轧钢管，钢管对称剖开后预留 1.5cm 左右的缝隙，然后在缝隙部位沿高度方向不连续对焊，具体布置情况见图 5.2.13。为防止坝体混凝土浇筑时从钢管缝隙部位向内进浆，事先在钢管外侧包 2 层无纺布。

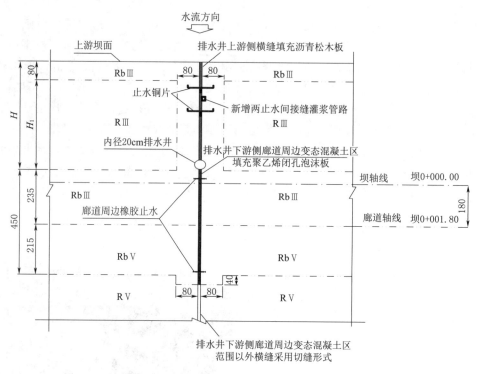

图 5.2.13　横缝上游止水布置平面图（单位：桩号为 m；其余为 cm）

（2）止水施工质量控制。止水结构施工要求放样和埋设准确。在止水材料埋设处变态混凝土施工过程中应采取适当的措施支撑（如用钢筋支架加以固定）和妥善保护止水结构，振捣应仔细谨慎。止水材料如有损坏，应加以修复，该部位混凝土中的大骨料应人工予以剔除，横缝止水作为碾压混凝土施工的关键环节，其在安装、焊接以及周边混凝土浇筑过程中必须严格控制。止水焊接见图 5.2.15。

（3）新增接缝灌浆系统。为保证大坝防渗性能，丰满重建工程监理单位建议在大坝上游两道铜止水之间增设接缝灌浆系统。利用基础灌浆排水廊道和坝体检查廊道进行接缝灌浆。灌浆主管采用直径为 38mm 的铁管从廊道侧墙引至上游止水附近，接缝灌浆系统采用直径为 38mm 的 PE 支管及出浆盒，支管层距按 9～10m 控制，具体可根据大坝形态做适当调整，竖直方向随混凝土上升，检查廊道以下灌浆主管距检查廊道约 10m，检查廊道以上灌浆主管距坝顶约 20m，具体设计形式见图 5.2.14，灌浆管路布置见图 5.2.16。

该工程增设在两道铜止水间的灌浆系统，通过后期聚氨酯堵漏灌浆起到了良好效果，对重力坝止水系统的结构设计起到了非常有益的探索和实践。在高坝止水设计中，除在上游两铜止水间增加接缝灌浆系统外，再把止水做成"两铜一胶一排水井"的型式，加强止水结构设计，可最大程度减小坝体渗漏量，对大坝永久运行安全都是有好处的。

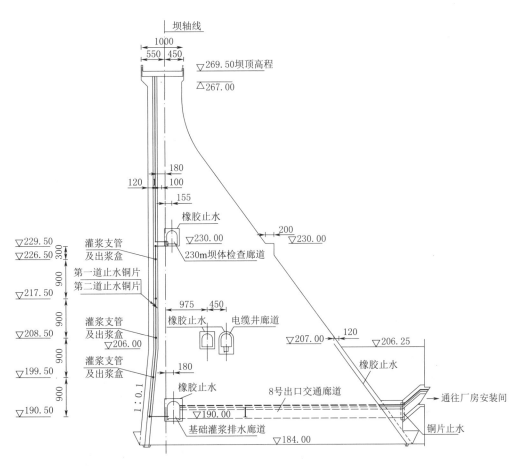

图 5.2.14 止水间接缝灌浆管路设计（单位：高程为 m；其余为 cm）

图 5.2.15 止水焊接

图 5.2.16 止水间灌浆管路布置

2. 冷却水管埋设

（1）大坝碾压混凝土内埋设冷却水管，冷却水管布置方案为：挡水坝段、溢流坝段和厂房坝段的基础强约束区均为 1.5m×1.0m（层间距×水平间距），基础弱约束区均为

1.5m×1.5m（层间距×水平间距），冷却水管埋设见图 5.2.17。

（2）冷却水管采用高强度聚乙烯塑料冷却水管（直径 32mm，壁厚 2mm）。

（3）冷却水管采用蛇型布置，水管距上游坝面 1.5～3.0m，距下游坝面 1.5～2.5m，距横缝及坝体内部孔洞周边距离 1.0～1.5m；水管距基岩面或老混凝土面距离 0.3m。水管不允许穿过各种缝及各种孔洞；单根循环蛇型水管长度不大于 250m。

（4）冷却水管均应编号标识，并作详细记录。冷却水管在浇筑混凝土之前应进行通风试验，检查水管是否堵塞或漏风；如发现问题，应更换水管或接头。

（5）坝体内埋管若需设置接头的部位，接头主要采用热熔技术连接。

（6）在混凝土浇筑过程中应注意保护已埋设的冷却水管，谨防混凝土碾压时压裂或其他可能的人为破坏的发生。

（7）为保证在混凝土碾压时冷却水管不位移，使用 U 形钢筋卡，单根长 20～30cm，弯头将其固定在混凝土层面上，在弯管段采用不少于 3 个 U 形卡固定。水管铺设好以及覆盖一层（30cm）混凝土后，均应进行通水试压，检查有无漏水。冷却水管向下游靠横缝处木模位置引出，水管应排列有序，做好进出口及分层标记，对管口应妥善保护，防止堵塞。

图 5.2.17 冷却水管埋设

3. 其他预埋件

（1）由埋设人员负责埋设件的埋设、保护、检测、记录等工作。在埋有管道、观测仪器和其他埋件部位进行混凝土施工时，应对埋设件妥加保护并严格按设计要求进行。

（2）碾压混凝土内部观测仪器和电缆的埋设，采用掏槽法，即在上一层混凝土碾压密实后，按仪器和引线位置，人工掏槽安装埋设仪器，经检验合格后，人工回填混凝土料并捣实，再进行下一层铺料碾压。

（3）对温度计一类没有方向性要求的仪器，掏槽以能盖过仪器和电缆即可。对有方向性要求的仪器，尽量深埋并在槽底部先铺一层砂浆，上部至少回填 60cm 的变态混凝土。回填工作应在混凝土初凝时间以前完成。回填物中要剔除大于 40mm 的骨料，用小型振捣器仔细捣实。

（4）引出电缆在埋设点附近须预留 0.5～1.0m 的富余度；垂直或斜向上引的电缆，

须水平敷设到廊道后再向上（或向外）引出。

（5）仪器和电缆在埋设完毕后，应详细记录施工过程，及时绘制实际埋设图提交给部位工程师。仪器的安装、埋设及其相关的混凝土掏槽或回填作业均由负责观测项目施工的单位派专人负责，并妥善保护，如发现有异常变化或损坏现象及时向部位工程师和监理工程师报告并及时采取补救措施，观测项目施工不得影响碾压混凝土的施工。

5.2.11　雨季施工

要做好防雨材料准备工作，防雨材料应与仓面面积相当，并备放在现场。雨天施工应加强降雨量测试工作，降雨量测试由专职质检员负责，当降雨强度接近 3mm/h 时，每 60min 向施工部和仓面指挥长报告一次测试成果。

当降雨量大于 3mm/h 时，不开仓浇筑，或浇筑过程中遇到超过 3mm/h 降雨强度时，停止拌和，并尽快将已入仓的混凝土摊铺碾压完毕或覆盖妥善，用塑料布遮盖整个新混凝土面，塑料布的遮盖必须采用搭接法，搭接宽度不少于 20cm，并能阻止雨水从搭接部流入混凝土面。雨水集中引排至坝外，对个别无法自动排出的水坑用人工处理。

暂停施工令发布后，碾压混凝土施工所有人员，都必须坚守岗位，并做好随时复工的准备工作。暂停施工令由仓面指挥长首先发布给拌和楼，并通知相关技术及现场施工管理人员。

当雨停后或降雨量小于 3mm/h，持续时间 30min 以上，且仓面未碾压的混凝土尚未初凝时，可恢复施工。雨后恢复施工必须在仓面处理完成后，经监理工程师认可后方可进行，并应做好如下工作：

（1）出机口的 VC 值适当增大，由仓面指挥长通知试验中心根据仓内施工情况做调整，一般为 6～10s。

（2）由运输机具驾驶员负责将停在露天的运输混凝土的机具积水清除干净。

（3）由试验中心驻现场试验质控人员负责调整碾压混凝土出机口的 VC 值。

（4）由质检人员认真检查仓面，对被雨水严重浸入的混凝土要挖除。

（5）由仓面指挥长组织排除仓内积水，首先是卸料平仓范围内的积水。

（6）对于受雨水冲刷造成面层胶凝材料损失的混凝土面，应根据不同情况采用铺洒水泥粉煤灰净浆或铺水泥砂浆处理。

5.2.12　低温季节施工

工程地处东北严寒地区，每年碾压混凝土有效施工时段较短，一般在每年 4—10 月。但在施工过程中，特别是 4 月初和 10 月下旬往往也会遇气温骤降，甚至是寒潮。为充分利用有效施工时段，个别仓面施工处于低温季节施工的气温界限附近，需为拌和、运输、浇筑等工序做好保温工作。

1. 低温季节施工标准

按照《水工碾压混凝土施工规范》（DL/T 5112—2009）规定，日平均气温连续 5d 稳定在 5℃以下或最低气温连续 5d 稳定在－3℃以下时，应按低温季节施工。

2. 低温时段混凝土拌制

由于低温施工时段不长，拌和系统进行大规模低温季节改造施工难度大、投入费用较高，所以仅进行少量改造，且主要是用于初冬时段变态混凝土或常态混凝土施工使用，改造具体情况详见 4.1.6 节。碾压混凝土低温季节施工主要采用热水拌和的方式，加料顺序为：将骨料与水先拌和，再加入水泥及外加剂。考虑到碾压混凝土水泥用量少，早期水化热低，考虑到运输过程中温度损失，混凝土出机口温度控制在 8℃以上。

3. 低温时段混凝土运输

（1）碾压混凝土运输采用 25t 自卸汽车，车厢带有自动盖板，外侧粘贴一层 2cm 厚橡塑海绵，以降低运输过程中的混凝土温度损失。

（2）车辆运输时尽量缩短混凝土运输时间，提前对现场运输道路进行整修，防止道路结霜、结冰影响混凝土运输速度。

（3）为避免车辆因让道滞留时间过长，合理安排入仓强度，加强现场机械设备调度，尽可能使混凝土以最快的速度卸至仓面。

4. 低温时段混凝土浇筑

（1）碾压混凝土浇筑前，在现场提前准备好三防帆布、橡塑海绵等保温材料。

（2）模板全部采用保温模板，即在模板外侧覆盖一层橡塑海绵。

（3）混凝土入仓温度控制在 5℃以上。

（4）在浇筑过程中进行各道工序间的混凝土温度检测，包括入仓温度、单条带平仓结束温度、单条带碾压结束温度、浇筑温度等，每 2h 检测一次。

（5）坝体碾压混凝土铺筑施工按规范要求进行，确保仓面每条带碾压混凝土从出机口至平仓碾压结束总时间不大于 2h。

（6）已碾压完成的条带，立即进行一层三防帆布覆盖，随后进行一层橡塑海绵覆盖，新老混凝土接合部位、双向散热区加厚一层，确保混凝土表面温度在 0℃以上。

（7）混凝土施工完成后采用蓄热法进行保温，热源主要靠自身水化热供给。在蓄热过程中，采用智能温控系统监测混凝土表面及内部温度，其中表面温度监测主要对薄弱部位和双向散热区的混凝土表面温度进行监测，内部温度监测按照上下游断面的 1/4、1/2、3/4 在混凝土内布置温度传感器。若仓面混凝土结构有孔洞的部位，及时进行封堵，增加挡风保温措施。

（8）碾压混凝土达到收仓高程后，采用越冬保温方案进行越冬保温。

5. 低温时段混凝土缝面处理

越冬层面收仓后不进行施工缝面处理，越冬后第二年进行凿毛处理。

5.3　全断面斜层碾压技术

5.3.1　技术优点

碾压混凝土施工的两大控制指标是：①从拌和楼出机口至仓面碾压完毕时间；②碾压混凝土层间间隔时间控制在混凝土直接铺筑允许时间内以内。

新丰满大坝采取全断面斜层碾压的施工工艺，具有如下几个方面的优点。

（1）有利于控制层间间隔时间。采用斜层碾压技术，碾压层面面积比仓面面积小，每层需要浇筑的混凝土方量比常规浇筑法小。因此，在不改变混凝土生产、运输及浇筑能力的前提下，能够缩短层间间隔时间。通过调整层面坡度，可以灵活地控制层间间隔时间的长短，使之满足施工进度和层间结合质量的要求，特别是只要浇筑块高度和斜层坡度选择合适，可以在不增大混凝土生产、运输与浇筑能力的前提下，使层间间隔时间大大缩短，甚至远远小于混凝土的初凝时间。从而改善和提高碾压面的结合质量，使层间结合面的力学指标和抗渗性能接近或达到本体水平。

（2）有利于坝体温度控制。针对工程所处地区夏季气温较高的特点，采取斜层碾压工艺相对于平层碾压工艺来讲，仓面面积相对小，每层混凝土的覆盖时间短，大大减少了仓面的温度倒灌回升，从前期温控最先保证了碾压混凝土质量。而且，由于混凝土覆盖面积小，仓面喷雾保湿的人工气候措施比较容易施行。

（3）有利于加快施工进度。采用斜层碾压工艺施工，各工序之间可平行作业，在进行碾压的同时可进行已收仓面允许冲毛部位的冲毛处理，同时还可以进行下一层立模及止水焊接等施工，大大节省了施工时间。

（4）节省工程投资。采用斜层碾压技术，可以用较小的浇筑强度覆盖较大的坝体浇筑仓面面积，从而减小浇筑能力配置，降低设备投入和临时工程费用，从而节省工程投资。

（5）有利于雨季施工仓面排水。碾压混凝土最忌的就是雨水，碾压混凝土遇雨水后变成松散烂泥状，混凝土无法碾压密实，造成强度低，无法达到设计强度指标，对碾压混凝土质量构成致命危害。在平层碾压施工过程中难以克服，平层层面周边均被模板围得密密实实，排水较为困难。而采用斜层碾压后，碾压施工面的雨水沿坡面快速排出，保证了碾压混凝土施工质量。

（6）有利于减小对已完成浇筑仓面施工质量的影响。采取平层碾压施工时，易出现重载汽车转弯时对已碾压好层面造成损坏的问题，但是采取斜层碾压施工时，重载汽车可以在下层收仓的层面上先调头，然后倒车至碾压层面，对已碾压好的层面的破坏程度降至最小限度。

5.3.2　施工工艺

全断面斜层碾压施工工艺流程见图 5.3.1。

5.3.3　施工工艺要点

全断面斜层碾压施工中存在仓面污染、坡角处理等问题，怎样合理解决这些问题，成为保证斜层碾压施工质量的重要因素。针对这些问题，施工单位在光照大坝斜层碾压施工中进行了研究，对一些施工工艺进行了完善，在新丰满大坝全断面斜层碾压中得到了很好的运用。

1. 坡角处理

采用斜层碾压时坡角会出现薄层尖角现象，振动碾行驶到坡角位置时，骨料将直接受到振动轮压力作用而被压碎。为防止坡角处骨料被压碎而形成质量缺陷，大坝碾压施工中采取预铺水平垫层的办法，并控制振动碾不得行驶到老混凝土面上。水平垫层超出坡角前沿 30～50cm，第一次不予碾压，而与下一层的水平垫层一起碾压，这些部位的最

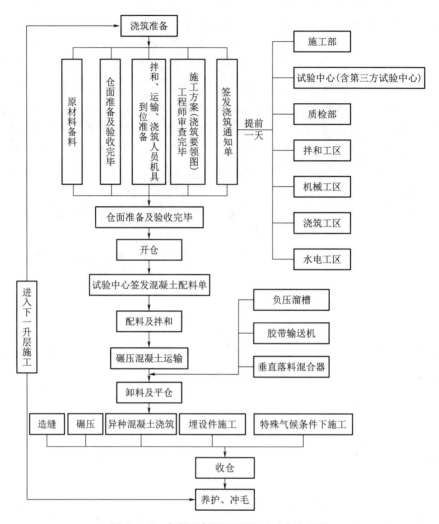

图 5.3.1 全断面斜层碾压施工工艺流程图

终完成碾压的时间必须控制在直接铺筑允许范围时间内。水平垫层的宽度由坡比及升层高度确定。每一碾压层（30cm）碾压后，对斜层碾压的斜坡三角区水平段长度不小于 50cm 范围的碾压混凝土采用专人负责清除，进行上层混凝土覆盖前补洒水泥粉煤灰净浆，加强层面结合。现场施工情况见图 5.3.3。

水平垫层及坡角施工步骤见图 5.3.2。

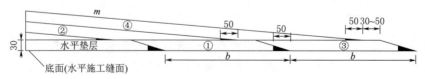

图 5.3.2 水平垫层及坡角施工步骤示意图（单位：cm）

注：图中序号为浇筑顺序；m 为斜层碾压坡比；b 为垫层宽度；▰ 为需切除的区域。

图 5.3.3　碾压混凝土薄层尖角部位处理

2.卸料位置

混凝土采用自卸车直接进仓卸料，卸料时自由下落高差不得大于 1.5m，卸料由仓面诱导员指挥，采用退铺法进行多点式卸料，先卸 1/3，移动 1m 左右位置后卸 2/3（堆料高度要求小于 80cm），以减少骨料分离。卸料汽车应按碾压条带进行卸料，尽量避免将料卸在已碾压好的相邻条带层面上。卸下的碾压混凝土料及时摊铺，采用边卸料边摊铺的方式进行。自卸汽车将混凝土料卸于铺筑层摊铺前沿的水平垫层上，再由平仓机将混凝土从台阶上推到台阶下进行移位式平仓。卸料尽可能均匀，料堆坡脚如出现小部分已分离的骨料，由人工将其均匀地摊铺到未碾压的混凝土面上。坡脚处水平垫层的混凝土应卸在斜坡面上，由平仓机摊铺到老混凝土面。

3.坡度控制

采用斜层平推铺筑法施工，首先应确定坡度即铺筑层层面与水平面的夹角。斜层层面确定的坡度原则是：施工机械在斜坡上便于摊铺、碾压作业；同时浇筑层的混凝土量与混凝土生产、运输的机械设备的配置能力相适应。根据仓面面积、拌和楼的生产能力、入仓手段、摊铺碾压设备等进行综合分析，将斜层碾压坡度控制在 1：10～1：15。根据每仓的实际碾压断面宽度，计算最低入仓强度，以确定每仓的实际碾压坡度。铺料前根据斜层碾压坡度在碾压块的四周进行测量放样，在周边模板和底部混凝土面上测量画出各层的平仓线。

4.平仓方式

先摊铺水平垫层，后摊铺斜层面混凝土，平仓方向由坡顶向坡底进行。斜层面混凝土摊铺时下坡脚不得超出水平垫层外边缘，斜层碾压时同平层外边缘部位一起碾压，但碾压机不得超出水平垫层外边缘线。平仓过程出现在两侧集中的骨料由人工均匀分散于条带上。每层摊铺厚度为 34cm，超出规定值的部位必须重新平仓，局部不平的部位用人工辅助铺平。

5. 碾压方向

采用斜层平推铺筑法浇筑碾压混凝土时，"平推"方向可以垂直于坝轴线，即碾压层面倾向上游，混凝土浇筑从下游往上游推进；也可以采用平行于坝轴线的方法，即碾压层面由一岸倾向另一岸。根据现场实际情况，目前采用由一岸倾向另一岸，斜面倾向入仓口位置，碾压方向为平行于坝轴线方向。碾压作业采用搭接法，碾压条带走偏控制在 10cm 范围内，条带间搭接宽度为 20cm，端头部位搭接宽度为 100cm。

6. 坡顶与坡角的碾压遍数

当碾压方向为平行斜坡方向时，振动碾只有单个振动轮能到达坡顶和坡角位置，以致坡顶及坡角处无法达到规定的碾压遍数，为保证质量，在平行斜坡方向碾压遍数达到要求后，对坡顶及坡角进行垂直斜坡面方向的有振碾压各 2 遍，以保证坡顶及坡角混凝土的压实度和密度达到规定值。作为水平施工缝面停歇的层面，达到规定的碾压遍数及压实容重后，进行 1～2 遍的无振碾压，以保证收仓面的平整，且可弥合混凝土表面裂纹。

5.3.4　小结

斜层碾压技术相对于平层碾压具有碾压层面面积小，单层覆盖时间短的优势，大大缩短了层间间隔时间，有利于温控；工序之间可平行作业，加快了坝体上升速度；在雨季施工中，碾压混凝土施工面的雨水沿坡面快速排出不会产生积水；碾压过程中，重载汽车可以在下层收仓的层面上先调头，然后倒车至碾压层面，对已碾压好的层面的破坏程度降至最小。对于斜层碾压时坡角会出现薄层尖角的问题，采用专人清除并补洒水泥粉煤灰净浆的方式，完善了斜层碾压工艺，加强层面结合。

目前，全断面斜层碾压工艺在严寒地区碾压混凝土施工中得到很好的应用，其可在相对多雨、日温差大的环境下推广应用。

5.4　异种混凝土同步上升施工技术

5.4.1　异种混凝土同步上升施工概述

新丰满大坝混凝土工程量大，结构复杂，其中碾压混凝土坝异种混凝土同步浇筑上升主要在溢流坝段导墙及溢流面常态混凝土与碾压混凝土同步浇筑上升。同步上升施工的最大特点与宗旨为快速施工。

异种混凝土同步浇筑上升的前提是各类型混凝土入仓强度及浇筑手段的保证，生产安排合理、互相配合、互不制约，施工资源需同时保证两种混凝土浇筑的质量。

异种混凝土同步浇筑上升的特点有如下几点。

（1）质量方面。常态混凝土与碾压混凝土同时浇筑结合良好，不存在二期结合面；避免常态混凝土大面积、大体积浇筑带来的温度应力裂缝及干缩裂缝的产生。避免了后期混凝土浇筑时的浇筑仓面狭小、振捣困难、仓面清理困难、入仓手段匮乏等不利状况，有利于保证混凝土的浇筑质量。

（2）进度方面。常态混凝土与碾压混凝土同步上升，提前进行大坝表孔常态混凝土浇筑，既降低了常态混凝土浇筑强度，又节约了工期。

（3）效益方面。节省了溢流面一期台阶面立模、拆模、插筋、变态混凝土、台阶面人工凿毛、台阶面的清理及后期常态混凝土浇筑前的砂浆铺筑等，入仓手段简单，经济效益明显。异种混凝土浇筑过程中可使部分资源达到共享，节约了施工成本。采用同步异种混凝土同步浇筑上升技术，在一定的条件下可以减少溢流面常态混凝土垂直运输设备（门机、塔机等）的投入或缩减垂直运输设备的使用时段。

（4）施工方面。同步浇筑上升使常态混凝土浇筑工作面增大，溢流面常态混凝土可采用仓面自卸车直接入仓，避免传统的采用搅拌车运输高坍落度常态混凝土带来的混凝土成本增加及温度裂缝所带来的不利影响。

（5）安全环保方面。避免常态混凝土后期浇筑产生的上下施工作业面，同步浇筑上升增大常态混凝土部位的工作面，有利于钢筋模板安装及混凝土浇筑作业的实施；无须单独搭设走道或爬梯进入常态工作面；台阶面一般采用木模板进行立模，同步浇筑上升法可节省木材用量，同步浇筑上升可避免台阶面凿毛产生的大量施工弃渣，有利于环保。

5.4.2　工艺流程及施工要点

1. 工艺流程

导墙或溢流面异种混凝土同步浇筑上升施工工艺流程见图5.4.1。

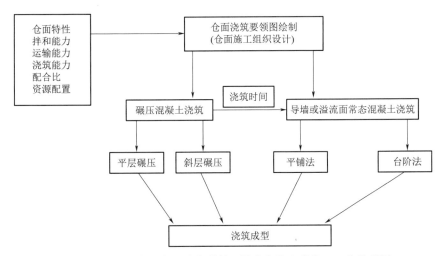

图5.4.1　导墙或溢流面异种混凝土同步浇筑上升施工工艺流程图

2. 施工要点

大坝碾压混凝土水平运输主要采用自卸汽车直接入仓，常态混凝土采用自卸汽车和搅拌车辅助入仓。

异种混凝土同步施工，主要在溢流坝段高程192.82m以上，内部过渡层碾压与堰面混凝土、闸墩边墙混凝土、抗冲耐磨同步上升。

（1）平层碾压施工工况下的异种混凝土同步浇筑上升。仓面相对较小的情况下（3个坝段以内）碾压混凝土采用平层碾压浇筑。碾压混凝土的浇筑层厚为30cm，常态混凝土浇筑厚度为30～50cm。根据碾压混凝土仓面面积、拌和能力、入仓浇筑强度、初凝时间计算碾压混凝土每层覆盖浇筑的时间。常态混凝土再根据仓面面积、浇筑坯厚、初凝时间、碾压混凝土每层覆盖时间倒算常态混凝土需要的入仓浇筑强度。

若导墙部位上下游尺寸较长，常态混凝土入仓强度难以满足时，可以采用调整配合比以延长常态混凝土初凝时间、导墙部位提前开始从下游往上游方向台阶法进行浇筑两种方法。同时保证不影响碾压混凝土浇筑进度及常态混凝土浇筑质量。

（2）斜层碾压施工工况下的异种混凝土同步浇筑上升。大坝碾压混凝土斜层碾压方向为平行于坝轴线方向。以 12～19 号坝段高程 206.00～209.00m 碾压混凝土与导墙、溢流堰面同步浇筑上升为例说明，该仓块仓面面积为 7122m²，混凝土共 21815m³，浇筑仓块平面见图 5.4.2。

12～19 号坝段高程 206.00～209.00m 混凝土特性及工程量见表 5.4.1。

表 5.4.1　　　　12～19 号坝段高程 206.00～209.00m 混凝土特性及工程量

序号	混凝土标号	坍落度或 VC 值	使用部位	混凝土量/m³
1	M_{90}20W4F50 砂浆	10～14cm	12～19 号坝段	76
2	M_{90}25W8F100 砂浆	10～14cm	12～19 号坝段	10
3	M_{90}40W8F300 砂浆	10～14cm	12～19 号坝段	11
4	M_{90}25W4F200 砂浆	10～14cm	19 号坝段	1
5	M_{90}25W4F50 砂浆	10～14cm	12～19 号坝段	11
6	C_{90}15W4F50 三级配碾压混凝土/机拌变态混凝土/加浆变态混凝土	2～5s/3～5cm	12～19 号坝段	15786/20/168
7	C_{90}20W4F50 三级配碾压混凝土/机拌变态混凝土/加浆变态混凝土	2～5s/3～5cm	12～19 号坝段	1885/25/54
8	C_{90}20W8F100 三级配碾压混凝土/机拌变态混凝土	2～5s/3～5cm	12～19 号坝段	1495/363
9	C_{90}20W4F200 三级配碾压混凝土/机拌变态混凝土/加浆变态混凝土	2～5s/3～5cm	19 号坝段	48/17/6
10	C_{90}30W8F300 三级配常态混凝土	7～9cm/13～15cm	12～19 号坝段	1652
11	C_{90}40W8F300 二级配常态抗冲耐磨混凝土	7～9cm/13～15cm	12～19 号坝段	229
12	C_{90}40W8F300 三级配常态抗冲耐磨混凝土	7～9cm/13～15cm	19 号坝段	24
13	C_{90}15W4F50/C_{90}20W4F50/C_{90}20W4F200 净浆	—	12～19 号坝段	2010/3/1

该仓块从右岸往左岸方向进行斜层碾压，最先浇筑右岸的 19 号坝段，溢流面导墙位于 19 号坝段，斜层碾压的坡度为 1：10。导墙的浇筑面积较小，入仓强度满足平层浇筑要求，导墙采用平铺法进行浇筑，溢流堰面顺斜层碾压方向采用由右向左台阶法进行浇筑，浇筑坯厚均为 50cm。溢流面常态混凝土随碾压混凝土同步进行，常态混凝土采用自

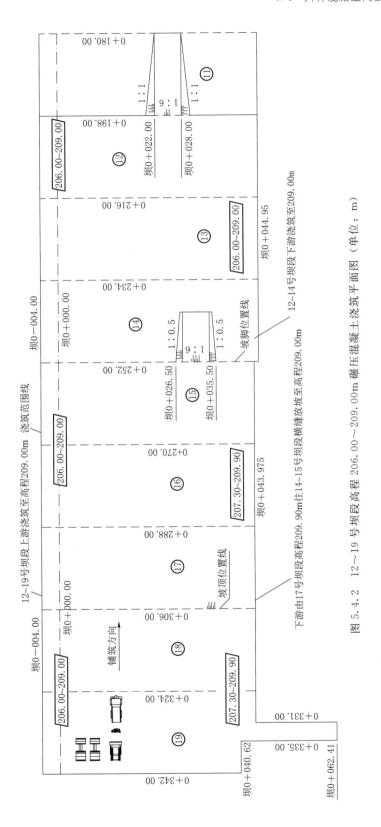

图 5.4.2　12～19 号坝段高程 206.00～209.00m 碾压混凝土浇筑平面图（单位：m）

卸车直接入仓浇筑，平仓机、反铲辅以人工进行台阶分层浇筑，采用与模板边机拌变态混凝土相同的浇筑方法。

3. 施工注意事项

（1）如果具备浇筑条件，导墙的常态混凝土可以直接从底部开始与坝体碾压混凝土同步浇筑上升。溢流面可以选择在直线段开始，弧线处最好在其切线接近 45°附近开始，有利于钢筋模板安装及混凝土浇筑。

（2）导墙及溢流面混凝土施工质量尤为关键，异种混凝土同步浇筑上升之前需进行精细的仓面组织设计并绘制浇筑要领图进行现场交底，要有充足的施工资源。仓面指挥长在浇筑过程中需全程掌控浇筑进度及质量情况，并进行灵活调整。

（3）混凝土浇筑时，碾压机及重型设备不宜靠近溢流面导墙部位的混凝土，避免增大混凝土侧压力导致导墙溢流面的模板发生位移或变形。

5.4.3　小结

异种混凝土同步浇筑上升具有较多优点，溢流面施工采用低坍落度常态混凝土使用仓面自卸车直接入仓，减少了二期结合面质量缺陷产生裂缝的风险，同时也减小了一二期混凝土温差而有利于混凝土裂缝的控制；没有一二期结合面，可提前进行大坝表孔常态混凝土浇筑，减少了大量施工工序，资源得到共享，节约了施工成本，经济效益明显。在异种混凝土同步浇筑上升施工中需要根据碾压混凝土每层覆盖时间，再结合常态混凝土仓面面积、浇筑坯厚、初凝时间推算出常态混凝土施工需要的入仓浇筑强度，施工资源需同时保证两种混凝土浇筑的质量，生产安排合理、互相配合、互不制约。

异种混凝土同步上升技术目前已日趋完善，且在碾压与常态位置未发现裂缝出现，对施工进度、质量、经济效益方面均较有利。

5.5　变态混凝土移动定量加浆技术

新丰满大坝施工过程中研制了一种自带清洗装置的变态混凝土施工定量注浆机。该注浆机克服了现有定量注浆机存在的内部缺少自动清洗装置易造成灰浆结块、管路堵塞的缺点，在注浆结束就能及时清洗气动隔膜泵和输出管路，不影响下次正常使用，大大提高了施工效率和机械化程度。

5.5.1　技术内容

变态混凝土施工定量注浆机主要由轻型普通货车、静音柴油发电机、1000L 储浆桶搅拌机、气动隔膜泵、空压机、管路系统、控制系统七大部分组成。其中，静音柴油发电机为所有需要电力的设备提供动力；空压机为气动隔膜泵提供动力；1000L 储浆桶搅拌机用于存储水泥粉煤灰浆液，并防止移动注浆过程中浆液沉淀；搅拌机底部通过软管与气动隔膜泵相连；控制系统可设定注浆时间；出浆管路末端为带花管的插孔器。变态混凝土施工定量注浆机平面布置和相关设备结构见图 5.5.1～图 5.5.4。

通过理论研究和试验测量，确定气动隔膜泵固定压力下每秒水泥灰浆的输出量。现

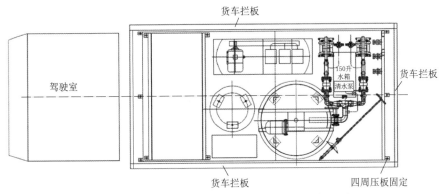

图 5.5.1 变态混凝土施工定量注浆机平面布置图

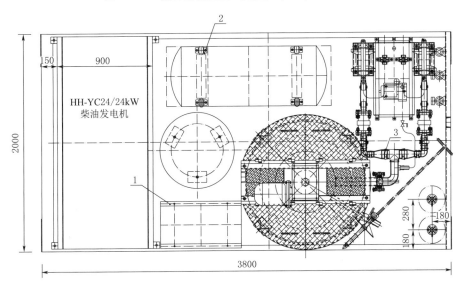

图 5.5.2 注浆系统内部构成图（单位：mm）

1—控制系统电控柜；2—空压机；3—注浆管路

场注浆时，操作人员在控制系统上设定注浆时间后，启动气动隔膜泵和空压机使搅拌器中的浆液自动输出，注浆结束后自动关闭注浆机，从而达到定量的目的。注浆时间精度控制可达秒级。

系统设备主要配置见表 5.5.1。

表 5.5.1　　　　　　　　　　　　　　系统设备主要配置表

序号	名　称	规格型号	单位	数量
1	发电机组	英国调速仪表	台	1
2	空压机	含管路及储气罐	台	1
3	储浆搅拌机	YJ-1000	台	1
4	气动隔膜泵	QBK-40	台	2
5	电控系统总成		套	1
6	整体底座及管路		件	1

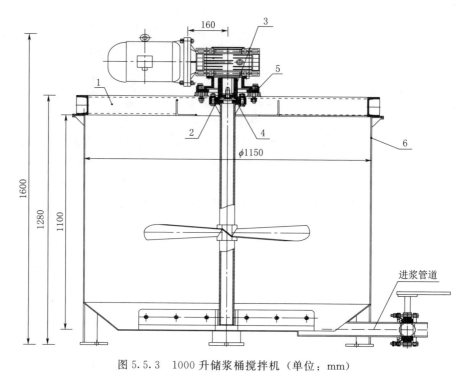

图 5.5.3　1000 升储浆桶搅拌机（单位：mm）

1—支撑架；2—连接法兰；3—挡圈；4—搅拌轴；5—连接座；6—桶体

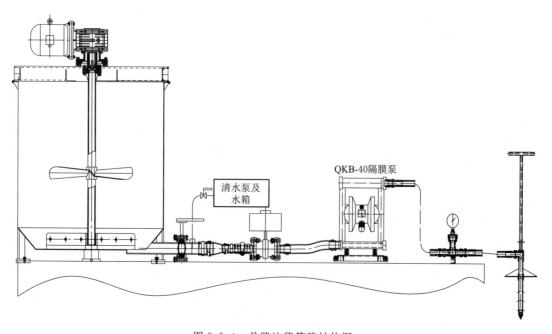

图 5.5.4　单路注浆管路结构图

主要技术性能参数如下。

（1）外形尺寸（长×宽×高）：3800mm×2000mm×1850mm。

（2）发电机组功率：24kW；噪声不大于83dB；额定频率：50Hz；额定转速：1500r/min。

（3）空压机外形尺寸（长×宽×高）：1560mm×590mm×1030mm；排气量：0.9m³/min；功率：7.5kW。

（4）搅拌机外形尺寸：ϕ1150mm×1600mm；容积：1000L；功率：3kW。

（5）注浆泵最大流量：140L/min；注浆压力：0.5MPa。

（6）注浆管路：10m×2，带花管。

（7）气动隔膜泵：最大流量 Q＝133L/min，进气压力 P＝4～7bar。

系统设备所有部件均以安装锚固（少数采用焊接）的方式安装固定在轻型普通货车的安装固定架上，各个设备间按有序不交叉的方式连接，也可根据实际情况合理调整各系统设备在安装架上的位置，原则上不改变注浆机可正常运行即可。

5.5.2　工艺流程

注浆机工作流程为：轻型普通货车载注浆机至制浆处接浆→运输所需级配灰浆至注浆区域→将出浆管路末端的插孔器插入混凝土内→在控制系统内设置好注浆时间→气动隔膜泵和空压机自动启动→搅拌机内搅拌均匀的灰浆经管路系统入花管进行注浆→注浆完毕自动关闭→移动至下一区域进行注浆。

5.5.3　技术要点

变态混凝土施工定量注浆机在现有轻型普通货车上通过加装注浆机等机电设备，使其具有了定量注浆这一新功能。设备改动小，作用大，只需两人操作设备就能完成原来8～10人的工作量，极大地降低了工人劳动强度，提高了生产效率，降低了生产成本，而且操作简单，对施工作业面干扰较少，很好地满足了工程变态混凝土浇筑过程中快速、高强度的施工要求。

当注浆机在不需要注浆作业时，可把安装在轻型普通货车上的注浆机卸下，恢复原有轻型普通货车功能，安装架上的静音柴油发电机可做发电机使用。

5.5.4　附加自带清洗装置原理

自带清洗装置主要由水箱、水箱内的水泵和控制系统组成，水箱出水管与气动隔膜泵的进浆管相接，通过控制系统预先设定时间定时清洗气动隔膜泵和输出装置，防止浆液结块堵塞浆液输出管路。此外，经实际检验，当水箱出水管与气动隔膜泵进浆管的连接处越靠近搅拌器时清洗效果越好。

5.6　全自动制浆系统技术

浇筑碾压混凝土及变态混凝土所需的水泥粉煤灰净浆工程量大，施工工期紧张。为了满足施工进度及质量要求，新丰满大坝施工过程中研究设计了一种全自动电脑控制制浆系统。该系统每套每小时可生产水泥粉煤灰净浆6000L，满足工程施工强度大、工期紧、质量要求高及清洁环保的要求。

5.6.1 全自动制浆系统的布置及技术指标

全自动制浆系统分左右岸布置，分别为左岸制浆站和右岸制浆站。

左岸制浆站按总进度计划混凝土月高峰浇筑强度复核后确定设计生产能力为不小于 $2.7m^3/h$，设置一套一键拌制型制浆系统，制浆机采用单线出浆，可生产多种不同配合比的灰浆，两班制生产。布置场地位于新建大坝上游侧，左岸上坝公路路边，场地大小 $21m \times 7.5m$，总面积约 $160m^2$。

右岸制浆站按总进度计划混凝土月高峰浇筑强度复核后确定设计生产能力为不小于 $5m^3/h$，设置一套一键拌制型制浆系统，制浆机采用单线出浆，可生产多种不同配合比的灰浆，两班制生产。布置场地位于新建大坝上游侧，右岸上坝公路路边，场地大小 $21m \times 8m$，总面积约 $170m^2$。

制浆系统主要技术规模指标见表5.6.1。

表 5.6.1 制浆系统主要技术规模指标

系　　统	项　　目	单位	指标	备　　注
左岸制浆系统	灰浆设计生产能力	m^3/h	6	
	水泥储量	t	80	
	粉煤灰储量	t	80	
	储浆能力	m^3	1.2	$1.2m^3$ 储浆桶1个
右岸制浆系统	灰浆设计生产能力	m^3/h	6	
	水泥储量	t	80	
	粉煤灰储量	t	80	
	储浆能力	m^3	1.2	$1.2m^3$ 储浆桶1个

5.6.2 全自动制浆系统的设备配置

每个制浆站场地加固完成后，设备配置如下。

（1）布置80t水泥粉煤灰罐2个，每个罐配一台粉料螺旋输送机，分别输送散装水泥和粉煤灰。

（2）总控室兼现场值班室1间，室内配置全自动控制箱（由操作台、正泰电器元件、触摸屏、多物料称重控制器等组成）1台；工作过程主要通过触摸屏全程控制，触摸屏分为用户登录、用户管理、系统监控、配方管理、参数设置、仪表校验和数据管理七个模块；通过七个模块的结合使用，可对制浆过程进行全程全自动控制或者进行全程手动控制。

（3）双轴高速制浆机1台（含称重装置），采用DDZJ-1000型双轴制浆机，主要结构系采用两根带有框式搅拌叶片的主轴在壳体中相向旋转搅拌物料，是干式粉粒物料加适度水搅拌均匀的混合设备。双轴高速搅拌机由驱动部分、本体部分、称重部分、控制部分组成。制浆能力为 6m³/h，电动机功率为 11kW，最大外形尺寸为 1800mm×1500mm×1600mm。

（4）输浆泵 2 台，采用 DDSJ-50 型输浆泵。该泵系单级单吸立式离心泵，液体沿泵轴线方向流出，主要部件有蜗壳、叶轮、中间座、密封件、机架、主轴、电动机等。蜗壳采用生铁铸造，具有较高的耐磨性，耐腐蚀性好，适用于水泥制浆站制成浆后的短途输浆工作。该机电动机功率为 3kW，扬程为 10m，转速为 1415r/min，流量 0.4~0.5m³/min。

（5）添加剂预泡制搅拌桶 2 台（A 桶、B 桶），桶容积为 500L，桶的直径为 800mm，高 1m，可满足施工要求。

（6）液体添加剂液体斗秤及抽液体泵 1 台（外加剂电子称量系统）；使用称量的形式进行外加剂的计量，在高出制浆机 0.3m 处安装 1 台小量程斗秤（称重传感器量程为 30kg，按 1/3000 分辨率，可精确分辨到 10g），用于定量加液态外加剂，包含锥型称重斗、电磁阀（小口径）、支架及称重控制器。

（7）储浆桶 1 台。采用 DDCJ-1500 型储浆桶和高速制浆机配合使用，配置桶内搅拌杆，持续保持动态储浆，提高效率保证施工的连续性。该机桶身坚固，加盖防溢，储浆量达 1500L，电动机功率为 5.5kW，外形尺寸为 1600mm×1600mm×1700mm。

5.6.3 工艺流程

工艺流程：启动制浆操作系统 $\xrightarrow{水}$ 称量加入 $\xrightarrow{水泥}$ 称量加入并搅拌 $\xrightarrow{粉煤灰}$ 称量加入并搅拌 $\xrightarrow{外加剂溶液}$ 称量加入并搅拌 $\longrightarrow$ 拌制 $\xrightarrow{达到拌制时间}$ 成品浆 $\xrightarrow{输浆泵}$ 储浆桶 $\xrightarrow{输浆泵}$ 输浆管 $\longrightarrow$ 仓面受浆容器。

5.6.4 工作原理及单次工作过程

（1）控制系统（以下简称"控制箱"）根据预选配方先打开进水管电磁阀，高速搅拌机加水，同时称重装置开始工作，将实际加水重量通过称控制器反馈到控制箱，当达到设定重量时，进水电磁阀自动关闭，同时记录该批次的加水量到原始数据库（按年、月、日、时间、料名、操作员、批次记录，便于查询和统计打印），加水过程完成。

（2）进水电磁阀关闭的同时，自动开启水泥罐螺旋输送机，开始加水泥料，称重装置开始实时测量实际动态加料量，水泥料重量通过称重控制器反馈到控制箱；开启水泥罐螺旋输送机的同时双轴高速搅拌机开始工作，边加料边搅拌（一直到泵浆结束），当水泥料加料量达到设定重量时，水泥罐螺旋输送机停止工作，同时记录该批次的加料量到原始数据库。

（3）水泥罐螺旋输送机关闭的同时，粉煤灰罐螺旋输送机开始送料，称重装置开始实时测量实际动态加料量，粉煤灰料重量通过称重控制器反馈到控制箱，当粉煤灰料加料量达到设定重量时，粉煤灰罐螺旋输送机停止工作，同时记录该批次的加料量到原始数据库。

（4）在高速制浆机加水、加水泥料、加粉煤灰料的过程中，A 桶或 B 桶（已完成泡制的外加剂）进行慢速搅拌，在高速制浆机加水过程中，同时进行外加剂的定量称量，搅拌机加完水后即加入称量好的外加剂，并启动高速搅拌机搅拌；对于加入 A 桶或 B 桶外加剂，通过触摸屏设置选择，电磁阀自动切换，制浆时自动抽取相应配置好的外加剂。

外加剂的添加称量方式：通过选用流量计进行计量与使用称量的方式进行计量的分析比较后，确定使用称量的形式进行外加剂的计量，以期达到更加准确，直观的效果。

（5）加料完成并继续搅拌设定的时间后，放浆电磁阀自动打开（也可设置为手动启动下批次制浆），输浆泵电机开始工作，将制好的浆泵入储浆桶内，储浆桶搅拌电机开启，保证制好的浆不凝固，之前预先打开进储桶管路中的手动阀，关闭另外一个洗桶放水阀。

（6）根据双轴高速搅拌机的称重信号，搅拌机内浆的重量达到零位（设定下限），认为浆已泵完，放浆结束，（可通过触摸屏设置为手动或自动启动下批次制浆）进入重复程序。

（7）外加剂预泡制搅拌桶的制作：每台外加剂桶直径为 800mm，高度为 1000mm，采用单传感器（带底座，量程 1000kg）称量，先按配方人工加入减水剂到显示重量（触摸屏输入密度可显示体积，单位：L），再由控制箱自动按设定配比定量加水到合适位置，显示实际体积和配比，并启动慢速搅拌和定时计时，实时显示泡制时间，到设定时间（12h）自动提示可以使用。

5.6.5　系统特点及控制关键要点

该全自动制浆系统的最大的特点是可在操作室由 1 人通过主控制箱的触摸屏操作实现制浆过程全自动控制；实现此操作的关键在于两个主要设备安装及操作，分别是双轴高速制浆机、主控制箱。

1. 双轴高速制浆机操作使用与保养

（1）启动顺序：①开启电机；②加水；③加料。

（2）停车时与启动顺序相反：①停止加料；②待出水接近清澈时停止加水；③无物料送出时关停电机。

（3）制浆完成后，必须清洗搅拌桶，做到桶底无残留浆液或其他杂物。

（4）在清洗时，一定要注意传感器接线盒里不要进水，以免潮湿，影响称重效果。

（5）该设备应注意经常维护保养，随时检查。停车后清理各部分残积物料，除了减速机定期检查和加油外，其他各润滑点均在每班上班时加油一次。

2. 主控制箱

（1）组装回路。

1）打开控制台，按照吊牌说明依次接通各个电机和电磁阀开关，确保动力线接正确，检查各个接线处是否接好。接好零线地线。

2）检查无误后，打开总开关，检查是否漏电。检查各仪表是否正常显示。

（2）主控制箱自动控制模式。

1）控制台上将"手动/自动"选择开关旋向自动模式，触摸屏点击"系统监控"按钮确保触摸屏显示系统监控界面。

2) 单击"选择"按钮，选择配方。

3) 单击触摸屏右侧方框内的绿色"启动"按钮或面板上的绿色启动按钮，系统自动按照选定配方进行配料。

4) 制浆完成后，点击触摸屏上绿色"泵送"按钮或者操作台上的"泵送启动"按钮开始泵送，泵送完成后（制浆搅拌桶内重量到达下限值以下）点击触摸屏上红色"停止"按钮或者操作台上的"泵送停止"按钮。

5) 完成制浆泵送后，单击触摸屏右侧方框内的红色"停止"按钮完成自动制浆。

（3）主控制箱手动控制模式。

1) 控制台上将"手动/自动"选择开关旋向手动模式，触摸屏点击"系统监控"按钮确保触摸屏显示系统监控界面。

2) 按下"加水"按钮开始添加水，操作员注视触摸屏显示已加水量，达到预期加水量时按下"加水停止"按钮。

3) 按下"加水泥"按钮开始添加水泥，同时按下"搅拌启动"按钮开始搅拌，操作员注视触摸屏显示的当前已加水泥量，达到预期加水泥量时按下"加水泥停止"按钮。

4) 按下"加粉煤灰"按钮开始添加粉煤灰，操作员注视触摸屏显示已加粉煤灰量，达到预期加粉煤灰量时按下"加粉煤灰停止"按钮。

5) 按下"外加剂泵送"按钮将外加剂从泡制桶泵送至外加剂料仓，同时按下"外加剂搅拌"按钮开始搅拌外加剂。

6) 按下操作台第2排按钮中的"外加剂放料"按钮给称量小斗加料，将外加剂放入秤中称重，操作员注视触目屏显示已称重的外加剂重量，按下操作台第3排的"外加剂加料"按钮给搅拌制浆桶加料，即将外加剂加入制浆机制浆桶。

7) 当操作台上"制浆完成"指示灯亮起时，按下"泵送启动"按钮开始泵送，泵送完成后，按下"泵送停止"按钮和"搅拌停止"按钮。

5.7 全断面装配式钢模板技术

5.7.1 概述

新丰满大坝内共设置两层廊道：第1层为基础灌浆排水廊道，位于坝踵附近，廊道底板高程随建基高程变化而变化；第2层为坝体排水及检查廊道，挡水坝段及溢流坝段廊道底板高程为230.00m，厂房坝段廊道底板高程为212.50m。横向和竖向通过交通廊道和分别布置在8号坝段和27号坝段电梯竖井相连。

该工程廊道施工总长为2150m，廊道顶部为直径3m的半圆，廊道墙高2m，总高度3.5m。廊道截面小，起重吊装设备无法进入，模板必须向内拆除，拆除转运工作只能由人工方式完成。传统施工方法为采用轻巧便利的木质模板，宜于人力方式拼装和拆除，但也不可避免地出现木质模板重复使用率低，模板"寿命短"的弊端，造成资源浪费，生产成本高。经综合考虑，该工程现浇廊道全面采用全断面装配式钢模板。廊道全断面钢模板及拆模外观效果见图5.7.1。

图 5.7.1　廊道全断面钢模板及拆模外观效果

5.7.2　钢模板设计

现浇廊道全断面装配式钢模板包括边墙直面板、弧形面板、拱架、立柱、横围檩、横向支撑、纵向支撑，直面板与直面板间用螺栓连接，弧形面板与弧开面间用螺栓连接，直面板与弧形面板间用螺栓连接，弧形面板背后采用 2 个 1/4 圆弧拱架支撑，圆弧拱座位置下接落地立柱，保证整个拱圈受最终传至廊道底板地面。边墙直面板背后装配活动式槽钢作横围檩，横围檩沿廊道径向方向将相邻两片边墙直模板连接成一个整体，围檩另一侧与落地立柱相接，落地立柱间采用钢管＋调节螺杆相连，安装时，通过调节螺杆伸缩来调整直面板的距离，最终将面板尺寸调至设计要求。

廊道钢模板研发沿用了组合钢模板的设计理念，单片墙体直模板和弧形顶模板力求做到小巧轻便，重量控制在两人合力能够搬运的范围。装配式廊道钢模板结构组成如下。

（1）墙体直模板设计为长 1000mm，宽 750mm，使用 Q235 钢材，重量 73kg，由面板、边框板、水平肋板、垂直肋板组成，边框板均布三个直径 15mm 的孔，组装时使用直径 14mm 高强螺栓固定，见图 5.7.2。

（2）弧形顶拱模板将直径过 3m 的半圆顶分成五段，每段作为制作模板的弧长，模板弧长 942mm，宽 750mm，使用 Q235 钢材，重量 73kg，由面板、边框板、水平肋板、垂直肋板组成。弧形段边板与弧形段垂直，见图 5.7.3。

（3）弧形顶拱内部采用两片 1/4 弧钢结构支架组合成半圆支撑，钢架两端设置立柱、中部采用调节套筒为半圆支撑形成依托，抵抗浇筑时混凝土对半圆顶向下的压力。墙体模板设置横围檩，横围檩与立柱靠紧，两侧立柱用调节套筒顶紧，抵抗浇筑时混凝土对墙体模板向内的压力。弧形模板上部拱架及下部排架支撑结构见图 5.7.4 和图 5.7.5。

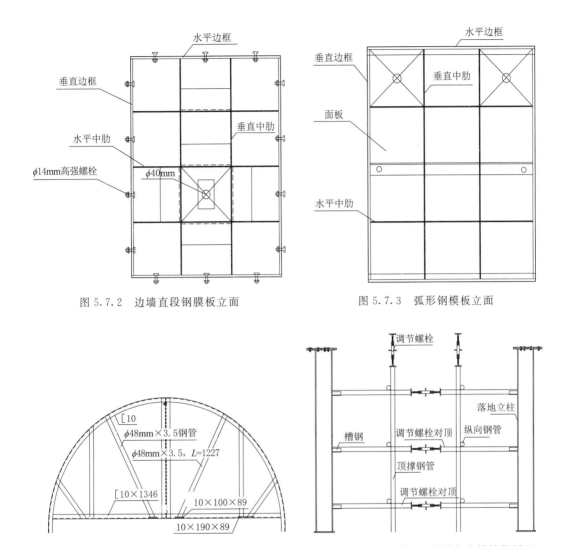

图 5.7.2 边墙直段钢膜板立面

图 5.7.3 弧形钢模板立面

图 5.7.4 弧形模板上部拱架支撑结构剖面（单位：mm） 图 5.7.5 弧形模板下部排架支撑结构剖面

5.7.3 廊道两侧浇筑混凝土时钢模板的验算

在该荷载组合情况下，主要对边墙钢模板及内部钢构件进行验算。

1. 荷载分析

混凝土作用于模板的侧压力，随着混凝土的浇筑高度而增加，当浇筑高度达到某一临界值时，侧压力就不再增加，此时的侧压力即为新浇筑混凝土的最大侧压力。侧压力达到最大值的浇筑高度称为混凝土的有效压头。

通过理论和实践，最大侧压力按式（5.7.1）和式（5.7.2）计算，并取其最小值。

$$F = 0.22\gamma_c t_0 \beta_1 \beta_2 V^{1/2} \tag{5.7.1}$$

式中 F ——新浇筑混凝土对模板的最大侧压力，kN/m^2；

γ_c ——混凝土的重力密度，kN/m^3；

t_0——新浇筑混凝土的初凝时间，h；

β_1——外加剂影响修正系数，不掺加外加剂时取 1.0，掺具有缓凝作用的外加剂时取 1.2；

β_2——混凝土坍落度影响修正系数；

V——混凝土的浇筑速度，m/h。

$$F = \gamma_c H \tag{5.7.2}$$

式中　F——新浇筑混凝土对模板的最大侧压力，kN/m^2；

γ_c——混凝土的重力密度，kN/m^3；

H——混凝土侧压力计算位置处至新浇混凝土顶面的总高度，m。

式（5.7.1）$F = 0.22\gamma_c t_0 \beta_1 \beta_2 V^{1/2} = 0.22 \times 25 \times \dfrac{200}{20+15} \times 1.2 \times 1 \times 0.2^{\frac{1}{2}} = 16.9 \approx 17$，

式（5.7.2）$F = \gamma_c H = 25 \times 3 = 75$。取二者中的较小值，$F = 17kN/m^2$，荷载分项系数为 1.2；倾倒混凝土产生的水平载荷标准值为 $6kN/m^2$，荷载分项系数为 1.4；振捣器振捣产生的水平荷载为 $4kN/m^2$，荷载分项系数为 1.4；设计荷载值 $q = 17 \times 1.2 + 6 \times 1.4 + 4 \times 1.4 = 34.4$（$kN/m^2$）。

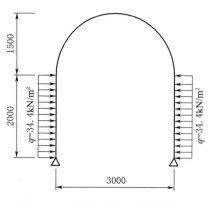

图 5.7.6　模板受侧压力计算简图
（单位：mm）

模板受侧压力计算简图见图 5.7.6。

2. 面板验算

面板按四边支撑的双向板承受均布荷载计算，查《建筑结构静力计算手册》可知，弯矩系数为 0.0368，挠度系数为 0.00406。

（1）强度验算。

1）作用在面板上的线荷载为

$$q_1 = ql \tag{5.7.3}$$

式中　q_1——作用在面板上的线荷载，N/mm；

q——设计荷载值，N/mm^2；

l——面板单元格跨度，mm。

计算得 $q_1 = 34.4 \times 0.25 = 8.6$（N/mm）。

2）面板最大弯矩：$M = 0.0368 \times 8.6 \times 250^2 = 19780$（N·mm），其中：0.0368 为弯矩系数；8.6 为作用在面板上的线荷载；250 为面板单元格跨度。

3）面板的截面系数：

$$W = bh^2/6 \tag{5.7.4}$$

式中　W——面板截面系数，mm^3；

b——面板单元格宽度，mm；

h——面板厚度，mm。

计算得 $W = 1/6 \times 250 \times 5^2 = 1.04 \times 10^3$（$mm^3$）。

4）面板应力：

$$\sigma = M/W \tag{5.7.5}$$

计算得 $\sigma = 19780/(1.04 \times 10^3) = 19$（$N/mm^2$）$< f_m = 215N/mm^2$，满足要求。其

中：f_m 为钢材抗弯强度设计值。

（2）挠度验算。

线荷载为：$q_2 = 34.4 \times 0.25 = 8.6$（N/mm）；其中：$q_2$ 为线荷载；34.4 为设计荷载值；0.25 为面板单元格跨度。

面板在弯矩方向上的截面惯性矩：

$$I = bh^3/12 \tag{5.7.6}$$

式中　I——截面惯性矩；

　　　b——面板单元格宽度；

　　　h——面板厚度。

计算得 $I = 250 \times 5^3/12 = 0.26 \times 10^4$（$mm^4$）。

面板挠度 $f = 0.00406 \times 8.6 \times 250^4/(2.1 \times 10^5 \times 0.26 \times 10^4) = 0.25$（mm）$<[\omega] = 2mm$，满足要求。其中：0.00406 为挠度系数，8.6 为线荷载；250 为单元格跨度；2.1×10^5 为钢材弹性模量；0.26×10^4 为面板在弯矩方向上的截面惯性矩；$[\omega]$ 为面板的允许最大挠度。

3. 竖向背楞计算

竖向背楞承受来自面板的荷载，面板荷载均布在竖向背楞上，竖向背楞采用 4mm×100mm 钢板，间距为 250mm，计算时按等跨等截面连续梁进行计算。

作用在竖向背楞上的线荷载为

$$q_3 = ql = 34.4 \times 0.25 = 8.6 \text{（N/mm）} \tag{5.7.7}$$

式中　q_3——作用在竖向背楞上的线荷载；

　　　q——设计荷载值；

　　　l——竖向背楞的间距。

（1）强度验算。

查静力手册得最大弯矩 $M_{max} = \dfrac{264}{209l}K = \dfrac{264}{209l} \times \dfrac{1}{12} \times ql^3 = 0.06 \times 10^6$（N·mm）；

4mm×100mm 钢板在弯矩方向的截面系数 $W = 6667 mm^3$；

应力：$\sigma = M_{max}/W = 0.06 \times 10^6/6667 = 8.5$（$N/mm^2$）$< f_m = 215 N/m^2$，满足要求。

（2）挠度验算。

$$K = \frac{4M}{ql^2} = \frac{4 \times 0.06 \times 10^6}{8.6 \times 250^2} = 0.45 \tag{5.7.8}$$

式中　M——最大弯矩；

　　　q——设计荷载值；

　　　l——竖向背楞的间距。

查静力手册可得挠度系数为 0.5；

则最大挠度 $f = 0.5 \times 8.6 \times 250^4/(24 \times 2.1 \times 10^5 \times 41.7 \times 10^4) = 0.008mm < [\omega] = 2mm$，满足要求。其中：0.5 为挠度系数，8.6 为线荷载；250 为竖向背楞间距；2.1×10^5 为钢材弹性模量；41.7×10^4 为竖向背楞在弯矩方向上的截面惯性矩；$[\omega]$ 为允许最大挠度。

竖向背楞在弯矩方向上的截面惯性矩：$I = bh^3/12 = 5 \times 100^3/12 = 41.7 \times 10^4$（$mm^4$）。

4. 水平背楞计算

水平背楞承受来自竖向背楞的荷载，水平背楞采用 $4mm \times 100mm$ 钢板，间距为 $250mm$，计算时按等跨等截面连续梁进行计算。作用在水平背楞上的集中荷载为 $p = 0.5 \times 34.4 \times 250^2/1000 = 1075$（N）。

$4mm \times 100mm$ 钢板的截面积 $A = 400mm^2$。应力 $\sigma = p/A = 1075/400 = 2.7$（$N/mm^2$）$< f_m = 215N/m^2$，满足要求。

5.7.4　廊道顶部混凝土浇筑时钢模板的验算

在该荷载组合下，主要对廊道模板顶部拱架进行验算。

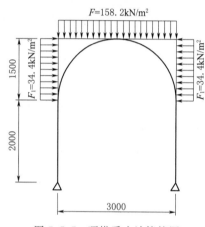

图 5.7.7　顶拱受力计算简图
（单位：mm）

1. 荷载分析

廊道模板顶部拱架主要荷载有：拆模前上部混凝土自重 $q_1 = 1.5 \times 25 = 37.5kN/m^2$，钢拱架上部行车等效荷载为 $80kN/m^2$，倾倒混凝土产生的水平载荷标准值为 $6kN/m^2$，振捣器振捣产生的水平荷载为 $4kN/m^2$，钢拱架自重按 $1kN/m^2$ 计。

故竖向荷载设计值：$F = 37.5 \times 1.2 + 80 \times 1.4 + 1 \times 1.2 = 158.2$（$kN/m^2$）。

水平荷载根据边墙模板计算侧压力计算公式计算可得水平荷载设计值 $F_1 = 17 \times 1.2 + 6 \times 1.4 + 4 \times 1.4 = 34.4$（$kN/m^2$）。顶拱受力计算简图见图 5.7.7。

2. 面板验算

面板按四边支撑的双向板承受均布荷载计算，查静力手册可知，弯矩系数为 0.041，挠度系数为 0.00449。

（1）强度验算。线荷载为：$q_1 = ql = 158.2 \times 0.25 = 39.55$（N/mm）。

面板最大弯矩：$M = 0.041 \times 39.55 \times 241^2 \approx 94181$（N·mm）。

面板的截面系数：$W = bh^2/6 = 1/6 \times 250 \times 5^2 \approx 1.04 \times 10^3$（$mm^3$）。

所以，应力 $\sigma = M/W = 94181/(1.04 \times 10^3) \approx 91$（$N/mm^2$）$< f_m = 215N/mm^2$，满足要求。

f_m 为钢材抗弯强度设计值。

（2）挠度验算。线荷载为：$q_2 = 158.2 \times 0.25 \approx 39.55N/mm$。

面板挠度：$f = 0.00449 \times 39.55 \times 250^4/(2.1 \times 10^5 \times 0.26 \times 10^4) \approx 1.27$（mm）$< [\omega] = 2mm$，满足要求。

面板在弯矩方向上的截面惯性矩：$I = bh^3/12 = 250 \times 5^3/12 = 0.26 \times 10^4$（$mm^4$）。

3. 横向背楞计算

横向背楞承受来自面板的荷载，面板荷载均布在横向背楞上，横向背楞采用 $4mm \times 100mm$ 钢板，间距为 $250mm$，计算时按等跨等截面连续梁进行计算。

作用在横向背楞上的线荷载为：$q_3 = ql = 158.2 \times 0.25 = 39.55$（N/mm）。

l 为横向背楞的间距。

(1) 强度验算。查静力手册得最大弯矩 $M_{max} = \dfrac{264}{209l}K = \dfrac{264}{209l} \times \dfrac{1}{12} \times ql^3 = 0.26 \times 10^6$ (N·mm)。

$4mm \times 100mm$ 钢板在弯矩方向的截面系数 $W = 6667mm^3$。

所以应力 $\sigma = M_{max}/W = 0.26 \times 10^6/6667 = 39$ (N/mm)$^2 < f_m = 215N/m^2$，满足要求。

(2) 挠度验算。$K = \dfrac{4M}{ql^2} = \dfrac{4 \times 0.26 \times 10^6}{39.55 \times 250^2} = 0.421$。

查《建筑结构静力计算手册》可得挠度系数为 0.5，横向背楞在弯矩方向上的截面惯性矩 $I = bh^3/12 = 5 \times 100^3/12 = 41.7 \times 10^4$ （mm^4）。

则最大挠度 $f = 0.5 \times 39.55 \times 250^4/(24 \times 2.1 \times 10^5 \times 41.7 \times 10^4) = 0.04$ （mm）$< [\omega] = 2mm$，满足要求。

4. 纵向背楞计算

纵向背楞承受来自横向背楞的荷载，纵向背楞采用 $4mm \times 100mm$ 钢板，最大间距为 $241mm$，计算时按等跨等截面连续梁进行计算。

作用在纵向背楞上的集中荷载为：$p = 0.5 \times 158.2 \times 241^2/1000 \approx 4594$ （N）。

强度验算：$4mm \times 100mm$ 钢板的截面积 $A = 400mm^2$。应力 $\sigma = p/A = 4594/400 = 11.5$ （N/mm^2）$< f_m = 215N/m^2$，满足要求。

5. 拱架竖向支撑计算

拱架竖向支撑由两端边墙模板组成，中部采用 $2\angle50 \times 5$ 角钢和 $\phi48mm \times 3.5$ 钢管等构件增加模板的整体稳定，计算时取 $750mm$ 长度计算，计算时竖向荷载均由两端边墙承受，按单跨梁计算，根据计算可得每个边墙均承受竖向荷载 $178kN$。

拱架水平支撑由内部钢构体系和横向 $[10$ 槽钢组成，槽钢间距 $750mm$，计算时只按 $[10$ 槽钢承受水平荷载计算。

(1) 竖向荷载作用下边墙模板计算。边墙模板截面积为 $3750mm^2$。

应力 $\sigma = p/A = 178 \times 10^3/3750 = 47.5$ （N/mm^2）$< f_m = 215N/mm^2$，满足要求。

(2) 横向 $[10$ 槽钢计算。水平荷载设计值为 $34.4kN/m^2$。$[10$ 槽钢截面积为 $1270mm^2$。

应力：$\sigma = p/A = 34.4 \times 10^3/1270 = 27.1$ （N/mm^2）$< f_m = 215N/mm^2$，满足要求。

5.7.5 施工工艺流程及操作要点

1. 工艺流程

工艺流程见图 5.7.8。

2. 操作要点

(1) 模板拼装。廊道模板为每 $0.75m$ 为一个单元节，吊装前，先在附近场地完成整体拼装，直面模板与圆弧模板间采用高强螺栓连接锁定，保证吊装过程中为一个整体。模板拼装完成后，开始内衬拱架，拱架与钢模板肋板采用高强螺栓连接，吊装前，务必确定各部位螺栓已连接锁定。

(2) 下支座安装、找平。下支座安装找平是保证廊道钢模板无错缝、无错台的关键

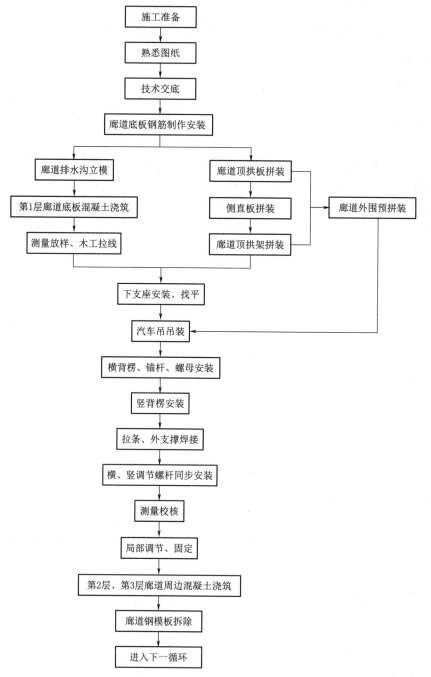

图 5.7.8 全断面装配式廊道模板施工工艺

性一步，根据廊道结构特点，廊道底板两侧有 30cm×30cm 排水沟，下支座安装在两侧排水沟内。根据测量放样数据，下支座底部先采用方木找平，在方木上安装下支座，下支座可调节余量 30mm，安装达到预定高程后，与方木一并固定牢固。

（3）模板吊装就位。模板的安装主要通过仓面吊车通过平衡梁将模板对准于已浇混凝土水平面的定位装置，徐徐落下，使模板准确就位用插销插好。安装一块模板，耗时约 10～15min。模板安装时，测量人员随时用测量仪器测量校正。

立模时，清理模板下口，使模板贴紧混凝土面，为保证模板稳定，在模板外侧设地锚筋，地锚筋采用 $\phi20mm$ 螺纹钢，每隔 1.5m 布置一道。

（4）横背楞、锚杆、螺母安装。槽钢横背楞位于侧直板内侧，施工时内部螺栓孔与侧直板预留螺栓孔照准，锚杆、螺母穿出一并安装，外漏锚杆作为廊道钢模板外侧拉条、支撑连接使用。随后进行横背楞勾栓安装，使廊道钢模板长度连接为一个整体。

（5）竖背楞安装。横背楞安装完成后在其内侧进行槽钢竖背楞安装，竖背楞上接顶拱架，下连下支座，是承受顶拱模板自重及上部混凝土浇筑重量的主要支撑件。安装时采用竖背楞勾栓与横背楞有效连接，此部位安装必须调节竖直、固定。

（6）横、竖调节螺杆同步安装。外部支撑及拉条焊接完成后，进行内部调节螺杆安装，调节螺杆分为横向和竖向，安装时应同步进行，其调节过程也应同步进行。调节是保证廊道结构尺寸及外观质量的关键，需根据测量校核数据反复进行，使模板外侧拉条受力均匀，以免在浇筑过程中模板跑位。调节固定后，廊道钢模板就位安装基本完成。

（7）模板拆除。廊道钢模板拆除时，属于受限空间洞室作业，由人工站在工作平台上松开固定模板的螺栓，使钢模板脱离混凝土面，之后再将模板依靠人工搬置水平面放置。拆除钢模板时与安装顺序相反，先拆底部直面模板，再拆顶拱圆弧形模板。模板拆除时须控制模板的晃动，防止面板激烈撞击已拆模的混凝土表面。模板拆除后应先用人工清除模板面板及边框上黏结的少量水泥浆块，才能进行安装。

3. 注意事项

（1）在施工现场设立专职的质检机构负责该工程质量的监督与检查。

（2）模板安装时按混凝土结构物的施工详图测量放样，必要时加密设置控制点，以利于模板的检查和校正。模板在安装过程中要有临时固定设施，以防倾覆。

（3）局部大模板不能安装的部位，采用普通钢模板，用拉条固定。模板的钢拉条不弯曲，直径 16mm，拉条与锚环的连接牢固可靠。预埋在下层混凝土中的锚固件（螺栓、钢筋环等），在承受荷载时，要有足够的锚固强度。

（4）模板之间的接缝平整严密，分层施工时，逐层校正下层偏差，使模板下端不产生错台。

（5）混凝土浇筑过程中，设专人负责经常检查、调整模板的形状及位置。对模板的支架加强检查、维护。模板如有变形走样，立即采取有效措施予以矫正，否则停止混凝土浇筑。

5.8 溢流面反弧段滑模施工技术

5.8.1 溢流面反弧段概况

溢流堰采用 WES 实用堰，堰顶高程为 249.60m，上游堰面采用三圆弧曲线，下游堰面采用幂曲线，曲线方程为 $y = 0.0463x^{1.85}$，曲线末端与坡度为 1:0.75 的直线段相切，直线段末端接反弧段，末端顶高程为 182.00m，反弧半径为 20.00m，反弧段与坝坡直段和消力池水平直线段相切。其中 10 号、19 号坝段反弧段长 7m，11～18 号坝段各长 18m，总长 158m。溢流坝段反弧段混凝土施工方案划分情况见表 5.8.1。

表 5.8.1　　　　　　　　溢流坝段反弧段混凝土施工方案划分情况表

序号	部　位	浇筑方案	方案简述	高差及跨度	工程量/m³
1	高程 182.82～192.91m	滑模施工	反弧段混凝土浇筑采用滑模施工，主要由手动倒链、模板、抹面平台、轨道桁架、预埋桩五个部分组成，通过手动倒链提供动力，使滑模沿轨道滑行，完成反弧混凝土浇筑	高差：10.09m 跨度：17.96m	8278
2	高程 180.00～182.82m	直接入仓	下游侧消力池 BA1～BA14 施工完成后再进行该部位混凝土浇筑，待横缝处模板安装完成后直接浇筑	高差：2.82m 跨度：18.0m	3833
		总　　计			12111

5.8.2　主要施工布置

1．入仓道路布置

溢流坝段反弧段混凝土施工道路为：右岸拌和系统→大坝下游围堰→YL1 号施工道路→消力池 BA1～BA14 块（大坝溢流坝段反弧段混凝土浇筑临时施工道路）。

2．混凝土运输及入仓方式

溢流坝段反弧段高程 180.00～182.82m 区域采用混凝土直接入仓方式，该区域高差 2.82m，仓面宽 18.0m。下游侧消力池 BA1～BA14 施工完成后再进行该部位混凝土浇筑，采用跳仓方式浇筑。浇筑时在下游侧 1∶3.4 斜坡面部位预留 1m 厚斜坡，以保证反弧段混凝土施工时有足够的浇筑厚度。具体预留位置及尺寸见图 5.8.1。

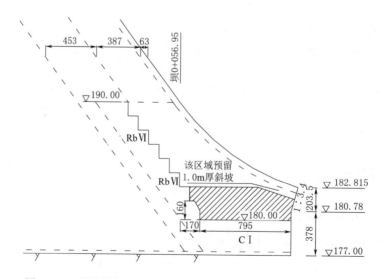

图 5.8.1　溢流坝段反弧段剖面图（单位：高程为 m；其余为 cm）

反弧段混凝土分为CⅠ和CⅣ。其中CⅠ混凝土入仓全部采用25t自卸汽车水平运输，CⅣ混凝土入仓全部采用12m³搅拌车运输，运送至受料点后，将混凝土卸至集料斗，由SY225挖掘机喂料，送至布料机，最终由布料机输送至各浇筑区域。

5.8.3 反弧段滑模施工

1. 滑模的结构组成

溢流坝段反弧段高程182.82～190.00m混凝土浇筑采用滑模施工，该区域高差为7.18m，跨度为17.96m。滑模主要由手动倒链、模板、抹面平台、轨道桁架、预埋桩、水箱等部分组成，通过手动倒链提供动力，使滑模沿轨道滑行，完成反弧混凝土浇筑。

为避免混凝土在浇筑过程中模板上浮，滑模模板背部设有水箱，加水后作为压重使用，水箱采用10mm厚钢板加工制作完成，主要通过注水增加重量来调整模板向外的轻微变形。水箱宽度为1m，每0.9m隔成一格，底部有放水孔，模板两侧受力较小，水箱高度为0.8m，中部受力较大，高度为1.2m。在水箱底部可间隔安放附着式振捣器，增加混凝土浇筑质量。

2. 滑模的施工工艺

(1) 滑模的安装。滑模的安装步骤如下。

第一步：首先将预埋桩安装在已浇注的溢流堰一期混凝土预定位置上。

第二步：用吊车将轨道桁架吊起并连接于预埋桩上，预埋桩上的连接法兰先不焊，先连接在轨道桁架上，等位置找准后再与预埋桩焊接。

第三步：将模板两端的上滚轮装上，然后用塔吊将模板吊起置于轨道上，安置完毕后装下滚轮。

第四步：将4个3t的手动倒链的一端分别挂在两榀轨道桁架上，另一端挂在模板上，然后将抹面平台装在模板后端并铺设脚手板。

第五步：试滑，模板验收。

第六步：浇筑混凝土，逐步向上滑升。

第七步：拆吊模板，用吊车吊至另一个堰面继续施工。

注意：滑模在滑升时，应配置一个专门的指挥人员指挥左右倒链操作人员协调动作，尽可能同步前进，在轨道上可做一些标记，确保左右滑行误差不超过10cm，指挥人员如发现左右不同步或歪斜，应及时对快的一边叫停并等待。

(2) 滑模的拆卸。滑模的拆卸步骤如下：拆下滚轮机构→拆模板→吊走模板→拆桁架→吊走桁架。滑模拆卸采用25t汽车吊，拆下的滑模结构应小心轻放，并放置在平稳位置。

5.8.4 施工措施要点

1. 施工技术措施

(1) 模板及滑模轨道安装时，应严格调试，安装偏差不得大于1mm。

(2) 在整个混凝土浇筑过程中，应严格控制混凝土的入仓方量，避免浇筑时因混凝土方量过大而引起模板过大的变形。同时，垂直方向混凝土上升速度应不大于 55cm/h。严禁局部堆积混凝土。混凝土入仓的顺序是由远及近、从低到高。同一浇筑块在浇筑时应左右对称、均匀连续地进行浇筑。浇筑混凝土时要时刻注意混凝土面高度，观察模板及桁架是否有变形，发现问题应立即停浇，及时整改。

（3）混凝土浇筑结束后达到初凝状态时，用倒链拉动模板向前滑行。作业人员站在抹面平台上对混凝土表面进行修补。

2. 施工安全技术措施

（1）滑模操作平台每平方米内施工荷载不得超过 150kg。

（2）增加滑模牵引系统防断裂装置，在滑模水箱上增加两个吊耳，由钢丝绳通过吊耳固定在顶部桁架上，在滑模向上部滑移过程中不断收紧钢丝绳。

（3）滑模在施工过程中主要靠轨道上下部的限位滑轮来保持堰面尺寸，故轨道在滑模施工过程中受力相对较大，在滑模施工过程中对轨道形状进行检测，如有较大变形则应停止混凝土浇筑，待加固处理完毕后再进行施工。

3. 滑模技术改进要点

反弧段首仓混凝土施工时发现主要有以下几个原因影响滑模施工精度。

（1）轨道局部变形。

（2）滚轮轴承变形。

（3）桁架局部变形（主要发生在顶部）。

（4）两侧手动导链滑升的同步。

因此，对滑模结构做了以下改进。

（1）原有滑模的基础上加厚轨道钢板，增加轨道整体刚度。

（2）将滚轮轴承加大，将轴承直径由 28mm 改为 32mm，防止轴承变形影响滑模精度。

（3）加密轨道支撑桁架，桁架上部支撑顶部桁架区域增加钢板，提高桁架受力稳定性。

（4）在轨道上增加高精度的刻度线，确保左右滑行平行稳步上升。

其中水箱在施工过程中起很大作用，由于顶部坡度较陡，混凝土浇筑振捣浮力侧压力较大，易导致轨道、滚轮变形，影响外观光滑度，而采用水箱及时增减水，从而增减滑膜的重量，在施工过程中混凝土侧压力得到很大改善。滑膜经过相应的改进，在整个反弧段施工过程中，采用 1 套滑膜模板，2 套滑膜轨道，施工进度明显加快，外观质量良好。

5.9　库区深井取水技术

5.9.1　库区深井取水系统

碾压混凝土大坝以温控措施相对简单和快速连续施工为其显著特点，但大量的工程实践表明，碾压混凝土坝时有温度裂缝出现，为大坝的安全运行埋下了隐患。通水冷却是最直接也是最有效控制碾压混凝土内部温度上升的温控措施，而如何取得稳定的低温水则是通水冷却得以实现的关键。

丰满水电站重建工程与新建工程相比，有一个无法比拟的优势，就是丰满老坝坝前已形成的高达几十亿立方米库容的人工湖——松花湖。由于库容大，深层水温较为稳定，水质较好，整个施工期均可以利用。因此，采用库区深井取水技术来获得老坝库区深层低温水，用以进行混凝土拌和、仓面小气候营造、通水冷却、仓面冲洗等施工期用水。

根据大坝混凝土温控技术要求，坝体混凝土通水冷却水温为 10～13℃。为确保水温满足设计要求，通过调查丰满水库各月平均水温垂直分布情况、老坝库区河床高程，动态调整深井取水系统设计及安装方案，成功采用水压差原理获取了老坝库区低温水。左岸取水深度为 35.5m，右岸取水深度为 26.5m，深井底部水温约 7～8℃。通过水温测量，深井取水系统所获取的低温水约 10℃，较老坝库区表层 21℃水温降低 11℃。

5.9.2 库区深井取水系统的组成

库区深井取水系统由水泵、水泵控制系统、搭载水泵的浮箱以及由钢套筒联结成的深井组成。

1. 钢套筒结构说明

库区深井取水系统的金属结构、电气设备均结合现场施工实际情况进行制作安装。所有取水系统的组件、构件彻底去污、除锈后，涂刷红丹底漆一道，刷蓝色酚醛面漆两道。结构件的下料、组队、焊接、检验等工艺，应符合《钢结构焊接规范》（GB 50661—2011）及《建筑工程施工质量验收统一标准》（GB 50300—2013）等规范标准。

钢套筒最上部一节筒身采用 5mm 厚钢板，其余均为 3mm 厚钢板，加劲肋与法兰采用 5mm 钢板。钢套筒采用钢板卷成 1.5m 标准节，再根据需要进行组焊成 3m、6m 的套筒单元。单元筒间两端设置法兰，安装时筒间采用螺栓联结，法兰连接的部位设置止水，现场制作。钢套筒左、右岸各制作一套，共计两套（30m、36m）。钢套筒材料见表 5.9.1。

表 5.9.1　　　　　　　　　　　30m（36m）钢套筒材料表

件号	名称	型　式	数量	单重/kg	总重/kg
①	首节套筒	−5×3000×3000	1	353.25	353.25
②	加劲肋	−5×290×200	8	2.28	18024
③	加劲肋	−5×150×80	180（204）	0.47	84.60（95.88）
④	法兰盘	−5，φ1115	15（17）	32.4	486（550.8）
⑤	1.5m 套筒	−3×3000×1500	2	105.98	211.96
⑥	3m 套筒	−3×3000×3000	2	211.95	423.96
⑦	6m 套筒	−3×3000×6000	3（4）	423.90	1271.7（1695.6）
⑧	M14 镀锌螺栓		84（96）		

左右岸取水竖井长度分别为 30m、36m，由首节钢套筒（图 5.9.1）、1.5m 钢套筒（图 5.9.2）、3m 钢套筒（图 5.9.3）和 6m 钢套筒等单元组成。安装之前，制作钢套筒的

加固卡箍，首节套筒吊装时采用卡箍固定夹紧，采用 25t 汽车吊将其吊至浮箱结构中心指定位置，然后将第二节套筒吊至首节套筒上方，对准法兰的螺孔，采用镀锌螺栓连接。后续套筒逐节依次进行安装。安装过程中人工采用麻绳进行牵引辅助。

2. 浮箱结构说明

浮箱制作中所有构件彻底去污、除锈，刷红丹底漆一道，再刷蓝色酚醛面漆二道。结构中除标明螺栓连接外均采用焊接连接，采用 E43 焊条，焊缝厚度不小于 5mm。可根据需要增设浮箱，浮箱间连接现场制作。浮箱面的连接平台根据需要现场制作，浮箱边缘设置栏杆。左右岸各制作浮箱一套，浮箱平面布置见图 5.9.4。

3. 搭载的水泵

浮箱平台上搭载两组大型水泵。单组为一台双吸离心泵和两台潜水泵，确保了抽供水排量。套筒"竖井"每小时可取 500m³ 水量，确保了大坝冷却通水用水量。

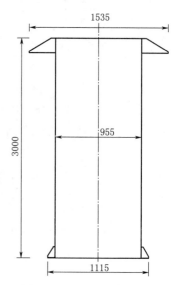

图 5.9.1 首节钢套筒制作
详图（单位：mm）

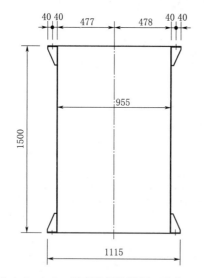

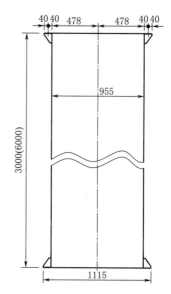

图 5.9.2 1.5m 钢套筒制作详图（单位：mm）　图 5.9.3 3m/6m 钢套筒制作详图（单位：mm）

4. 水泵控制系统

水泵控制柜主要由隔离电路、短路保护、过载（后备）保护电路、启停（变速）控制电器、热继电器及配电线电缆等组成，形成对水泵电机的有效保护。按需设各类监控信号。

5.9.3　库区深井取水原理

潜水式水泵安装在浮箱下 2.5m 处，型号为 200WQ250 - 22 - 30kW（WQ 为固定潜

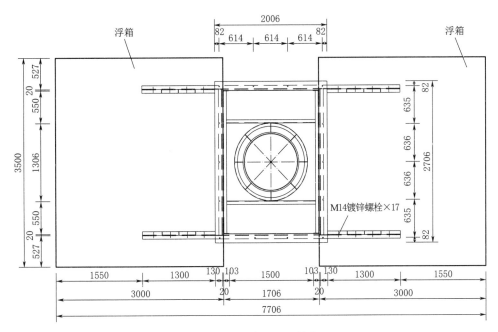

图 5.9.4 浮箱平面布置图（单位：mm）

水式排污泵；出口径为 200mm；流量为 250m³/h；扬程为 22m；电机功率为 30kW），与套筒上方的"井"架相连接，左右两侧为浮箱，浮箱作用为浮力撑起结构。两台潜水泵通过外接皮管输送到型号为 200S95B 的离心泵（扬程为 70.8m，流量为 260m³/h，扬程为 75m，功率为 90kW）整机含电机及控制柜。取水"竖井"的"井"深：左岸为35.5m，右岸为 26.5m，深井底部水温 7～8℃。这样水压将水灌入直径为 1m 的"井"内，通过 2 台潜水泵抽入到外接皮管，最后通过泵房中的一台双吸离心泵完成对大坝仓面上碾压混凝土冷却通水的供水作用。深井取水原理见图 5.9.5。

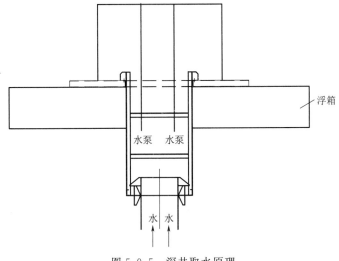

图 5.9.5 深井取水原理

5.9.4　库区深井取水的经济效益

以左岸深井取水 35.5m 温度测试和 9 月各水位所测水温显示为例，从 6 月 12 日开始运行所测的 6 月 8.6℃，7 月 9.3℃，8 月 10.3℃可见，3 个月平均取水温度为 9.8℃，经各水位温度比较，采用深井取水可将低于水面 11.1℃的冷水抽入，保障了大坝混凝土冷却水温，并且降低通水冷却系统运行成本，取得巨大的成功。左岸深层取水 35.5m 温度记录（6 月 12 日开始运行）见表 5.9.2。

表 5.9.2　　　　　　　　　　左岸深井取水 35.5m 温度记录表

日期	6 月															
	12 日	13 日	14 日	15 日	16 日	17 日	18 日	19 日	20 日	21 日	22 日	23 日	24 日	25 日	26 日	27 日
温度/℃	13.5	10	10.5	9	9	10	9	7.5	7.5	7.6	7.8	7.8	7.8	8	7.6	8

日期	6 月			注：日平均温度＝当日每班所测温度之和÷测温次数　月平均温度＝日平均温度之和÷当月天数												
	28 日	29 日	30 日													
温度/℃	8	7.3	8													

6 月平均温度/℃	8.6

日期	7 月															
	1 日	2 日	3 日	4 日	5 日	6 日	7 日	8 日	9 日	10 日	11 日	12 日	13 日	14 日	15 日	16 日
温度/℃	7.5	7	8.25	8.25	8.25	8.5	9.2	10	9.5	9	9.5	9.5	9.3	10	9.3	9.5

日期	7 月														
	17 日	18 日	19 日	20 日	21 日	22 日	23 日	24 日	25 日	26 日	27 日	28 日	29 日	30 日	31 日
温度/℃	9.8	9.9	9.5	9.3	9.4	9.7	9.7	9.7	9.5	9.7	9.5	9.7	9.7	9.6	9.6

7 月平均温度/℃	9.3

日期	8 月															
	1 日	2 日	3 日	4 日	5 日	6 日	7 日	8 日	9 日	10 日	11 日	12 日	13 日	14 日	15 日	16 日
温度/℃	11	9.5	9.5	9.6	9.6	9.6	9.5	9.6	9.4	9.8	9.8	9.7	9.9	9.7	9.9	10

日期	8 月														
	17 日	18 日	19 日	20 日	21 日	22 日	23 日	24 日	25 日	26 日	27 日	28 日	29 日	30 日	31 日
温度/℃	11	10.6	10.5	10.9	10.4	10.5	10.5	10.5	11	10.8	10.8	12	12	12	12

8 月平均温度/℃	10.3

日期	9 月															
	1 日	2 日	3 日	4 日	5 日	6 日	7 日	8 日	9 日	10 日	11 日	12 日	13 日	14 日	15 日	16 日
温度/℃	12	12	12	12	12	12	12	12	12	12	12	12	12	12.5	12.5	13

日期	9 月													
	17 日	18 日	19 日	20 日	21 日	22 日	23 日	24 日	25 日	26 日	27 日	28 日	29 日	30 日
温度/℃	13.25	14	13.5	15	15	16	16	16	16	16	15.7	16	16	16

9 月平均温度/℃	13.6

与冷水机组运行相比，深井取水创造了巨大的经济效益。移动制冷机配置 2 台 3kW 的水泵，1 台 15kW 的水泵和 1 台 22kW 的离心泵，一台套冷水机组总功率达到 233kW，出水流量为 100m³/h。降低水温范围为 3～4℃。冷水机组铭牌见表 5.9.3。

表 5.9.3　　　　　　　　　冷 水 机 组 铭 牌 表

型　号	LSLGFYD1100	制 冷 量	1100kW
压缩机型号	1230NHF6W4K	电机功率	190kW
制冷剂	R22	转速	2950r/min
电源	380/3/50	重量	11500kg
尺寸	8200mm×3000mm×6900mm		

以 9 月大坝混凝土冷却通水需求量 169016t 计算：

大坝每小时所需冷却水水量：169016÷30÷24＝234.7（t）

一台套冷水机组每月所耗电量：234.7÷100×233×24×30＝393732.7（kW·h）

如降温 11.1℃每月所需耗电量：393732.7×（11.1÷4）＝1092608（kW·h）

一台套（30kW＋90kW）深井取水每月所耗电量：234.7÷250×120×24×30＝81112（kW·h）

两者对比每月节省用电量：1092608－81112＝1011496（kW·h）

每个月所节省 100 万 kW·h 的电量，无形当中取得了较大的经济效益。

5.9.5　小结

丰满水电站重建工程充分利用了坝前高达几十亿立方米库容的人工湖——松花湖的优越条件，在新丰满大坝建设过程中，采用库区深井取水技术取得库区深层的较低温水，用以进行坝体混凝土通水冷却水和拌和用水，大大降低了坝体温控成本，取得了很好的经济效益，为其他重建工程温控方案的制定提供了有益借鉴。

第6章 严寒地区碾压混凝土温度控制

工程处松花江流域，属于中温带大陆性季风气候区，主要受太平洋季风及西伯利亚高气压影响，春季干燥多风，夏季湿热多雨，秋季晴冷温差大，冬季严寒而漫长。根据上述气候条件，碾压混凝土冬季无法施工，4—10月为有效施工时段，但其中的6—8月为高温时段，历史极端最高气温为37.0℃，多年平均气温为22.9℃，不利于碾压混凝土温度控制。因此，新丰满大坝建设需制定符合本地区特点的温度控制措施。

6.1 大坝稳定温度场及温度应力

6.1.1 大坝稳定温度场仿真计算

1. 计算条件

根据大体积混凝土施工期配合比热、力学试验成果，选取典型挡水坝段（32号坝段）、溢流坝段（13号坝段）和厂房坝段（23号坝段）进行了大坝温控仿真计算。计算过程中模拟坝体分层施工过程，考虑外界气温和水温随时间的变化，考虑混凝土水化热、弹性模量、徐变、自生体积变形等性能参数随龄期的变化，考虑自重荷载、水荷载的加载过程。

计算中地基底面、地基4个侧面、坝段横缝及坝段厚度中截面为绝热边界；坝体上下游面在蓄水前按第三类边界（坝面与空气接触）处理。蓄水以后，在水面以上为第三类边界；水面以下如不覆盖保温板，按第一类边界处理，如覆盖保温板按第三类边界处理。

结合推荐的温控措施进行大坝温控仿真计算，主要温控措施如下。

（1）控制混凝土浇筑温度不超过15℃。

（2）施工期在新浇混凝土的上下游表面及浇筑层面进行临时保温，保温材料等效放热系数为98.58kJ/（$m^2 \cdot d \cdot ℃$）；上游面进行永久保温，保温材料等效放热系数为29.79kJ/（$m^2 \cdot d \cdot ℃$）；下游面进行永久保温，保温材料等效放热系数为23.90kJ/（$m^2 \cdot d \cdot ℃$）。

（3）越冬面进行越冬保温，保温材料等效放热系数为29.79kJ/（$m^2 \cdot d \cdot ℃$）。

（4）对坝体混凝土进行一期、二期通水冷却。冷却水管布置间距：基础强约束区为1.5m×1.0m（层间距×水平间距），其他部位为1.5m×1.5m。对坝体所有新浇筑混凝土进行一期通水冷却，开始时间为浇筑当天，通水流量为 20L/min，通水时间为 20d，通水后，每 24h 进出水方向互换一次，单根冷却水管长度不超过 250m。对坝体 6—8 月高温季节浇筑的混凝土进行二期通水冷却，冷却水温为 10℃，通水流量为 20L/min，通水时间为 20d，每 24h 进出水方向互换一次，通水开始时间为 10 月下旬。

2. 稳定温度场计算

用三维有限元法计算大坝稳定温度场，计算中考虑库水温度变化、气温和地温变化。典型坝段稳定温度场计算成果见表 6.1.1。

表 6.1.1　　　　　　　　　典型坝段稳定温度场计算成果表　　　　　　　　单位：℃

部位	32 号坝段		13 号坝段		23 号坝段	
	内部稳定温度	平均温度	内部稳定温度	平均温度	内部稳定温度	平均温度
强约束区	5.96~8.39	7.17	7.93~11.05	9.49	7.83~8.38	8.11
弱约束区	6.40~8.39	7.40	8.19~8.68	8.43	8.13~8.38	8.25
非约束区	7.33~11.05	9.19	8.40~9.50	8.90	8.26~11.05	9.65

6.1.2　大坝温度应力仿真计算

通过有限元温控仿真计算，其主要成果如下。

1. 典型挡水坝段（32 号坝段）

混凝土材料分区和浇筑分层见图 6.1.1 和图 6.1.2，最高温度及最大顺河向应力包络图见图 6.1.3 和图 6.1.4，上下游面最大横河向应力包络图见图 6.1.5 和图 6.1.6。

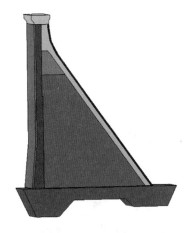 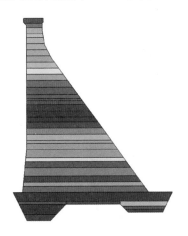

图 6.1.1　32 号坝段混凝土材料分区图　　　　　图 6.1.2　32 号坝段浇筑分层图

从计算结果可知，采取推荐的温控措施后，挡水坝段混凝土最大应力均小于允许抗拉强度，满足温控防裂要求。

2. 典型溢流坝段（13 号坝段）

13 号坝段计算模型和混凝土浇筑分层见图 6.1.7 和图 6.1.8。最高温度及最大顺河向应力包络图见图 6.1.9 和图 6.1.10。上下游面最大横河向应力包络图见图 6.1.11 和图 6.1.12。

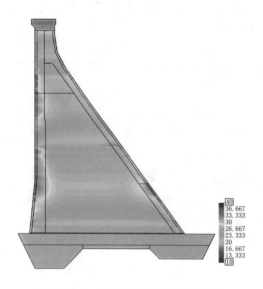

图 6.1.3　32 号坝段最高温度包络图

图 6.1.4　32 号坝段最大顺河向应力包络图

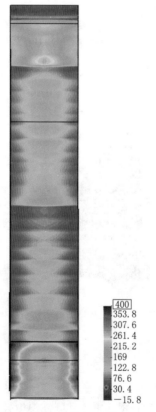

图 6.1.5　32 号坝段上游面最大
横河向应力包络图

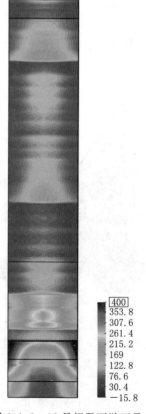

图 6.1.6　32 号坝段下游面最大
横河向应力包络图

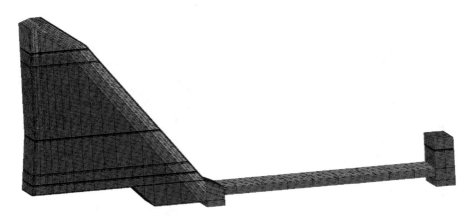

图 6.1.7 13 号坝段计算模型图

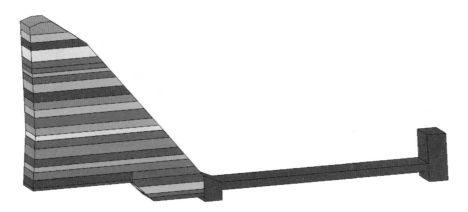

图 6.1.8 13 号坝段混凝土浇筑分层图

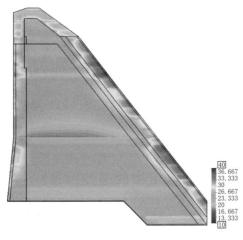

图 6.1.9 13 号坝段最高温度包络图

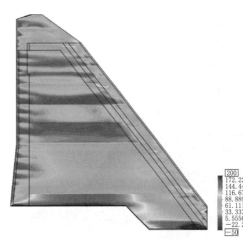

图 6.1.10 13 号坝段最大顺河向应力包络图

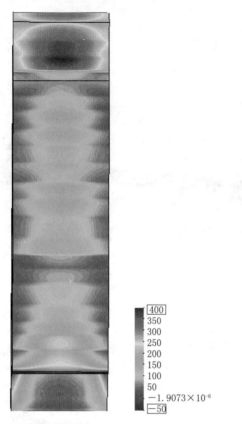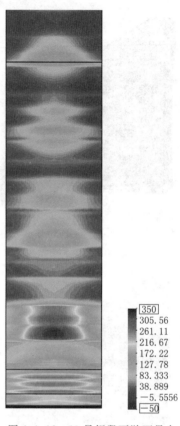

图 6.1.11　13 号坝段上游面最大　　　　　图 6.1.12　13 号坝段下游面最大
横河向应力包络图　　　　　　　　　　横河向应力包络图

从计算结果可知，采取推荐的温控措施后，溢流坝段混凝土最大应力均小于允许抗拉强度，满足温控防裂要求。

图 6.1.13　23 号坝段计算模型图

3. 典型厂房坝段（23 号坝段）

23 号坝段计算模型见图 6.1.13。最高温度及最大顺河向应力包络图见图 6.1.14 和图 6.1.15。上下游面最大横河向应力包络图见图 6.1.16 和图 6.1.17。

从计算结果可知，采取推荐的温控措施后，厂房坝段混凝土最大应力均小于允许抗拉强度，满足温控防裂要求。

6.1.3　实际施工中的温控标准

（1）基础温差标准。基础温差是指基础约束区范围内，混凝土的最高温度与该部位稳定温度之差。碾压混凝土基础温差见表 6.1.2。

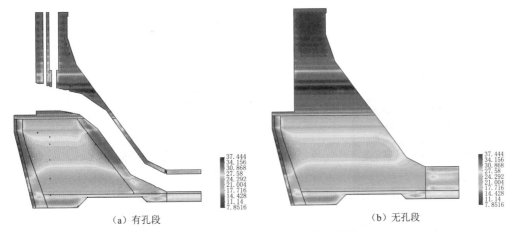

（a）有孔段　　　　　　　　　　　　（b）无孔段

图 6.1.14　23 号坝段最高温度包络图

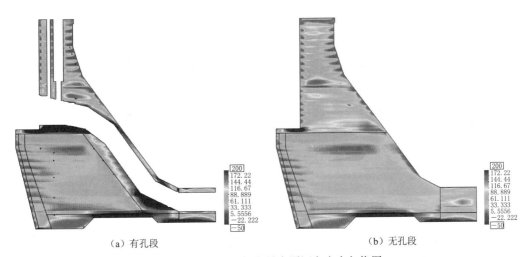

（a）有孔段　　　　　　　　　　　　（b）无孔段

图 6.1.15　23 号坝段最大顺河向应力包络图

表 6.1.2　　　　　　　　　　　碾压混凝土基础温差　　　　　　　　　　单位：℃

坝段	强约束区（0.0~0.2L）	弱约束区（0.2L~0.4L）
挡水坝段	17	19
厂房坝段	16	18
溢流坝段	17	19

注　L 为浇筑块长边长度。

（2）上下层温差标准。当老混凝土面（层间歇大于 21d）上浇筑混凝土时，老混凝土面以上 0.25L 范围内的新浇混凝土应按上下层温差控制。碾压混凝土越冬面处上下层温差的控制标准为 15℃，其他部位上下层温差的控制标准为 17℃。

（3）内外温差标准。内外温差指混凝土内部最高温度与混凝土表面温度之差，该工程碾压混凝土内外温差的控制标准为 17℃。

图 6.1.16　23 号坝段上游面最大
横河向应力包络图

图 6.1.17　23 号坝段下游面最大
横河向应力包络图

（4）允许最高温度标准。碾压混凝土允许最高温度见表 6.1.3。

表 6.1.3　　　　　　　　　　碾压混凝土允许最高温度　　　　　　　　　　单位：℃

坝段	混凝土分区及类型	强约束区		弱约束区		脱离约束区	
		$(0.0 \sim 0.1)L$	$(0.1 \sim 0.2)L$	$(0.2 \sim 0.3)L$	$(0.3 \sim 0.4)L$	$(0.4 \sim 0.8)L$	$>0.8L$
挡水坝段	内部碾压混凝土	24	25	26	27	28	29
	越冬面碾压混凝土	22	22	24	24	25	25
厂房坝段	内部碾压混凝土	23	24	25	26	27	28
	越冬面碾压混凝土	21	21	23	23	24	24
溢流坝段	内部碾压混凝土	24	25	26	27	28	29
	越冬面碾压混凝土	22	22	24	24	25	25

注　L 为浇筑块长边长度。

（5）浇筑温度标准。碾压混凝土各月浇筑温度按照表 6.1.4 的要求值进行控制。

表 6.1.4　　　　　碾压混凝土各月浇筑温度　　　　　单位：℃

月份（旬）	4月	5月			6月	7月	8月	9月			10月
		上旬	中旬	下旬				上旬	中旬	下旬	
月平均气温	7.4	14.9			20.2	22.9	21.4	14.9			6.8
挡水坝段和厂房坝段强约束区和弱约束区	≤15	≤15	≤15	15	15	15	15	15	≤15	≤15	≤15
溢流坝段　基础强约束区	≤14	≤14	14	14	14	14	14	14	14	≤14	≤14
基础弱约束区	≤15	≤15	15	15	15	15	15	15	15	≤15	≤15
厂房坝段、挡水坝段、溢流坝段脱离约束区	≤15	≤15	≤15	15	15	15	15	15	≤15	≤15	≤15

（6）混凝土浇筑层厚和高差控制。碾压混凝土浇筑层厚：基础约束区为 1.5m，弱约束区为 3.0m。廊道部位、体型突变部位及其他结构尺寸变化部位，浇筑层厚调整报监理工程师审批。

混凝土施工中，各坝块均匀上升，相邻坝段高差不大于 10～12m，对因工程度汛需要，特定部位长间隔且高差较大坝段，侧向暴露面在覆盖前持续保温。

（7）碾压混凝土浇筑间歇时间控制。除设计要求的度汛缺口外，混凝土施工过程中短间歇均匀上升，一般升层间歇时间为 3～10d，避免出现大于 21d 的长间歇，当出现大于 21d 的长间歇按《丰满水电站全面治理（重建）工程大坝混凝土施工技术要求》（205B - JB$_9$ - 14）中的规定进行处理。

6.2　高温季节碾压混凝土温度控制

根据丰满工程所属地区气候条件，4—10 月为碾压混凝土有效施工时段。高温季节为 6—8 月，其中 7 月温度最高。6 月、7 月、8 月多年平均温度均在 20℃以上，不利于碾压混凝土温度控制。高温季节混凝土温控与防裂综合措施主要包括优选混凝土原材料、优化配合比设计、分阶段制定温度控制措施、通水冷却、养护和表面保护等。

6.2.1　原材料的选择

（1）中热硅酸盐水泥。采用发热量低的中热硅酸盐水泥既可满足重建工程碾压混凝土各项性能要求，又可降低混凝土发热量，对减少温度裂缝的产生具有重要作用。

（2）掺合料-Ⅰ级粉煤灰。结合工程技术要求和周边掺合料资源条件，工程选用Ⅰ级粉煤灰作为碾压混凝土掺合料。Ⅰ级粉煤灰具有减水和改善混凝土性能的效果，并可降低混凝土水化热温升。

（3）缓凝高效减水剂。为有效延长初凝时间、减缓水泥水化放热速率，降低混凝土早期绝热温升，进而减少混凝土早期裂缝产生的概率，采用了缓凝高效减水剂。

6.2.2　优化碾压混凝土配合比设计

在满足设计要求的混凝土强度、耐久性和和易性的前提下，通过"灰代粉"等配合比设计优化措施，不断完善碾压混凝土配合比。通过改善混凝土骨料级配，加入适量的优质掺合料和外加剂，以适当减少单位水泥用量，从而尽可能降低混凝土水化热温升和延缓水化热发散速率，以达到降低混凝土出机口温度和最高温度的目的。

6.2.3　碾压混凝土施工温度控制措施

1. 原材料温度控制

（1）水泥。混凝土拌和系统散装水泥储量按照高峰月生产 6d 用量确定设计指标，左岸配置 3 座 1500t 水泥罐，右岸配置 4 座 1500t 水泥罐，拌和楼额外增加临时储罐，储量可满足要求。左右岸拌和系统水泥采用 LTR5000 型浓相仓式输送泵气力输送入拌和楼水泥储仓。

散装中热硅酸盐水泥由业主单位招标优选合格的水泥生产厂家生产供应。为控制水泥入罐温度及保障水泥供应强度，在坝址区附近设立了水泥储存中转站，水泥生产厂家将新生产的水泥先行运输至中转站储存，保证一定的水泥储量，同时降低水泥温度，随后再根据工程混凝土生产需要将水泥运输至工地现场。

根据实测数据统计，水泥入罐温度为 14.7～49.2℃，平均温度为 29.05℃。其中，高温季节（6—8 月）水泥入罐温度为 22.4～49.2℃，平均温度为 37.15℃。水泥入罐温度总体控制在 45℃内，超过 45℃均为 6—8 月，数量较少，占比为 2.7%，水泥入罐温度整体控制良好。

（2）粉煤灰。与水泥储量设计相同，左右岸拌和系统粉煤灰储量设计指标同样按照高峰月生产 6d 用量确定。左右岸各配置 4 座 1000t 粉煤灰罐，各拌和楼上也设置临时储罐，储量可满足生产需要。拌和系统粉煤灰输送系统与水泥一致。

根据实测数据统计分析，粉煤灰入罐温度为 19.8～46.6℃，平均温度为 26℃。其中，高温季节（6—8 月）入罐温度为 20.1～46.6℃，平均温度为 33.4℃。粉煤灰入罐最高温度总体控制在 40℃以内，超过 40℃时多为 6—8 月，数量较少，占比为 2.4%。粉煤灰入罐温度整体控制良好。

（3）砂石骨料。左右岸系统均设置成品骨料堆存场，用于堆存碾压砂、常态砂、特大石、大石、中石、小石等六种成品骨料。在规划范围内最大限度地布置成品骨料堆存场，增加骨料储量，右岸成品骨料的最大储量为 154500m³，左岸为 77500m³，可满足高峰期约 10d 的用量，活容积可满足高峰期约 6d 的用量。为控制成品料仓内砂石骨料温度，主要采取以下措施。

1）及时补充砂石骨料，确保有足够的储备，并保证骨料堆场高度不小于 9.0m。

2）人工砂仓搭设遮阳防雨棚，避免阳光直射和雨淋。

3）在料仓底部设置地弄，通过地弄取料，避免取料过程中的温度回升。

（4）拌和用水。为尽可能控制拌和用水温度，主要采取以下措施。

1）左右岸拌和系统用水均取自原丰满大坝上游松花湖库区深层水，左岸为 35.5m，右岸为 26.5m，并在左右岸建立高位水池进行暂时储水，高位水池设置遮阳棚。

2) 为确保高温季节坝体通水冷却和拌和用低温水，在左右岸设置冷水机组，持续制 10～12℃ 左右冷水。

3) 对拌和用水供水管路采用橡塑海绵进行保温包裹，减少供水过程中的温度回升。

2. 碾压混凝土生产阶段温度控制

大坝碾压混凝土浇筑施工时段主要为每年的 4—10 月，冬季不进行施工。由于不同月份及每天不同时段的温度是实时变化的，需结合混凝土入仓手段以及对混凝土拌和系统出机口温度控制措施，才能使不同时段混凝土浇筑温度达到设计要求。通过已知浇筑温度范围先反推计算出混凝土入仓温度，再结合混凝土入仓手段及入仓时间反推计算出出机口温度。左右岸预冷混凝土典型级配出机口温度应控制在 12℃ 左右，其中溢流坝段强约束区预冷混凝土出机口温度应控制在 11℃ 左右。

为控制碾压混凝土出机口温度，使之满足出机口温度要求，主要采取如下措施。

(1) 粗骨料在地面调节料仓进行一次风冷。

(2) 一次风冷料仓出口至拌和楼上料胶带机采取保温措施。

(3) 拌和楼料仓粗骨料进行二次风冷。

(4) 拌和系统建立制冷系统，生产制冷水和片冰。

(5) 加最低 1℃ 冷水拌和混凝土，外加剂掺加最低 1℃ 冷水。

(6) 溢流坝段强约束区碾压混凝土加入 8kg 片冰拌和。

左右岸拌和系统内，碾压混凝土预冷采用二次风冷骨料及加冷水拌和混凝土的综合预冷措施，一次风冷使骨料温度维持在 4～7℃，二次风冷使骨料温度维持在 0～4℃。部分溢流坝段强约束区混凝土加片冰拌和，以满足拌和要求。

混凝土拌和制冷系统运行过程中，全程严格监控出机口温度及浇筑温度变化情况，并做好详细记录，掌握第一手温控资料，及时分析制冷系统工况能否满足生产强度要求，结合实际温度情况适时增减制冷设备投入。

制冷过程加强温度检测和骨料冷却效果检测，骨料温度分别在一期、二期冷却骨料下料口进行检测，冷却水温在制冷车间冷水箱中进行检测。

根据工程气候条件，结合碾压混凝土施工温控要求，混凝土出机口预冷实施情况如下。

(1) 气温在 10℃ 以下混凝土可自然出机口，不需进行制冷拌和。

(2) 气温在 10～15℃ 时，由于自然出机口温度与反推值相差不大，该区间温度对混凝土倒灌影响不大，通过坝面养护及通水冷却即可控制混凝土最高升温在标准范围内，在温度偏高时段采取预冷骨料加冷却水拌和生产制冷混凝土进行控制。

(3) 气温在 15～25℃ 时，由于自然出机口温度与反推值相差较大，在此温度区间采取风冷骨料、加制冷水、加冰拌和制冷混凝土，约束区混凝土出机口温度最低控制在 12℃（溢流坝段强约束区混凝土出机口温度最低控制在 11℃），对混凝土进行运输遮盖、仓面适时喷淋形成小气候降温，可满足允许最高浇筑温度要求。

(4) 气温大于 25℃ 时，由于自然出机口温度与反推值相差巨大，在此温度区间采取风冷骨料、加制冷水、加冰拌和制冷混凝土，混凝土出机口温度降到系统最大值，对混凝土进行运输遮盖保温、仓面全程喷淋形成小气候降温，该温度区间尽量避免浇筑强约束区混凝土，以确保大坝混凝土温控质量。

3. 碾压混凝土运输过程温度控制

大坝碾压混凝土（含变态混凝土）水平运输主要以自卸汽车和混凝土搅拌车为主。左右拌和系统距离混凝土仓面距离为1.5～3.5km，高温季节混凝土从拌和楼运输至仓面的过程中易出现温度倒灌现象。运输过程中主要从以下几个方面进行温度控制。

（1）减少混凝土运距：由于混凝土拌和楼左右岸各布置2座，根据各个仓面距离拌和系统的距离，合理分配仓面所采用的拌和系统。其中，左挡水坝段及溢流坝段以左岸拌和系统为主，厂房坝段和右挡水坝段以右岸拌和系统为主，厂房坝段局部也采用左岸拌和系统。通过合理分配拌和系统，最大限度减小混凝土运距，减少混凝土运输过程时间，降低温度倒灌情况。

（2）降低混凝土仓面等待时长：现场仓面指挥长合理调节入仓、碾压等环节的机械设备使用，尽量降低混凝土在运输车辆中的等待时间，确保混凝土及时卸料入仓。

（3）改进混凝土运输车辆：混凝土运输自卸车顶部加设活动式遮阳棚，避免阳光直射，以减少混凝土在运输途中的温度回升，见图6.2.1。此方法不仅可以在雨天时避免雨水淋入混凝土运输车厢内，而且也是有效降低温度倒灌最直接、最有效的方法。

（4）车厢外围板贴一层橡塑海绵板，对厢体进行保温，减少阳光直射金属厢体面积，见图6.2.2。

（5）在混凝土运输车等待区域采用移动式喷雾车形成小气候，使等待混凝土运输的车辆周边温度降低，喷雾车作业半径广，最远射程可达80m，水平旋转角度180°，根据等待入仓车辆的时长，合理降低车辆周边外界温度，也是降低混凝土运输过程中温控措施之一。

图6.2.1　混凝土运输车辆自动遮阳防雨翻板

图6.2.2　混凝土运输车辆车厢厢体保温

4. 碾压混凝土浇筑过程温度控制

混凝土浇筑温度指入仓碾压混凝土经过平仓振捣或碾压后，覆盖上层混凝土前，在距本层混凝土表面以下10cm处的混凝土温度。在混凝土运输、浇筑过程中应控制混凝土温度回升，要求6—8月的高温时段混凝土从出机口至上层混凝土覆盖前的温度回升值不超过5℃，并以浇筑温度反控制出机口温度。

适当降低浇筑温度来降低混凝土最高温升，从而减小基础温差和内外温差并延长初凝时间，对改善混凝土浇筑性能和现场质量控制都是很有利的。混凝土运输和浇筑过程中的热量倒灌较多，在实际施工时采取加快混凝土运输、平仓、振捣速度、仓面喷雾、仓面覆盖保温等措施以减少或防止热量倒灌，可有效防止预冷混凝土的温度回升，具体措施如下。

（1）合理利用施工时段。高温季节在施工进度满足要求的前提下，尽量利用夜间浇筑混凝土，这样不仅可以节省温控费用，而且可以确保混凝土的质量。高温季节最佳浇筑时间为下午6：00至次日上午10：00。

（2）严格控制浇筑层厚度和层间间歇时间。为利于混凝土浇筑块的散热，基础部位和老混凝土约束部位浇筑层高一般为1~1.5m，基础约束区以外最大浇筑高度控制在1.5~3m以内，上下层浇筑间歇时间为7d。在高温季节，采用表面流水冷却或喷淋的方法进行散热。

（3）加强现场管理，加快施工速度。各施工环节统一调度，紧密配合，提高混凝土运输车辆的利用率，缩短混凝土运输及等待卸料时间，入仓后快速进行摊铺、碾压（振捣），充分提高混凝土浇筑强度，最大限度地缩短高温季节混凝土浇筑覆盖间歇时间，对混凝土振捣或碾压完毕已收仓区域及时采用橡塑海绵进行保温，并洒水养护，防止温度倒灌。

（4）仓面小气候营造。利用喷雾车、移动式喷雾机、喷雾枪等设备，在正浇筑的区域形成雾化环境，改善局部高温小气候，使之变成利于碾压混凝土浇筑的小环境。

1）喷雾车。对于面积大、仓外有足够作业平台的浇筑仓，使用3WD2000-80型喷雾车进行小气候营造。喷雾车作业时，从施工道路驶入浇筑仓外，在浇筑仓外选一作业平台，喷雾车喷雾方向应与浇筑方向相反，如图6.2.3所示，保证喷雾面积覆盖最大化。喷雾车停靠位置应远离施工通道避免影响混凝土入仓设备通行。喷雾车作业半径广，最远射程可达80m，水平旋转角度180°，通常一个浇筑仓布置2台喷雾车进行交替作业，具体配置根据现场实际情况而定。

图6.2.3 喷雾车作业示意图

2）移动式喷雾机。移动式喷雾机作业详见图6.2.4，碾压仓开仓时，将移动式喷雾机固定在上下游模板顶端，待起碾段浇筑至收仓面后，采用SY55c-9小挖机或ZL30装载机将移动式喷雾机吊装至收仓面位置，随碾压方向同向缓缓前移，喷雾方向与浇筑方向一致。喷雾机在进入仓面内作业时，机身及轮胎要清洗干净方可使用，供水管路及供电线路同步跟进敷设。相比车载喷雾车，移动式喷雾机可调范围更广，喷雾方向可根据现场实际情况进行调整。喷雾机供水管路接至下游供水管中，供电线路从下游配电箱中引出。为保证喷雾机不影响其他入仓设备的正常运行及喷雾覆盖面积的合理，避开自卸汽车、振动碾、平仓机等入仓设备。技术参数见表6.2.1。

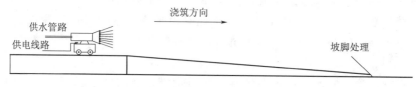

图6.2.4　移动式喷雾机作业示意图

表6.2.1　　　　　　　　　　　　　　移动式喷雾机技术参数

射程/m	流量/(L/min)	雾粒/μm	功率/kW	摆动角度/(°)	整机重量/t
45	9～15	10～50	16	120	0.3

3）手持式喷雾枪。手持式喷雾枪适用于仓面小、喷雾机无法覆盖的盲区，作为辅助喷雾设备。手持式喷雾枪移动便利，操作简单。作业人员根据现场实际情况进行移动式喷雾，一般浇筑仓配置2～4把手持式喷雾枪，对喷雾车作业盲区进行喷雾。仓面人工喷雾见图6.2.5。

图6.2.5　仓面人工喷雾

6.2.4　通水冷却

碾压混凝土浇筑后，降低大体积混凝土内部温度的主要措施为通过预埋的冷却水管通冷水（水库深层低温水或制冷水）进行冷却。

混凝土通水冷却是混凝土温控的最后手段，也是最直接、最有效的温控措施。对不同坝段大体积混凝土内均需埋设冷却水管，进行通水冷却，以削减混凝土温升峰值及内外温差，确保混凝土质量。

1.通水冷却要求

一期通水：对所有新浇筑的坝体混凝土进行的通水冷却。在混凝土初凝后通水（4月和10月混凝土浇筑温度较低，通水开始时间应根据混凝土温度升高情况适当调整），通水时间为 15～20d，混凝土最高温度与水温之差不超过 15℃，通水流量一般按 1.2～1.5m³/h 控制。每 24h 改变一次水流方向，使混凝土块体均匀冷却。冷却时混凝土日降温幅度不应超过 0.7℃。同层冷却区、上下冷却块的梯度温差应满足设计图纸要求或监理人指示。通水根据季节及进度要求采用丰满老库区水或制冷水。通水冷却水温一般为 10～12℃（4 月为 5℃）。

二期通水：每年 10 月下旬至 11 月上旬对当年高温季节（6—8 月）浇筑的坝体混凝土进行后期通水冷却，后期通水冷却水温一般为 10～12℃，混凝土温度与水温之差不超过 15℃，通水流量一般按 1.2～1.5m³/h 控制。通水时间为 15～20d，每 24h 进出水方向互换一次，使混凝土块体均匀冷却。冷却时混凝土日降温幅度不应超过 0.7℃。

碾压混凝土一期通水目标温度为 19～20℃，二期通水目标温度为 15～16℃。

2. 冷却水供应

冷却水主要利用老坝库区深层水，在大坝左右岸坝肩附近空地处各布置 2 座 CW200 型移动式冷水机组分别对左右岸进行通水，同时满足泄洪洞通水冷却及后期通水冷却需求。

根据提供丰满水库水温资料可知，在 4—7 月可直接抽取水库深层低温水进行通水冷却，水温符合设计要求。8—10 月抽取 13～15℃深层水库水采用移动式冷水机组制冷水供应，冷水温度为 10～12℃。

3. 冷却水管布置

（1）冷却水管指标。通水冷却水管采用高强度聚乙烯塑料冷却水管，外直径 32mm，壁厚 2mm。其技术指标见表 6.2.2。

表 6.2.2　　　　　　　　　　　　冷却 HDPE 塑料水管技术指标

项　　目		单位	指标
导热系数		kJ/(m·h·℃)	≥1.0
拉伸屈服应力		MPa	≥20
纵向尺寸收缩率		%	<3
破坏内水静压力		MPa	≥2.0
液压试验	温度：20℃，时间：1h，换向应力：11.8MPa	不破裂；不渗漏	
	温度：80℃，时间：170h，换向应力：3.9MPa	不破裂；不渗漏	

（2）冷却水管布置。坝体内部冷却水管在坝内按蛇形并应垂直水流方向布置，水管距上游面 1.5～3.0m，距下游面 1.5～2.5m，距横缝及坝体内部孔洞周边距离 0.3m。基础强约束区冷却水管布置为 1.5m×1.0m（层间距×水平间距），脱离基础约束区冷却水管布置为 1.5m×1.5m（层间距×水平间距）。水管不允许穿过各种缝及各种孔洞，如若穿缝，需采取措施，单根循环蛇形水管不大于 250m。

1）出坝面处理。随着坝体的升高，一般分控站位置低于冷却水管所在高程，冷却水管引出坝面后会自然下垂。现场检查发现，冷却通水过程中，由于冷却水管和水的自重影响，易造成冷却水管出坝面位置弯折，外露冷却水管越长越易出现。因此应注意控制外露冷却水管的长度，同时控制冷却水管出坝面角度，可一定程度上避免冷却水管出坝面处弯折。

2）跨越廊道处理。一般冷却水管布置不跨越横缝，但坝内廊道系统对冷却水管的布置影响较大，特别是碾压仓内含有横向廊道的情况，冷却水管布置往往需要跨越 2 次廊道。根据该工程施工情况来看，碾压仓内冷却水管跨廊道主要采用以下两种方式。

一种方式是从廊道底板内预埋。为便于碾压混凝土浇筑，该工程廊道底板单独设置浇筑仓进行变态混凝土浇筑，浇筑过程中将跨廊道底板冷却水管预埋至仓内。浇筑廊道所在坝段碾压混凝土时，将碾压仓内冷却水管与廊道底板预埋冷却水管连接，形成统一循环管路。这一方式优点在于容易控制单组冷却水管的长度，使得同一组冷却水管基础处于同一层面，冷却水管一次布置完成。缺点在于增加了单组冷却水管的接头数量，如跨越 2 次廊道则会出现 8 个接头，接头数量过多就会增加冷却水管布置时间和漏水的概率。但由于廊道底板钢筋的布置，廊道底板厚度往往大于 1m，即为大体积混凝土，因此布置冷却水管是必要的。

另一种方式是从廊道顶拱跨越。从廊道顶拱跨越主要是在碾压仓冷却水管布置时采用从廊道钢筋网外侧跨越廊道顶拱布置冷却水管。这一方式优点是单组冷却水管仓内没有接头，一般情况下不会出现漏水情况。缺点是由于廊道顶拱在高程上一般高于冷却水管布置高程，因此在跨越廊道顶拱两侧会增加冷却水管的弯曲，可能会出现弯折情况。

该工程廊道高程的碾压混凝土浇筑时，单仓浇筑高度一般为 3m，布置两层冷却水管。冷却水管布置方式如下：第 1 层冷却水管采用穿过廊道底板预埋的布置方式；第 2 层冷却水管采用跨越廊道顶拱进行布置。

现场检查中发现施工单位在进行廊道底板浇筑过程中，为方便模板安装，采用原上下游面大块钢模板，预埋的冷却水管往往从廊道底板浇筑顶面上下游边缘穿出。在后续碾压仓备仓过程中，安装廊道模板和廊道钢筋时容易碰到预埋冷却水管，造成冷却水管弯折，特别是出混凝土面位置的弯折，会给后续碾压仓冷却水管布置带来较大麻烦。浇筑过程中也会出现类似弯折问题。为保证冷却水管布置良好，监理工程师在进行廊道底板仓面设计审查时需加强模板布置和冷却水管预埋部位的审查，要求施工单位预埋冷却水管从上下游侧面穿出，穿出部位采用木模板。外露长度也需进行控制，在保证接头足够长度的情况下，一般控制在 50～80cm 为宜。同时在备仓及浇筑过程中监督施工单位加强对外露冷却水管的保护。进行碾压仓浇筑旁站过程中，提醒施工单位注意控制廊道上下游侧浇筑速度，上下游浇筑进度尽量一致，尽量保证每层冷却水管上下游侧同时布置，以便于通水检查，确保冷却水管布置质量。完成跨廊道顶拱冷却水管布置后，在浇筑该部位廊道两侧变态混凝土时注意控制冷却水管弯曲位置的振捣，避免弯折。

3）跨纵缝处理。大坝混凝土浇筑过程中纵缝对冷却水管的布置也有较大影响。该工程低高程阶段主要在变态混凝土浇筑仓块设置有纵缝。当先浇筑上游块时，冷却水管和温度传感器电缆直接从纵缝穿出，穿过整个下游块到大坝下游侧分控站。而进行下游块备仓作业时，由于仓面内含有上游块的冷却水管和温度传感器电缆，对备仓造成很大影响，极易出现冷却水管破损、温度计电缆损坏的情况，大大增加了维护难度。因此对于设置纵缝的坝段最好采用先下游块再上游块的施工方式，在下游块浇筑过程中预埋上游块所需的进水和回水管路以及温度传感器电缆穿线预埋管路。

4. 通水冷却质量控制

（1）仓内冷却水管的埋设。冷却水管在埋设前，保证水管的内外壁干净无水垢。仓面中的水管原则上不允许采用接头，若必须连接时，采用膨胀式防水接头。循环冷却水管的单根长度控制在250m以内。冷却水管用 $\phi12mm$ 钢筋制作的U形卡固定在混凝土面上，要求每个弯段不少于3个U形卡，直段每2~3m用U形卡固定。预埋冷却水管不能跨越收缩缝。

预埋冷却水管不允许跨越横缝。冷却水管距上下游面2m，距浇筑体横缝面、孔洞周边1.5m。仓内冷却水管被一层混凝土覆盖后需立即通以0.35MPa压力水，以检查管路的畅通情况及减小水管内外压力。在浇筑过程中水管被细心地加以保护，以防止冷却水管移位或被破坏，尤其是浇筑过程中覆盖第一层铺料时，避免浇捣设备挤压水管。水管进出口集中引至下游每仓供水支管，严禁从大坝上游面引出，同时必须注意避免进、出水口端发生弯折现象，以保证通水顺畅。每组水管的进、出水管尽量布置在相邻位置，引出时用细铁丝捆扎，以避免在接入供水支管里出现差错。大坝基础固结灌浆高程和帷幕灌浆廊道底板高程以下的混凝土冷却水管，按设计要求层间距布设完成后，及时进行测量放点，将水管实际位置以坐标形式准确反应到施工记录中，后期灌浆钻孔时，可以避免钻孔对混凝土内冷却水管的破坏。

冷却水管埋设完成后，在进、出口处及时做上标记，标记需牢固可靠，标明该组冷却水管的进口、出口、埋设时间、所属仓块和高程。

混凝土块体内冷却水管结合混凝土通水计划就近引到下游进回水支管。水管应排列有序，做好进出口及分层标记。出露管口的长度不小于15cm，并对管口妥善保护，防止堵塞。冷却水管引出位置不得过于集中，以免混凝土局部超冷。冷却水管在混凝土面上以每20~30cm用短锚筋固定。

（2）每仓进回水支管布置。每3m高差设置一路进回水支管（进水管、回水管各一根），该范围内的冷却水管均接至该支管。

根据仓内冷却水管的组数，在进回水支管上焊接出相应数量的小管嘴（$\phi2'$）并安装闸阀，仓内冷却水管通过小管嘴与每仓进回水支管连通。

为满足冷却水管内水压力不小于0.35MPa的规范要求，在供水头处，水压力一般在0.2MPa以上。

（3）进回水主管布置。大坝通水冷却大部分采用水库深层低温水进行，通制冷水和水库水不发生冲突，因此通制冷水管路与通水库水管路结合布置，管路均需外包橡塑保温。供水主管分阶段布置，主管沿大坝坝后布置，结合坝体特点及施工进度安排，并利用开挖边坡马道、坝体下游永久平台、架设临时钢栈桥搭设冷却通水平台。

5. 冷却水管封堵

通水冷却结束后，当大坝坝体温度达到设计稳定温度后，对冷却水管进行封堵施工，封堵采用填压式灌浆封堵设备进行封堵，封堵灌浆压力值根据施工图纸提供设计值进行施工。

6.2.5　混凝土养护和表面保护措施

1．混凝土养护

混凝土浇筑完毕后，及时洒水、流水或薄膜进行养护，保持混凝土表面湿润。

（1）采用洒水养护，应在混凝土浇筑完毕后 6～18h 内开始进行，其养护时间不应少于 28d，有特殊要求的部位应适当延长养护时间。大体积混凝土的水平施工缝则应养护到浇筑上层混凝土为止。养护直接利用混凝土通水冷却排出水。

（2）高温季节采用三防布结合土工布对初凝混凝土收仓面进行及时遮盖并洒水养护，两种材料具有良好的保湿效果，同时可有效隔绝太阳直接照射对混凝土温度升温造成影响。

（3）混凝土养护应有专人负责，并应做好养护记录。

2．混凝土表面保温

（1）施工期遇到气温骤降时，应采取混凝土表面保温措施，防止寒潮袭击。

（2）混凝土表面保温材料及其厚度，应根据不同部位、结构混凝土内外温差和气候条件，经计算和试验确定。一般采用 1 层 2cm 厚橡塑海绵进行保温，4 月、10 月采用 2 层 2cm 厚橡塑海绵进行临时保温。施工期临时保温措施见图 6.2.6 和图 6.2.7。

（3）浇筑的混凝土顶面应覆盖保护至气温骤降结束或上层混凝土开始浇筑前。混凝土侧面根据模板类型、材料性能等采用模板内贴或外贴保温材料进行保温。模板避免在气温骤降时拆除。

图 6.2.6　溢流面保温保湿

图 6.2.7　施工缝面临时保温

6.3　严寒地区碾压混凝土越冬保护技术

6.3.1　概述

新丰满大坝所处松花江流域位于中温带大陆性季风气候区，主要受太平洋季风及西伯利亚高气压影响，冬季严寒而漫长。该地区的气温有两个特点：①年平均气温低，多年平均气温为 4.9℃；②冬季持续低温，冬季平均温度为 −10℃，最冷月平均温度为 −17.4℃，极端最低气温为 −42.5℃。由于这样的气候特点，每年 11 月到次年 3 月定为冬歇期，暂停施工（冬歇期的具体起止时间由当时的温度气候情况决定）。这种冬季常间歇式施工方式，在碾压混凝土坝越冬停浇层面附近，容易产生较大的上下层温差和较大的内外温差，从而在上下游表面附近引起较大的拉应力集中，并且在停浇面中间部位引起较大的水平拉应力。因此，冬歇期必须对坝块表面严加保护，否则极易产生裂缝。

6.3.2 越冬保温设计方案

大坝越冬保温设计要求等效放热系数不大于 29.79kJ/(m² · d · ℃)。

（1）大坝越冬顶面保温。采取两层 2cm 厚的聚乙烯保温被＋13 层 2cm 厚棉被进行保温。首先在越冬层面铺设一层塑料薄膜（厚 0.6mm），然后在其上面铺设 2 层 2cm 厚的聚乙烯保温被＋13 层 2cm 厚棉被，最后在顶部铺设一层三防帆布，三防帆布上部采用沙袋进行压盖，沙袋梅花形布置，间距 1.5m，同时越冬上下游和侧面用沙袋设置防风墙，墙高 0.8m。

（2）大坝越冬侧面保温。首先在越冬侧面铺设一层塑料薄膜，然后铺设 8cm 厚 XPS 板，最后铺设一层三防帆布。由于越冬面上下游和侧面部位均属于棱角双向散热，因此加强越冬面以下 3m 范围内混凝土的表面保温措施，上下游面聚氨酯硬质泡沫喷涂厚度加厚至 15cm，侧面 XPS 板加厚至 16cm。

6.3.3 保温材料的选用优化

原设计方案，首年大坝水平越冬层面所需覆盖材料保温棉被达 120 万 m²。由于工程所在地区冬季较为潮湿，保温棉被容易吸水，在覆盖过程中会大大提高导热系数，从而影响保温效果。次年保温棉被揭开后需进行翻晒后才能进行储存，需要有足够大的场地进行翻晒。根据工程所在地气象资料显示，4 月适逢雨季，保温棉被在翻晒过程中遇雨极易吸水发霉，影响重复利用的次数。

为了使大坝越冬表面保温达到更好的效果，通过市场调研和技术分析，提出采用塑料薄膜＋橡塑海绵＋三防帆布方案，该保温方案所采用的橡塑海绵材料与保温棉被应用比较分析如下。

（1）橡塑海绵为难燃保温材料，防火等级为 B1 级，而棉被为易燃保温材料。因此采用橡塑海绵作为保温材料，更有利于保温被覆盖、越冬、次年保温被揭除施工以及储存过程的安全管理。

（2）单位面积的橡塑海绵比棉被轻，可以减轻施工人员的劳动强度。便于存放，人工操作施工方便。

（3）橡塑海绵比棉被的真空吸水率低，保温材料吸水后其保温性能大大下降，因此使用橡塑海绵比棉被的保温性能更好、更稳定。

（4）橡塑海绵比棉被的导热系数更低，在满足同样保温要求的情况下使用量更少。

（5）橡塑海绵比棉被单件的面积大（可加工成 2m×10m 甚至更大面积），可减少铺设时搭接损耗量。由于橡塑海绵板板材长，对立面临时保温施工更方便，搭接、固定更可靠。

（6）在次年揭开时，根据当地气候条件，4 月逢雨季，由于棉被吸水后 2 人都很难抬动一床棉被，同时还需有足够的场地进行翻晒，晒干后才能收存，故棉被揭除和翻晒所投入的劳动力更多。

综上，橡塑海绵材料具有吸水率低、密度小、便于施工、保温性能好、导热系数低以及耐火等级高等优点，选择橡塑海绵板作为大坝保温材料，在满足保温设计要求的前提下可大大提高施工效率，保温可靠性更高、保温效果受其他因素的干扰较少，具有较好的应用前景。

6.3.4　大坝越冬临时保温方案的调整与优化

（1）2015 年，根据越冬面保温参数计算分析以及保温材料性能，越冬临时保温总体方案如下。

1）水平越冬面：基础强约束区采用 15 层橡塑海绵，其余水平越冬面采用 9 层橡塑海绵。

2）侧立面：水平越冬面以下 3m 范围内采用 2 层 XPS 苯板，3m 以下采用 1 层 XPS苯板。

（2）2016 年，根据 2015 年越冬年保温效果分析以及上下游面永久保温施工情况，对越冬临时保温方案进行调整，总体方案如下。

1）水平越冬面：基础强约束区采用 10 层橡塑海绵，其余水平越冬面采用 7 层橡塑海绵。

2）大坝临边双向散热区及高差较低的横缝侧立面（小于 3m）：采用 9 层橡塑海绵。

3）高差大的横缝侧立面：水平越冬面以下 3m 范围内采用 2 层 XPS 苯板、3m 以下采用 1 层 XPS 苯板。

（3）2017 年及以后越冬临时保温实施方案如下。

1）水平越冬面：基础强约束区采用 10 层橡塑海绵，其余水平越冬面采用 6 层橡塑海绵。

2）大坝临边双向散热区及高差较低的横缝侧立面（小于 3m）：采用 7 层橡塑海绵。

3）高差大的横缝侧立面：水平越冬面以下 3m 范围内采用 2 层 XPS 苯板、3m 以下采用 1 层 XPS 苯板。

6.3.5　碾压混凝土越冬保温具体措施

1. 大坝水平越冬面保温

大坝水平面保温材料覆盖前，在不阻碍交通的前提下，将大坝钢模板堆放在大坝中间，大坝水平越冬面保温由上下游侧向中间进行。在上下游侧水平越冬面临时保温完成后，将钢模板水平覆盖上去，既增加周边保温的牢固性，又解决了钢模板堆放难题。

水平越冬面保温材料覆盖完成后，在三防帆布上按照 5m×5m 方格呈线性布置沙袋，每米 5 个沙袋进行覆盖。在铺设三防帆布和压盖沙袋时，应保证外观整齐、美观，使用统

图 6.3.1　水平层面越冬保温图

一颜色的三防帆布和沙袋，上下游周边及其他临空面使用沙袋加强（4 层沙袋）覆盖形成防风墙。水平层面越冬保温见图 6.3.1。

2. 侧立面越冬保温

大坝上下游面、横缝侧立面越冬保温，先于水平越冬面进行施工，使用 3cm×3cm 方木压条（3m×1.5m 布置）、燕尾膨胀螺栓加固保温材料。

大坝上下游侧立面高差较大，现场风力较强，塑料薄膜施工难度高，存在安全隐患。且塑料薄膜对于保温作用影响不大，其主要的特性是保湿，因为保温使用的橡塑海绵也具有保湿特性，因此取消塑料薄膜的铺设。

高差大的横缝侧立面，搭设双排脚手架以便保温施工，横距 1.5m，纵距 1.5m，步距 1.8m。

3. 溢流坝段导墙及闸墩保温

左右导墙对未达到设计龄期部位、导墙与坝体结合处（结合处 3m 范围、越冬面以下 3m）和闸墩及闸墩立面（越冬面 3m 范围内）进行保温，平面保温形式为 1 层塑料薄膜＋6 层橡塑海绵＋1 层三防帆布；直立面保温形式为 6 层橡塑海绵＋1 层三防帆布。

4. 溢流面反弧段保温

（1）未施工反弧段搭设脚手架保温棚进行越冬保温。

脚手架采用满堂脚手架：①高程 180.00m 平台，搭设高度 2.0m，横距 1.5m，纵距 1.5m，步距 1.8m；②反弧段台阶面：搭设最大高度 8.0m，以台阶面外露锚固插筋作为脚手架支撑连接锚固体，横距 0.9m，纵距 1.0m，步距 1.2m。在脚手架上按照 0.45m 间距布设 5cm×10cm 或 10cm×10cm 的方木条，方木条采用铁丝绑扎在钢管架上面。方木条骨架上面铺设 2cm 厚，规格为 0.92m×1.83m 的胶合板，采用满铺的方式，胶合板与方木条之间采用钢钉进行锚固。

脚手架上保温形式采用 6 层橡塑海绵（单层 2cm 厚，按照橡塑海绵的宽度，采用铁丝进行缠绕绑扎）＋1 层三防帆布，采用 3cm×3cm 方木压条、燕尾膨胀螺栓进行加固。

（2）浇筑完成反弧段采用 6 层橡塑海绵＋1 层三防帆布进行越冬保温，固定方式有两种：①用方木条＋燕尾膨胀螺栓加固；②外部搭设简易钢管脚手架，利用钢管压住保温材料。

反弧段浇筑采用滑动钢模板浇筑，无螺栓孔，为固定保温材料，于反弧段混凝土面进行打孔，便于使用膨胀螺栓进行保温施工。单块橡塑海绵尺寸为 10m×1m，布孔间距为 1m×3m，越冬揭除保温被后，对其进行扩孔处理后，采用环氧砂浆或环氧胶泥堵塞。

5. 廊道斜坡段孔口、电梯井口、集水井口、廊道底板浇筑区域等水平越冬面外露结构保温

搭设脚手架保温棚进行越冬保温。

脚手架采用满堂脚手架，搭设最大高度 6.0m，横距 1.5m，纵距 1.5m，步距 1.8m。

在钢管架龙骨上面按照 0.45m 间距布设 5cm×10cm（10cm×10cm 优先使用前者）的方木条，方木条采用铁丝绑扎在钢管架上面。方木条骨架上面铺设 2cm 厚，规格为 0.92m×1.83m 的胶合板，采用满铺的方式，胶合板与方木条之间采用钢钉进行锚固。

脚手架上采用 1 层塑料薄膜（0.6mm 厚）＋6 层（双向散热区 7 层）橡塑海绵（2cm厚，按照橡塑海绵板的宽度，采用铁丝进行缠绕绑扎）＋1 层三防帆布（采用 3cm×3cm方木压条、燕尾膨胀螺栓进行加固）；若脚手架保温棚处于基础强约束区则采用相应层数的橡塑海绵。

6. 其他越冬保温措施说明

入仓道路及周边混凝土与岩石面搭接处，使用 6 层橡塑海绵＋1 层三防帆布覆盖，搭接延伸出至周边岩石面 2m 进行覆盖（工程施工区域冻土层 1.9m），使用 ϕ12mm 三级钢筋和锚栓锚固，梅花形布置，并采用 C15 二级配混凝土堵塞开口。

孔口较小的部位采用橡塑海绵堵塞，使用钢筋固定。对于直接覆盖难度较大的局部外露钢筋、插筋等采用一层厚橡塑海绵包裹，用铁丝绑紧，或采用水泥砂浆涂抹。

若其他越冬保温施工需要搭设脚手架施工平面或保温棚后铺设保温材料（按照部位对应层数的橡塑海绵＋三防帆布），脚手架按照横距 1.5m，纵距 1.5m，步距 1.8m 原则搭设。

6.3.6 越冬保温温度监测

为全面监测大坝越冬保温效果，根据多次越冬经验，确定埋设大坝监测温度传感器位置。温度计埋设分两种：①大坝表层温度传感器，埋设于已浇筑混凝土和保温材料之间，主要位于大坝混凝土水平越冬面、上下游面及横缝面，监测过冬期间大坝表层温度变化，便于了解保温材料保温效果，优化保温方式；②地温检测温度传感器，结合固结灌浆孔（封孔前），不再另行钻孔，埋设深度为入岩 0m、0.5m、1m、3m、5m、10m、24m，监测地温对大坝保温效果的影响。越冬混凝土表面温度传感器结合坝体内部埋设的温度传感器，观测混凝土表面及内部温差，综合监测大坝混凝土越冬效果。以下为温度传感器埋设注意事项：

（1）温度传感器与传感器电缆线采用焊接方式接线，电缆接头做好密封、防水保护。

（2）通过 LN2026-PT 型手持式温度测试记录仪，读取温度传感器序列号并进行接线效果测试。

（3）温度传感器埋设后，将电缆接引至附近分控站，并做好智能温控系统内录入调试工作。

（4）温度传感器埋设时应对越冬面积水进行清理，防止积水影响越冬保温效果。

（5）温度传感器电缆引线注意过路保护，防止越冬保温施工期间车辆运输及人员过往损坏电缆，保证温度传感器存活率。

6.3.7 越冬保温效果分析

2015—2016 年越冬期间（坝体混凝土第一年越冬），利用 2015 年 11 月 9 日至 2016 年 3月 14 日监测的温度数据进行了专项越冬保温效果分析，为后续越冬期保温方案提供参考。

1. 越冬期间气温变化

越冬期间布置 1 支温度传感器专门监测越冬保温区气温变化情况。根据实测数据,绘制 2015—2016 年越冬期间气温变化曲线见图 6.3.2。

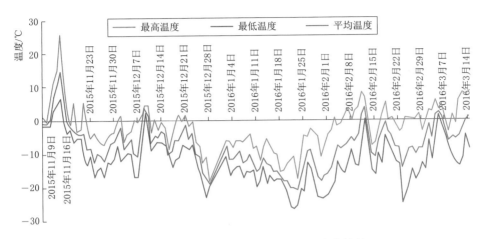

图 6.3.2 2015—2016 年越冬期间气温变化情况

根据《水工混凝土施工规范》(DL/T 5144—2015)中的有关定义,寒潮为日平均气温 5℃ 以下时的气温骤降(气温骤降:日平均气温在 2～3d 内连续下降累计 6℃ 以上)。2015 年 11 月 9 日至 2016 年 3 月 14 日,根据温度传感器监测得到的气温数据分析,大坝混凝土越冬期间共经历 9 次寒潮,累计降温为 6.56～16.92℃,一次最大降温为 3.76～9.14℃,平均降温速率为 2.78～6.56℃/d。就寒潮发生时段而言,寒潮主要发生在越冬前期气温逐渐下降阶段及越冬后期气温逐渐升高阶段,而在气温普遍较低的 1 月寒潮发生次数较少。具体情况见表 6.3.1。

表 6.3.1　　　　　　　　　　越冬期间寒潮统计表

寒潮次数	降温历时 /d	时　间	一次最大 降温/℃	累计降温 /℃	平均降温 速率/(℃/d)
第一次	3	2015 年 11 月 15—17 日	9.14	16.92	5.64
第二次	1	2015 年 12 月 3 日	6.56	6.56	6.56
第三次	2	2015 年 12 月 10—11 日	8.3	10.45	5.22
第四次	2	2015 年 12 月 15—16 日	6.13	6.91	3.46
第五次	5	2015 年 12 月 24—28 日	6.28	15.14	3.03
第六次	3	2016 年 1 月 28—30 日	4.61	9.23	3.08
第七次	3	2016 年 2 月 13—15 日	8.55	15.07	5.02
第八次	5	2016 年 2 月 19—23 日	6.18	13.89	2.78
第九次	3	2016 年 3 月 6—8 日	3.76	8.61	2.87

2. 越冬层混凝土内部温度变化情况

越冬层混凝土涉及 14 仓混凝土，其中常态（变态）混凝土 4 仓，碾压混凝土 10 仓。各仓具体情况见表 6.3.2。

表 6.3.2 越冬面各仓基本情况

浇 筑 仓 号	浇筑高程/m	混凝土龄期/d	备注
7 号坝段找平层混凝土	188.40～188.90	111	
8～13 号坝段碾压混凝土	187.10～188.90	89	
14～18 号坝段碾压混凝土	186.80～188.90	117	
18～21 号坝段碾压混凝土	180.00～182.90	42	
10～15 号坝段高程 184.00m 廊道预留槽上游侧碾压混凝土	185.90～188.90	63	
11～15 号坝段高程 184.00m 廊道预留槽下游侧混凝土	185.90～188.90	60	
22～24 号坝段碾压混凝土	180.00～182.90	32	
25～27 号坝段碾压混凝土	180.30～182.90	48	
28～33 号坝段碾压混凝土	184.00～187.00	51	
34～37 号坝段碾压混凝土	191.50～194.30	15	
38 号坝段碾压混凝土	191.30～194.30	97	
39 号坝段上游侧垫层混凝土	192.80～194.30	188	
39 号坝段下游侧垫层混凝土	192.80～194.30	183	
40～45 号坝段碾压混凝土	196.10～198.80	45	

注 表中混凝土龄期是指越冬高程各仓号收仓后至越冬保温施工全部结束时越冬混凝土的龄期。

根据越冬期间混凝土内部温度实测数据，对越冬混凝土每日平均内部温度变化情况进行统计分析，具体情况见表 6.3.3。

表 6.3.3 越冬混凝土内部温度变化

浇筑仓号	温度传感器埋设位置	日均温最大值/℃	出现时间	越冬期总降温量/℃	日降温速率平均值/(℃/d)	日降温速率最大值/(℃/d)
8～13 号坝段碾压混凝土	13 号坝段上游侧	16.15	2015 年 11 月 24 日	2.02	0.02	0.06
10～15 号坝段高程 184.00m 廊道预留槽上游侧碾压混凝土	13 号坝段下游侧	16.06	2015 年 11 月 20 日	3.23	0.03	0.09
14～19 号坝段碾压混凝土	18 号坝段下层	16.76	2015 年 12 月 2 日	1.69	0.02	0.05
25～27 号坝段碾压混凝土	25 号坝段	11.82	2015 年 11 月 15 日	5.8	0.05	0.6

浇筑仓号	温度传感器埋设位置	日均温最大值/℃	出现时间	越冬期总降温量/℃	日降温速率平均值/(℃/d)	日降温速率最大值/(℃/d)
28～33 号坝段碾压混凝土	28 号坝段	15.81	2015 年 11 月 19 日	4.5	0.04	0.09
	30 号坝段	17.37	2015 年 12 月 26 日	1.06	0.01	0.05
34～37 号坝段碾压混凝土	34 号坝段	21.62	2015 年 12 月 18 日	2.56	0.03	0.06
	35 号坝段	20.37	2015 年 12 月 30 日	1.69	0.02	0.07
39 号坝段下游侧垫层混凝土	39 号坝段	12.37	2015 年 12 月 28 日	0.3	0.004	0.04
40～45 号坝段碾压混凝土	43 号坝段中部	15.18	2015 年 11 月 9 日	6.89	0.05	0.22
	43 号坝段下游	15.97	2015 年 11 月 16 日	2.85	0.02	0.07

根据上述各仓块浇筑信息情况及内部温度情况可知，截至 2015 年 11 月 9 日越冬保温施工完成时，越冬混凝土龄期相差较大，最大已达 188d，最小龄期为 15d。根据内部温度实测数据统计分析，虽然内部温度有所不同，但总体上日降温速率较小，最大值为 0.04～0.6℃/d，平均值为 0.004～0.05℃/d。

根据各坝段内部温度降温速率及降温过程情况，越冬期间，表层混凝土内部温度变化可分为 3 种情况，具体情况如下。

（1）内部温度较为稳定，温度波动较小（以 39 号坝段为例）。39 号坝段由于浇筑时间很早，龄期很长，内部温度较低并已基本趋于稳定，混凝土内部水化热反应微弱，温度缓慢下降。越冬期间 39 号坝段内部温度变化见图 6.3.3。

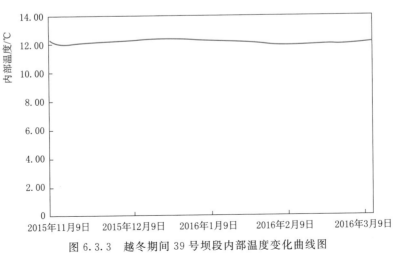

图 6.3.3 越冬期间 39 号坝段内部温度变化曲线图

（2）内部温度呈下降趋势（以 13 号坝段上游侧为例），见图 6.3.4。

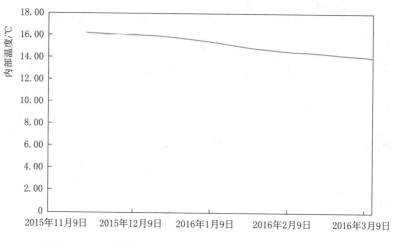

图 6.3.4　越冬期间 13 号坝段上游侧内部温度变化曲线图

（3）内部温度越冬早期呈上升趋势而后逐渐变为下降趋势（以 30 号坝段为例）。根据实测数据显示，30 号坝段越冬表层内部日均温在越冬早期呈上升趋势而后逐渐变为下降趋势，具体见图 6.3.4。分析认为，28～33 号坝段高程 184.00～187.00m 为满塘浇筑，除 28 号坝段一侧为双向散热外，29～33 号坝段均为单向散热。受固结灌浆钻孔打断冷却水管影响，混凝土通水冷却降温未达到预期效果，同时越冬前施工的固结灌浆及封孔施工造成该区域二次升温，因此在越冬早期，在保温材料保护下表层混凝土内部温度不降反升。

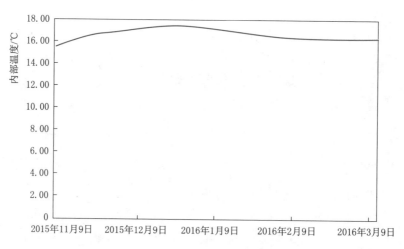

图 6.3.5　越冬期间 30 号坝段内部温度变化曲线图

3. 混凝土表面温度变化

（1）越冬混凝土水平面温度变化。除去温度异常变化的情况外，越冬混凝土水平面温度变化情况统计见表 6.3.4。

表 6.3.4　越冬混凝土水平面表面温度变化情况统计表

温度传感器布置点	保温层数	日均温		总降温/℃	平均降温速率/(℃/d)	最大降温速率/(℃/d)	日温差/℃		
		最大值/℃	出现时间				最大值	最小值	平均值
8 号坝段	15 层	12.11	2015 年 11 月 20 日	1.02	0.01	0.14	0.25	0	0.08
7 号坝段	15 层	10.78	2015 年 11 月 15 日	2.78	0.02	0.16	0.19	0	0.07
25 号坝段上游	15 层	17.10	2015 年 12 月 23 日	0.93	0.01	0.16	0.25	0	0.09
32 号坝段	9 层	14.83	2015 年 12 月 15 日	1.30	0.01	0.2	0.31	0	0.12
9 号坝段	15 层	11.42	2016 年 1 月 12 日	0.57	0.01	0.21	0.81	0	0.10
19 号坝段	15 层	12.82	2015 年 11 月 17 日	3.00	0.03	0.21	0.5	0	0.08
19 号坝段下游	9 层	13.33	2015 年 12 月 11 日	2.16	0.02	0.21	0.25	0	0.10
23 号坝段	9 层	20.65	2015 年 12 月 21 日	2.81	0.03	0.21	0.38	0	0.10
42 号坝段	15 层	18.76	2015 年 11 月 14 日	2.66	0.02	0.25	0.38	0	0.15
29 号坝段	9 层	15.32	2015 年 12 月 21 日	0.56	0.01	0.27	0.5	0.06	0.16
39 号坝段上游侧	15 层	14.19	2015 年 11 月 14 日	4.35	0.04	0.28	0.38	0.06	0.16
36 号坝段	9 层	16.63	2015 年 11 月 20 日	2.48	0.02	0.34	0.62	0.06	0.18
44 号坝段	9 层	14.08	2015 年 11 月 14 日	2.87	0.02	0.34	0.75	0.06	0.26
45 号坝段	9 层	16.25	2015 年 11 月 15 日	3.39	0.03	0.34	0.56	0.06	0.25
23 号坝段下游	9 层	18.44	2015 年 12 月 9 日	2.44	0.03	0.47	1.06	0	0.13
33 号坝段	9 层	12.87	2015 年 12 月 2 日	2.06	0.02	0.49	0.43	0	0.18
28 号坝段上游	9 层	14.31	2015 年 11 月 14 日	6.16	0.05	0.66	1.07	0.06	0.56
34 号坝段	9 层	18.36	2015 年 12 月 21 日	1.97	0.02	0.72	0.75	0.06	0.30
18 号坝段	15 层	12.92	2015 年 11 月 17 日	3.82	0.03	0.98	1.07	0.07	0.40
40 号坝段上游	15 层	18.45	2015 年 11 月 14 日	6.52	0.05	0.99	2.12	0.06	0.87
21 号坝段上游	9 层	11.51	2015 年 11 月 15 日	4.37	0.04	1.27	2.31	0.06	0.49
18 号坝段下游	9 层	9.77	2015 年 12 月 9 日	0.77	0.01	2.00	4.69	0.12	1.89

注　本表中日均温为监测点每日实测温度的平均值；日温差为监测点每日实测温度的最大值与最小值之差，保温层数为厚 2cm 橡塑海绵的层数。

越冬期间总降温值为 0.56～6.52℃，平均为 2.91℃；平均降温速率为 0.01～0.05℃/d，平均为 0.03℃/d；最大降温速率为 0.14～2.1℃/d。日温差最大值为 0.19～4.69℃，平均值为 0.07～2.37℃。

最大降温速率小于 0.5℃/d 时，各检测点日温差最大值基本小于 1℃，平均值为 0.07～0.26℃；最大降温速率大于 0.5℃/d 且小于 1℃/d 时，日温差最大值为 0.75～2.12℃，平均值为 0.3～0.87℃；最大降温速率大于 1℃/d 时，日温差最大值为 2.31～4.69℃，平均值为 0.49～2.37℃。

最大降温速率小于 0.5℃/d 的监测点主要分布于满塘浇筑或远离双向散热区的越冬混凝土表面。最大降温速率大于 0.5℃的监测点主要分布于临近双向散热区的越冬混凝土顶面。

由于 2015—2016 年越冬层面高程普遍较低，基坑周围岩体渗水、雪融水及其他外来水大多汇入基坑，虽然施工单位采取了连续抽排措施，但仍对越冬保温造成了较大的影响。

靠近上游边坡的坝面，受地形影响，主要位于阴面，每日阳光直射时间较短，造成越冬期间天然降雪融化后蒸发过程缓慢，雪融水沿缝隙渗入越冬表面，形成局部积水，从而影响局部保温效果。18 号坝段高程 185.00m 平台、40 号坝段上游侧、28 号坝段上游侧即受雪融水影响。

20 号坝段上游存在一处排水沟出口，越冬期间主要为老坝廊道内渗水外排使用，越冬期间渗水沿边坡流入 20～21 号坝段上游越冬保温区域，造成 20～21 号坝段上游侧坝面积水，影响局部保温效果，从而 21 号坝段上游侧监测到的混凝土表面温度相对较低，日均温最大值为 11.51℃。

18 号坝段下游水平面受 20 号坝段外来水及雪融水的影响较大。

（2）越冬混凝土侧面温度变化。越冬混凝土侧面温度变化情况见表 6.3.5。

统计数据显示，各检测点总降温值为 1.9～10.35℃，平均值为 4.71℃；平均降温速率为 0.02～0.08℃/d，平均值为 0.04℃/d；最大降温速率为 0.21～2.91℃/d。日温差最大值为 0.25～6.94℃，平均值为 0.1～3.31℃。对比越冬混凝土水平面温度数据，越冬混凝土侧面各项数值均相对较高，反映出混凝土侧面保温效果比混凝土表面效果差。

18 号坝段上游立面监测点温度计放置于溢流坝段上游侧搭设的暖棚侧立面保温材料内，并未与越冬混凝土面直接接触，因此温度变化反应的为暖棚内温度变化。由于未受到雪融水、基岩渗水或其他外来水影响，暖棚内封闭较好，从而最大降温速率、日温差较小，温度变化均匀，由于内外均为空气，持续进行降温，因此总降温量较大。

19 号坝段下游侧面、27～28 号坝段横缝面、39～40 号坝段横缝面等越冬混凝土侧面最大降温速率、日温差均较小，越冬期间日均温缓慢下降，保温效果较好。

33～34 号坝段横缝加强区、33～34 号坝段横缝正常区、34 号坝段上游立面、34 号坝段下游坝面、36 号坝段下游坝面等越冬混凝土侧面，从实测数据来看，日温差变化大、最大降温速率也较大，越冬期间混凝土表面温度波动变化大，保温效果相对较差。造成这一情况的原因可能为：①上述几处混凝土侧面均为 2015 年度浇筑的最后一仓混凝土 34～37 号坝段高程 191.50～194.30m 碾压混凝土的侧面，收仓时间为 10 月 25 日，由于浇筑期间气温较低，混凝土初凝及水化热反应延迟，且至 2015 年 11 月 9 日越冬保温施工

表 6.3.5　越冬混凝土侧面温度变化情况表

温度传感器布置	保温层	日均温 最大值/℃	日均温 出现时间	总降温/℃	平均降温速率/(℃/d)	最大降温速率/(℃/d)	日温差/℃ 最大值	日温差/℃ 最小值	日温差/℃ 平均值
18号坝段上游立面（暖棚立面）	15层橡塑海绵	18.95	2015年11月12日	10.35	0.08	0.40	0.32	0	0.11
18号坝段下游侧面	16cm XPS板	8.51	2015年12月3日	3.13	0.03	2.64	2.00	0.06	0.77
19号坝段下游侧面	16cm XPS板	12.10	2015年12月11日	1.90	0.02	0.23	0.25	0	0.11
27~28号坝段横缝面	16cm XPS板	19.57	2015年11月15日	6.64	0.06	0.36	0.31	0	0.13
33~34号坝段横缝加强区	16cm XPS板	17.31	2015年11月13日	3.61	0.03	1.20	6.94	0.44	3.31
33~34号坝段横缝正常区	8cm XPS板	17.12	2015年11月13日	2.89	0.02	1.03	5.93	0.31	1.98
34号坝段上游立面	16cm XPS板	15.34	2015年12月10日	3.31	0.03	2.91	5.75	1.68	2.98
34号坝段下游坝面	16cm XPS板	17.20	2015年12月10日	4.84	0.05	1.23	2.94	0.69	1.78
36号坝段下游坝面	16cm XPS板	16.25	2015年11月14日	6.10	0.05	2.10	4.43	0.19	2.37
39~40号坝段横缝面	16cm XPS板	20.24	2015年11月15日	4.31	0.04	0.21	0.32	0	0.10

注　本表中日均温为监测点每日实测温度的平均值；日温差为监测点每日实测温度的最大值与最小值之差；XPS板为挤塑聚苯乙烯泡沫塑料板的简称。

完成时混凝土龄期为 15d，所以导致在越冬早期混凝土内部持续散热；②越冬期间34～37 号坝段越冬顶面高程为 194.30m，而左岸侧相邻的 28～33 号坝段越冬顶面高程为 187.00m，二者高差为 7.3m，使得 33～34 号坝段侧面形成一个迎风面，因此造成越冬期间受寒风影响较大，且其上游侧、下游侧、左岸侧三面临空，混凝土表面散热相对较快。

18 号坝段下游侧面由于受其坝段高程 185.00m 平台雪融水影响，保温效果改变，受外界气温影响，每日温度波动，因此日温差变化相对较大。

（3）厂坝间支墩混凝土温度变化。该次越冬温度监测，厂坝间支墩混凝土温度计布置于20～21 号坝段的厂坝间支墩混凝土上，越冬期间该支墩混凝土由 20 号坝段厂坝间右支墩和 21 号坝段左支墩组成。20～21 号坝段厂坝间支墩混凝土上游侧厂房坝段越冬顶面高程为 182.90m，两侧压力钢管预留槽内混凝土越冬面高程为 181.10m，下游侧是高程为 176.00m 的厂房上游墙基础，而支墩混凝土越冬顶面高程为 192.90m，因此 20～21 号坝段支墩混凝土越冬期间是两个由横缝分开的长 17.025m、高 11.8m、宽 8.1m 的四面临空的孤立混凝土块体。

20～21 号坝段支墩混凝土温度变化情况见表 6.3.6。

表 6.3.6　　　　　　　　　20～21 号坝段支墩混凝土温度变化情况表

位置	保温层	日 均 温		总降温 /℃	平均降温 速率	最大降温 速率	日温差/℃		
		最大值/℃	出现时间				最大值	最小值	平均值
顶面	9 层橡塑海绵	21.73	2015 年 11 月 10 日	16.53	0.13	0.66	0.5	0.06	0.23
下游侧面	16cm XPS 板	13.61	2015 年 11 月 15 日	9.32	0.08	0.46	0.5	0.06	0.23
左岸侧面	16cm XPS 板	11.94	2015 年 11 月 15 日	6.38	0.05	0.33	0.38	0.06	0.18

由实测数据统计分析，可知 20～21 号坝段支墩混凝土总降温值较大、最大降温速率及日温差变化相对稳定。主要受四面临空，顶面及层面双向散热等原因影响，混凝土表面温度持续下降，但降温速度均匀。

（4）温度异常突变情况。对大坝越冬混凝土顶面及侧面实测温度数据进行统计分析时，发现各监测点出现次数不同的温度突变（本文温度突变主要是指越冬混凝土整个越冬期间相对平稳变化但其中存在几天内温度突降的情况）情况，见图 6.3.6。

对各监测点实测温度突变情况进行统计，除去越冬期间温度变化频繁的监测点外，共 18 个监测点发生温度突变情况，突变次数累计 46 次。

通过统计情况可以看出，温度突变与寒潮存在一定对应关系。根据越冬期间实测气温来看，温度突变主要发生在越冬前期气温逐渐下降的阶段和越冬后期气温逐渐回升的阶段，而气温较低的 1 月并未发生温度突变情况，而发生温度突变的时段基本均为天然降雪融化的时段。因此推断发生温度突变主要受到雪融水渗入和寒潮相互叠加影响。温度传感器电缆线穿过保温材料的区域易形成雪融水渗入通道，从而造成温度传感器所在区域局部积水，从而影响局部保温效果和降低局部混凝土表面温度。

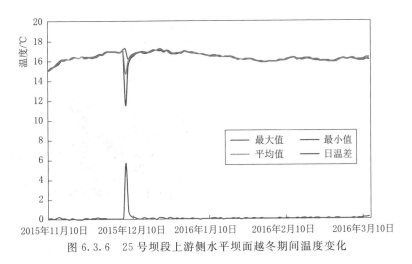

图 6.3.6 25 号坝段上游侧水平坝面越冬期间温度变化

4. 结论

根据越冬期间施工现场气温、越冬混凝土表面、混凝土内部实测温度数据，保温效果如下。

（1）越冬期间混凝土内部温度以缓慢的降温速率进行降温过程，每日降温速率最大值普遍较小，龄期较短的混凝土越冬期间出现温度上升过程。越冬期间混凝土表面温度变化较为平稳，最大日降温速率和日温差变化大部分较小，其中越冬混凝土顶面温度变化比混凝土侧面温度变化平稳。采用塑料薄膜＋足够厚度的保温材料＋三防帆布的保温措施在混凝土表面形成了密闭的保温层，具有良好的保温效果。

（2）越冬长间歇面处于基础强约束区时，由于坝体普遍较低易受到雪融水、边坡外露岩层地下水渗水等影响。应采取妥善引排措施，将外来水引出，以免对越冬层面保温效果造成影响。

（3）除坝体永久外露面外，应尽量避免越冬时坝体出现高大的迎风面或孤立的混凝土块体。冬季较大寒风时，容易加速双向散热或多项散热，造成坝块混凝土降温过快。

（4）埋设越冬混凝土表面温度监测设施时，应尽量选择在保温材料覆盖前进行布置。如在保温材料覆盖封闭后埋设，易使温度计或温度传感器电缆穿出保温层位置形成雪融水或其他外来水渗入通道，造成监测数据失真。

6.3.8 坝体结构限裂钢筋设计

大体积混凝土在施工期间，外界气温的变化对大体积混凝土的开裂有重大影响，外界温度下降，尤其是温度骤降，大大增加外层混凝土与混凝土内部温度梯度，产生温差应力，造成大体积混凝土出现裂缝。从物理学来说，裂缝是物体结构"热胀冷缩"的必然结果，混凝土材料长期处于高低温交替变化的环境下，产生的温差裂缝更为明显，且破坏力较大。

丰满重建工程地处严寒地区，所在地区昼夜温差较大，越冬时段较长。同时丰满重建工程作为大体积碾压混凝土大坝，水泥水化作用，产生大量水化热。大坝上下游面混凝土在外部与混凝土内部温差作用下，坝体混凝土极易产生温度裂缝。

为限制大坝上下游面温度裂缝的开展，确保坝体混凝土结构完整性，提高坝体抗压抗剪性能，进一步强化整体水工建筑物稳定性，提高大坝抗震安全裕度，促进大坝越冬面与其上部混凝土的良好结合，在大坝主体上下游面布置限裂抗震钢筋。总体设计如下。

（1）上游限裂钢筋布置。在高程 242.00m 以上布置单层直径 25mm、间距 20cm 的限裂钢筋网，高程 242.00m 以下布置单层直径 28mm、间距 20cm 的限裂钢筋网，根据实际情况底部起始高程在 200.00～227.00m 不等。上游面限裂钢筋布置见图 6.3.7。

图 6.3.7　大坝上游面限裂钢筋布置

（2）下游坝面限裂及抗震钢筋布置。20～25 号厂房坝段在高程 225.00m 以上布置单层直径 28mm、间距 20cm 的限裂钢筋网；左岸 6～9 号挡水坝段、10 号和 19 号坝段挡水剖面部分、右岸 26～29 号挡水坝段在高程 227.00m 以上布置内外双层限裂钢筋，其中竖向钢筋直径 28mm、间距 20cm，水平向钢筋直径 22mm、间距 20cm；左岸 4～5 号坝段、右岸 30～51 号挡水坝段在高程 240.00m 以上布置单层限裂钢筋，其中竖向直径 28mm、间距 20cm，水平向直径 22mm、间距 20cm；10～19 号溢流坝段下游溢流堰面布置有单层直径 25mm、间距 20cm 的堰面限裂钢筋。

随着经济的高速发展，钢材使用所占费用的比例降低。目前，国内碾压混凝土大坝上下游侧也多增设了限裂钢筋，主要在防止大坝上下侧产生贯穿性裂缝中发挥较大作用，并且也保证了每个坝段坝体的整体性。

6.4　人工造雪越冬保温技术研究

6.4.1　人工造雪越冬保温措施

在 2015 年越冬保温措施的基础上，对左岸 7 号、8 号、9 号坝段进行了人工造雪覆盖保温研究，为下一年度越冬保温计划提供参考。在温度进入相对稳定低温季节后，采用人工造雪机对该区域进行了造雪覆盖施工。该区域详细施工信息见表 6.4.1。

表 6.4.1　　　　　　　　　人工造雪覆盖区域保温措施的施工信息

坝段	混凝土属性	距建基面高差/m	越冬面面积/m²	常规保温措施	到常规措施完成时混凝土龄期/d	温度传感器埋设位置	雪层覆盖厚度/cm
7 号	找平层常态混凝土	0.5	1067	1 层塑料薄膜＋15 层橡塑海绵＋1 层三防帆布	111	越冬面中间部位	30
8 号	强约束区碾压混凝土	2.5	1112		89		50
9 号	强约束区碾压混凝土	3.9	1266		89		20

6.4.2 越冬保温效果分析

由于2015年大坝常规越冬保温措施施工于2015年11月9日完成，2016年3月15日开始进行保温材料的揭除施工。因此，针对左岸7号、8号、9号坝段的越冬停浇面，使用2015年11月9日至2016年3月14日期间实测的温度监控数据进行越冬保温效果分析。

1. 综合保温效果分析

在混凝土越冬面和保温材料之间埋设了多组温度传感器，用来了解保温措施的保温效果。从图6.4.1和表6.4.2来看，7号坝段停浇面表面温度基本维持在7.5～11℃，8号坝段基本维持在10.5～12℃，9号坝段基本维持在9～11.5℃（除2个异常点外），且日变化幅度均较小。而根据越冬保温期间的现场气温监测显示：日平均气温的均值为－7.67℃，极端最低气温为－26.37℃，日变化幅度均值为9.28℃。可见，坝块停浇面的越冬保温措施满足设计要求，总体上保温效果较好。

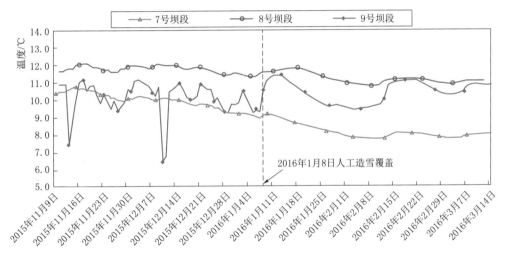

图6.4.1 冬歇期坝块停浇面表面温度监测统计图

表6.4.2　　　　　　　　　冬歇期坝块停浇面表面温度监测统计表

位置	温度监测值的日平均值/℃			温度监测值的日变化幅度/℃		
	最大值	最小值	均值	最大值	最小值	均值
气温	9.54	－21.12	－7.67	17.87	1.00	9.28
7号坝段	10.78	7.74	8.98	0.19	0.00	0.07
8号坝段	12.11	10.76	11.46	0.31	0.00	0.08
9号坝段	11.42	9.22	10.37	1.19	0.00	0.23

注　表中9号坝段数据统计时排除了两次异常温降过程。

2. 人工造雪保温效果分析

为了解雪层的保温效果，分别在3个坝段顶部的雪层和常规保温材料之间，布置了3

个监测温度计。

（1）对寒潮的抵御作用。2015 年越冬期间共经历了 9 次寒潮，其中人工造雪覆盖（于 2016 年 1 月 8 日实施）发生在第五次寒潮和第六次寒潮之间。第五次、第六次寒潮期间越冬混凝土表面温度变化情况见图 6.4.2。

根据监测数据，第五次寒潮期间，日平均气温累计下降达 15.14℃，雪层（天然降雪）下各测点的日平均值累计下降 12.7～14.6℃，占气温下降值的 84%～96%；第六次寒潮期间，日平均气温累计下降达 9.23℃，雪层（人工造雪）下各测点的日平均值累计下降为：7 号坝段（30cm 雪层）0.3℃、8 号坝段（50cm 雪层）0℃、9 号坝段（20cm 雪层）1.7℃，分别占气温下降值的 3%、0%、18%。图 6.4.2 显示了两次寒潮期间气温以及 3 个坝段停浇面雪层下温度监测值的变化过程。综上，人工造雪覆盖层对寒潮等气温骤变的抵御作用非常明显。

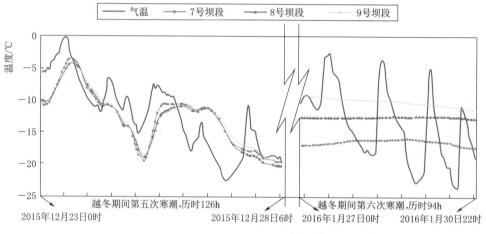

图 6.4.2　人工造雪前后越冬混凝土表面温度变化

（2）对温度波动的延缓作用。从图 6.4.1 和图 6.4.2 可以看出，人工造雪覆盖层对温度波动有很好的延缓作用，特别是在坝块停浇面存在积水导致等效放热系数变大时效果更加明显，例如 9 号坝段越冬停浇面。这是因为人工造雪与天然降雪相比，结构更为紧密，受阳光辐射热的影响小，融化缓慢，人工造雪覆盖后相当于在常规保温材料顶部形成了一个封闭层，大大减缓了常规保温材料与外界空气的热交换，起到了很好的保温作用。

6.4.3　小结

（1）从 2015 年冬歇期混凝土表面温度监测情况来看，新丰满大坝施工期坝块越冬停浇面保温措施效果较好，可靠性较高。

（2）对于基础约束区、薄层结构、地势低洼易积水等特殊坝块停浇面应加强越冬保温措施，例如增加常规保温材料的厚度、入冬后尽早采取人工造雪覆盖等。

（3）除了做好越冬保温措施外，在入冬之前，在条件允许情况下尽可能做好越冬坝块的通水冷却工作，尽量避免冬歇期停浇面温度进一步回升，进而引起温度波动。

（4）"橡塑海绵保温被＋人工造雪覆盖层"的越冬保温措施有较好的保温效果，可在严寒地区越冬保温措施中扩大应用范围，具体厚度应根据温控仿真计算确定。

6.5 严寒地区坝体辅助防渗及永久保温

6.5.1 设计方案

1. 大坝外表面辅助防渗方案

大坝上游外表面高程 263.50m 以下设柔性辅助防渗层。为防止闸门漏水或者溢流面积雪融水渗入混凝土后引起冻胀破坏，在闸门上游溢流面也设柔性辅助防渗层。辅助防渗层为 2mm 厚度的聚脲。

2. 大坝外表面永久保温方案

工程地处东北严寒地区，寒潮来袭或冬季时节，大坝上下游表面混凝土温度梯度、内外混凝土温差均很大，为了消减大坝表面温度梯度，控制大坝表面温度应力，防止大坝危害性裂缝的产生，采用喷涂聚氨酯对大坝外表面进行永久保温。

3. 辅助防渗及永久保温具体方案

（1）大坝上游坝面。

1）水位变动区以下坝面（高程 240.00m～坝基）：喷涂 2mm 厚双组分聚脲＋喷涂 8cm 厚聚氨酯（密度不小于 $50kg/m^3$）＋界面剂。

2）水位变动区高程 240.00～245.00m：喷涂 2mm 厚双组分聚脲＋喷涂 8cm 厚聚氨酯（密度不小于 $70kg/m^3$）＋界面剂。

3）水位变动区高程 245.00～260.00m：喷涂 2mm 厚双组分聚脲＋喷涂 8cm 厚聚氨酯（密度不小于 $70kg/m^3$）＋抗冰拔防护层。

4）水位变动区高程 260.00～263.50m：喷涂 2mm 厚双组分聚脲＋喷涂 8cm 厚聚氨酯（密度不小于 $70kg/m^3$）＋外表面防护层。

5）水位变动区以上（高程 263.50m～坝顶）：喷涂 8cm 厚聚氨酯（密度不小于 $50kg/m^3$）＋外表面防护层。

（2）大坝下游坝面。

1）下游回填土顶高程以下坝面：喷涂 10cm 厚聚氨酯（密度不小于 $35kg/m^3$）。

2）下游长期外露坝面：喷涂 10cm 厚聚氨酯（密度不小于 $50kg/m^3$）＋外表面防护层。

3）左岸下游面高程 199.70m 以下：喷涂 10cm 厚聚氨酯（密度不小于 $50kg/m^3$）＋抗冰拔防护层。

（3）溢流面。

1）溢流坝面弧门后：喷涂 10cm 厚聚氨酯（密度不小于 $50kg/m^3$）＋外表面防护层。

2）溢流坝弧门前溢流面、边墙（高程 247.36～260.00m）、中墩（高程 247.36～253.00m）：涂刷 2mm 厚单组分聚脲＋喷涂 8cm 厚聚氨酯（密度不小于 $70kg/m^3$）＋抗冰拔防护层。

3）弧门前溢流坝边墙（高程 260.00～263.50m）：涂刷 2mm 厚单组分聚脲＋喷涂 8cm 厚聚氨酯（密度不小于 70kg/m³）＋外表面防护层。

4）弧门前溢流坝边墙（高程 263.50m 以上）：喷涂 8cm 厚聚氨酯（密度不小于 50kg/m³）＋外表面防护层。

5）溢流坝中墩（高程 253.00～258.50m）间锚固预留槽：涂刷 2mm 厚单组分聚脲。

（4）厂房坝段进水口。大坝进水口高程 220.00m 底板至高程 239.00m 大坝上游面、压力钢管前渐变段流道及高程 263.50m 以下检修门槽、快速闸门槽、通气孔：喷涂 2mm 厚聚天门冬氨酸酯双组分聚脲。

6.5.2　原材料的选取

1. 永久外保温主材料

大坝外表面永久保温主材料为喷涂的聚氨酯硬泡。喷涂的聚氨酯硬泡是由异氰酸酯组分（黑料）与多元醇组分（白料）组合自由发泡形成的物质。其中水位变动区坝面喷涂的聚氨酯硬泡为 A 型，其他部位为 B 型。性能指标详见表 6.5.1。

表 6.5.1　　　　　　　　　　喷涂聚氨酯硬泡性能指标

序号	项　目	技　术　指　标	
		A 型	B 型
1	表观密度	≥70kg/m³	≥50kg/m³
2	压缩强度	≥500kPa	≥300kPa
3	导热系数（23℃±2℃）	≤0.024W/(m・K)	
4	等效放热系数	≤23.90kJ/(m²・d・℃)	
5	拉伸黏结强度	≥300kPa	
6	拉伸强度	≥300kPa	
7	断裂延伸率	≥5%	
8	闭孔率	≥95%	
9	吸水率	≤3%	
10	水蒸气透过率	≤5ng/(Pa・m・s)	
11	抗渗性（1000mm 水柱×24h 静水压）	≤5mm	
12	尺寸稳定性（48h）	80℃　　　　　　≤2.0%	
		−30℃　　　　　　≤1.0%	

2. 辅助防渗主材料

大坝外表面辅助防渗主材为聚脲。

聚脲材料是指由异氰酸酯（简称 A 组分）与氨基化合物组分（简称 B 组分）反应生成，分子结构中含有重复的脲基链段的一种弹性体物质，其中的 A 组分可以是单体、聚合体、异氰酸酯的衍生物、预聚物和半预聚物，但 B 组分必须是由端氨基树脂和端氨基扩链剂组成。

聚脲材料以其优异的理化性能、整体防护性及施工高效性在水利水电工程防渗以及防护项目中得到推广应用，目前已在混凝土坝表面防渗、泄洪建筑物抗冲磨防护、水工建筑物如渡槽、水闸等建筑物的表面（降糙、防渗）防护等领域得到广泛应用。

聚脲材料按结构组成共分三类，分为芳香族聚脲、脂肪族聚脲和聚天门冬氨酸酯聚脲。三种不同结构类型聚脲的成分及特点见表6.5.2。

表6.5.2　　　　　　　　　　　　　三种不同结构类型聚脲的成分及特点

分类	芳香族聚脲	脂肪族聚脲	聚天门冬氨酸酯聚脲
材料成分	A组分是芳香族异氰酸酯；B组分是芳香胺扩链剂	A组分是脂肪族异氰酸酯；B组分是含脂肪胺扩链剂	A组分是脂肪族异氰酸酯；B组分是聚天门冬氨酸酯（仲胺）
优点	优异的物理性能，价格低	突出的耐候性能，优异的耐低温性能	(1) 固化速度可调至15min以上；(2) 高拉伸强度、高光泽度、优异的耐磨性能；(3) 优异的附着力；(4) 优异的防腐性能及耐紫外光性能；(5) 可以刷涂也可以常规高压无气喷涂机施工
缺点	在光照下黄变，易老化，在紫外线下自氧化生成醌亚胺	物理性能稍差；耐高温和耐腐蚀差；价格贵	价格昂贵；弹性稍差

聚脲按反应类型分类有双组分喷涂聚脲、单组分涂刷聚脲和双组分涂刷聚脲三类，成分及特点见表6.5.3。

表6.5.3　　　　　　　　　　　　　不同反应类型聚脲的成分及特点

分类	双组分喷涂聚脲	单组分涂刷聚脲	双组分涂刷聚脲
材料成分	A组分是由端羟基化合物与异氰酸酯反应制得的半预聚物；B组分是由端氨基树脂和端氨基扩链剂组成的混合物	由异氰酸酯NCO预聚体和化学封闭的胺类化合物、助剂等构成的液态混合物	A组分是脂肪族异氰酸酯；B组分是聚天门冬氨酸酯（仲胺）
特点	固化速度快易黄变、老化，耐高速水流冲击能力差、需专用喷涂设备，大面积施工效率高，成本低	施工便利，脂肪族，耐候性好，耐高速水流冲刷能力强，成本高	双组分慢反应，固化时间可调与基层浸润性好，与基材附着力高，低温施工性能好。耐高速水流冲刷能力强，耐紫外线老化性能优异；可以刷涂也可以常规高压无气喷涂机施工

为做好新丰满大坝整体防渗处理，工程针对不同部位对防渗防护的要求选择了不同类型的聚脲材料，以达到辅助防渗和混凝土劣化保护的作用。

根据聚脲材料分类特性和经济比选，大坝挡水坝段上游面无水流冲刷仅需要进行防渗防护处理的部位采用2mm厚双组分喷涂聚脲进行表面防护。

在大坝厂房坝段上游面、进水口、闸门槽、通风竖井等长期水流冲刷的部位，需要聚脲涂层既要具有优异的物理力学性能和附着力，又要能够抵抗水流的长期冲刷和优异的耐老化性能，因此选择采用聚天门冬氨酸酯双组分涂刷聚脲材料进行了防护。

在溢流道门槽上游面高速水流冲刷区采用单组分涂刷聚脲进行混凝土表面保护。

3. 辅助防渗辅材

大坝外表面辅助防渗辅材为环氧胶泥和环氧底漆。环氧胶泥是由环氧树脂与环氧固化剂构成的双组分型胶泥，应用于大坝基面上的眼、洞等缝隙的填补。环氧底漆是由环氧树脂与环氧固化剂以及溶剂等构成的双组分型底漆，喷涂于环氧胶泥修补后的大坝表面，增加混凝土表面与聚脲的黏结强度。

4. 永久保温辅材

大坝外表面永久保温辅材为环氧胶泥、环氧底漆、界面剂、聚苯颗粒轻骨料找平浆料、抹面胶浆、耐碱玻纤网格布、抗冰拔保护层和外表面保护层。环氧胶泥和环氧底漆功能与辅助防渗辅材相同。界面剂、聚苯颗粒轻骨料找平浆料、抹面胶浆、耐碱玻纤网格布为聚氨酯硬泡体外表面的找平层材料，能有效阻止聚氨酯硬泡在长期阳光照晒下的老化。抗冰拔保护层是应用于冬季水位变动区聚氨酯硬泡体外表面的抗冰拔和冰推保护层，能有效防止库水结冰对外保温材料的破坏，同时又具有防老化功能，由 2mm 厚涂刷双组分聚脲＋氟改性耐候面漆组成，喷涂于聚氨酯硬泡体外表面。外表面保护层为高寒地区大坝专用高性能硅丙耐老化涂料，喷涂于聚氨酯硬泡体找平层的外表面，起到防腐、防水、耐光照保护和装饰作用。

6.5.3 聚脲辅助防渗工艺试验

为优选聚脲材料及施工工艺，在现场实地进行了涂刷聚脲涂刷试验，选取三个单组分聚脲厂家，各施工 $1m^2$，7d 后进行黏结强度检测，检测结果见表 6.5.4。

表 6.5.4 不同厂家单组分涂刷聚脲试验检测结果

厂家	检测点	施工厂家自检		第三方检测	
施工厂家 1	1 号	2.8MPa	三点均是拉拔块与聚脲分离		
	2 号	失败			
	3 号	2.6MPa			
施工厂家 2	1 号	2.81MPa	均为底漆与混凝土分离	2.1MPa	拉拔块与聚脲分离
	2 号	1.34MPa		2.4MPa	底漆与混凝土分离
	3 号	2.15MPa		2.069MPa	拉拔块与聚脲分离
施工厂家 3	1 号	4.48MPa	拉拔块与聚脲分离	3.326MPa	拉拔块与聚脲分离
	2 号	5.03MPa		3.463MPa	拉拔块与聚脲分离
	3 号	5.41MPa		4.142MPa	混凝土基面破坏、拉拔块与聚脲分离（各半）

选取三个双组分涂刷聚脲厂家材料，各施工 $1m^2$，7d 后进行黏结强度检测，检测结果见表 6.5.5。

表 6.5.5　　　　　　　　　　　不同厂家双组分涂刷聚脲试验检测结果

厂家	检测点	施工厂家自检		第三方检测	
施工厂家1	1号	4.4MPa	50%混凝土基面破坏		
	2号	2.96MPa	底漆与混凝土分离		
	3号	3.06MPa	底漆与混凝土分离		
施工厂家2	1号	8.43MPa	混凝土基面破坏	5.365MPa	混凝土基面破坏
	2号	8.79MPa		4.216MPa	拉拔块与聚脲分离
	3号	8.94MPa		6.57MPa	混凝土基面破坏
施工厂家3	1号	5.26MPa	混凝土基面破坏	5.843MPa	混凝土基面破坏、拉拔块与聚脲分离（各半）
	2号	6.64MPa		4.666MPa	混凝土基面破坏
	3号	5.53MPa		4.90MPa	混凝土基面破坏

根据试验检测结果可知，双组分聚脲总体黏结强度优于单组分聚脲。

6.5.4　聚脲辅助防渗施工工艺

由于材料的性质与技术要求不尽相同，因此双组分喷涂聚脲、双组分涂刷聚脲及单组分刮涂聚脲的施工工艺也各有所不同。

1. 双组分喷涂聚脲施工

（1）双组分喷涂聚脲工艺流程。双组分喷涂聚脲施工工艺流程：混凝土基面打磨→涂刷环氧底漆→涂刮环氧胶泥两遍封堵表面气孔→滚涂聚脲底漆→喷涂聚脲涂料。

（2）施工质量控制要点。双组分喷涂聚脲为高温碰撞反应，瞬间成膜，因此对施工基面及施工环境要求较高。在施工过程中，基面必须干燥清洁，确保基面孔洞修补完全，控制好喷涂设备压力均衡及喷枪速度和角度，确保施工厚度均匀；做好基面防护，保证喷涂以外区域不被污染；施工时基面温度大于露点温度5℃以上。底漆滚刷过程和聚脲喷涂过程见图 6.5.1 和图 6.5.2。

图 6.5.1　底涂滚刷过程

图 6.5.2　聚脲喷涂过程

2. 聚天门冬氨酸酯双组分涂刷聚脲施工

（1）聚天门冬氨酸酯双组分涂刷聚脲施工工艺流程：混凝土基面打磨→高压水清洗→环氧胶泥修补孔洞→涂刷底涂界面剂→刮涂聚脲胶泥→辊涂聚天门冬氨酸酯双组分涂刷聚脲→养护。使用的主要材料包括双组分涂刷聚脲及双组分涂刷聚脲胶泥。

（2）施工质量控制要点。为保证聚脲与基面粘接良好，防止发生鼓包、分层等问题，在施工过程中，必须对基面进行仔细打磨清洗，并采用环氧胶泥对混凝土表面局部缺陷和孔洞封堵，界面剂涂覆要求薄而均匀，为能够更好地对混凝土细小气孔进行封堵，需待界面剂手指触摸表面干燥后，刮涂聚脲胶泥，确保涂刷聚脲前基面平整无气孔，聚脲分层施工，后续涂刷应在前一道涂层表面干燥后进行，分层涂刷直至厚度达到设计要求。聚天门冬氨酸酯双组分聚脲涂刷效果见图6.5.3。

3. 单组分涂刷聚脲施工

单组分聚脲材料防渗能力强、抗冲磨效果好，耐候性优异，且伸长率大，适用于处理混凝土伸缩缝、裂缝、抗渗及抗冲磨等，该材料施工方便、不需要专门施工设备。单组分聚脲施工质量要求与双组分涂刷聚脲基本相同。单组分聚脲涂刷效果见图6.5.4。

图6.5.3　聚天门冬氨酸酯双组分聚脲涂刷效果

图6.5.4　单组分聚脲涂刷效果

4. 应用情况

新丰满大坝上游面、发电厂房坝段、溢洪道门槽上游面分别采用双组分喷涂聚脲、聚天门冬氨酸酯双组分涂刷聚脲和单组分涂刷聚脲等不同类型的聚脲材料进行辅助防渗处理。

不同种类的聚脲应根据使用条件的不同进行选择，双组分喷涂聚脲施工快速、成本低以及柔性良好，适用于迎水面大面积的辅助防渗。聚天门冬氨酸酯双组分涂刷聚脲具有优异的物理力学性能、耐候性以及与混凝土基材可靠的粘接，可应用于水流冲刷、抗冻蚀等混凝土部位的防护。

6.5.5　大坝外饰面施工工艺

1. 施工工艺流程

聚氨酯基面打磨、找平→刷界面剂→吊垂直线、弹控制线→涂刮聚苯颗粒轻骨料找平浆料→配抹面胶浆→裁剪耐碱玻纤网格布→抹面胶浆压入耐碱玻纤网→二次抹面胶浆抹平→刮涂柔性耐水腻子→耐老化涂料涂装（涂刮高寒地区大坝专用高性能硅丙耐老化涂装材料底漆→涂刮高寒地区大坝专用高性能硅丙耐老化涂装材料面漆）→清理、整修→外饰面检查、验收。

2. 材料配制

（1）聚苯颗粒轻骨料找平浆料配合比为：聚苯颗粒轻骨料：胶粉料：水＝1：15：20。该材料应随搅随用，应在4h内用完。

（2）抹面胶浆的配制：现场施工时按水灰比1：0.23（根据天气情况水量可适当调节），施工过程中搅拌好材料，应在4h内用完。

3. 施工工艺

（1）浆料找平层。

1）界面剂：用长毛滚筒涂刷或气泵喷涂，将界面剂均匀地涂刷或喷涂于聚氨酯基层面。

2）聚苯颗粒轻骨料浆料找平层：分层施工，第一层抹1.5cm厚与聚氨酯基层压实以防空鼓；第二层待24h后抹灰施工应达到贴饼的厚度，表面平整度采用2m铝合金靠尺进行控制。

3）聚苯颗粒轻骨料浆料找平层施工应自上而下，最后一遍聚苯颗粒轻骨料浆料施工时应达到贴饼的厚度，并搓平，使坝面平整度达到要求。

（2）玻纤网增强抹面层。待浆料找平层强度达到50%或做好3～5d后，抹1.5mm左右厚抹面胶浆，立即将裁好的耐碱玻网用铁抹子压入抗裂砂浆内，耐碱玻纤网之间的搭接不应小于50mm，并不得使耐碱玻纤网起皱、空鼓、翘边，再抹第二遍抹面胶浆完全覆盖网格布。

（3）耐老化涂料涂装施工。

1）基层处理。对基层进行查看，对表面浮粒进行清洁处理，确保表面清洁、无疏松物，无潮湿；对表面裂缝、砂眼、碰坏处进行全方位修复；表面用水泥找平，待干后用1号砂纸磨平，并把浮尘扫净。

2）底漆施工。对基层表面处理后，确定符合要求，再进行封闭底漆施工。基层封闭底漆施工前要严格按照规定比例进行稀释，保证均匀。基层封闭底漆应先小面后大面，从上到下均匀涂刷，保证无漏涂。

3）第一遍面漆施工。底漆表面干燥后才能进行第一遍面涂施工。面漆施工时，不同颜色应使用不同工具，避免混色。涂饰施工先小面后大面，从上到下顺序施工。

4）第二遍面漆施工。第一遍结束后24h再进行第二遍施工。第二遍面漆要求涂刷均匀，施工后色泽一致，无流挂漏底。

6.6 抗冰拔材料研究及应用

6.6.1 坝体保温层抗冰拔试验

根据坝体温度控制的需要，大坝上游面喷涂发泡聚氨酯进行保温。冬季库区冰层最大厚度可达 0.8m 以上，当冰层与混凝土聚氨酯保温层粘接在一起时，随着库水位变动，厚冰层会对聚氨酯保温层产生拉拔、推动、撞击现象，从而造成保温层拉拔破坏。因此，新丰满大坝进行了保温层表面抗冰拔材料试验工作，以降低大坝上游面聚氨酯保温层受冰层拉拔破坏的可能性。试验包括聚氨酯保温层和聚脲涂层之间结合方式、抗冰拔涂层性能、抗冰拔粘接模型试验、现场工艺性试验。

抗冰拔涂层材料性能要求：①良好的防渗性和较低的吸水率；②涂层表面光滑，具有较强的憎水性；③涂层与聚氨酯保温层结合良好；④涂层材料具有良好的耐候性能及适应变形能力。

经过比选，目前只有涂刷聚脲材料能够满足上述要求。双组分喷涂聚脲耐候性较差并且表面光洁度不好，不宜作为抗冰拔涂层材料。单组分聚脲与聚天门冬氨酸酯双组分聚脲均属于涂刷聚脲，适宜作为表面防护涂层，聚天门冬氨酸酯双组分聚脲属于纯脂肪族聚脲材料，材料固含量超过 90%，其中不含增塑剂，交联密度更高，耐候性吸水率更低；而单组分聚脲的固含量只有 80% 左右，由于含有增塑剂，长期泡水条件下增塑剂会吸水造成水分子迁移，且其长期耐候性较聚天门冬氨酸酯双组分聚脲低。因此，通过试验选择聚天门冬氨酸酯双组分聚脲作为抗冰拔涂层试验备选材料，材料性能检测见表 6.6.1。

表 6.6.1　　　　　　　　聚天门冬氨酸酯双组分涂刷聚脲材料性能检测

序号	项　　目	性能要求	实测值	试　验　方　法
1	固含量（两组分混合）/%	≥80	92	GB/T 16777 或 GB/T 23446
2	表干时间/h	≤2	1.5	
3	拉伸强度/MPa	≥15	16.2	
4	断裂伸长率/%	≥280	312	
5	撕裂强度/(N/mm)	≥40	83	
6	黏结强度/MPa	≥2.5 或基材破坏	6.4	
7	硬度/邵 A	≥60	96	
8	吸水率/%	5	0.8	

为检验抗冰拔涂层材料的疏水性能，试验采用接触角测定仪测试了聚脲材料和氟改性聚脲面漆材料的接触角。接触角试验结果表明：聚天门冬氨酸酯双组分涂刷聚脲的接触角 $CA=51.71°$，而氟改性聚天门冬氨酸酯聚脲面漆的接触角 $CA=85.52°$，见图 6.6.1 和图 6.6.2，氟改性聚天门冬氨酸酯聚脲面漆疏水性能较好。

通过试验，采取聚氨酯保温层表面采用打磨机进行打磨削平处理，直接涂刷聚天门冬氨酸酯双组分涂刷聚脲＋氟改性聚天门冬氨酸酯聚脲面漆的方式对聚氨酯保护层进行抗冰拔保护。

6.6.2　保温层抗冰拔施工工艺

聚氨酯保温层表面打磨找平处理→分层涂刷 2mm 聚天门冬氨酸酯双组分涂刷聚脲→

涂刷氟改性耐候面漆→表面缺陷处理。

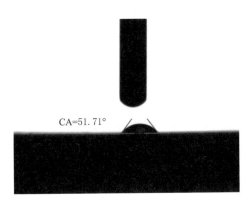

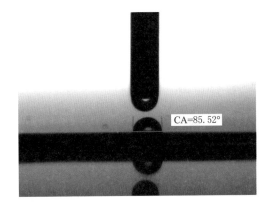

图 6.6.1　双组分涂刷聚脲测试结果　　图 6.6.2　氟改性聚天门冬氨酸酯聚脲测试结果

（1）聚氨酯基层清理：聚氨酯基层的尘土，施工残留的泥浆、砂浆及油污等必须彻底清理干净，基层表面保持干燥，不得有明水。基层应无油渍浮灰；采用打磨机对聚氨酯保温层表面进行打磨，应打磨平整光洁无突变，打磨后采用高压风机对基面进行清洁处理。清除基层表面的浮灰，要求干燥、洁净、无污物。

（2）涂刷聚天门冬氨酸酯双组分聚脲：聚天门冬氨酸酯双组分涂刷聚脲可采用刮涂、涂刷或者辊涂的方式进行施工。聚脲分层涂刷，后续涂刷应在前一道涂层表面干燥后进行，直至达到 2mm 厚度要求。

（3）待聚脲表干后涂刷氟改性聚天门冬氨酸酯面漆，厚度为 0.15mm，面漆涂刷要求薄而均匀。

6.6.3　施工质量控制要点

（1）为保证抗冰拔涂层与基面聚氨酯保温层之间的结合，在施工过程中须注意基面打磨的平整度，涂刷抗冰拔涂层要控制涂层材料的黏度，分层涂刷，保证材料与聚氨酯保温层之间的充分浸润。

（2）涂刷过程中，作业面不得被水、灰尘及杂物污染。防止涂层产生鼓泡现象。

（3）涂刷过程中，在施工作业面上部设置截水槽，防止上部的养护水和水泥浆对作业面的污染。涂层施工完成后 2h 内不宜与水接触，24h 内应防止外力冲击。

（4）在涂刷聚脲施工过程中，如果遭遇到大风和下雨，必须立刻停止施工，用帆布等防护材料对聚脲涂层进行遮盖保护，待雨停后，擦干净聚脲涂层上的附着物。

6.6.4　应用效果情况

新丰满大坝在大坝上游冬季水位变化区聚氨酯保温层表面采用聚天门冬氨酸酯双组分涂刷聚脲进行了抗冰拔处理，经过蓄水后第一个越冬年的实践，水位变动区聚氨酯保温层保存良好，抗冰拔效果良好。

6.7　开春后的快速复工

6.7.1　概述

严寒地区，冬季为碾压混凝土施工停歇期，次年春季气温条件满足要求后才恢复浇筑。而复工的前期准备工作，是年度计划及节点目标完成的关键。

新丰满大坝地处东北严寒地区，极端最高气温为 37.0℃，极端最低气温为 -42.5℃，施工期间需跨越几个越冬年份。为保障越冬开春之后，主体工程快速复工，按时完成年度节点目标，根据当年 3—4 月丰满地区气象预报，在 3 月中旬至 4 月中旬陆续完成越冬临时保温材料揭开工作，以便顺利恢复大坝主体施工。

6.7.2　越冬保温材料揭开原则

（1）根据越冬混凝土表面温度情况，考虑工程实际情况及气温条件，越冬保温材料分三次进行揭开。第二次保温被揭除在第一次揭开 6～8d 后，结合表面温度稳定下降情况进行。第三次揭开剩余保温材料。

（2）保温材料揭开过程中，加强混凝土表面温度监测，降温速率不超过 1℃/d。

（3）最后一次揭开时间应满足越冬混凝土表面实测温度与 3～5d 日平均气温相差不大于 3℃。

（4）每次越冬保温材料揭除时间为当天高温时段，第一次、第二次保温材料揭除后及时恢复三防帆布防风保温，第三次保温材料揭除后及时浇筑上层混凝土进行覆盖，并按要求进行新浇混凝土临时保温。

（5）不浇筑混凝土或无其他施工的部位，暂不进行保温材料揭除。

（6）保温材料揭开后，对于越冬面混凝土需进行凿毛处理，低温时段优先使用风吹毛，尽量不使用水冲毛，若必须采用水冲毛时，施工冲毛水水温不得低于混凝土表面温度。

（7）对于临时施工道路揭开部位，为防止夜间温度过低对坝体混凝土造成冷击破坏，夜间恢复保温被覆盖，其覆盖层数不小于 2 层。

（8）边墙及上下游坝面等立面，有混凝土施工模板安装等需要时，待天气温度允许，保温被可进行一次性揭除。

（9）对于消力池，需要进行浇筑的部位一次性揭开，否则不揭开保温材料。

（10）越冬混凝土表面温度监测采用温度传感器在线实时监测和人工手动采集相结合方式进行，每天跟踪监测，做好温度曲线图。

（11）针对关键线路施工区域（钻孔取芯、廊道模板安装、坝面运输通道等），夜间低温时段结合混凝土表层温度情况，采用三防帆布＋相同层数保温被进行保温遮盖防护。

（12）及时了解天气预报情况，当遭遇寒流气温降幅较大时，采取保温被重新覆盖。

6.7.3　保温材料揭开总体方案及注意事项

根据气温预报情况及越冬混凝土表面温度情况，保温被揭除总体方案如下。

（1）根据天气情况，一般在 3 月 15 日开始进行第一次保温材料揭除，7 层及 9 层保温材料的揭除 3 层、15 层保温材料的揭除 9 层、6 层保温材料的揭除 2 层，使保温被内部温度缓慢降温。为确保工程年度目标顺利完成，对取芯区域及保温被运输通道进行全部揭开，但在 16：30 后对揭开的通道及钻孔取芯等工作面重新进行覆盖保温，层数与其他区域剩余层数相同。保温被揭除见图 6.7.1。

图 6.7.1　保温被揭除照片

（2）在 3 月 21 日开始进行第二次保温被揭除，剩余 2～3 层 2cm 厚越冬保温材料（根据混凝土越冬层面温度和现场保温被捆绑层数情况确定），白天高温时段临时揭开施工区域及坝面运输通道，在 16：30 后恢复覆盖。

（3）3 月底，丰满地区气温回升明显，平均温度基本在正温以上，开始揭开部分备仓坝段的剩余保温材料，进行仓面冲毛、养护、备仓等施工，施工冲毛水水温不低于混凝土表面温度，为 4 月初主坝碾压混凝土正式开浇做准备。

（4）加强关键线路部位混凝土表面温度监测，不占关键线路及不影响浇捣施工的工作面延长最后一层保温被开揭时间，把对坝体混凝土质量不利因素减少到最小。

（5）由于春节风大，时有降雨，每次揭除后，对剩余保温材料恢复三防帆布防风防雨覆盖，避免保温材料因降雨影响降低保温效果。

（6）当遭遇寒潮或气温骤降时，针对薄弱区域重新进行保温，必要时增加覆盖厚度，确保坝体混凝土质量。

6.7.4　揭开保温材料期间温度监测

按照混凝土表层温度与 3～5d 日平均气温相差不大于 3℃控制保温被最后一层揭开时机，加强温度监测是保温材料揭开时机及揭开方式关键的数据支撑，是保障保温材料顺利揭开，按时提供大坝施工工作面的不可或缺的重要工作内容。

利用越冬保温监测的所有温度传感器进行在线实时监测，考虑温度传感器仅能代表单个点位温度，且部分坝段没有安装温度传感器，为了保障数据的全面性，采用温度传感器针对需继续揭开区域进行人工温度监测，结合天气气温情况，确定保温材料揭开时机及揭开程序。

测温时把温度传感器安放在计划揭开区域位置，每天进行早、中、晚三次测温，并做好记录，同时留下影像资料。测温时需确保温度稳定后才进行记录，保障温度真实准确性。

6.7.5　开春后快速复工的主要内容

6.7.5.1　保温材料揭开

前期先进行坝面临时道路清雪及保温材料揭开，临时道路可通行后，根据揭开原则人工进行保温材料揭开，面层三防帆布折叠整齐，橡塑海绵被按照 2 层或 3 层卷起，采用铁丝绑扎成捆，运出坝面，堆放在指定位置，过程中注意保护保温被，避免破坏，将保温材料损耗降到最低，以便年底越冬层面覆盖。

6.7.5.2 钻孔取芯及压水

冬季停歇期时提前上报钻孔取芯及压水试验孔位布置图，根据总体进度安排，对钻孔取芯设备提前进场。由于取芯是一个漫长的过程，在白天正温时即可对钻孔取芯部位进行保温被揭除。在取芯过程中，及时把污水排出，避免晚上气温低而结冰，对越冬面混凝土产生冷击。取出的芯样，及时运输至坝外指定位置，做好保温措施，为后续芯样试验做准备。

6.7.5.3 越冬停浇面裂缝普查及处理

新丰满大坝共 56 个坝段，其中厂房坝段长 28m，挡水坝段长 18m。每年长达 4～5 个月的冬歇期使得入越冬混凝土间歇时间较长，在第 2 年保温被揭除期间容易受到寒潮侵袭，从而易在越冬层表面出现裂缝。因此，每年越冬后，需进行越冬面混凝土裂缝普查及处理工作。

1. 大坝混凝土裂缝分类标准

按裂缝所处部位的工作或环境条件，主要分 4 类，详见表 6.7.1。

表 6.7.1　　　　　　　　　　按裂缝所处环境条件分类

类别	类别特征	裂缝所处部位
一类	室内或露天环境	下游面、坝顶、闸墩及导墙非过流面、坝内孔洞及廊道等
二类	迎水面、水位变动区	上游面、下游最高水位以下坝面
三类	过流面	溢流坝面、闸墩及导墙过流面
四类	临时外露面	越冬层面、施工长间歇面

根据《水工混凝土建筑物缺陷检测和评估技术规程》（DL/T 5251—2010），大坝混凝土裂缝应根据缝宽和缝深进行分类，具体分类标准见表 6.7.2。当缝宽和缝深未同时符合指标时，应按照靠近、从严的原则进行归类。

表 6.7.2　　　　　　　　　　大坝混凝土裂缝分类标准

项目部位	裂缝类型	特　性	分类标准	
			缝宽/mm	缝深/mm
大坝大体积混凝土	A 类裂缝	龟裂或细微裂缝	$\delta < 0.2$	$h \leqslant 300$
	B 类裂缝	表面或浅层裂缝	$0.2 \leqslant \delta < 0.3$	$300 < h \leqslant 1000$
	C 类裂缝	深层裂缝	$0.3 \leqslant \delta < 0.5$	$1000 < h \leqslant 5000$
	D 类裂缝	贯穿性裂缝	$\delta \geqslant 0.5$	$h > 5000$
大坝少量钢筋混凝土（闸墩、导墙、坝内孔洞及廊道等）	A 类裂缝	龟裂或细微裂缝	$\delta < 0.2$	$h \leqslant 300$
	B 类裂缝	表面或浅层裂缝	$0.2 \leqslant \delta < 0.3$	$300 < h \leqslant 1000$，且不超过结构宽度的 1/4
	C 类裂缝	深层裂缝	$0.3 \leqslant \delta < 0.4$	$1000 \leqslant h < 2000$，或大于结构厚度的 1/4
	D 类裂缝	贯穿性裂缝	$\delta \geqslant 0.4$	$h \geqslant 2000$，或大于 2/3 结构厚度

2. 大坝裂缝调查

裂缝处理前需对裂缝进行调查，调查内容包括：缝宽（表面宽度）、缝深、缝长、裂缝方向、所在部位、高程、数量、缝面是否渗水、溶出物等，并进行分类和填写裂缝检查表。

裂缝调查可分为一般检查和专项检查两种。

（1）一般检查。一般检查主要是检查裂缝的表观情况，包括：缝宽（表面缝宽）、缝长、裂缝方向、所在部位、高程、数量、缝面是否渗水、溶出物等，以人工目测现场普查为主，所用工具有米尺、读数放大镜、塞尺等。对细裂缝可先洒水，用风吹干或晒干再检查。

（2）专项检查。专项检查主要是缝深检查，主要采用沿缝凿槽法和钻孔压水法。

1）沿缝凿槽法：适合于表面浅层裂缝，凿至目测看不到裂缝为止，凿槽深度即为裂缝深度。

2）钻孔压水法：沿裂缝两侧打斜孔穿过缝面（过缝不小于0.5m），然后在孔口安装压水设备（压水管、手摇泵）和阻塞器，进行压水。若裂缝表面出水，说明钻孔过缝且缝深大于钻孔穿过缝的垂直深度，这样再打少量斜孔检查，直至表面无水冒出。此时斜孔与缝的交点至混凝土表面的垂直距离即为裂缝深度。

3. 碾压混凝土裂缝处理措施

根据几个施工年越冬后裂缝普查情况，新丰满大坝越冬层面有裂缝发育，裂缝深度一般为1.0~2.5m，缝宽一般都小于0.5mm。根据裂缝方向主要分为两种：一种是平行坝轴线或无规则在越冬水平面上；另一种是垂直坝轴线延伸到上游侧迎水面。

（1）裂缝处理原则。

1）混凝土裂缝补强处理应达到恢复结构的整体性，限制裂缝的扩展，满足结构的强度、防渗、耐久性和建筑物的安全运行要求。

2）施工层面裂缝必须在上层混凝土覆盖前及时处理完毕。

3）针对永久外保温，永久外表面裂缝应在该部位的永久外保温施工前处理完毕。

4）为制止或减缓尚在发展的裂缝，采取在裂缝两端钻限裂孔。待裂缝停止发展后，再选择适宜的材料和方法进行修补或加固。

（2）裂缝处理方法。常见的大坝裂缝处理方法有：喷涂法、粘贴法、充填法、钢筋并缝法、化学灌浆法等，采用上述一种或多种措施综合补强处理。

新丰满大坝裂缝处理以保证坝体的密实性及严密性为目标，主要采用充填法、化学灌浆法及钢筋并缝法综合处理两种方法。内部碾压区域A类（表面龟裂和细微裂缝）浅表层裂缝采用充填法处理。B类、C类、D类裂缝采用化学灌浆法及钢筋并缝法相结合的方式处理。

1）充填法。新丰满大坝选用环氧砂浆为主要填充修补材料，具体施工工艺如下。

A. 沿缝凿V形槽，槽宽8cm、深5~6cm，凿完后槽内冲洗干净。

B. 环氧砂浆填补施工前，先涂刷一薄层环氧基液，用手触摸有显著拉丝现象时（20~40min，视施工环境温度）再填补环氧砂浆。

C. 填补至与原混凝土面齐平，并压实抹光。

2）化学灌浆法。

A. 灌浆材料选比。新丰满大坝地处东北严寒地区，灌浆处理时首先要选择适合气候特点的灌浆材料。根据严寒地区已有灌浆材料选用先例，结合材料适用性及施工经验，裂缝化学灌浆材料主要选用 HK-G 环氧树脂和 CW 系环氧树脂。

HK-G 环氧树脂是一种黏度小、可灌性好、凝固时间可调、操作方便，且树脂本体收缩小、强度高、韧性好、适应力强，而且具有一定的补强效果。典型应用的工程有：广西百色大坝、贵州光照电站、贵州沙沱水电站、新疆喀腊塑克水利枢纽、新疆布尔津山口水电站等。HK-G 环氧树脂的主要性能指标见表 6.7.3。

表 6.7.3　　　　　　　　　　　　HK-G 环氧树脂的主要性能指标

序号	项　目	单位	指　标	备注
1	浆液密度	g/cm³	1.05	
2	混合后黏度（20℃）	mPa·s	180±25	
3	胶凝时间（18℃）	min	＜50	
4	抗压强度	MPa	≥40.0～80.0	
5	抗拉强度	MPa	＞5.4～10.0	
6	黏结强度	MPa	＞2.4～6.0	
7	收缩率	%	＜0.9	

CW 系环氧树脂具有初始黏度低、可操作时间长、胶凝时间可调、渗透性好以及力学性能强度高等优点。典型应用的工程有：三峡电站、水布垭电站、溪洛渡水电站、龙滩水电站、构皮滩电站等。CW 系环氧树脂的主要性能指标见表 6.7.4。

表 6.7.4　　　　　　　　　　　　CW 系环氧树脂的主要性能指标

序号	项　目	单位	指　标	备注
1	聚合物密度	g/cm³	1.10～1.12	
2	相对密度		1.06	
3	胶凝时间	h	26～65	
4	纯聚合物抗压强度	MPa	1个月：33.0～47.8 3个月：49.0～70.0	
5	抗拉强度	MPa	＞2.0	

B. 化学灌浆法施工工艺。化学灌浆施工工艺流程为刻 V 形槽→钻灌浆孔→埋灌浆嘴→缝面冲洗→嵌缝→通风或压水检查→化学灌浆→清理→封口。

C. 灌后检查。灌浆结束并达到一定强度后，需进行灌后压水检查。压水检查孔布置原则为：贯穿性裂缝、深层裂缝和对结构整体性有影响的裂缝，每条缝至少布置一个检查孔；其他裂缝每 100m 布置不少于 3 个检查孔，当处理总长度小于 100m 时，也布置 3 个检查孔。

结合现场裂缝情况必要时进行取芯检查，观察其缝面浆液结石和充填情况，描述、绘制钻孔柱状图，以评价灌浆质量。

D. 特殊情况处理。化学灌浆过程中发生冒浆、外漏时，应采取措施堵漏并根据具体情况采用低压、限流灌注等措施进行处理。如效果不明显，应停止灌浆，待浆液胶凝后重新堵漏复灌。

化学灌浆过程中当灌浆压力达到设计值，而进浆量和注入率仍然小于预计值且缝面增开度或抬动（变形）值未超过设计规定时，经现场参建各方共同研究，同意可适当加大灌浆压力。

化学灌浆应连续进行，因故中断应尽快恢复灌浆，必要时可进行补灌。

若裂缝与混凝土内部的预埋件或预设孔发生串通时，应采取阻隔、限压、限量等方式进行控制，并采用冲洗等有效措施防止预埋件被堵塞。

3）钢筋并缝法。为防止裂缝进一步发展，在化学灌浆结束后，对裂缝表面采取钢筋并缝施工。并缝材料选用并缝钢筋和半圆形钢管。首先沿缝面扣放半圆钢管（内部空腔采用聚氨酯填充密实）。放置前应将层面处理干净、平整。如裂缝方向垂直于坝轴线且连通上游面，则半圆形钢管的布置方式需慎重对待，钢管不能直通上游面，具体布置及措施可根据裂缝实际情况现场确定。半圆钢管布置完成后，在其上部铺设双层并缝钢筋网，最后再进行上部混凝土的施工。

由于裂缝发展方向不同，并缝钢筋的布置也有一定的区别。

A. 平行坝轴线方向裂缝的并缝处理方式。根据现场实际情况，为防止裂缝向上发展，缝面放置直径 219mm 的半圆钢管，内腔用聚氨酯填充密实，为防止裂缝向两端头发展，在裂缝端头钻应力释放孔，孔径 42mm。上部采用双层双向钢筋布置，主筋ϕ32@200mm，长 4.0～6.0m，交错 1.0m 布置，分布筋ϕ22@250mm，见图 6.7.2。

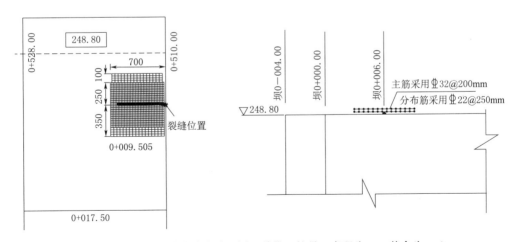

图 6.7.2　平行坝轴线并缝处理图（单位：桩号、高程为 m，其余为 cm）

B. 垂直坝轴线延伸到上游迎水面裂缝的并缝处理方式。由于裂缝贯穿至上游侧迎水面，缝面不再放置半圆钢管，裂缝的下游端头处钻一个应力释放孔，在并缝钢筋的基础上，在迎水面骑缝位置再布设一层限裂钢筋网片，主筋和分布筋均采用ϕ28@200mm，高度为一个仓面高度 3.0m。后续对该处裂缝重点巡视检查，若有向上延伸，则在迎水面单仓 3.0m 高度内在 1.5m 处再增加限裂钢筋网，见图 6.7.3。

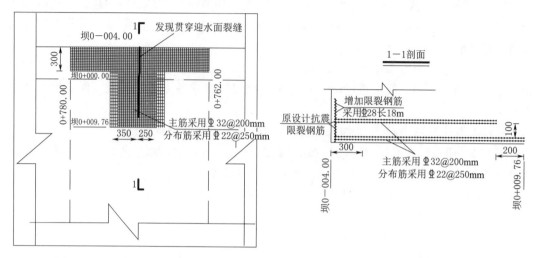

图 6.7.3　贯穿至迎水面时并缝钢筋处理方式（单位：桩号、高程为 m，其余为 cm）

另外，贯穿至迎水面的裂缝除缝内进行化学灌浆外，还需在化学灌浆结束后，对迎水面缝面进行专项表面防渗处理。最后，再进行大坝外保温及辅助防渗施工。

6.7.5.4　施工用水检查

由于施工过程必须要有水源，尤其是混凝土开始浇筑时，左右岸高位水池必须通水，所以在复工前，需检查水管情况，进行通水试验，确保水管内部无结冰、畅通。当气温偏低，可采用加热带缠绕水管，外侧采用橡塑海绵包裹保温的形式，避免夜间水管内结冰。

6.7.5.5　施工设备（设施）检查

对于大型设备（设施），如混凝土拌和系统、门机、塔机等，在正式复工前，必须安排专业人士进行检查，确保在越冬期间各设备零部件完好。若存在异常，及时进行检修、更换配件，确保正式施工时设备处在可正常工作状态。其他设备，如振动碾、平仓机、自卸汽车等，也需对车况进行检测，确保处于可正常使用状态。

6.7.5.6　关键线路浇筑施工准备

针对年度关键线路施工部位，白天气温高时，可进行凿毛作业（越冬面混凝土要求凿全毛面处理），晚上气温低时，及时再覆盖保温被。其他钢筋、预埋件、模板可先进行提前预制。

6.7.6　小结

严寒地区碾压混凝土大坝开春后的快速复工是项重要工作，在抵御频繁寒潮的前提下进行越冬保温材料揭除和碾压筑坝施工准备，需制定行而有效的保温材料揭除方案。新丰满大坝采用保温材料分三次揭开的方案，并对揭开条件和注意事项进行具体要求，最大限度地降低了越冬停浇面的温度骤降，避免了因保温被揭除造成内外温差过大而产生温度裂缝。

碾压混凝土大坝经历漫长的越冬停歇期，越冬停浇面极易产生裂缝，因此，开春后快速复工中应将混凝土裂缝普查与处理作为一项重要的施工内容。在3月底至4月初，严寒地区虽然气温回升，但气温仍不高且寒潮频繁，因此此时进行越冬面裂缝处理，适应低温环境的灌浆材料选取极为关键。

第7章 新丰满大坝建设智慧管控

7.1 智慧管控特性

在充分调研和借鉴其他工程大坝数字化建设经验的基础上，丰满水电站重建工程提出了"智慧管控"的新理念，攻克了一系列关键技术难题，整合并形成了独具特色的丰满智慧管控平台。

丰满智慧管控平台是基于"互联网＋"的智能管理体系，以数字化工程为基础，依托大数据、云计算、物联网、移动互联网、BIM、虚拟现实等新一代信息技术，以全程可视、全面感知、实时传送、智能处理、业务协同为基本运行方式，将工程范围内的人类社会与建筑物在物理空间与虚拟空间进行深度融合，实现智慧化的工程管理与控制。丰满智慧管控平台组成见图 7.1.1。

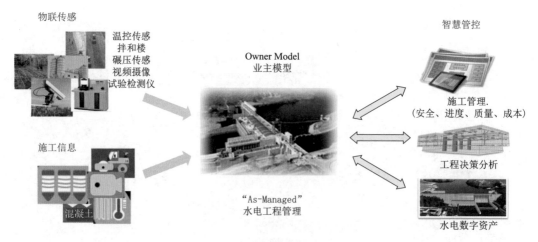

图 7.1.1 丰满智慧管控平台组成

数字工程把地理信息系统、传感技术、网络通信技术、数据库技术、系统仿真等信息技术应用于工程施工管理，实现了部分工程部件状态及施工管理信息的数字化，为智慧工程提供了基础。随着物联网、大数据、云计算、移动互联网、虚拟现实等一代信息技术不断进步，传感器网络扩展到整个互联网，成为物联网，使传感器信息具有了更广泛的应用空间，传感器类型和功能也因此更加丰富和智能；云计算和大数据技术使得大范围的信息集成与实时处理成为可能，海量信息从负担变为知识；移动互联网结合二维码或射频识别技术的应用使得施工现场数据采集更加方便，成为解决数据采集难的有效途径；BIM 和虚拟现实技术使工程施工信息集成与利用更加直观方便。这些新一代信息技术的应用共同促进了智慧工程的发展，使得工程管理具备了可视化、物联化、集成化、协同化和科学化五个新的特征。

1. 可视化

基于三维 BIM 模型将实际施工过程中涉及的大部分内容，包括工程量计算、技术交底、施工方案、安全措施、工程监理、施工验评、实验检测、施工进度、工程结算等数据进行统一整合，立体展现，利用现代虚拟仿真技术实现对施工全过程方案进行模拟推演，使施工各方能够更直观看到工程施工计划，便于发现并解决施工中方法、方案、进度、质量、安全、环保诸多方面的问题。帮助业主单位、设计单位、监理单位、施工单位真正做到对施工过程全面参与、准确指挥、随时协调、及时纠错、系统管理、有效控制。

2. 物联化

物联网技术大量应用于工程现场，各种传感部件被赋予相应的网络地址，可通过网络实时将感知信息传回到系统得到集中处理分析，使得管理者可以更全面、直接、快速、真实地获取施工安全、进度、质量信息，也使感知设备间可以实时通信和相互影响。数以千计的传感器节点通过通信网、互联网、传感网互联互通，对传感器自身的智能化要求也更高，需要通过网络自组织和自动重新配置的自主性，实现对环境改变及自身故障带来的传感器失效容错性，即网络能够自动提供失效节点的位置及相关信息，网络拓扑能够随时间和剩余节点现状进行自主重组。

3. 集成化

云计算、大数据、BIM 等技术都是以集成和整合为主要特征的技术，这些技术在标准、规范与信息管理制度的支撑下通过一体化平台得到应用，使基础设施、信息资源、应用系统等信息化资源不断得到整合与集成，为业务流程的协同和数据综合利用提供了前提。信息化资源的集成带来的效益不但是信息处理能力和功能的叠加，而且是通过信息共享、大数据分析、高性能并行计算、智能控制，三维可视化，大幅简化工作流程，实现更精准管控。

4. 协同化

工程管理过程中，不同部门和组织之间的界限分割了实体资源和信息资源，使得资源组织分散。在智慧工程中，建设单位、监理单位、施工单位、设计单位等各参建单位都可以在"互联网＋"平台上对系统进行操作，使各类资源可以根据系统的需要发挥其最大价值，从而实现工程施工各类信息的深度整合与高度利用。各个部门、流程因资源的高度共享实现无缝连接。正是智慧工程高度的协调性使得其具有统一的资源体系和运行体系，打破了"资源孤岛"和"应用孤岛"。

5. 科学化

各种新一代信息技术的应用使得管理者可以获得更加全面、实时、准确的工程施工数据，并且可以通过信息系统对信息进行深度的加工和探索；通过三维可视化工程模型直观地看到各种管理数据、模拟计划变更及管理活动的实施，工作强度及原材料投入影响；通过获得更精准的信息和挖掘更多有关工程施工的新知识，工程管理与决策活动将更加客观和理性，定量分析在工程施工管理中将发挥更大作用。

7.2 丰满智慧管控平台建设

丰满水电站重建工程信息化建设经历了数字化、智能化、可视化到智慧管控四个阶段的建设过程，最终将丰满智慧管控平台打造成多业务融合、专业化管理、网络化传输、可视化管控、智慧化决策的综合型服务平台（图 7.2.1），为丰满水电站重建工程建设施工提供服务。

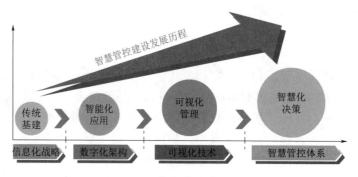

图 7.2.1 智慧管控建设发展

（1）数字化阶段：利用信息技术实现工程管理信息化，改变传统人工管理方式，即数字化一切可以数字化的信息。

（2）智能化阶段：通过借助物联传感、大数据分析、智能技术等现代信息技术手段，实现对工程数据采集、智能感知、精准控制，建立"传感＋计算＋通信＋网络＋控制"的智能化施工管控手段。

（3）可视化阶段：通过三维模型、虚拟现实等技术实现工程建设可视化，并创新提出建立施工管理单元三维模型，明晰工程建设施工管理单元对象，将工程建设有关业务与工程对象融合，改变传统施工粗放式管理、目标不明确、沟通不畅问题，实现工程建设实体可视的目的。

（4）智慧管控阶段：认知是获取知识的过程，知识是实现智慧的关键要素。智慧管控阶段通过建立一套现场施工数据信息集成模型，实现对工程建设施工数据、信息、认知、知识、智慧一套完整体系建设，通过认知过程充分发挥数据价值，实现智慧决策。

智慧管控平台是丰满水电站重建工程实现智慧管控的核心。它面向各级施工管理者提供全面的、系统化的管控功能，通过三体模型实现对工程建设物理实体、建设施工业务管控、建设施工大数据融合集成一体，推进工程建设走向智慧决策建设目标。

7.3 智慧管控关键技术及应用

7.3.1 施工现场多网组合技术

工程建设管理信息化应用最大的问题就是基础网络。丰满水电站重建工程通过多网组合技术实现现场施工网络全覆盖，为信息化建设提供了基础网络通道，解决工程建设信息化应用、数据采集、传输网络难题。丰满水电站重建工程现场网络建设过程中，通过室内网络采用 FIT AP 配合无线控制器的组网方式、室外 AP 采用 MESH 组网方式，实现室内、室外网络覆盖和网络集中管理。

无线基础网络利用现场施工区周边的原丰满大坝、电厂办公楼、生产控制楼等建（构）筑物，实现了施工现场的网络覆盖。无线网络全覆盖是动态的全覆盖，随着大坝、发电厂房及其他附属建筑物的建设而不断调整、优化。全覆盖无线局域网络将各数字化系统与现场设备终端有机地结合在了一起，为现场各类数据采集系统的数据传输提供了便利条件。

建设单位、监理单位、施工单位现场管理人员可通过 PDA、手持终端或笔记本电脑等设备，在现场和室内通过个人 IP 随时接入无线局域网络，将验收结果、检查数据、检测数据等信息自动上传至相应数字化系统内，减少了传统人为记录，保证了数据的准确性、实时性。现场各类数字化系统采集设备也通过现场无线 AP 实现采集数据的实时上传，管理人员可在室内通过电脑终端实时了解现场监测情况，为工程管理提供了极大的便利。

但是，由于无线网络覆盖范围内，无线连接的带宽是共享，即无线终端数目越多，每个终端所能分享的带宽就越小。当使用大量现场终端时，可能会造成网络传输速度减慢或网络连接不畅。因此，要确保每个无线终端的传输就必须限制一个 AP 上无线终端的数量、AP 带宽传输总和或每个无线终端带宽上限。

7.3.2 施工过程实时监控技术

为满足对施工现场的安全和管理要求，依托现场施工网络环境，丰满水电站重建工程建立了施工视频监控系统，对施工现场进行无死角高速实时监控。

（1）系统组成及工作原理。施工视频监控系统（图 7.3.1）由视频采集前端（高速摄像球机）、视频传输网络和监控中心系统组成，具有云台控制、预置点设置、即时录像及回放等功能。高速摄像球机覆盖了整个大坝施工区域及左右岸拌和系统，把施工现场画面通过视频传输网络传到办公管理区域，施工管理人员能够通过实时监控系统对现场施工进行了解和掌握，然后根据施工质量、施工安全等方面要求对施工过程进行有效控制和管理。

（2）在施工管理中的主要作用。除视频监控系统自身所天然带有的安保监控功能应用于施工现场外，视频监控还能很直观地加强对施工过程的监督管理，发挥出更强的管理功能，主要包括：对施工现场重点环节和关键部位进行监控；对施工现场操作状态进行监控；对施工过程中的施工质量、安全与现场文明施工和环境卫生管理等方面进行监

图 7.3.1　施工视频监控系统

控。通过对上述几个方面的监控，起到了对施工过程中应有的监督及威慑作用，增强了有关部门对项目施工现场工程质量、安全方面的监管力度，能减少、防止和杜绝质量、安全事故的发生。

1）对重点环节或关键部位的远程监督。在重点环节或关键部位施工时，管理部门可通过运用视频监控系统具有的预置点设定功能，将附近监控摄像球机进行监控点预置或单独安装摄像球机，实时监控施工过程。这样就可对碾压混凝土浇筑、压力钢管吊装、机电设备吊装、门塔机安拆、爆破作业等重点环节或关键部位有针对性地远程监控，极大地补充了现场监督管理中的盲点，也能够让更多的管理人员通过监控画面参与到现场监督管理中。

同时通过监控系统具有的录像功能，可 24h 全程监控重点环节或关键部位施工过程，以影像方式直观地记录工作现场的施工质量、安全生产情况，为重要节点留存珍贵的第一手资料。

2）对施工质量、安全与现场文明施工和环境卫生管理等方面远程监督。建设单位、监理单位和施工单位管理人员能够随时随地查看施工情况，运用云台控制功能，远程调整实时监控画面的方向、角度、远近，直观地、全面地监视现场施工人员工作程序是否标准、工作手段是否安全，关键岗位监督人员是否到位、重大危险源控制措施是否落实、责令停工整改项目是否整改完毕等。也可对施工现场的文明施工和环境卫生状况实现全面的了解，进而加强了管理人员对现场各个作业面的把控力度，促进了工程项目施工现场质量的提升，加强安全与文明施工的管理。

3）对施工操作状态的远程监督。借助信息化手段，管理人员能够全面地系统地了解施工现场进度形象、物资设备及人力资源投入情况等方面的信息，使管理人员能够直观掌握工程项目施工进度情况，对下一步的施工进度计划作出准确的判断与决策，有效提高了工作效率和管理水平。

4）对质量行为、现场突发事故、严重违规违章现象的可追溯。施工现场环境复杂、作业面广、交叉作业多、人员车辆流动性大。传统的质量、安全监管单纯地依靠现场监理人员、质检人员及安全员，无法做到面面俱到，对于突发事故往往也反应不及，在后期的调查处理过程中也存在着很多局限性。通过对视频监控系统的运用，可以灵活地调整监控范围，各个视频监控点均具备录像功能。在无法进行及时检查的情况下，可在监控录像中找到事发当时的现场实际情况，从而便于调查原因，及时进行纠错与总结，彻底消除隐患；也可以将视频进行存档，作为现实的典型案例，用于以后的教育培训。

5）极大程度地提升了现场作业人员的安全生产意识。传统监管模式下，作业人员普遍存在侥幸心理，部分作业人员安全意识淡薄、思想放松警惕，造成了很多违章行为，直接导致了事故的多发。在结合了视频监控手段的安全监管下，在很大程度上打消了作业人员的侥幸心理，间接实现安全监管的关口前移，将事故掐断在萌芽阶段。

（3）视频监控系统仍需提升的方面。

1）现场珍贵的监控影像资料通过无线网络传输到视频监控系统服务器内永久存储。如每一个摄像球机均进行永久存储就会造成大量的无用视频数据，影响服务器存储容量。项目施工过程与安保监控不同，部分重要监控影像资料需永久储存，而系统管理员或系统维护人员往往对施工现场了解程度不高。因此需安排了解现场实际情况的管理人员，专门对存储功能进行设定和视频资料进行管理，甄别需永久存储的视频资料并备份。

2）由于视频监控系统各客户端均可实现云台控制，操作简单，因此易出现各参建单位管理人员随意调整现场球机的摄像角度、远近或多名管理人员对同一摄像球机进行云台控制，因此需进一步优化云台控制权限。在有管理人员对某个摄像球机进行调整时，其他人无法同时调整。现场管理人员中要安排专人进行权限控制，且应具备系统管理员权限，以便于对重点环节或关键部位进行全程监控，留存完整视频资料，便于后期随时回溯。

7.3.3 碾压施工智能化监控技术

1. 系统概述

碾压混凝土压实质量直接影响大坝的结构安全，压实质量控制是碾压混凝土坝现场施工质量控制的关键。传统碾压混凝土压实质量控制是在碾压单元施工完成后通过核子密度仪抽检。此种控制方法属于事后控制，时效性差，难以及时有效地处理施工过程中的压实质量问题。同时，进行压实质量抽检时，选点数量有限、随机性大，无法客观真实地反映整个单元的压实质量。

碾压混凝土压实质量实时监控系统是针对上述问题开发的，具有实时性、连续性、自动化以及高精度特点的施工质量过程监控系统。该系统通过集成高精度定位、传感器、无线通信、图形可视化、数据库与数据处理等新兴技术，实时获取碾压机的位置信息、速度信息、激振力信息，分析得到碾压遍数、碾压速度、振动状态、碾压高程、压实厚度等碾压过程参数，并建立参数预警和报警机制，实现对施工过程中压实质量的实时动态监控。

该系统的应用将碾压混凝土压实质量控制工作的重点由事后抽检转换为事中控制，真正实现了压实质量的过程控制。同时，该系统在网络环境下的实时自动化监控，也大大提高了压实质量管控的效率。

2. 系统建立

碾压混凝土压实质量实时监控系统由总控中心、现场分控站（设置于施工仓面附近，由监理及施工单位管理、值班）、定位基准站（整个系统的位置基准）、中心机房、流动站（碾压机机载终端，安装于碾压机上）组成。

（1）定位基准站建设。定位基准站是整个监测定位系统的"位置标准"。卫星定位接收机单点定位精度只能达到分米级，这显然无法满足施工质量精细化控制的要求。为了提高卫星定位接收机的定位精度，使用动态差分 RTK 技术，利用已知的基准点坐标来修正实时获得的测量结果。在基准点上架设一台卫星定位接收机，通过无线电数据链，将基准点的定位观测数据和该点实际位置信息实时发送给流动站卫星定位接收机，与流动站的定位观测数据一起进行载波相位差分数据处理，计算得出高精度（厘米级）的流动站的空间位置信息，以提高碾压机械的定位精度，满足碾压混凝土坝碾压质量控制的要求。

定位基准站架设的基本原则：①场地稳固，无滑坡、振动、地基移动等现象；②视野开阔，无遮挡现象；③无电磁干扰，周围无雷达、大功率电台、微波传输塔等设备；④网络环境优秀，利于搭设网络。

水利水电建设工程地址多位于山区、山岭密集的地方，架设基站施工难度较大，一般在便利的居高点或者办公房顶施工安装定位基准站系统，这样可以降低施工难度，利于维护，降低成本，并且稳定性和安全性较强。

（2）流动站安装。流动站也称碾压机机载终端，包括安装于碾压机械上的高精度卫星定位接收机、振动状态监测设备、控制器。卫星定位接收机实时接收 GPS、北斗、GLONASS 卫星信号，并通过无线电差分网络获取定位基准站发来的差分信号，以 1Hz 频率进行，获得高精度的碾压机械空间位置数据。振动状态监测设备采用定时监测与动态监测相结合的方式，固定时间间隔（如 30s）且在碾压机械振动状态（碾压机振动挡位电路信号）发生变化时，读取数字信号获得碾压机振动状态。控制器对采集到的碾压机械空间位置数据和振动状态数据进行处理，并通过现场 Wi-Fi 网络传回总控中心。流动站设备见图 7.3.2。

卫星定位接收机是流动站中的主要设备，其安装于仪表箱内，仪表箱尺寸为 800mm×400mm×600mm，由于 GNSS 信号传输可达到 160m 左右，所以无须考虑 GNSS 天线与主机之间的长度和位置。仪表箱尽量安装在通风的位置，并可方便接入电源和布线。天线布置在车顶位置，与接收机之间采用直径约 10mm 的天线连接线连接。接收机供电使用 UPS 电源，持续时间以当前环境断电恢复的最长时间计算。根据长期经验及设备的功耗情况，可安装两块 120Ah 电池，提供 48h 不间断供电。

图 7.3.2　流动站设备

　　流动站设备安装前需要确认碾压机的型号、新旧程度、吨位等信息，并查看碾压机的车身电路系统、驾驶室安装位置和车顶天线安装位置，并详细记录在册，方便以后的维护和问题查勘。

　　根据驾驶室的布局和车顶的安装方式需要提前定制安装架或者焊接安装座，压实终端以尽量不破坏原车体为原则，减少对原车体的更改，保护原车原貌。完成安装后，让机械停放在平整的路面上，测量 RTK 天线高度、碾轮宽度，确定终端 SN 编码、操作手联系方式等信息，并登记在册。

　　全部完成安装后，调试差分信号和网络通信，确保设备正常运转。

　　（3）中心机房建设。中心机房是碾压质量实时监控系统的核心组成部分，主要包括服务器系统、数据库系统、通信系统、安全备份系统以及实时监控应用系统等。总控中心通常设置在建设单位营地，配置高性能服务器、高性能图形工作站、高速内部网络、大功率 UPS、即时短信发送设备等，以实现对系统数据的有效管理和分析应用。

　　中心机房建设涉及机房、服务器硬件、服务器软件和网络环境几个方面，具有数据存储、数据管理、数据分析和网络管理的职能。机房布置及装修的原则如下。

　　1）满足技术系统的功能要求。

　　2）预留一定的安装空间、使用空间、维修空间。

　　3）合适的温度、湿度、通风、洁净度，各种供电和照明要求等。

　　4）机房内设备的布置应有利于操作，有利于提高工作效率，有利于统一管理和维护。

　　5）机房的布置和装修应符合防火、安全警卫、应急状态工作等要求。

　　6）电源安全稳定，电源插座、裸接地线插座均在架空地板下，离水泥地面高 150mm。固定电缆走线应穿钢管，平均 $2m^2$ 一个插座。电源种类有：UPS 380V 三相，UPS 220V 单相，动力电 380V 三相，动力电 220V 单相，全部插座内均有安全地线端。

　　（4）现场分控站建设。现场分控站设置在大坝施工现场或附近值班房，并可根据大坝建设进展调整分控站位置。现场分控 24h 常驻监理，便于监理人员在施工现场实时监控碾压质量，一旦出现质量偏差，可以在现场及时进行纠偏工作。同时，在碾压机驾驶室配备车载平板显示终端，实时可视化显示当前压实质量。

　　分控站主要由通信网络设备、图形工作站监控终端、双向对讲机以及 UPS 设备等组成，主要功能如下。

1）根据浇筑仓面规划，在系统中建立监控单元，并进行单元属性的配置和规划，设定碾压参数控制标准，包括速度上限、遍数、激振力、碾压厚度等。

2）坝面碾压施工过程自动监控，实时监控碾压机行进速度、碾压轨迹、碾压厚度、碾压遍数、振动状态等。

3）自动实时反馈坝面施工质量监控信息。

4）根据反馈的碾压信息，发布仓面整改指令，进行纠偏。

5）系统中发布结束单元监控指令，统计分析监控单元碾压质量。

3. 功能实现

系统主要具备如下功能：①动态监测仓面碾压机械运行轨迹、速度、振动状态，并在大坝仓面施工数字地图上可视化显示，同时可供在线查询；②实时自动计算和统计仓面任意位置处的碾压遍数、压实厚度、压实后高程，并在大坝仓面施工数字地图上可视化显示，同时可供在线查询；③当碾压机械运行速度、振动状态、碾压遍数和压实厚度等不达标时，系统自动给车辆司机、现场监理和施工人员发送报警信息，提示不达标的详细内容以及所在空间位置等，并在现场监理分控站 PC 监控终端上醒目提示，同时把该报警信息写入施工异常数据库备查；④在每仓施工结束后，输出碾压质量图形报表，包括碾压轨迹图、碾压遍数图、压实厚度图和压实后高程图等，作为仓面质量验收的辅助材料；⑤可在业主总控中心和施工现场监理分控站对大坝混凝土碾压情况进行在线监控，实现远程和现场"双监控"；⑥把整个建设期所有施工仓面的碾压质量信息保存至网络数据库，可供互联网访问和历史查询。

（1）碾压遍数。碾压遍数分为总碾压遍数、振碾遍数、静碾遍数，碾压遍数是否达标以设计标准以及碾压遍数图形报告横向对比确定。碾压遍数图形报告主要反映一层碾压的总碾压遍数、振碾遍数、静碾遍数，见图 7.3.3～图 7.3.5。不同颜色表示不同碾压遍数，其中空白区域一般为止水、接地、预埋件等无法碾压区域或者为设计变态混凝土分区。通过图形报告可以很明确看出碾压区域内遍数不够的区域。

如发现碾压混凝土分区内出现无碾压轨迹区域，现场值班人员应及时与现场碾压机手联系，查明是设备故障、漏碾或其他因素，对该区域进行备注或者安排碾压机补碾。生成遍数图形报告时，随着遍数的叠加，图形中碾压区域的颜色也会随之变化，所以当某一区域即将碾压完成时，现场值班人员应及时生成图形报告，以免造成超碾。当设计遍数率达到 90% 以上时，此层碾压方为达标；当出现某一区域集中出现漏碾、欠碾，而其他地方都达标时，及时通知碾压机手进行补碾，以不存在集中漏碾区为准。现场实际操作时，合格率参照 90%，但最终验收标准仍以压实度检测结果为准。

（2）行驶速度。碾压行驶速度可通过碾压轨迹图形报告中轨迹色彩查看是否满足要求，线条的颜色代表碾压机行驶速度是否超标，不同的颜色代表不同的速度标准，行驶速度依设计要求而定，随着振动碾性能的不断提高，可以结合不同行驶速度与压实效果进行对比研究，适当提高碾压行驶速度。超速、激振力不够时见图 7.3.6。当出现报警时，应严格按照设计值执行。

（3）压实厚度。碾压混凝土一般要求铺料 34～36cm，压实最终厚度 30cm。每一施工

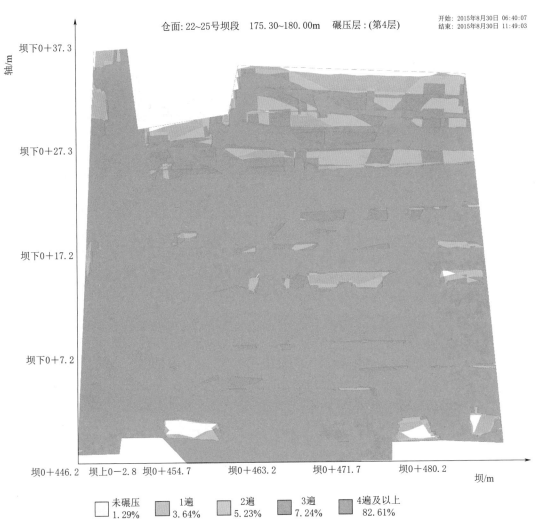

仓面:22~25号坝段　175.30~180.00m　碾压层:(第4层)

开始: 2015年8月30日 06:40:07
结束: 2015年8月30日 11:49:03

未碾压	1遍	2遍	3遍	4遍及以上
1.29%	3.64%	5.23%	7.24%	82.61%

注:设计静碾遍数为4遍,排除不碾压区域后,4遍及以上静碾区域面积比率为83.7%。

图 7.3.3　静碾遍数图形报告

单元碾压结束后,系统将根据上下两层监测到的高程数据相减得到该单元厚度分布数据,并以图形报告的形式输出。

压实厚度图形报告把整个仓面分成若干个等大的正方形网格,每个方格有一个该方格区域内的压实厚度平均值,用局部平均值的方式统计出这一层所在仓面整体压实厚度平均值与偏差值。

压实厚度控制目标:每一施工单元监控得到的压实厚度均值与要求的厚度之间的偏差应不超过10%。

(4)碾压轨迹。碾压轨迹图形报告主要反应碾压机的行驶轨迹及碾压机的行驶速度,通过行驶轨迹可查看漏碾区域。碾压轨迹图形报告中的线条代表碾压机的行驶轨迹,这种轨迹只是碾压机的中心线,并不代表碾压机的实际宽度,如果某一区域出现较大空隙,

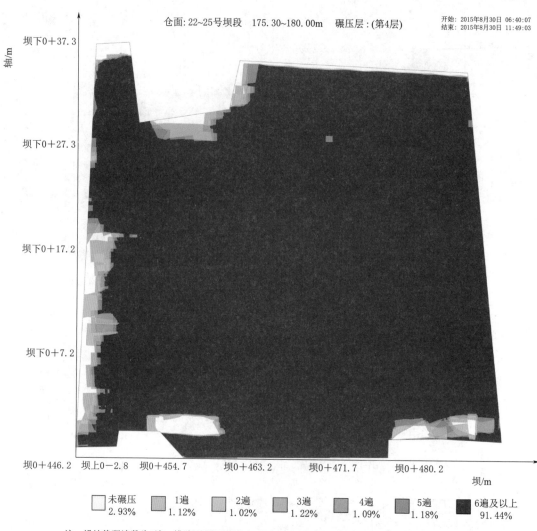

未碾压	1遍	2遍	3遍	4遍	5遍	6遍及以上
2.93%	1.12%	1.02%	1.22%	1.09%	1.18%	91.44%

注:设计静碾遍数为6遍,排除不碾压区域后,6遍及以上振碾区域面积比率为94.2%。

图 7.3.4　振碾遍数图形报告

说明此区域存在漏碾,此时安排碾压机手补碾。碾压轨迹图形报告见图 7.3.7。

4. 应用

（1）采用碾压质量实时监控系统,大大减轻了旁站监理人员和质检人员的工作强度,由软件系统替代人工进行单调、重复性的碾压参数检测和记录工作,使得管理人员可对碾压施工中的其他重要项目,如切缝、异种混凝土浇筑、层间间隔时间控制等,进行精细管控。

（2）提高了各项碾压参数检测点的密度,将抽样检测提升为全数检测,实现了对施工质量的精细化控制,同时避免了人工检测可能出现的错误。

（3）当现场存在漏碾区域时,可将碾压质量实时监控系统与视频监控系统配合使用,为现场管理人员直观地反馈出漏碾区域,便于振动碾驾驶员及时进行补碾。

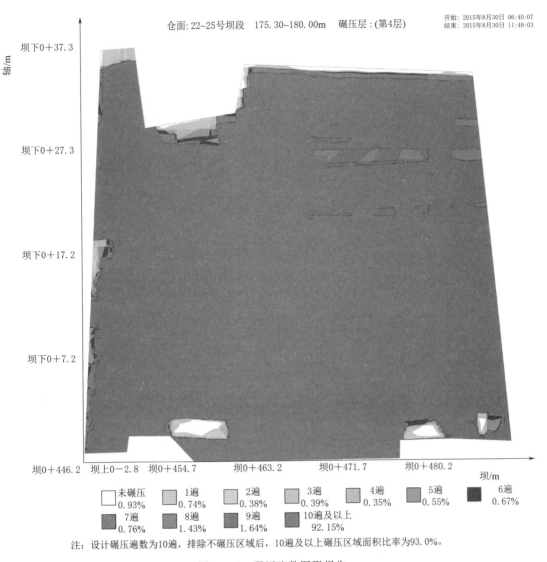

图 7.3.5 碾压遍数图形报告

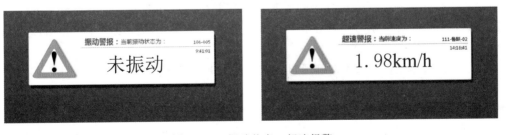

图 7.3.6 振动状态、超速报警

（4）由于各种碾压参数由系统实时监控，可以第一时间发现操作失误（错误）并反馈给振动碾驾驶员，驾驶员可以根据报警信息及时纠正，质量控制从事后控制提升为事

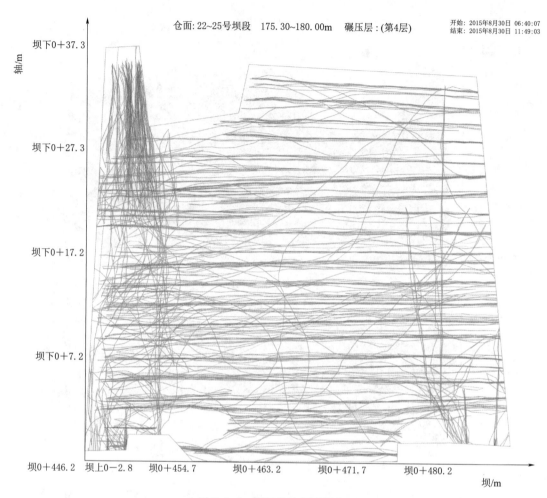

仓面:22~25号坝段 175.30~180.00m 碾压层:(第4层)

开始：2015年8月30日 06:40:07
结束：2015年8月30日 11:49:03

图 7.3.7 碾压轨迹图形报告

中控制，减少人工操作失误对施工质量的不利影响。

5. 应用效果分析

（1）现场分控站位于碾压仓外，监控人员将报警信息传递给现场旁站监理和质检员，再转至碾压机操作手，这个过程时间较长，导致警报处理存在一定的滞后性，有时还需监控人员带着笔记本电脑进入碾压机内，指导操作手对漏碾区域进行碾压，对碾压施工管理造成一定影响。

（2）施工过程中研发人员对碾压机内的移动终端（平板 PDA）进行了开发，但在应用过程中仍存在移动终端系统不稳定，耗电较快等问题。

（3）现场施工过程中，受碾压机械行驶和振动状态的影响，碾压机械上安装的 Wi-Fi 传输终端接头处偶尔会出现松动情况，造成碾压监控数据缺失，建议选用可靠性强的无线通信设备。

（4）压实质量实时监控系统中的基于高程变化的自动升层功能很好地适应仓面平层施工，但当采用全断面斜层碾压时，系统对于层面变化存在误判，针对斜层施工的自动升层有待进一步改进。

（5）根据振动碾行驶速度的监控情况，振动碾进行全断面斜层碾压施工时，从坡顶向坡脚行驶过程中易出现速度超过规范允许的 $1\sim1.5km/h$。随着振动碾的更新换代，振动碾的性能更加优越，在快速行驶过程中也能达到同样的振动泛浆效果，能达到碾压混凝土压实程度要求，保证碾压混凝土施工质量。关于碾压速度控制指标，建议根据所采用碾压工艺和振动碾技术参数，通过碾压工艺试验进行确定。

7.3.4 核子度密仪信息自动采集与分析技术

（1）传统检测工作的弊端。丰满新坝采用核子密度仪进行碾压混凝土表观密度检测。根据规范要求每层碾压混凝土按每 $100\sim200m^2$ 检测 1 点，每个测点检测 4 个方向的表观密度，检测人员需要计算 4 个方向的平均值作为该点的测值，再根据测点所属的混凝土标号计算测点的相对密实度（压实度）。相对密实度需要实时计算，以便发现没有达到质量标准的点，并及时进行补碾和复测。因此整个碾压混凝土坝建设过程中需进行大量的检测、记录、计算工作。

现场人工记录采用填写表格的形式记录核子密度仪的检测结果，制式表格的填写会导致大量的重复记录工作，即使每个表格中仅有几项重复，扩大到整个碾压混凝土筑坝过程中，也是巨大的工程量。

为控制层间间隔时间，碾压层面的间歇时间较短，需及时测定压实度，现场检测记录中容易出现对某些内容简化记录、将部分重复填写内容空白或遗漏、填写不规范、填写错误、记录表污损或丢失等问题，造成后期查阅、分析过程中出现不可挽回的损失。

（2）系统应用。丰满水电站重建工程运用核子密度仪信息自动采集与分析系统，对检测数据进行实时采集与分析。现场试验检测人员通过手持式终端（手机 PDA）对正在浇筑的单元工程进行选择，系统将自动关联相关单元工程信息；碾压层编号、测点编号、检测时间等信息将自动生成；所有碾压混凝土标号及其理论压实密度均已提前预置，可直接选择；将碾压混凝土表观密度检测数据实时上传到系统中，系统对检测结果进行计算，实时反馈压实度检测结果。系统可自动进行检测结果的统计分析，监理人员或质检人员可随时对实际检测点数进行符合性评价。

系统的运用，减少了重复工作，提高了工作效率，避免了人工计算过程中可能存在的计算错误，从而也对碾压层面间隔时间的控制起到了积极的作用。

7.3.5 大体积混凝土温度采集及智能控制技术

7.3.5.1 概述

丰满智能温控防裂技术以大体积混凝土防裂为根本目的，运用自动化监测技术、GPS技术、无线传输技术、网络与数据库技术、信息挖掘技术、数值仿真技术、自动控制技术，实现施工和温控信息实时采集、温控信息实时传输、温控信息自动管理、温控信息自动评价、开裂风险实时预警、温控防裂反馈实时控制等温控施工动态智能监测、分析与控制的系统，能够实现大坝混凝土从原材料、生产、运输、浇筑、温度监测、冷却通水到保护养护的全过程智能控制。

利用智能温控系统以及其他系统现场实测的各种施工浇筑数据、温控数据及大坝安全监测数据，通过跟踪反演坝基和坝体混凝土本身的热、力学参数及边界条件，使得计算所用的各种参数和边界条件均尽可能地与实际相符，然后利用新的反演参数及边界条件，结合工程实际需要，分阶段对大坝整体温度场及温度应力进行仿真分析预测，对细部结构或者重点关注部位进行精细化的仿真分析，以动态跟踪大坝混凝土内部温度和应力在空间和时间上的分布变化和规律，对可能出现的问题提出及时有效的处理措施。智能监控能够实现监控数据的及时、准确、真实、全面。而且，运用该成套设备和技术以及施工期材料参数反馈和温控防裂跟踪反馈仿真分析，可实现对大体积混凝土温控实施全过程监测和重点环节的自动干预，使混凝土浇筑的温度过程与设计过程在某些环节出现偏差的情况下对温控措施进行动态调整与干预，使温度过程逼近设计过程，有效提高混凝土施工质量和效率。

7.3.5.2 智能温控设施总体布置

1. 智能通水分控站布置

（1）智能通水分控站构成。现场采集分控站由智能测控及配电箱、流量测控装置、冷却水进水口温度和回水口温度监测数字传感器、智能换向球阀、无线数据发射和接收装置等组成。其中，智能测控及配电箱内置 4 台智能数字温度流量测控单元，每个测控单元可控制 4 台流量测控装置，即每个分控站最多可配置 16 台流量测控装置。智能通水分控站搭设见图 7.3.8。

图 7.3.8 智能通水分控站搭设

单个流量测控装置最大可满足 $10m^3/h$ 流量。在满足设计及规范要求的前提下，该工程单个流量测控装置通过水包头连接 4 根冷却水管（1 拖 4 的方式）。以单个坝段每层冷却水管为 4 根为例，按每仓两层冷却水管计算，每仓每个坝段则需要 2 台水管流量测控装置，根据现场实施经验，以每个分控站控制两个坝段 4 仓的 8 层冷却通水为最佳方案。随着坝体升高，大坝断面逐渐变窄，每层冷却水管组数也逐渐减小，流量控制装置更能满足施工需要。

（2）智能通水分控站选址。采集分控站选址至关重要，直接关系到智能温控系统的顺利实施。

1）该工程采集分控站布置在大坝下游侧，尽量靠近大坝坝体，这样可减少外露冷却水管和外露内部温度传感器电缆的长度，也可避免备仓过程中对下层外露冷却水管和温度传感器电缆的破坏。

2）因数据传输采用无线网络，采集分控站的布置需注意坝后结构物对无线信号的影响。该工程为坝后式厂房，因此进行采集分控站布置时考虑到了坝后主厂房、安装间及端部副厂房等结构物对无线信号的影响。

（3）智能通水分控站搭设。随着碾压混凝土的浇筑，采集分控站平台的搭设也有所不同。

低高程浇筑阶段，坝体距离下游边坡较近，采集分控站可利用在基坑开挖产生的马道、较缓的边坡或坝趾区域垫层混凝土满塘浇筑后随着坝体体型变化而产生的混凝土平台进行布置。备仓和仓面养护会产生较多废水，该工程利用不同高程的坝趾区域逐层设置集水池。因此对低高程分控站设置进行审核时应结合工程排水方案，避免施工废水汇集范围内设置采集分控站，如无法避开时应采用搭设脚手架的方式作为采集分控站的布置平台。

随着浇筑高度的上升，坝体逐渐远离边坡，可采用搭设脚手架平台或设置坝后钢平台作为采集分控站布置平台。该工程上下游坝面采用连续翻升模板，在进行备仓过程中，下层碾压混凝土会存在钢模板尚未拆除的情况。因此为保证采集分控站钢平台的布置，应结合浇筑升仓情况提前预埋埋件。

浇筑至较高高程时，搭设脚手架周期较长，危险性较大，因此不宜采用搭设脚手架的方式作为采集分控站平台。该工程利用原设计结构内的坝后工作桥或搭建坝后悬挑式钢平台作为采集分控站放置平台。

（4）智能通水分控站迁移。现场施工高峰期时，现场混凝土浇筑、碾压混凝土入仓道路临时变化、备仓过程模板拆除作业、混凝土仓面冲洗、混凝土养护、供水管路改线等均对分控站产生一定影响。其中影响较大的为入仓道路临时变化和供水管路改线。入仓道路临时变化会导致一个或多个分控站拆除、迁移，从而导致该区域智能通水中断。铺筑入仓道路易造成内部温度传感器外露电缆损坏或引起内部温度无法采集，从而导致无法指导冷却通水。这就要求在分控站拆除和迁移过程中加强温度传感器电缆和外露冷却水管的保护和标记。一般将外露冷却水管整理后对该区域采用细石渣或细砂进行足够厚度的覆盖，温度传感器电缆采用穿管保护，保证修筑过程中不会被石块砸断或压断。另外，对温度传感器电缆和外露冷却水管接头做好标记，确保与分控站设备接口一一对应。供水管路改线将导致通水中断，内部温度无法控制，因此应尽量保证供水正常，如必须改线应尽快施工，尽可能缩短供水中断时间。

针对上述情况，应提前规划，在年度温控方案中直接说明，在月施工计划中也需做好分控站与施工通道、供排水管线、入仓口之间的相互配合，尽量避免采集分控站运行过程中的迁移。

2. 内部温度监测设备布置

(1) 温度传感器位置布设基本原则。

为有效减小上下游温差及保证传感器存活率，至少每两个坝段埋设 1 支温度传感器，距离上游面可为 1/4、1/2、3/4，仓高的 1/2 处，随大坝浇筑高程升高，仓面收窄，碾压仓温度传感器最佳埋设位置为距离上游面 1/2，仓高的 1/2 处。

单坝段单仓浇筑（厂房坝段）：3m 厚一仓时，每仓埋设 2 支温度传感器，埋设位置为中轴线两侧，两层水管中间。

(2) 温度传感器埋设工艺。温度传感器进场后应及时进行率定，确保温度传感器正常。安装前也应对温度传感器进行检查，确保使用前温度传感器完好。

碾压混凝土内的温度传感器及电缆的埋设采用后埋法。根据大坝施工现场的情况，当混凝土浇筑到传感器测点高程时，打孔器事先在下游木模上开孔，传感器穿过木模，选好测点位置，挖设坑槽将传感器埋设，引线电缆通过挖沟槽方式引至坝外分控站，坑槽深度大于 20cm，采用该部位原混凝土剔除大于 40mm 粒径骨料的新鲜混凝土进行人工回填并捣实，确保回填混凝土的密实。溢流坝段及 26~28 号坝段（存在配电室结构）温度传感器电缆不得从下游面直接穿出，则从两侧挡墙处穿出。

常态混凝土仓块浇筑时，将传感器固定到测点高程的预制钢筋上，防止传感器跑位，偏移至冷却水管附近。

7.3.5.3 自动控制技术

该工程采用北京木联能工程科技有限公司研发的智能通水温控仪器进行温控信息实时自动采集和通水控制，采用中国水利水电科学研究院研发的智能温控系统进行大体积混凝土温度自动控制。

1. 大体积混凝土温控信息实时自动采集

(1) 大坝内部温度。采用 LN-TC01 型温度传感器，沿坝段中轴线埋设 3 支温度计，分别距离上游面 1/4、1/2、3/4 处，监测频次为每半小时 1 次，大坝内部温度取 3 支温度计的平均值，这种布置方式可有效监测上下游温差，同时能够有效保证仪器的成活率，并能够观测典型温度场的整体变化规律、约束区温度变化规律。

(2) 温度梯度。采用 LN-TC06-Ⅰ型和 LN-TC06-Ⅱ型数字温度传感器组，监测频次为每半小时 1 次，这种方案能够有效观测不同季节仓面温度梯度的变化规律；底孔部位与相邻部位温度的变化规律；上下游面温度梯度；大坝过水时温度的变化规律。

(3) 气温。采用 LN-TC01 型温度传感器，布置于坝址处，左右岸及河床处分别布置 1 支、3 支温度计取平均值，监测频次为每半小时 1 次。

(4) 机口入仓温度及浇筑温度。采用 LN2026-TM 型混凝土机口入仓浇筑温度测试记录仪（支持无线传输），监测频次为每两小时 1 次，能够离散监测一天中高温及低温时刻的入仓温度及浇筑温度。

(5) 通水水温。采用 LN-TCA01 型数字温度传感器，每组进出水主管路各安装一支，便于管理，监测频次为每半小时 1 次。

(6) 通水流量。采用 LN2026-FMC 型水管流量测控装置，每仓主管安装一套，监测频次为每半小时 1 次。

2. 智能通水

现场采集分控站对大体积混凝土有关温控要素信息（通水流量、进水口温度、回水口温度、大坝内部温度、气温等）进行实时采集，通过无线或有线的方式将信息实时自动传输至服务器。

智能温控软件系统将温控信息纳入数据库进行高效管理，实现基于网络和权限分配的信息共享。软件系统基于实测数据，运用经过率定和验证的预测分析模型，使得计算所用的各种参数和边界条件均尽可能地与实际相符，然后利用新的反演参数及边界条件通过无线网络自动发送指令给现场采集分控站，智能控制流量测控装置电磁阀和主管路四通换向球阀，从而自动控制通水流量、通水时间和通水方向，实现对大体积混凝土温控实施的全过程监测和重点环节的自动干预，使混凝土浇筑的温度过程与设计过程在某些环节出现偏差的情况下对温控措施进行动态调整与干预，使温度过程逼近设计过程，有效提高混凝土施工质量和效率。

7.3.5.4　网络传输技术

信息传输路径见图 7.3.9，数据信息传递如下所述：

（1）大坝内部温度、温度梯度、气温及水温等有关能够用温度传感器监测的信息通过专用电缆连接到总线连接器上。

（2）总线连接器将数据信息进行集成，然后通过专用电缆连接到 LN2026 数字型温度测试记录仪。

（3）LN2026 数字型温度测试记录仪可通过现场搭建的无线平台直接传输到坝址区计算服务器。

（4）拌和楼出机口温度由温度测量仪实时测量并通过 GPRS 无线发送至坝址区数据采集服务器。

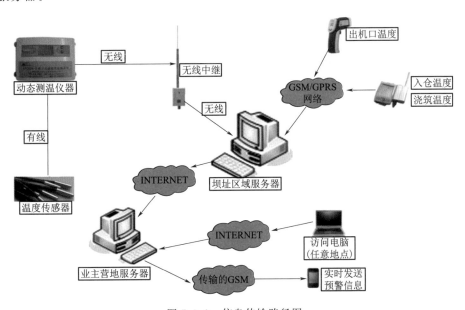

图 7.3.9　信息传输路径图

（5）入仓温度、浇筑温度在浇筑仓面通过入仓温度、浇筑温度采集仪自动、实时测取并通过 GPRS 无线发送至坝址区数据采集服务器。

（6）坝址区计算服务器通过将实时采集的数据定时发送回业主营地服务器，业主营地服务器定时将信息进行整合与分析，形成各种图表。

（7）业主营地服务器将预警信息通过 GPRS 方式实时发送至现场施工及管理人员手机上。

（8）工作人员通过网络协议可以在任何地点（有 Internet 网络信号覆盖）进行访问。

7.3.5.5　网络与数据库技术

该系统的数据库包括大坝几何模型数据库、施工信息库、温控信息库、仿真信息库、温控标准数据库、温控措施建议库以及各数据库之间的关联，实现不同采集信息量的分类与高效管理（图 7.3.10）。

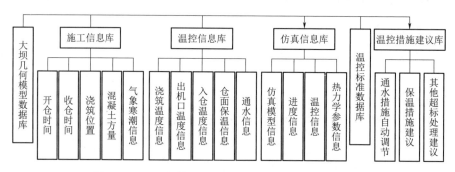

图 7.3.10　温控信息高效管理及实时评价数据库结构

（1）大坝几何模型数据库：包括大坝的几何信息，用于温控信息高效管理系统实时直观显示大坝的浇筑进度、暴露面信息、各仓之间的关联信息等。

（2）施工信息库：包括开仓时间、收仓时间、浇筑位置、混凝土方量、气象寒潮信息等。

（3）温控信息库：包括浇筑温度信息、出机口温度信息、入仓温度信息、仓面保温信息、通水信息等。

（4）仿真信息库：包括仿真模型信息、进度信息、温控信息、热力学参数信息。此部分根据大坝几何模型数据库建立仿真模型，根据施工信息库自动计算分析出大坝的进度信息、大坝每一仓的出机口温度、入仓温度、浇筑温度、仓面保温信息、通水信息（通水流量、进水口通水温度、出水口通水温度）等，从而自动生成仿真信息库。

（5）温控标准数据库：根据温控技术要求提炼出大坝不同浇筑时间、不同分区部位的温控标准，包括出机口温度控制标准、入仓温度控制标准、浇筑温度控制标准、最高温度控制标准、基础温差控制标准、上下层温差控制标准、内外温差控制标准等。

（6）温控措施建议库：根据大坝几何模型数据库、仿真信息库、温控信息库、施工信息库给出不同时间段温控措施，包括长间歇信息、出机口温度、入仓温度、浇筑温度、最高温度、基础温差、上下层温差、内外温差、保温、通水等信息。

7.3.5.6　信息计算仿真技术

智能温控系统主要采用 Saptis 软件进行温度应力仿真分析。

（1）混凝土坝浇筑到运行全过程仿真分析。模拟分析混凝土坝浇筑到运行期全过程的温度场、变形场及应力场，可以模拟如下影响温度和应力的过程。

1）混凝土浇筑过程：可模拟每一仓混凝土的浇筑，模拟混凝土的分层、分仓、跳仓浇筑方式。

2）混凝土的硬化过程：可考虑混凝土水化热温升、弹性模量、徐变度、自生体积变形等随龄期的变化。

3）温度控制过程：考虑入仓温度、加减保温、分期通水冷却等温控措施，精细模拟大坝的温度场及变化过程。

4）并缝灌浆过程：模拟分缝分块浇筑的混凝土的并缝灌浆过程。

5）蓄水过程：在模拟分仓分层浇筑混凝土对温度场、应力场影响的同时，可考虑分期蓄水，模拟分期蓄水过程中温度场、应力场的变化。

6）大坝长期运行过程：可以在施工期仿真模拟的基础上，模拟大坝长期运行期间随气温、水位、水温变化过程中坝体温度、变形、应力的变化过程。

（2）大坝浇筑到运行全过程非线性模拟。Saptis 具备非线性分析功能，具有脆断、软化、理想弹塑性三种模型。可采用的屈服准则包括：D-P 准则、M-C 准则、三～五参数混凝土屈服准则，可用于对高坝进行超载、降强等非线性安全度分析。

（3）基础及洞室开挖、衬砌、锚固模拟。利用 Saptis 的单元生死法可以模拟基础和洞室开挖及衬砌过程，利用 Saptis 的锚杆单元、锚索单元可以模拟基础和洞室的锚固过程。

（4）缝的开闭，剪切滑移等模拟。Saptis 具有多种缝单元，可以模拟大坝多种键槽作用，模拟灌浆前的开闭、灌浆过程、灌浆后的开闭屈服等，从而模拟大坝施工至运行期间多种缝的状态及其对大坝受力状态的影响。

（5）水-热-力耦合分析。Saptis 近期新开发了多场耦合分析功能，可用以模拟各种结构的水-热-力的耦合作用。

（6）丰富的单元库和高效方程求解器。Saptis 具有多种实体单元、缝单元、杆梁锚索单元等，可用以模拟水利水电工程中遇到的各种温度、渗流、变形、应力等问题。采用高效压缩数据存储方式，具有共轭梯度法、高斯直接解法、直接并行解法等多种方程求解器，利用微机即可求解数百万自由度的结构分析问题。利用高性能服务器，可以对水利水电工程进行大规模有限元分析。

7.3.5.7　系统应用

智能温控系统采用自动化手段替代了人工检测温控参数，减少了施工人员工作负担，提高了监测频次，使温控参数更加准确、监测结果真实可信。丰满新坝建设过程中，一般每两个坝段建立一个现场分控站，高程方向上控制最多 4 个仓块的冷却通水，因此可将1 个大浇筑仓分成多个独立的冷却通水单元，根据各自的内部温度检测情况，对冷却通水过程精细控制，使混凝土实际温度过程线更接近于理想温度过程线，最大限度地降低人工操作错误对温控防裂带来的不利影响，温度控制效果明显提高。

智能温控系统完整地记录了碾压混凝土坝的温控信息，也能对海量的温度数据进行计算统计，形成可视化的图表，为管理人员提供在线查询、实时评价、动态分析，为优化和调整温控措施提供决策支持，为施工质量验收评定提供全面的资料。

7.3.5.8　应用中出现的问题

（1）基础温度数据的采集是温控系统实现智能控制的基础。碾压混凝土施工过程中，仓内环境复杂，大量机械设备行驶、温度传感器埋设人员施工水平参差不齐，都可能对内部温度传感器及电缆造成破坏，导致温度监测缺失，无法智能控制通水。如何减少或避免施工对温度采集的影响还需进一步研究。

（2）分控站的迁移和维护也会对智能温控系统造成影响。下游面备仓过程、临时入仓道路变化、相邻标段施工、现场作业人员的人工干预和坝趾区域的其他施工均会对智能温控系统分控站造成影响，不但加大了维护工作量，也会造成智能通水过程无法正常进行，进而影响混凝土温度控制。因此需超前策划，与相邻标段积极协调配合，提升现场作业人员的技术水平，制定合理的应急处理措施并准确落实，进一步精细化管理。

7.3.6　质量验评智能化技术

质量验评智能化技术是利用信息技术、移动互联、智能化技术等现代信息技术将水电工程施工质量验收评定有关标准、规范内置在智慧管控平台中，并在实际施工质量验评过程中对现场施工质量信息进行分析、计算、比较、判断、联想、决策，使之能够适应水电工程建设不同的环境变化，并对工程中的真实数据做出反应，形成决策并传达相应的信息。

智慧管控平台预置了单元工程适用质量标准和质量验评表，实现了从施工单位自检、工序验收到单元质量验评流程的管控。现场实际质量验评过程中，现场的工序验收、单元验收任务可以在几秒钟内传达到相关人员，施工单位各级质检人员和监理工程师通过移动终端（手机 PDA）快速完成工序质量等级评定。质检人员不必使用纸质表格到现场进行记录，避免了人工填写不规范、重新抄录、污损或资料丢失情况的发生，质量检查（测）数据的真实性也得到了保证。

各参建单位质量管理工作人员可以通过平台随时随地查询质量验评结果和相关信息，从而实时掌握工程质量管理状况；施工单位通过平台直接打印出符合归档要求的质量验评表单，极大地减少了监理和施工单位档案人员在归档过程中对表格格式、填写规范性等方面审查的工作量；所有的质量验评信息保存在平台中，可以快速检索查找到需要的信息，避免文件在传递过程中丢失，或因保管不善丢失。

7.3.7　智能喷雾技术的研发与应用

碾压混凝土仓面面积大，在高温季节温度倒灌比较严重。目前采用的大型喷雾设备控制范围大、雾化效果差，容易在仓面产生积水；小型喷雾设备雾化效果好、控制范围小。

新丰满大坝施工采用了多种喷雾设备搭配使用的方式营造仓面小气候条件，取得了较好的效果。但是这种方式要求现场指挥调度人员经验丰富，而且需要根据环境变化频繁地进行调整，对混凝土施工有一定的干扰。

为了提高碾压仓面喷雾效率，进一步降低温度倒灌对温度控制的不利影响，丰满水电站重建工程开展了智能喷雾系统的科研攻关。智能喷雾系统包括仓面小气候监测仪,用于实时采集仓面温度、湿度、风速、风向、太阳辐射热等环境参数;自动控制系统,根据仓面环境信息运用数学模型计算喷雾参数,远程控制智能喷雾机运行;智能喷雾机,执行控制系统的指令,实时调整喷雾量、喷雾方向。

喷雾机风机采用轴流式风机,活塞式高压水泵,科研人员设计并试验了多种规格的喷嘴和喷头布置方案(图 7.3.11)。

对 7 种工况条件下智能喷雾机的降温效果进行了测试。试验结果显示喷雾机可以控制将半径 25m、120°的扇形范围内的仓面环境温度降低 4.87~9.69℃。总体上,智能喷雾机的雾化效果和降温效果比较理想(图 7.3.12),但是控制范围比较小,移动不便,容易产生施工干扰。

 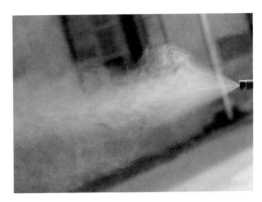

图 7.3.11　短信预警智能喷雾机　　　　图 7.3.12　雾化效果

针对传统喷雾方式存在的问题,发明了水汽二相流智能喷雾成套技术及方法(图 7.3.13),最大雾化颗粒小于 30μm,该系统与模板结合,备仓同时该系统可同步形成,不影响施工。监测资料表明,该技术可有效降低仓面小气候 10℃以上,与常规喷雾

图 7.3.13　水汽二相流喷雾系统

方式相比浇筑温度降低 2℃。

7.4　新丰满大坝建设智慧管控技术运行效果

丰满智慧管控技术经历了数字化、智能化、可视化到智慧管控四个阶段的建设历程，最终建立了"智慧丰满"管控平台，实现工程建设"三维可视化、施工标准化、采集智能化、施工全过程管理"的建设目标。平台通过三维动态建模技术将工程建设施工管理单元模型与实体工程一一对应，实现多专业数据的实时动态可视化管理；按照标准化工作流程自动推送工作任务，落实施工标准化管控；建立工程业务结构化数据标准，采用物联网技术进行现场数据实时采集，实现工程信息的高效智能化应用；通过平台可实现工程规划、设计、施工、验收、生产运行各阶段的全过程管理，最终达到全程可视、精细管理、科学决策的智慧管控目标。

通过丰满智慧管控平台建设，使得信息技术与水电工程建设业务深度融合集成，有效地促进了工程建设管理科学发展、跨越发展、和谐发展，是提升工程建设综合管控能力和企业核心战略的重要手段。

第8章 施工质量控制与评定

8.1 原材料的质量控制

碾压混凝土筑坝原材料供应方式主要分为建设单位甲供、施工单位自行采购两种方式。其中，水泥、粉煤灰、减水剂、引气剂、钢材、铜止水、接地铜覆钢等原材料由业主通过公开招标方式采购，统一供应给施工单位；砂石骨料由重建工程新建的砂石料加工系统开采、生产并供应；其他原材料由施工单位自行采购。

8.1.1 原材料采购及进场检测程序

原材料的采购计划须符合设计要求，并从资质合格的供应商处采购，且每批产品均须有符合国家标准的合格证书。

1. 甲供原材料

根据施工进度计划，由施工单位在每年 11 月末前、每季度末的 14 日前和每月 2 日前，向监理单位提交下一年度、季度和下一月的甲供材需求计划，监理单位审核后，报建设单位批准。供应商根据甲供材需求计划定期供应原材料。原材料进场时由建设单位、监理单位、施工单位、供货商四方联合验收，检查供货材料的供货单、进场材料验收单、产品合格证、出厂检验报告等材料是否齐全，检查原材料外观质量是否符合要求，联合验收合格后可以进场；由施工单位自检、第三方检测、监理抽检，检测合格后方可用于施工。

2. 自购原材料

自购原材料由施工单位上报供货商相关生产资质、产品检测报告及相关检测资质等，监理单位批准后方可确定最终供货商，必要时由建设单位、监理单位、施工单位三方进行询价调研，最终确定供货商。自购原材料由监理单位、施工单位、供货商联合验收，联合验收合格后可以进场；由施工单位自检、第三方检测、监理抽检，检测合格后方可用于施工。

8.1.2 原材料检测程序

1. 施工单位自检

原材料进场，先核查随车证书、数量、保管情况，验收合格后，施工单位现场试验负责人依据规范要求进行现场取样，试验监理工程师见证取样全过程。施工单位现场试验人员按照规范要求进行样品登记、检测，并根据检测结果出具正式试验检测报告。

2. 第三方检测

为加强管理，控制原材料质量，建设单位以招标方式引入了第三方试验室，主要承担建设单位抽样检测、监理平行检测及施工单位委托检测的工作。其中，建设单位抽样检测由第三方试验室独立完成。

（1）施工单位委托检测。纳入验收评定资料的试验项目由第三方试验室负责。原材料进场后，由施工单位通知第三方试验室并协助取样，同时试验监理工程师进行取样见证，取样完成后施工单位填写委托单，第三方试验室依据委托单进行样品信息登记，进行试验检测，并出具正式检测报告给施工单位。

（2）监理单位平行检测（监理抽检）。原材料进场后监理随机抽取样品进行平行检测，试验检测由第三方试验室负责，并出具正式检测报告。监理单位根据施工单位上报的试验检测报告和抽检情况综合评价原材料质量状况。

3. 外部委托检测

对于部分超出第三方试验室授权范围和施工单位试验中心授权范围的材料检测项目，施工单位需委托外部具有相关检测资质的单位进行试验检测。首先施工单位需提交外部检测单位的相关资质文件，经监理审批合格后，方可进行委托检测。由施工单位依据规范要求，在监理见证情况下进行取样并送至外部检测单位，外部检测单位进行试验检测，并出具正式检测报告给施工单位，施工单位最终上报试验检测报告至监理单位。

8.1.3 原材料检测与控制

水泥、粉煤灰、外加剂、砂石骨料等碾压混凝土原材料入场检验项目、检测总数或频次按国家相关规程规范、合同约定、设计文件要求等确定。为了更好地控制入场原材料质量，丰满水电站重建工程在大坝、发电厂房等主要标段增加了检测工作量，引入了第三方试验室，主要检测工作均由第三方试验室进行，总检测量为规范检测频次的130%。一般由施工单位委托第三方试验室检测规范要求总数的90%，施工单位试验室自行检测数量为检测规范要求总数的30%，监理单位委托第三方试验室抽检规范要求总数的10%，并对施工单位的检测进行全过程见证，确保合格的原材料用于工程建设。

1. 水泥

大坝碾压混凝土采用的水泥为抚顺水泥股份公司生产的"浑河"牌P·MH42.5中热硅酸盐水泥。中热硅酸盐水泥品质检测执行标准如下。

（1）《中热硅酸盐水泥 低热硅酸盐水泥 低热矿渣硅酸盐水泥》（GB 200—2003）和《中热硅酸盐水泥、低热硅酸盐水泥》（GB/T 200—2017）。

（2）《水工混凝土施工规范》（DL/T 5144—2001、DL/T 5144—2015）。

（3）合同约定及设计要求：比表面积宜不大于320m^2/kg。

（4）特殊要求：丰满水电站全面治理（重建）工程中热水泥生产质量控制专题会议纪要（办公通报〔2015〕8号）提出生产内控指标，28d抗压强度为48～55MPa、氧化镁含量为3%～4.5%，要求水泥供应商在生产环节加强质量控制。

中热硅酸盐水泥检测项目及检测频次见表8.1.1。

表8.1.1 中热硅酸盐水泥检测项目及检测频率

序号	检测项目	规 定 值		检验频率	检测比例		
					施工单位	监理	第三方试验室
1	比表面积	250～320m²/kg		1次/600t*（每批不足600t时，也应检测1次）	30%	10%	90%
2	凝结时间	初凝：≥60min					
		终凝：≤12h					
3	安定性	沸煮法检验合格					
4	强度	抗折	3d：≥3.0MPa				
			7d：≥4.5MPa				
			28d：≥6.5MPa				
		抗压	3d：≥12.0MPa				
			7d：≥22.0MPa				
			28d：≥42.5MPa（48.0～55.0MPa）				
5	三氧化硫	≤3.5%		1次/季度	1次/年	1次/年	3次/年
6	烧失量	≤3.0%					
7	氧化镁	≤5.0%（3.0%～4.5%）					
8	碱含量	≤0.6%					
9	水化热	3d：≤251kJ/kg					
		7d：≤293kJ/kg					

* 由于规范更新，2016年4月前散装中热硅酸盐水泥以200～400t为一取样单位，2016年4月后以600t为一取样单位。

2. 粉煤灰

大坝碾压混凝土所用掺合料采用吉林江北龙华热电厂生产的F类Ⅰ级粉煤灰。粉煤灰品质检测执行标准如下。

（1）《水工混凝土掺用粉煤灰技术规范》（DL/T 5055—2007）。

（2）《水工混凝土施工规范》（DL/T 5144—2015）。

（3）《水工碾压混凝土施工规范》（DL/T 5112—2009）。

F类Ⅰ级粉煤灰检测项目及检测频率见表8.1.2。

表 8.1.2 F 类 I 级粉煤灰检测项目及检测频率

序号	检测项目	规定值	检验频率	检测比例或数量		
				施工单位	监理	第三方试验室
1	细度	≤12% (0.045mm 方孔筛)	—	1 次/车*	—	1 次/车*
2	需水量比	≤95%	1 次/200t (每批不足 200t 时, 也应检测一次)	30%	10%	90%
3	烧失量	≤5%				
4	含水量	≤1%(干排法)				
5	三氧化硫	≤3.0%	1 次/7 批			
6	游离氧化钙	≤1.0%				
7	强度比	—				
8	密度	—	—	1 次/年	1 次/年	—
9	碱含量	—				

* 粉煤灰细度检测频率为施工单位与第三方试验室每车一检。

3. 外加剂

大坝碾压混凝土工程所用外加剂采用江苏苏博特新材料股份有限公司生产的 SBTJM®–Ⅱ型固体缓凝高效减水剂、GYQ-Ⅰ型液体高效引气剂(固含量 50%)。外加剂质量检测执行标准如下。

(1)《水工混凝土外加剂技术规程》(DL/T 5100—2014)。

(2)《水工混凝土施工规范》(DL/T 5144—2015)。

(3)合同约定:缓凝型高效减水剂减水率不小于 18%,泌水率比不大于 95%,常态混凝土初凝时间差与终凝时间差为 +120~+240,碾压混凝土初凝时间不小于 8h、终凝时间不大于 24h,抗冻标号不小于 50。引气剂抗冻标号不小于 200。

(4)匀质性指标中的生产控制值由江苏苏博特新材料股份有限公司提供。

减水剂、引气剂质量检测项目及检测频率见表 8.1.3 和表 8.1.4。

表 8.1.3 SBTJM®–Ⅱ缓凝高效减水剂检测项目及检测频率

序号	检测项目	规定值	检验频率	检测比例或数量		
				施工单位	监理	第三方试验室
1	减水率	≥18%	1 次/50t	30%	10%	90%
2	泌水率比	≤95%				
3	含气量	<3.0%				
4	凝结时间之差	初凝:≥+120				
		终凝:≥+120				
5	抗压强度比	3d:≥125%				
		7d:≥125%				
		28d:≥120%				
6	收缩率比	≤125%				

序号	检测项目	规 定 值	检验频率	检测比例或数量		
				施工单位	监理	第三方试验室
7	抗冻标号	≥50	1次/50t	30%	10%	90%
8	含固量	≥92.15%				
9	pH 值	7.0±1.0				
10	氯离子含量	≤2.0%				
11	硫酸钠含量	≤8.0%	—	1次/年	1次/年	1次/季
12	总碱量	≤10.0%				
13	砂浆减水率	≥15.2%				
14	细度	0.315mm 筛筛余量 ≤8.0%				
15	不溶物含量	≤1.0%				

注 除含气量外,表中所列数据均为受检混凝土与基准混凝土的差值或比值。

表 8.1.4　　　　　　GYQ-Ⅰ引气剂检测项目及检测频率

序号	检测项目	规 定 值	检验频率	检测比例或数量		
				施工单位	监理	第三方试验室
1	减水率	≥6%				
2	泌水率比	≤70%				
3	含气量	4.5～5.5				
4	凝结时间之差	初凝:-90～+120				
		终凝:-90～+120				
5	1h 经时变化量	含气量:-1.5～+1.5	1次/50t	30%	10%	90%
6	抗压强度比	3d:≥90%				
		7d:≥90%				
		28d:≥85%				
7	收缩率比	≤125%				
8	相对耐久性	≥80%				
9	pH 值	13.0±1.0				
10	砂浆减水率	—	—	1次/年	1次/年	1次/季
11	密度	(1.12±0.03) g/cm³				

注 掺量为 0.02%～0.08%。除含气量、1h 经时变化量、相对耐久性外,表中所列数据均为受检混凝土与基准混凝土的差值或比值。

4. 砂石骨料

大坝碾压混凝土所用砂石骨料为人工骨料,由砂石加工系统生产,岩性为华力西晚期钾长花岗岩。骨料由业主甲供。砂石骨料质量检测执行标准如下。

（1）《水工碾压混凝土施工规范》（DL/T 5112—2009）。

（2）《水工混凝土施工规范》（DL/T 5144—2001、DL/T 5144—2015）。

（3）丰满水电站全面治理（重建）工程大坝碾压混凝土施工技术要求 205B-JB₉-14。

（4）特殊要求：2015 年 4 月 1 日，碾压混凝土设计交底会议，确定人工砂含泥量按照 MB 值不大于 1.4 控制。

人工砂及碎石进行质量检测项目及检测频率见表 8.1.5 和表 8.1.6。

表 8.1.5　　　　　　　　　　　人工砂进场质量检测项目及检测频率

序号	检测项目	规定值	检验频率	检测比例或数量		
				施工单位	监理	第三方试验室
1	细度模数	2.2～2.9	1～2 次/d	100%	10%	—
2	石粉含量	宜控制在 12%～22%，直径 0.08mm 的微粒含量不宜小于 5%				
3	含水率（以干砂为基准）	≤6.0%（波动不大于 1.0%）				
4	泥块含量	不允许				
5	表观密度	≥2500kg/m³	—	1 次/月	1 次/年	—
6	堆积密度					
7	饱和面干吸水率	—				
8	硫化物及硫酸盐含量	≤1.0%				
9	坚固性	≤8.0%				
10	有机质	不允许				
11	云母	≤2.0%				

表 8.1.6　　　　　　　　　　　碎石进场质量检测项目及检测频率

序号	检测项目	规定值	检验频率	检测比例或数量		
				施工单位	监理	第三方试验室
1	超径	<5%（原孔筛）	1～2 次/d	100%	10%	—
2	逊径	<10%（原孔筛）				
3	含泥量	D_{20}、D_{40}：≤1.0%				
		D_{80}、D_{150}：≤0.5%				
4	泥块含量	不允许				
5	中径筛筛余量	40%～70%	—	1 次/月	1 次/年	—
6	压碎指标	≤20%（强度等级小于 40MPa 的混凝土）	1 次/月	1 次/月	1 次/年	—
		≤12%（强度等级大于等于 40MPa 的混凝土）				
7	坚固性	≤5.0%（有抗冻要求的混凝土）				

序号	检测项目	规定值	检验频率	检测比例或数量		
				施工单位	监理	第三方试验室
8	有机质含量	浅与标准色	1次/月	1次/月	1次/年	—
9	硫化物及硫酸盐含量	≤0.5%				
10	表观密度	≥2550kg/m³				
11	饱和面干吸水率	≤2.5%				
12	针片状颗粒含量	≤15.0%				
13	堆积密度	≥1.60t/m³				

注 D_{20}、D_{40}、D_{80}、D_{150} 分别表示小石、中石、大石、特大石的最大粒径；压碎指标规定值的强度等级是指设计
龄期混凝土强度等级。

5. 拌和用水

拌和用水必须清洁，不得含有有机物质、淤泥、硫酸盐和酸性化合物。按照《水工混凝土水质分析试验规程》（DL/T 5152—2001、DL/T 5152—2017）对水质进行试验与分析，水质应符合《水工混凝土施工规范》（DL/T 5144—2015）相关要求，每六个月检测一次。混凝土拌和用水应符合表 8.1.7 中的要求。

表 8.1.7 拌和用水的指标要求及检测频率

序号	检测项目	规定值	检验频率	检测比例或数量		
				施工单位	监理	第三方试验室
1	pH值	≥4.5	1次/6个月	—	—	100%
2	不溶物/(mg/L)	≤2000				
3	可溶物/(mg/L)	≤5000				
4	氯化物/(mg/L)	≤1200				
5	硫酸盐/(mg/L)	≤2700				
6	碱含量/(mg/L)	≤1500				

8.2 混凝土拌和管理与质量控制

8.2.1 混凝土拌和管理

施工单位设置拌和工区，对碾压混凝土生产与质量全面负责。施工单位试验中心对混凝土拌和质量全面控制，动态调整混凝土配合比，并进行抽样检验成型及委托第三方试验室抽样检验成型。试验监理工程师对混凝土拌和质量和施工单位混凝土生产阶段的质量控制工作进行监督管理。

混凝土生产时，施工单位每班设值班负责人1人，各级岗位配足人数，以保证拌和生产正常进行。同时施工单位试验中心配置值班人员，驻守拌和系统，负责混凝土拌和物取样成型及相关检测工作，同时填写好质量控制原始记录。

监理中心建立试验监理组，具体负责工程试验检测相关的监督管理工作，每班配置值班试验监理工程师 1 人，三班倒，驻守拌和系统。主要监理工作如下：对施工单位各岗位人员到岗、到位情况进行检查，确保资源投入满足混凝土生产及拌和物质量控制工作需要；检查原材料储备情况，以保证混凝土供应的连续性；督促施工单位进行骨料含水量、含泥量指标的测量，根据检测结果调整配合比，审核调整配合比，并检查拌和楼控制系统内配合比的正确性；旁站监督施工单位按设计及规范要求的频次按时进行混凝土拌和物的取样成型和质量检测工作；对施工单位取样单、现场检测记录进行检查确认，确保其真实性；对混凝土拌和物进行随机抽检，进一步检验混凝土拌和物质量。

8.2.2　混凝土拌和质量控制

（1）配料称量误差。用于碾压混凝土的配料称量装置每月率定 1 次。

每班称量前，对称量设备进行零点校验，监理工程师对校验情况进行见证检查，确认正常后方可开机。混凝土生产过程中应对原材料的配料称量并记录，试验监理工程师应每班进行称量记录检查，同时按规范检测频次的 10% 进行随机抽检。

一旦称量精度与规定不符时，试验监理工程师有权要求立即停止拌和，并要求施工单位进行调整和检修，达到要求并经试验监理工程师同意后方可恢复生产。

标准材料称量误差不应超过下述范围（按重量计）：

1）水、水泥、粉煤灰、外加剂：±1%；

2）粗骨料、细骨料：±2%。

开机前（包括更换配料单），应按由施工单位试验中心签发并经试验监理工程师批准的配料单输入参数，质检人员校核，无误后方可开机拌和。用水量调整应经试验监理工程师同意后方可进行，任何人不得擅自改变用水量。

（2）拌和时间和投料顺序。碾压混凝土应充分搅拌均匀，满足施工的工作度要求，其投料顺序（拌和楼）为砂→水泥＋粉煤灰→（水＋外加剂）→小石→中石→大石。根据碾压混凝土工艺试验成果，拌和时间定为 70s，每班检测 2 次。

（3）混凝土生产过程中，在拌和楼进行原材料检验，检测项目及检测频率，按照 DL/T 5144—2015 相关条款执行，施工单位自检 100%，试验监理工程师对试验过程进行见证，必要时进行抽检。

（4）拌和过程中拌和楼值班人员应经常观察灰浆在拌和机叶片上的黏结情况，若黏结严重应及时清理。交接班之前，必须将拌和机内黏结物清除干净。

（5）配料、拌和过程中出现漏水、漏液、漏灰和电子秤飘移现象后应及时检修，严重影响混凝土质量时应临时停机处理。

（6）拌和楼生产人员和质控人员均必须在现场岗位上面对面交接班，不得因交接班中断生产。

8.2.3　碾压混凝土拌和物质量控制

碾压混凝土拌和物质量的检测在拌和楼出机口随机取样进行，在检查混凝土级配和混凝土和易性的同时，主要进行出机口 VC 值、含气量、出机口温度、抗压强度、抗拉强度、抗渗、抗冻、极限拉伸等的检测。施工单位根据设计及规范要求进行拌和物检测，监理单位对检测过程进行旁站监督，并按照不小于规范检测总数的 10% 进行随机抽检。

（1）出机口 VC 值。该工程碾压混凝土配合比设计 VC 值为 2～5s，出机口 VC 值允许偏差为 ±3s，应根据气候条件变化情况和施工过程损失值进行动态控制，如超出配合比设计调整值范围，应查找原因，采取措施。如需调整碾压混凝土拌和物的用水量时，应保持水胶比不变。

出机口 VC 值检测频次按照《水工碾压混凝土施工规范》（DL/T 5112—2009）执行，每 2h 检测 1 次，气候条件变化较大（大风、雨天、高温）时应适当增加检测次数，试验方法按照《水工碾压混凝土试验规程》（DL/T 5433—2009）检测。

（2）含气量。掺引气剂的碾压混凝土严格控制其含气量，检测频次根据（DL/T 5112—2009），每班检测 1～2 次，允许偏差为 ±1%，按照 DL/T 5433—2009 中的试验方法检测。

（3）出机口温度。出机口温度为在拌和楼出机口取样测得的混凝土表面以下 5cm 处的混凝土温度，每 2～4h 检测 1 次。该工程采用 LN2026-TM 型混凝土机口入仓浇筑温度测试记录仪（支持无线传输）进行出机口温度检测。根据设计浇筑温度要求，通过公式计算反推出机口温度应为 11～12℃。

高温季节时，碾压混凝土拌和采用堆场初冷、风冷粗骨料、冷水拌和、加片冰拌和等组合方式控制出机口温度，以满足浇筑温度要求。

（4）抗压强度。碾压混凝土机口抗压 28d 龄期每 500m³ 成型 1 组，90d 龄期每 1000m³ 成型 1 组。不足 500m³，至少每班取样 1 次。

碾压混凝土生产质量控制以 150mm 标准立方体试件、标准养护 28d 的抗压强度为准。生产质量评定由一批（至少 30 组）连续机口取样的 28d 龄期抗压强度标准差表示。强度标准差、强度标准值的百分率应符合 DL/T 5112—2009 相关要求。

碾压混凝土质量评定以设计龄期的抗压强度为准，混凝土强度平均值和最小值应同时满足设计及规范要求。

（5）抗拉强度。碾压混凝土机口抗拉强度 28d 龄期每 2000m³ 成型 1 组，90d 龄期每 3000m³ 成型 1 组，不足 3000m³，至少每班取样 1 次。

（6）抗渗、抗冻、极限拉伸。抗渗、抗冻、极限拉伸检测数量按照每季度施工的主要部位取样成型 1～2 组。

（7）凝结时间。混凝土凝结时间每月至少检测 1 次。

8.3 现场质量控制与检测

8.3.1 碾压混凝土施工前检查与验收

8.3.1.1 仓面施工设计编制与审核

每个碾压混凝土浇筑单元施工前，施工单位均需进行碾压混凝土仓面设计，经监理工程师审查批准后，方可进行仓面施工准备。该工程碾压混凝土仓面设计的内容包括：浇筑部位、起止桩号、混凝土类别、混凝土分区及其工程量、入仓道路、入仓方式、入仓口的选定、混凝土供料强度、拌和楼的选择、各种必备机械的型号与数量、各工种投入、冷却水管及温度传感器埋设布置、钢筋布置、预埋件布置、观测设施位置与防护等，并附简要的施工平面、剖面图、施工技术要求。

仓面设计中参数设定的依据、资源配置指标的确定方法。

8.3.1.2　浇筑准备工作确认

每个碾压混凝土浇筑单元在开仓前，原材料品质及储量、混凝土配合比与配料单经试验监理工程师确认；模板与预埋件的定位检核资料提交测量监理工程师确认；仓号有坝基固结灌浆施工穿插进行的，坝基固结灌浆检查资料经基础处理监理工程师确认；机电设备预埋件、金属结构设施及预埋件、大坝安全监测设备、温控设备埋件、灌浆预埋管路等安装完成，并经相关专业监理工程师验收合格并会签确认。

8.3.1.3　仓面验收及开仓许可证签发

1. 开仓准备工作检查

（1）混凝土生产、供应与运输手段落实情况检查。仓面检查验收时，验仓监理工程师应与拌和楼试验监理工程师沟通确认拌和系统运行工况是否正常、混凝土原材料储量可否满足仓号浇筑需要、混凝土配合比是否已审批、本仓号配料单是否审核确认、拌和系统的试验人员与生产操作和管理人员是否全部到位等事宜。

对自卸汽车、混凝土搅拌车等混凝土运输设备进行检查，根据供料强度需要，判断混凝土运输设备的数量、型号可否满足要求。必要时，可要求施工单位提供车辆检修保养记录，已确认混凝土运输设备工况良好。

（2）入仓、平仓、碾压及检测设施准备情况检查。碾压混凝土入仓一般采用自卸汽车直接入仓，廊道周边、电梯井、溢流面等部位与碾压混凝土同步上升的机拌变态混凝土或常态混凝土入仓方式为长臂挖机入仓、布料机入仓、皮带机入仓等。验仓监理工程师需对现场的入仓、平仓、碾压及检测等设备的准备情况进行检查，其中长臂挖机、布料机的布置应保证最大布料范围可覆盖机拌变态区或常态区，且不影响碾压混凝土正常铺筑。

平仓机、振动碾等设备的数量、型号应与仓面设计相一致，且工况良好。

核子密度仪等特殊试验检测设备由施工单位专人看管，并设置警戒线和警戒标志，避免无关人员触碰或车辆碰撞。验仓过程中对上述看管布置也需进行专项检查。

（3）仓面施工及管理人员到位情况检查。验仓监理工程师需对各施工工种、管理人员到岗到位情况进行复核。仓面指挥长、仓面诱导员、质控人员、试验中心现场检测员、调度人员等应全部到位，振捣工、值班木工、水电工等各工种应按仓面设计配置足够。

该工程现场施工采用两班倒作业。旁站监理工程师采取三班倒进行旁站监督，每班 2 人，其中 1 人重点监督上游防渗区混凝土施工。

（4）其他仓面设施准备情况检查。现场制浆系统、通信设施、仓内供电及照明、供排水等准备完毕；防风、防雨、防晒、保温、保湿设施齐备。

监理工程师开仓前应检查仓面外的轮胎冲洗设施是否布置完毕并有专人管理，检查脱水带距离是否满足需要。

2. 前置各项工序质量验收与评定

新丰满大坝碾压混凝土单元工程由基础面或施工缝、模板、钢筋、预埋件、砂浆与灰浆、混凝土拌和物、混凝土运输铺筑、层间及缝面处理与防护、变态混凝土浇筑和混凝土外观等十项组成，其中前四项为碾压混凝土铺筑的前置工序，需在开仓前进行质量验收与评定。

（1）基础面或混凝土施工缝。

1）建基面开挖和处理进行全面验收合格后方可进行混凝土浇筑。建基面开挖验收采用"四方"联合验收，即施工单位"三检"合格后，将验收资料上报监理，监理组织建设单位、设计单位及施工单位四方联合对建基面进行检查验收。对于不良地质，由设计单位进行地质缺陷素描，提出具体处理方案，施工单位按设计要求进行处理。开挖验收合格后，开始进行混凝土浇筑仓面准备工作。

2）大坝混凝土施工缝面一般采用冲毛处理，质量控制标准为上游防渗区混凝土缝面需达到微露小石，其余部位为无乳皮、成毛面、露粗砂。

3）越冬层面浇筑新混凝土前进行层面检查。开裂、松动、疏松等缺陷部位按设计单位混凝土缺陷处理要求处理合格；其余越冬层面均进行凿毛处理。

4）碾压混凝土基础面及混凝土施工缝工序的质量检查项目、质量标准及工序质量评定等级标准等执行《水电水利基本建设工程　单元工程质量等级评定标准　第1部分：土建工程》（DL/T 5113.1—2005）、《水电水利基本建设工程　单元工程质量等级评定标准　第8部分：水工碾压混凝土工程》（DL/T 5113.8—2012）及《水工混凝土施工规范》（DL/T 5144—2015）等规范相关条款。

（2）模板。

1）碾压混凝土施工主要采用定型钢模板，钢模板进场时进行进场验收。施工单位自检合格后上报监理，监理工程师对进场模板进行检查，按进场数量的10%进行抽检，质量标准按照《水电水利工程模板施工规范》（DL/T 5110—2013）相关条款执行。

2）对于包含溢流堰面、形状渐变部位、坝体下游圆弧过渡段、坝内廊道等几何形状不规则部位的碾压混凝土仓块，仓面验收时，施工单位需提供经监理批复的特种模板设计。

3）模板安装前，模板表面打磨清理干净，施工单位自检合格并经监理工程师验收合格后，方可进行脱模剂涂刷。电梯井、进水口、溢流面、廊道等有外观要求的部位，模板表面涂刷模板漆。模板工序验收过程中，对模板漆成膜情况进行检查，破损、污染的部位，需重新打磨干净后补涂。

4）模板工序验收时，施工单位提供由测量监理工程师复核确认的模板校核记录。

5）模板工序的质量检查项目、质量标准、检测数量及工序质量评定等级等参照DL/T 5113.1—2005和DL/T 5110—2013相关条款执行。

（3）钢筋。大坝钢筋均由建设单位甲供，钢筋原材料质量较为稳定。因此，钢筋工序质量控制重点主要为钢筋连接质量控制。

1）钢筋工序的质量检查项目、质量标准、检测数量及工序质量评定等级等参照《水工混凝土钢筋施工规范》（DL/T 5169—2013）和 DL/T 5113.1—2005 等规范相关条款执行。

2）现场仓面验收时，施工单位提供钢筋、套筒、焊条等材料的进场检测报告，确保原材料质量符合要求。

3）钢筋机械连接质量控制。

A. 钢筋机械连接主要采用直螺纹套筒连接。钢筋直螺纹丝头在钢筋加工厂进行加工，施工单位自检合格并经监理工程师检查验收合格后，方可运至现场使用。现场仓面验收时，施工单位提供钢筋直螺纹丝头加工出厂验收合格证，合格证需已获监理工程师签认，且钢筋直螺纹丝头规格、数量、使用部位与实际相符。

B. 监理工程师对现场直螺纹接头外露丝扣数量进行抽查，外露螺纹不应超过 $2p$（p 为螺距）。

C. 所有直螺纹接头安装完成后，施工单位自检 100%，监理工程师随机抽取接头数量的 10% 进行验收，采用扭矩扳手校核拧紧扭矩。

D. 钢筋直螺纹套筒连接接头检验。根据验收批次的接头数量，施工单位依据 DL/T 5169—2013 相关要求在施工现场截取试件，进行接头力学性能检测。监理工程师随机指定截取位置，对试件截取过程进行见证。同时，按照规范要求检测组数的 10% 进行平行抽检。

4）钢筋焊接质量控制。钢筋焊接主要采用搭接焊和帮条焊。焊接接头也需根据 DL/T 5169—2013 相关要求进行接头力学性能检测。施工单位焊接接头试件的截取程序、监理平行抽检要求与直螺纹套筒连接接头检验一致。

（4）止水片（带）。新丰满大坝主要采用止水铜片和橡胶止水带作为止水材料。

1）止水铜片及成品止水接头由建设单位甲供。根据《水工建筑物止水带技术规范》（DL/T 5215—2005）相关条款和合同约定，该工程止水铜片进场检测频次为 1 次/批，施工单位委托第三方试验室检测 90%、施工单位试验室自行检测 30%、监理单位委托第三方试验室抽检 10%。止水接头进场后由第三方试验室抽取接头总数的 20% 进行煤油渗透试验。仓面验收时，施工单位需提供止水片（带）原材料进场检测报告。

2）根据 DL/T 5215—2005 相关条款，橡胶止水带进场检测频次为 1 次/批，施工单位委托第三方试验室检测 100%，监理委托第三方试验室抽检 10%。

3）现场止水铜片连接接头均由第三方试验室进行煤油渗透试验，监理工程师对试验过程全程见证。

4）仓面工序验收检查时，依据 DL/T 5215—2005、DL/T 5144—2015 及 DL/T 5113.1—2005 等相关规范要求，监理工程师重点对止水片（带）安装偏差、外观、搭接长度、止水片几何尺寸偏差等进行检查。

5）铜止水片定位后在止水鼻子空腔内采用橡塑海绵进行填充。仓面验收时，需对填充情况进行检查。

（5）伸缩缝材料。

1）大坝伸缩缝材料主要采用沥青松木板和涂敷沥青料。其中，涂敷沥青料主要用于混凝土分仓的横缝侧立面,变态混凝土、常态混凝土分区全部采用沥青松木板隔缝。

2)沥青松木板两侧采用钢筋架立,严禁浇筑范围内架立钢筋穿过横缝。

3)防渗区内的沥青松木板应尽量紧贴模板和止水铜片,间隙过大要求施工单位调整沥青松木板或采用泡沫胶等材料封堵。

4)工序验收的质量检查项目、质量标准、检测数量及工序质量评定等级等参照 DL/T 5113.1—2005 相关条款执行。

(6)冷却及接缝灌浆管路。

1)冷却及接缝管路安装完成后,由施工单位以压力水方法检查通畅性,监理工程师进行见证。如发现有堵塞或漏水现象,要求施工单位立即处理,直至合格。

2)对施工单位埋管出口标志进行检查,确保标记清晰、不易缺失。

3)对管路进出口露出模板外面的长度进行检查,应为 30~50cm。

4)对施工单位预埋管路记录进行检查确认,确保预埋管路的位置、高程、进出口等记录详细、绘图说明清晰。

(7)铁件。

1)对施工单位仓内各种预埋件的安装记录进行检查,同时对各种埋件的数量、规格、高程、方位、埋入深度等进行抽查,均应符合施工图纸要求。

2)对安装牢固情况进行抽查,安装必须牢固可靠。

3.开仓许可证签发

碾压混凝土开仓前采取联合会签制度,机电、金属结构、安全监测、灌浆等专业监理工程师完成验收后在会签单上签字确认后,土建监理工程师进行仓面验收,验收合格后签发开仓许可证。如超过 24h 未进行浇筑,施工单位需重新申请仓面验收。

8.3.2 碾压混凝土铺筑过程质量控制

1.混凝土运输

(1)大坝混凝土运输主要采用自卸汽车运输,水泥砂浆采用混凝土罐车运输。混凝土运输过程中,要求施工单位合理布置运输路线,减少不必要的延误,严禁运输过程中敞开遮阳板。

(2)运送到场的混凝土不应有骨料分离、漏浆和严重泌水现象。因故停歇过久,已经初凝的混凝土应作为废料处理。

(3)运输混凝土的汽车进仓前必须经过洗车台,将轮胎冲洗干净,然后经过用粗碎石铺设的脱水带进入仓面,防止将泥土、水、杂物、污染物等带入仓内。现场旁站监理工程师随时检查入仓是否清洗干净、脱水是否充分。

(4)碾压混凝土仓面面积较大时,在入仓车辆反复行走的情况下,混凝土铺筑层面与入仓口之间的通道(仓面内)也会形成水泥浆的污染,因此必须要求施工单位定期使用高压水枪进行冲洗,冲洗时间控制在 2h 一次。

(5)入仓自卸汽车严禁在铺筑层面上急刹车、急转弯以及其他有损于混凝土层面质量的操作。

2．卸料与平仓

（1）混凝土进入仓面后，首先施工单位试验人员根据规范要求进行入仓温度、仓面气温、仓面 VC 值（或坍落度）、仓面抗压强度取样检测等质量检测工作，严禁不合格混凝土进入仓内。现场旁站监理对试验检测过程进行旁站见证，对检测记录、取样记录等进行检查并签字确认。同时，根据合同约定按照不小于规范要求检测频次的 10％进行平行检测。为便于管理和保证检测频次符合要求，要求旁站监理对入仓温度、仓面气温、仓面 VC 值每班至少检测 1 次。

（2）卸料时，还需对碾压混凝土品种及卸料位置进行监督，严禁将低强度等级混凝土料卸至高强度等级混凝土浇筑部位。施工单位需提前对材料分区进行标识，并安排专人指挥卸料。

（3）卸料、平仓过程中极易出现骨料分离情况，旁站监理和质检人员应全过程重点检查。卸料堆旁出现的分离骨料，要求施工单位用其他机械或人工将其均匀地摊铺到未碾压的混凝土面上。平仓时，条带边缘处出现的分离骨料也需采取同样措施均匀摊铺。

（4）卸料平仓时还需重点监督上游防渗混凝土、下游抗冻混凝土、溢流堰面常态混凝土等与坝体内部混凝土的分界线，应确保上述混凝土实际尺寸不小于设计图纸要求，同时也不宜大于 30cm。每个碾压层均需进行实际尺寸检查并记录，旁站监理对检查过程进行旁站见证并对检查记录签字确认，同时每班抽检 1 次。

（5）平仓后旁站监理和施工质检人员对平仓厚度进行检查，每个碾压层均需进行检查。根据设计要求和碾压工艺试验成果，平仓厚度应控制在 34cm 左右，误差不应超过 3cm。旁站监理对检查过程进行旁站见证并对检查记录签字确认，同时每班抽检 1 次。

（6）平仓后应对碾压层平整情况进行检查，不允许有向下游倾斜的坡度，斜层坡脚的薄层尖角应铲除。

3．碾压施工

为进一步提高碾压混凝土现场管理水平，该工程采用了碾压质量 GPS 监控系统，对仓面碾压施工过程进行实时自动监控。因此，碾压过程质量控制也依托此系统进行。

（1）施工单位安排专职监控人员在现场分控站进行值班，负责碾压质量 GPS 监控系统的使用，在开仓前应检查数字化施工设施的完好性。

（2）碾压过程中随时对碾压方向进行检查，迎水面 3～5m 范围内平行于坝轴线方向，GPS 监控系统对碾压搭接、行进轨迹进行控制，发现偏离提出警报。

（3）对碾压条带搭接情况进行检查，搭接宽度应符合设计要求。

（4）根据碾压混凝土工艺试验，碾压遍数为 2＋6＋2，即先无振碾压 2 遍，再振动碾压 6 遍，最后再无振碾压 2 遍。当整个碾压层全部碾压完毕后，施工单监控人员应将碾压遍数的图形报告生成，并通知旁站监理和质检人员。旁站监理根据碾压遍数达标比率来判断碾压遍数是否符合要求。

（5）每个碾压条带作业结束后，施工单位和第三方试验室按照规范要求采用核子密度仪进行碾压混凝土表观密度检测。监理工程师对检测过程旁站监督，同时按 10％的频次进行抽检，根据碾压层面面积，现场一般要求抽检频次为每个碾压层每种碾压混凝土均抽检一次。当相对密实度小于98%，旁站监理应要求施工单位进行补碾，补碾后仍不合格应挖除处理。

（6）碾压3～4遍后，对碾压层面泛浆效果进行检查。明显泛浆至少80%以上，混凝土表面湿润，有亮感，无明显骨料集中。如出现泌水现象要求施工单位立即处理。

（7）上层混凝土覆盖前，要求施工单位按要求进行浇筑温度检测，监理工程师对检测过程进行旁站，同时监督施工单位如实记录。监理工程师抽检频次为规范检测频次的10%，一般每个碾压层抽检1次。

（8）混凝土拌和至碾压完毕时间全过程控制。要求施工单位加强卸料、平仓和碾压速度控制，加强各工序和检测环节的及时性、连续性，确保从混凝土拌和到碾压完毕的最长历时控制在2h内，从而保证层间间隔时间尽可能控制在直接铺筑允许时间内。施工单位应对碾压混凝土铺料开始、铺料完成、碾压完成等时间节点进行记录，旁站监理对上述记录进行检查并签字确认，同时也进行相关记录。

（9）施工过程中，对振动碾、平仓机、长臂反铲、切缝机等仓内设备运行情况进行检查，不得有滴油、漏油或其他污染，如有应要求施工单位将该机械设备移出仓面，进行检修，同时将污染混凝土挖除处理。

（10）碾压施工过程中，施工单位应安排专人对模板、钢筋、止水、隔缝板、横缝排水井及埋件进行保护。监理工程师对上述设施进行巡视检查，重点对上游止水进行检查，止水两侧变态混凝土上料时应保持高度一致，不得因碾压层为斜层而造成两侧变态混凝土高度相差较大，以免造成止水和隔缝板偏移。

4. 横缝成缝

（1）根据碾压混凝土工艺试验成果，该工程采用"先碾后切"工艺。施工过程中，对切缝工艺进行检查，确保与工法一致。

（2）切缝过程中，对填缝材料层数、切缝深度、衔接处的间距进行检查，应按照工法执行。施工单位全部进行检查，每个碾压层旁站监理至少抽检1个横缝的切缝。

（3）切缝完成后，应对横缝无振碾压一遍，确保整个碾压层面平整。

5. 层、缝面处理

（1）层间间隔时间全过程控制。当碾压混凝土层间间隔时间超过直接铺筑允许时间时，根据超出时间的不同，旁站监理应要求施工单位分别采取铺洒水泥粉煤灰净浆、水泥砂浆或按施工缝处理。

（2）对上游防渗区的每个碾压层面进行监督检查，均铺一层水泥粉煤灰净浆。

（3）冷却水管铺设的碾压层面需重点监督，在冷却水管铺设完毕后铺洒一层水泥粉煤灰净浆。

（4）对层面处理完成至上层碾压混凝土覆盖的时间进行控制，应符合规定允许时间。

（5）施工单位全面控制施工缝面的冲毛时间，监理工程师进行抽查，严禁冲毛过早，冲毛的质量标准以清除混凝土表面灰浆和微露粗砂为准，上游防渗区微露小石。

（6）施工缝面铺筑上层碾压混凝土前，监理工程师对施工缝面检查，应冲洗干净，水泥砂浆摊铺均匀。要求施工单位对每个缝面砂浆铺洒厚度进行检查。

（7）旁站监理监督施工单位根据规范要求对砂浆强度、砂浆稠度、灰浆质量密度进行检测，砂浆强度按照规范检验频次的 10% 进行抽检。

（8）越冬层面或长间歇层面处理。施工过程中遇越冬层面或间歇时间过长的层面，按要求在坝体上游侧提前预埋水平止水铜片。对水平止水铜片与横缝止水铜片焊缝的渗漏检测进行见证。监督施工单位对越冬层面按设计要求进行处理，并进行质量验收，经验收合格后方可进行下道工序施工。

（9）结构缝处理。新丰满大坝采取常态、变态混凝土与碾压混凝土同步上升施工工艺，碾压混凝土在横缝处采用切缝工艺，廊道、止水周边横缝设置隔缝板。除廊道、止水周边为常态或变态混凝土外，碾压混凝土仓内由于大坝结构设计和施工需要部分区域也采用常态或变态混凝土。施工单位为施工方便申请在这些区域也采用切缝并填充彩条布隔断的工艺。监理认为混凝土层面上升时，上层振捣易将下层切缝填充的彩条布绞乱，使其无法发挥隔断作用。根据现场实际情况，监理单位要求将所有非碾压混凝土区域横缝处均加设隔缝板。虽然这一措施增加了隔缝板用量，但有效地保证了横缝成缝效果，避免了上下游非碾压区大体积混凝土裂缝的产生。

6. 异种混凝土或变态混凝土浇筑

（1）每个碾压层施工时，旁站监理监督施工单位控制好同层的常态混凝土或机拌变态混凝土上料时机。

（2）每个碾压层，旁站监理和施工单位质检人员对机拌变态混凝土、常态混凝土铺层厚度进行检查，铺层厚度应与碾压混凝土平仓厚度相同。

（3）变态混凝土采用现场加浆时，旁站监理对施工单位加浆量进行抽查，加浆量应按照碾压工艺试验要求进行。

（4）旁站监理和施工单位质检人员对常态混凝土、变态混凝土与坝体内部碾压混凝土接触区域的振捣质量进行重点监督检查，振捣工艺应符合设计及规范要求。

（5）旁站监理还需重点监督止水周边的变态混凝土施工，督促施工单位做好止水保护，剔除大骨料，振捣密实，以免出现渗漏通道。

8.3.3　现场质量检测

1. 仓面碾压混凝土质量检测

仓面碾压混凝土质量检测主要执行标准如下。

（1）《水工混凝土施工规范》（DL/T 5144—2015）。

（2）《水工碾压混凝土施工规范》（DL/T 5112—2009）。

（3）《水工混凝土试验规程》（DL/T 5150—2001、DL/T 5150—2017）。

（4）《水电水利基本建设工程　单元工程质量等级评定标准　第 8 部分：水工碾压混凝土工程》（DL/T 5113.8—2012）。

（5）丰满水电站全面治理（重建）工程大坝碾压混凝土施工技术要求 205B - JB$_9$ - 14。

（6）丰满水电站全面治理（重建）工程大体积混凝土温控技术要求 205B - JG$_{10}$ - 7 - 1X。

根据上述规范及设计技术要求，仓面混凝土拌和物质量检测、混凝土性能检测、碾压混凝土运输铺筑质量检测、层间及缝面处理与防护质量检测、变态混凝土浇筑质量检测等现场质量检测的检测项目和检测频次见表8.3.1~表8.3.5。

表8.3.1 仓面混凝土拌和物检测项目及检测频率

序号	检测项目	规定值	检验频率	检测比例或数量		
				施工单位	监理	第三方试验室
1	VC值	允许偏差±5s	1次/2h	100%	10%	—
2	仓面气温	—	1次/2h			
3	入仓温度	13.5℃（根据浇筑温度反推值）	1次/2h			
4	浇筑温度	15℃*	每100m² 仓面面积不少于1个测点，每一浇筑层不少于3个测点			
5	砂浆稠度	80~120mm	1次/8h			
6	灰浆水胶比	测定质量密度，不大于碾压混凝土水胶比	1次/碾压层			
7	水胶比	—	1次/季度	100%	必要时	—
8	混凝土凝结时间	—	1次/季度			
9	含气量		1次/d（F200、F300）	100%	10%	—

* 溢流坝段基础强约束区浇筑温度控制标准为14℃。

表8.3.2 混凝土性能检测项目及检测频率

序号	检测项目	规定值	检验频率	检测比例或数量		
				施工单位	监理	第三方试验室
1	混凝土抗压强度	设计要求	出机口取样数量的5%~10%	30%	10%	90%
2	砂浆抗压强度					
3	相对密实度（核子密度仪）	≥98%	按10m×10m的网络布点；不少于3点/碾压层			
4	同条件养护试件		在施工过程中需要检测混凝土构件实际强度（如决定构件拆模、固结灌浆等）	100%	必要时	—

表8.3.3 碾压混凝土运输铺筑检测项目及检测频率

序号	检测项目	规定值	检验频率	检测比例或数量		
				施工单位	监理	第三方试验室
1	垫层拌和物摊铺厚度	砂浆：10~15mm	1次/碾压层	100%	—	—
		灰浆：摊铺均匀				

序号	检测项目	规 定 值	检 验 频 率	检测比例或数量		
				施工单位	监理	第三方试验室
2	材料分区	符合设计要求	1次/碾压层	100%	—	—
3	摊铺层厚	偏差：≤3cm				
4	碾压遍数	静碾2＋振碾6＋静碾2				
5	混凝土加水拌和至碾压完毕时间	<2h	全过程控制			
6	仓面碾压混凝土外观	符合 DL/T 5113.8—2012	1次/(100～200m² 碾压层)			
7	异种混凝土结合		1次/结合部位			
8	混凝土温度控制		1次/碾压层或作业仓面			
9	运输与卸料工艺		1次/8h			
10	平仓工艺					
11	碾压工艺					
12	造缝、模板、止水及埋件保护		1次/碾压层			
13	混凝土养生		1次/8h			

表 8.3.4 碾压混凝土层间及缝面处理与防护检测项目及检测频率

序号	检测项目	规 定 值	检 验 频 率	检测比例或数量		
				施工单位	监理	第三方试验室
1	层间间隔时间	6h	1次/碾压层	100%	—	—
2	铺浆	符合 DL/T 5113.8—2012	1次/缝面或作业仓面			
3	碾压层面状态与处理工艺		1次/碾压层或作业仓面			
4	施工缝面处理		1次/缝面或作业仓面			
5	层面或缝面保护		1次/层或缝			
6	接缝处理		1次/缝			
7	横缝设置		1次/缝			
8	雨天施工层面防护、处理	符合 DL/T 5112—2009	雨天适时			

表 8.3.5   变态混凝土浇筑检测项目及检测频率

序号	检测项目	规定值	检验频率	检测比例或数量		
				施工单位	监理	第三方试验室
1	加浆量	6%	1次/碾压层	100%	—	—
2	振捣	符合 DL/T 5113.8—2012	1次/碾压层			
3	加浆方法		1次/碾压层			
4	浇筑宽度	不小于设计要求	1次/碾压层			

2. 常态（机拌变态）混凝土仓面质量检测

常态（机拌变态）混凝土仓面质量检测主要执行标准如下。

（1）《水工混凝土施工规范》（DL/T 5144—2015）。

（2）《水工混凝土试验规程》（DL/T 5150—2001、DL/T 5150—2017）。

（3）《水电水利基本建设工程 单元工程质量等级评定标准 第1部分：土建工程》（DL/T 5113.1—2005）。

（4）丰满水电站全面治理（重建）工程大坝常态混凝土施工技术要求 205B-JB₉-15。

（5）丰满水电站全面治理（重建）工程大体积混凝土温控技术要求 205B-JG₁₀-7-1X。

根据上述规范及设计技术要求，该工程常态（机拌变态）混凝土拌和物仓面质量检测、混凝土性能检测、运输铺筑检测等现场质量检测的检测项目和检测频次见表8.3.6～表8.3.8。

表 8.3.6   拌和物仓面检测项目及检测频率

序号	检测项目	规定值	检验频率	检测比例或数量		
				施工单位	监理	第三方试验室
1	含气量	—	—	必要时	必要时	—
2	坍落度	符合 DL/T 5144—2015	—	必要时	必要时	—
3	仓面气温	—	1次/2h	100%	10%	—
4	入仓温度	13.5℃（根据浇筑温度反推值）	1次/2h			
5	浇筑温度	15℃*	每100m²仓面面积不少于1个测点，每一浇筑层不少于3个测点			
6	水胶比	—	—	必要时	必要时	
7	混凝土凝结时间	—	—			

* 溢流坝段基础强约束区浇筑温度控制标准为14℃。

表 8.3.7 　　　　　　　　　　　混凝土性能检测项目及检测频率

序号	检测项目	规定值	检验频率	检测比例或数量		
				施工单位	监理	第三方试验室
1	混凝土抗压强度	符合设计要求	出机口取样数量的 5%～10%	30%	10%	90%
2	砂浆抗压强度					
3	同条件养护试件	在施工过程中需要检测混凝土构件实际强度（如决定构件拆模、起吊、施加预应力、固结灌浆等）		100%	—	—

表 8.3.8 　　　　　　　　　　　运输浇筑检测项目及检测频率

序号	检测项目	规定值	检验频率	检测比例或数量		
				施工单位	监理	第三方试验室
1	运输时间	气温 20～30℃：≤45min 气温 10～20℃：≤60min 气温 5～10℃：≤90min	1 次/2h	100%	—	—
2	入仓混凝土料	无不合格料	全过程控制			
3	平仓分层	符合 DL/T 5144—2015				
4	混凝土振捣	符合 DL/T 5144—2015				
5	铺料间歇时间	气温 20～30℃：≤90min 气温 10～20℃：≤135min 气温 5～10℃：≤195min				
6	混凝土养护	符合 DL/T 5144—2015				
7	砂浆铺筑	厚度 10～15mm，均匀平整，无漏铺				
8	积水和泌水	无外部水流入，泌水排除及时				
9	插筋、管路等埋设件以及模板的保护	符合设计要求				
10	混凝土表面保护	符合设计要求				

8.3.4　养护和表面保护

（1）碾压混凝土施工过程中，旁站监理和质检人员应对"仓面小气候"营造情况进行检查，确保喷雾枪、喷雾车等可覆盖整个碾压层面。上下游变态混凝土、常态混凝土区域，要求施工单位及时进行遮盖，避免混凝土表面出现"假凝"。

（2）监理工程师需对收仓面保湿养护进行巡视检查，监督施工单位安排专人负责，高温季节采用流水养护、低温季节洒水养护。

（3）监理工程师需对永久外露面、水平施工缝养护记录进行检查，确保养护时间符合设计要求。

（4）要求施工单位按设计要求对新浇混凝土层面进行施工期临时保温，监理工程师对保温层厚度、铺设情况进行检查，确保符合设计要求。

（5）监理工程师监督施工单位落实成品保护措施，以保护混凝土棱角部位。

8.4 钻孔取芯及压水试验

碾压混凝土由于存在众多的层面，渗透性是评价其施工质量的一个重要指标。降低渗透性可以防止或降低碾压混凝土结构的孔隙水压力。《水工碾压混凝土施工规范》中明确指出，现场钻孔压水试验是评定碾压混凝土大坝抗渗性能的一种方法。通过在坝内不同部位布置不同深度的钻孔进行压水试验求其透水率，以反映碾压混凝土的整体防渗性能和施工质量，同时也为以后的建设发展提供可靠的设计依据。钻孔取样是评定碾压混凝土质量的综合方法。钻孔取芯是从碾压混凝土中取出芯样，对其外观、长度、断面、骨料分布均匀性、混凝土密实度及胶结情况等进行对比评定，同时对部分芯样进行力学性能、耐久性能试验，以确定碾压混凝土的力学特性。

针对大坝碾压混凝土工程层面处理效果分析，所使用的检测方法为钻孔取芯和压水试验。

8.4.1 钻孔取芯

由于碾压混凝土施工工艺决定混凝土中存在众多的层面，其渗透特性是评价碾压混凝土质量的一个重要指标，如果库水沿层面或薄弱部位进入坝体，则会增加坝体的孔隙水压力及扬压力，降低坝体的抗滑稳定性，影响混凝土的强度和耐久性，故在设计文件中，对碾压混凝土的渗透指标有较严的要求，而测定指标的方法在 DL/T 5112—2009 中明确指出，现场钻孔压水试验是评定碾压混凝土大坝抗渗性的一种方法。为此，在坝体不同部位布置了不同深度的钻孔取芯并进行压水试验检查，测定其渗透指标，以了解评价坝体整体防渗性能和坝体局部区域的施工质量。

从已施工的碾压混凝土坝体中取出的芯样，对其外观、长度、断面、骨料分布均匀性，混凝土密度程度及胶结情况等作直观检查，同时进行综合评定。大坝混凝土钻孔取芯混凝土品种见表 8.4.1。

表 8.4.1 大坝混凝土钻孔取芯混凝土品种表

序号	混凝土种类		部　位
1	碾压混凝土	$C_{90}20W4F200$ 三级配	坝顶及下游外表面抗冻混凝土
2		$C_{90}20W6F300$ 三级配	上游面高程 240.00m 以上防渗抗冻混凝土
3		$C_{90}20W8F100$ 二级配	上游面高程 240.00m 以下防渗混凝土
4		$C_{90}15W4F50$ 三级配	内部大体积混凝土
5		$C_{90}20W4F50$ 三级配	溢流坝段内部过渡混凝土
6	常态混凝土	$C_{90}20W4F200$ 三级配	下游外表面抗冻混凝土
7		$C_{90}20W6F300$ 三级配	上游面高程 240.00m 以上防渗抗冻混凝土

取芯数量按照不同混凝土浇筑方量进行计算，内部的 $C_{90}15W4F50$ 三级配大方量碾压混凝土钻孔取芯标准按照 $2m/万\ m^3$，其他小方量混凝土种类考虑到试验要求，取芯标准按照 $10m/万\ m^3$。

1. 钻孔取芯孔位布置

大坝混凝土钻孔取芯分布于左挡水坝顶、溢流坝段、厂房坝段、右挡水坝段的三级配及防渗区高程 240.00m 以下的二级配区域、防渗区高程 240.00m 以上的三级配区域。以 2016—2018 年钻孔取芯为例，2016 年、2017 年、2018 年分别布置取芯孔 24 个、38 个、32 个。

2. 钻孔取芯试验施工方法

首先结合年度施工方案及施工工期等要求，进行编排钻孔取芯施工的先后顺序。根据已批复的钻孔取芯施工方案，对取芯孔进行测量放样。

钻孔取芯采用 HGY - 650 型岩芯钻机，直径为 219mm 的金刚石钻头造孔。施工前先由技术员进行孔位的核对，为减少机座的振动影响，需对机座底部进行找平调整，确保钻孔垂直，以便取出完整芯样。芯样取出后及时进行编号及芯样描述，不同区域部位的芯样应分开存放、描述。

钻孔取芯完毕后，采用 $M_{90}25W8F100$ 砂浆及时回填。

3. 钻孔取芯试验成果

针对 2015—2017 年三个浇筑年碾压混凝土钻孔取芯的芯样断口、芯样获取率、整长芯样长度、芯样外观等进行分析总结，反映出碾压混凝土施工层面结合情况优良。

（1）2015 年大坝碾压混凝土钻孔取芯检查。大坝首仓混凝土于 2015 年 4 月 24 日开始施工，同年 10 月 25 日停止浇筑，进入冬休期，累计完成混凝土浇筑 40.75 万 m^3。2016 年 3 月 18 日开始进行坝体混凝土钻孔取芯检查，主要针对 2015 年度浇筑的坝体混凝土，累计进尺 190.21m，其中混凝土钻芯孔深 182.98m，基岩孔深 7.23m，芯样采取率 100%，芯样获得率 100%。芯样优良率 97.3%，芯样合格率 99.7%，所取芯样共有断口 103 个。6m 以上整长芯样 6 根，整长芯样长度 53.95m，占芯样总长度的 29.48%，单根完整芯样 10.93m，达到了我国初浇混凝土大坝钻取芯样最长的领先水平。

1）103 个断口中：机械人工折断断口 78 个，占 75.73%；层面折断断口 9 个，占 8.7%；孔缝面折断、人工搬运折断断口 13 个，占 12.62%；骨料集中、架空断口 2 个，占 1.92%；大骨料占 1/3 折断断口 1 个，占 1.03%。综上分析，碾压混凝土层缝面结合情况优良。

2）芯样外观观测，混凝土芯样表面光滑致密，骨料分布均匀，结构密实，胶结情况优良，碾压混凝土整体质量优良。

（2）2016 年大坝碾压混凝土钻孔取芯检查。大坝混凝土于 2016 年 3 月 15 日复工浇筑，同年 10 月 28 日停止浇筑，进入冬休期，全年累计浇筑混凝土 68.72 万 m^3。2017 年 3 月 19 日，针对 2016 年坝体混凝土浇筑质量进行钻孔取芯试验，累计进尺 347.83m，其中混凝土钻芯孔深 344.62m，基岩孔深 3.21m，芯样获得率 100%，芯样优良率 97.36%，芯样合格率 100%，所取芯样共有断口 114 个。10m 以上整长芯样 5 根，整长芯样长度 88.66m，占芯样总长度的 24.91%，单根完整芯样三级配 23.18m，达到了我国混凝土大坝三级配钻取芯样最长的领先水平。

1）114 个断口中：机械人工折断断口 102 个，占 89.47%；缝面折断断口 3 个，占

2.64%；人工搬运折断断口 9 个，占 7.89%。综上分析，碾压混凝土层缝面结合情况优良。

2）混凝土芯样表面光滑致密，骨料分布均匀，结构密实，胶结情况优良，碾压混凝土整体质量优良。

3）在 38 号坝段高程 218.00m 越冬层面成功连续取出两根芯样超 20m。一根 22.53m，为二级配碾压混凝土，取样高程为 192.18～214.71m，穿越浇筑层 8 层（包括一个越冬层面高程 194.30m），碾压层 75 层，层间结合均良好；另一根 23.18m，为三级配碾压混凝土，刷新了三级配碾压混凝土芯样长度世界纪录。取样高程为 191.34～214.52m，穿越浇筑层 10 层（包括一个越冬层面高程 194.30m，两条斜坡道入仓路层面）、碾压层 72 层，层间结合均良好。芯样见图 8.4.1。

图 8.4.1 38 号坝段 QX-31 孔取出 22.53m 整长芯样（高程 214.71～192.18m）

（3）2017 年大坝碾压混凝土钻孔取芯检查。大坝混凝土于 2017 年 3 月 27 日复工浇筑，同年 11 月 9 日停止浇筑，进入冬休期，全年完成混凝土浇筑 85.55 万 m³。2018 年 3 月 19 日开始混凝土钻孔取芯检查，累计进尺 300.61m，其中混凝土钻芯孔深 300.1m，基岩孔深 0.51m，芯样采取率 100%，芯样获得率 99.8%。芯样优良率 99.6%，芯样合格率 99.83%，所取芯样共有断口 123 个。

1）123 个断口中：机械人工折断断口 105 个，占 85.36%；层面折断断口 1 个，占 0.81%；缝面折断断口 8 个，占 6.51%；人工搬运折断断口 3 个，占 2.44%；骨料分离折断断口 4 个，占 3.25%；大骨料占芯样 1/3 折断 2 个，占 1.63%。综上分析，碾压混凝土层缝面结合情况总体优良。

2）芯样外观观测，混凝土芯样表面光滑致密，骨料分布均匀，结构密实，胶结情况优良，碾压混凝土整体质量优良。

4.混凝土芯样的性能试验

在 2017 年取出大坝碾压混凝土芯样后，进行了混凝土芯样性能试验。试验日期为 2017 年 11 月至 2018 年 2 月。

混凝土芯样主要试验内容包括芯样外观检查、表观密度（12 组）、抗压强度（3 个试件为 1 组，12 组）、轴心抗拉强度及极限拉伸值（12 组）、抗压弹性模量（12 组）、抗冻（9 组）、抗渗（5 组）。芯样试验组数分布情况见表 8.4.2。

图 8.4.2　大坝碾压混凝土芯样展示

表 8.4.2　　　　　　　　　芯样试验组数分布情况表

强度设计等级	结构部位	数　量/组					
		密度	抗压	抗拉	弹模	抗冻	抗　渗
$C_{90}15W4F50$ 碾压三级配	厂房坝段	3	3	3	3	3	3（其中 1 组为层间抗渗）
$C_{90}20W4F200$ 碾压三级配	右挡水坝段	3	3	3	3	3	—
$C_{90}20W4F50$ 碾压三级配	溢流面坝段	3	3	3	3	—	—
$C_{90}20W8F100$ 碾压二级配	厂房坝段	1	1	1	1	1	1
	右挡水坝段	1	1	1	1	1	—
	左挡水坝段	1	1	1	1	1	1（层间抗渗）
总　　计		12	12	12	12	9	5

（1）芯样外观质量。送样芯样段长一般为 2～3m，芯样直径约 200mm；芯样表面多数较光滑，较致密，芯样表面的骨料分布基本均匀，骨料多数为典型的黄褐色花岗岩，个别骨料略黄或略灰黑色；芯样表面未见明显的孔洞集中区或骨料集中区，少数微细孔洞。

（2）表观密度试验。芯样饱和面干表观密度采用抗压强度试件，经浸泡饱水后，用水中称重法测试。试验结果表明，厂房坝段碾压三级配区（$C_{90}15W4F50$）饱和面干表观密度平均值为 2362～2407kg/m³；右挡水坝段碾压三级配区（$C_{90}20W4F200$）饱和面干表观密度平均值为 2384～2393kg/m³；溢流面坝段碾压三级配区（$C_{90}20W4F50$）饱和面干表观密度平均值为 2402～2439kg/m³；左挡水坝段、右挡水坝段以及厂房坝段碾压二级配区（$C_{90}20W8F100$）饱和面干表观密度平均值为 2373～2393kg/m³。

碾压混凝土芯样试件表观密度数值较均匀，波动小。

（3）混凝土芯样的抗压强度试验。将混凝土芯样加工成高径比约 1∶1 即 $\phi200mm×$ 200mm 芯样试件，芯样在饱和面干状态下进行抗压强度试验，并且依据规范将圆柱体芯样抗压强度换算成 150mm 立方体抗压强度，试验结果详见表 8.4.3。

表 8.4.3

混凝土芯样抗压强度试验结果表

设计等级	部位	芯样编号	坝段	芯样尺寸/(mm×mm)	高程/m	浇筑日期	试验日期	龄期/d	圆柱体抗压强度/MPa	换算成150mm立方体抗压强度/MPa	换算值的平均值/MPa
C$_{90}$15W4F50 碾压三级配	厂房坝段	QX9-1	22	φ200×200	206.14~218.00	2016年8月24日至10月15日	2017年11月28日	408~460	32.2	38.0	
		QX9-2		φ200×200					25.7	30.3	36.8
		QX9-3		φ200×200					35.7	42.1	
		QX9-4		φ200×200	206.14~218.00				25.6	30.2	
		QX9-5		φ200×200					26.6	31.4	35.0
		QX9-6		φ200×200					36.8	43.4	
		QX10-1	24	φ200×200	208.00~218.00				30.1	35.5	
		QX10-2		φ200×200					38.1	45.0	43.2
		QX10-3		φ200×200					41.7	49.2	
		QX17-1	30	φ200×200	216.00~218.00				41.6	49.1	
		QX17-2		φ200×200					33.4	39.4	44.4
		QX17-3		φ200×200					37.9	44.7	
C$_{90}$20W4F200 碾压三级配	右挡水坝段	QX24-1	34	φ200×200	216.00~218.00	2016年9月25~28日	2017年11月28日	429~432	32.6	38.5	
		QX24-2		φ200×200					32.1	37.9	38.6
		QX24-3		φ200×200					33.5	39.5	
		QX30-1	37	φ200×200	216.00~218.00	2016年7月21~24日		490~493	34.5	40.7	
		QX30-2		φ200×200					28.3	33.4	39.8
		QX30-3		φ200×200					38.3	45.2	

续表

设计等级	部位	芯样编号	坝段	芯样尺寸/(mm×mm)	高程/m	浇筑日期	试验日期	龄期/d	圆柱体抗压强度/MPa	换算成150mm立方体抗压强度/MPa	换算值的平均值/MPa
C₉₀W4F50碾压三级配	溢流面坝段	QX5-1	12	φ200×200	200.00~205.59	2016年9月2日至10月22日	2017年11月28日	405~455	32.5	38.4	34.5
		QX5-2		φ200×200					28.5	33.6	
		QX5-3		φ200×200					26.8	31.6	
		QX6-1	14	φ200×200	200.00~205.59				34.6	40.8	50.2
		QX6-2		φ200×200					44.8	52.9	
		QX6-3		φ200×200					48.3	57.0	
		QX7-1	15	φ200×200	201.00~205.27	2016年9月2日至10月2日		425~455	36.1	42.6	39.2
		QX7-2		φ200×200					30.6	36.1	
		QX7-3		φ200×200					33.0	38.9	
C₉₀W8F100碾压二级配	左挡水坝段	QX1-1	9	φ200×200	195.00~203.00	2016年8月22日至10月15日		438~462	34.4	40.6	41.4
		QX1-2		φ200×200					30.1	35.5	
		QX1-3		φ200×200					40.7	48.0	
	右挡水坝段	QX38-1	46	φ200×200	212.60~230.00	2016年7月26日至10月28日	2017年11月28日	399~489	38.2	45.1	41.7
		QX38-2		φ200×200					31.0	36.6	
		QX38-3		φ200×200					36.9	43.5	
	厂房坝段	QX9-1	22	φ200×200	195.00~206.14	2016年7月11日至8月30日		454~504	35.1	41.4	38.9
		QX9-2		φ200×200					35.4	41.8	
		QX9-3		φ200×200					28.3	33.4	

注　根据规范 SL 352—2006，φ200mm×200mm 圆柱体试件抗压强度换算成 150mm 立方体抗压强度换算系数为 1.18。

试验结果表明，圆柱体芯样抗压强度换算成 150mm 立方体抗压强度，厂房坝段碾压三级配区（$C_{90}15W4F50$）抗压强度平均值为 35.0~43.2MPa；右挡水坝段碾压三级配区（$C_{90}20W4F200$）抗压强度平均值为 38.6~44.4MPa；溢流面坝段碾压三级配区（$C_{90}20W4F50$）抗压强度平均值为 34.5~50.2MPa；左挡水坝段、右挡水坝段以及厂房坝段碾压二级配区（$C_{90}20W8F100$）抗压强度平均值为 38.9~41.7MPa。所测芯样抗压强度数值均大于相应的设计要求。

（4）轴心抗拉强度和极限拉伸试验。将混凝土芯样加工成 ϕ200mm×500mm 试件进行抗拉强度试验，芯样抗拉强度试验结果详见表 8.4.4。

表 8.4.4　　　　混凝土芯样轴心抗拉强度和极限拉伸值试验结果表

设计等级	部位	芯样编号	坝段	芯样尺寸/(mm×mm)	轴心抗拉强度/MPa	平均值/MPa	极限拉伸值/(×10^{-6})	极限拉伸值平均值/(×10^{-6})	备注
$C_{90}15W4F50$ 碾压三级配	厂房坝段	QX9-1	22	ϕ200×500	1.17	1.33	56	55	
		QX9-2		ϕ200×500	1.28		58		
		QX9-3		ϕ200×500	1.54		50		
		QX9-4		ϕ200×500	1.18	1.12	80	76	
		QX9-5		ϕ200×500	1.02		81		
		QX9-6		ϕ200×500	1.17		68		
		QX10-1	24	ϕ200×500	2.48	1.78	62	68	
		QX10-2		ϕ200×500	1.59		66		
		QX10-3		ϕ200×500	1.27		75		
$C_{90}20W4F200$ 碾压三级配	右挡水坝段	QX18-1	31	ϕ200×500	1.82	1.64	80	83	
		QX18-2		ϕ200×500	1.42		85		
		QX18-3		ϕ200×500	1.67		84		
		QX25-1	35	ϕ200×500	1.24	1.73	88	83	
		QX25-2		ϕ200×500	1.88		72		
		QX25-3		ϕ200×500	2.06		90		
		QX33-1	39	ϕ200×500	1.44	1.64	86	69	
		QX33-2		ϕ200×500	1.56		62		
		QX33-3		ϕ200×500	1.92		60		
$C_{90}20W4F50$ 碾压三级配	溢流坝段	QX5-1	12	ϕ200×500	1.61	1.72	83	86	
		QX5-2		ϕ200×500	1.48		90		
		QX5-3		ϕ200×500	2.06		85		
		QX7-1	15	ϕ200×500	1.42	1.62	70	73	
		QX7-2		ϕ200×500	2.07		86		
		QX7-3		ϕ200×500	1.36		62		

续表

设计等级	部位	芯样编号	坝段	芯样尺寸/(mm×mm)	轴心抗拉强度/MPa	平均值/MPa	极限拉伸值/($\times 10^{-6}$)	极限拉伸值平均值/($\times 10^{-6}$)	备注
$C_{90}20W4F50$ 碾压三级配	溢流坝段	QX8-1	16	$\phi200\times500$	1.59	1.52	58	57	
		QX8-2		$\phi200\times500$	1.48		55		
		QX8-3		$\phi200\times500$	1.49		58		
$C_{90}20W8F100$ 碾压二级配	左挡水坝段	QX1-1	9	$\phi200\times500$	2.15	1.74	78	79	
		QX1-2		$\phi200\times500$	1.48		79		
		QX1-3		$\phi200\times500$	1.60		81		
	右挡水坝段	QX38-1	46	$\phi200\times500$	2.13	1.68	90	80	
		QX38-2		$\phi200\times500$	1.42		78		
		QX38-3		$\phi200\times500$	1.49		72		
	厂房坝段	QX9-1	22	$\phi200\times500$	1.33	1.39	45	78	QX9-1层面拉断
		QX9-2		$\phi200\times500$	1.50		87		
		QX9-3		$\phi200\times500$	1.33		68		

芯样轴心抗拉强度和极限拉伸值试验结果表明，厂房坝段碾压三级配区（$C_{90}15W4F50$）轴心抗拉强度平均值为 $1.12\sim1.78$MPa，极限拉伸值平均值为 $55\times10^{-6}\sim76\times10^{-6}$；右挡水坝段碾压三级配区（$C_{90}20W4F200$）轴心抗拉强度平均值为 $1.64\sim1.73$MPa，极限拉伸值平均值为 $69\times10^{-6}\sim83\times10^{-6}$；溢流坝段碾压三级配区（$C_{90}20W4F50$）轴心抗拉强度平均值为 $1.52\sim1.72$MPa，极限拉伸值平均值为 $57\times10^{-6}\sim86\times10^{-6}$；左挡水坝段、右挡水坝段以及厂房坝段碾压二级配区（$C_{90}20W8F100$）轴心抗拉强度平均值为 $1.39\sim1.74$MPa，极限拉伸值平均值为 $78\times10^{-6}\sim80\times10^{-6}$。

（5）轴心抗压强度和抗压弹性模量试验结果。芯样加工成高径比约 1:2 即 $\phi200$mm$\times$400mm 芯样轴心抗压强度和抗压弹性模量试验试件，轴心抗压强度和抗压弹性模量试验结果表明，厂房坝段碾压三级配区（$C_{90}15W4F50$）轴心抗压强度平均值为 $22.7\sim36.5$MPa，抗压弹性模量平均值为 $2.19\times10^4\sim3.16\times10^4$MPa；右挡水坝段碾压三级配区（$C_{90}20W4F200$）轴心抗压强度平均值为 $36.1\sim44.3$MPa，抗压弹性模量平均值为 $3.11\times10^4\sim3.40\times10^4$MPa；溢流坝段碾压三级配区（$C_{90}20W4F50$）轴心抗压强度平均值为 $32.2\sim35.7$MPa，抗压弹性模量平均值为 $2.88\times10^4\sim3.30\times10^4$MPa；左挡水坝段、右挡水坝段以及厂房坝段碾压二级配区（$C_{90}20W8F100$）轴心抗压强度平均值为 $35.0\sim40.8$MPa，抗压弹性模量平均值为 $3.00\times10^4\sim3.52\times10^4$MPa。

（6）混凝土芯样的抗冻试验。将混凝土芯样加工成尺寸为 100mm$\times$100mm$\times$400mm 试件进行抗冻试验。

芯样抗冻试验结果表明，厂房坝段 $C_{90}15W4F50$ 碾压三级配混凝土芯样抗冻性能分别达 F75、F100、F50，均大于设计要求。左挡水坝段、右挡水坝段、厂房坝段 $C_{90}20W8F100$ 碾压二级配混凝土芯样抗冻性能分别达 F50、F75、F75，略低于设计要求，其检测结果与

《水利工程质量检测技术规范》（SL 734—2016）附录 E 条文说明 E.0.5 "若无试验论证资料，参考国内某些大型水电站碾压混凝土芯样抗冻试验成果，大坝芯样冻融循环次数仅能达到设计循环次数（室内成型标准抗冻试件冻融循环次数）的 1/2"结论相符合。实际施工中采取 C_{90}20W8F100 碾压二级配混凝土的样品试件进行抗冻性能检测，检测结果均符合设计要求。由此说明混凝土芯样的抗冻性能并不是达不到设计要求，而是由于芯样和试块两种试验样品的差异造成。

混凝土芯样抗冻试验结果详见表 8.4.5。

（7）混凝土芯样的抗渗试验。将混凝土芯样加工并制成尺寸为（ϕ170～180）mm× 150mm 的试件进行抗渗试件。试验结果表明，厂房坝段碾压三级配区（C_{90}15W4F50）的 3 组芯样抗渗等级均大于 W4，满足设计要求；厂房坝段碾压二级配区（C_{90}20W8F100）的 2 组芯样，抗渗等级均大于 W8，满足设计要求；左挡水坝段碾压二级配区（C_{90}20W8F100）的 1 组芯样抗渗等级大于 W8，满足设计要求。混凝土芯样抗渗试验结果见表 8.4.6。

（8）芯样性能试验成果总结。对混凝土芯样进行芯样性能试验，得到芯样表面多数较光滑致密，芯样表面的骨料分布基本均匀；芯样表观密度数值较均匀，波动小；芯样抗压强度数值均满足设计要求；芯样轴心抗压强度、轴心抗拉强度、极限拉伸值、抗压弹性模量满足设计要求；芯样抗冻试验中，C_{90}20W8F100 碾压二级配抗冻等级略低于设计要求，其检测结果与《水利工程质量检测技术规范》（SL 734—2016）附录 E 条文说明 E.0.5 "若无试验论证资料，参考国内某些大型水电站碾压混凝土芯样抗冻试验成果，大坝芯样冻融循环次数仅能达到设计循环次数（室内成型标准抗冻试件冻融循环次数）的 1/2"结论相符合；抗渗等级满足设计要求。

8.4.2 压水试验

压水试验目的为评定碾压混凝土大坝抗渗性能，测定不同部位不同高程的渗透指标，了解坝体整体防渗性能和坝体局部区域的施工质量。

压水孔孔径为 75mm，自上而下单栓塞逐段堵塞压水，段长 2.5m，试验段数由指定位置浇筑混凝土层厚确定，试验压力均为 0.3MPa。施工顺序为：第一段造孔，放置栓塞进行压水，压力 0.3MPa；第二段造孔，放置栓塞进行压水，压力 0.3MPa，如此循环直至本压水孔试验完成。

施工工艺流程：钻孔及洗孔→试段隔离及设备调试→压水设备调试→压力和流量观测读数→封孔。

1. 主要施工工艺要求

（1）钻孔及洗孔。采用 XY－2 型地质钻机造孔，金刚石钻头钻进。开钻前先对钻机底部找平调整，保证立轴垂直，钻孔垂直，且钻孔垂直度控制在 1% 以内。将钻具下至孔底，用大流量水进行冲洗，观测孔口返水清洁，方可进行下一工序施工。

（2）试段隔离及设备调试。检查栓塞、连通管符合要求后，将止水隔离装置下入孔内，同时将滤水器、供水泵、流量测试仪、压力计、进水稳压箱安装完毕。

（3）压水设备调试。每段次压水检查前，均对压水试验设备进行调试检查，对止水栓塞、管路及管路连接部位、各种阀门及供水泵详细观测，无任何漏水状况，即进行下一工序。

表 8.4.5

混凝土芯样抗冻试验结果表

设计等级	部位	芯样编号	坝段	试件尺寸/(mm×mm×mm)	各循环次数重量变化/%					各循环次数相对动弹模/%					结果判定
					0	25	38	50	75	0	25	38	50	75	
C_{90}15W4F50 碾压三级配	厂房坝段	QX9-1	22	100×100×400	100.0	100.0	100.0	100.0	—	100.0	98.3	61.3	31.8	—	F75
		QX9-2			100.0	100.0	100.0	100.0	—	100.0	96.8	80.3	41.3	—	
		QX9-3			100.0	100.0	100.0	100.0	—	100.0	97.4	69.7	33.3	—	
		QX10-1	24	100×100×400	100.0	99.4	100.0	100.0	—	100.0	97.0	89.5	75.3	—	F100
		QX10-2			100.0	100.0	100.0	100.0	—	100.0	95.3	84.9	68.0	—	
		QX10-3			100.0	100.0	100.0	100.0	—	100.0	91.7	76.8	62.4	—	
		QX10-4	24	100×100×400	100.0	100.0	100.0	100.0	—	100.0	99.0	61.4	21.8	—	F50
		QX10-5			100.0	100.0	100.0	—	—	100.0	73.8	43.9	—	—	
		QX10-6			100.0	100.0	100.0	—	—	100.0	80.0	58.7	—	—	
	左挡水坝段	QX1-1	9	100×100×400	100.0	100.0	99.2	—	—	100.0	96.0	53.1	—	—	F50
		QX1-2			100.0	100.0	100.0	99.4	—	100.0	90.8	55.7	38.5	—	
		QX1-3			100.0	100.0	100.0	100.0	100.0	100.0	91.2	47.2	29.3	24.5	
	右挡水坝段	QX38-1	46	100×100×400	100.0	100.0	100.0	100.0	100.0	100.0	86.6	76.4	47.9	25.0	F75
		QX38-2			100.0	100.0	100.0	100.0	—	100.0	93.4	88.9	74.8	—	
		QX38-3			100.0	100.0	100.0	100.0	—	100.0	95.2	56.6	28.9	—	
C_{90}20W8F100 碾压二级配	厂房坝段	QX9-1	22	100×100×400	100.0	100.0	100.0	100.0	—	100.0	97.9	60.8	—	—	F75
		QX9-2			100.0	100.0	100.0	100.0	99.2	100.0	97.3	64.4	28.2	10.1	
		QX9-3			100.0	99.1	99.6	100.0	—	100.0	93.1	63.5	—	—	

注　1. 表中"—"表示满足芯样断裂、相对动弹模量下降至初始值的 60%、达到预定的抗冻循环次数三种条件之一，停止芯样冻融试验。

2. 结果评价 $F = k \times n$，式中 k 取 2，系数 k 依据《水利工程质量检测技术规范》（SL 734—2016）附录 E 中 E.6.5 及其条文说明 E.6.5 "若无试验论证资料，参考国内某些大型水电站混凝土芯样抗冻循环次数仅能达到设计冻融循环次数"（室内成型标准试件抗冻融试验循环次数）的 1/2。

表 8.4.6　　　　　　　　　　　混凝土芯样抗渗试验结果表

设计等级	部位	芯样编号	坝段	芯样尺寸 /(mm×mm)	抗渗等级 单值	抗渗等级 总评	备　注
C₉₀15W4F50 碾压三级配	厂房坝段	QX9-1	22	φ(170～180)×150	W2	>W4	点状渗水
		QX9-2			>W4		
		QX9-3			>W4		
		QX9-4			>W4		
		QX9-5			>W4		
		QX9-6			>W4		
		QX10-1	24	φ(170～180)×150	>W4	>W4	
		QX10-2			>W4		
		QX10-3			>W4		
		QX10-4			>W4		
		QX10-5			W3		大骨料周边 明显渗水
		QX10-6			>W4		
		QX10-7	24	φ(170～180)×150	>W4	>W4	
		QX10-8			>W4		
		QX10-9			>W4		层间芯样抗渗
		QX10-10			>W4		
		QX10-11			>W4		
		QX10-12			>W4		
C₉₀20W8F100 碾压二级配	厂房坝段	QX9-1	22	φ(170～180)×150	>W8	>W8	
		QX9-2			>W8		大骨料周边渗水
		QX9-3			>W8		
		QX9-4			W7		
		QX9-5			W5		大骨料周边渗水
		QX9-6			>W8		
	左挡水坝段	QX1-1	6	φ(170～180)×150	>W8	>W8	
		QX1-2			>W8		
		QX1-3			>W8		QX1-4 中间点状渗水 层间芯样抗渗
		QX1-4			W5		
		QX1-5			>W8		
		QX1-6			>W8		

（4）压力和流量观测读数。采用"单点法"进行压水试验。压力表反应的压力稳定，

所有部位观测无漏水现象。

(5) 封孔。压水试验完毕后，采用 $M_{90}25W8F100$ 砂浆及时回填。

2. 压水试验成果

对 2015—2017 年三个浇筑年碾压混凝土钻孔压水试验成果进行分析总结，检测结果显示，碾压混凝土施工层面结合情况优良，混凝土整体抗渗性能优良。

(1) 2016 年大坝碾压混凝土压水试验。对 2015 年浇筑的碾压混凝土共布置压水检查孔 11 个，其中二级配布设 6 孔，压水 17 段；三级配布设 5 孔，压水 13 段，累计孔深 72.4m。

(2) 2017 年大坝碾压混凝土压水试验。对 2016 年浇筑的碾压混凝土共布置压水检查孔 8 个，其中二级配布设 7 孔，共进行压水 43 段；三级配布设 1 孔，共进行压水 12 段，累计孔深 142.5m。

(3) 2018 年大坝碾压混凝土压水试验。对 2017 年浇筑的碾压混凝土共布置压水孔 5 个，其中防渗区二级配布设 2 孔，累计压水 11 段次；防渗区三级配布设 1 孔，累计压水 4 段次；内部三级配布设 2 孔，累计压水 16 段次，累计孔深 92.5m。

8.5 质量验收与评定

8.5.1 现场质量验收

现场验收执行"三检一验"制，即施工单位自检（"三检"——工区技术员一检、质控人员二检、质检员三检）合格的基础上，报请监理工程师检查验收。在自检中发现不符合要求的，及时予以纠正与整改，直至自检合格后方报请监理工程师检查验收；在检查验收中监理工程师提出的纠正与整改意见，立即组织力量迅速加以整改，检查验收合格后开始进入下道工序施工。

8.5.2 单元工程划分原则及质量评定表格制定

按照《水利水电工程施工质量检验与评定规程》（SL 176—2007），结合该工程碾压混凝土施工特点，该工程碾压混凝土一般以一个浇筑仓块为一个单元工程，跨分部工程的仓块按分部工程划分情况拆分为相应的单元工程。单元工程质量评定由施工单位"三检"自评，监理工程师复核最终评定质量等级。单元工程质量评定表格由参建各方共同商议后，由监理中心正式下发。

该工程碾压混凝土单元工程质量评定表格是在《水电水利基本建设工程 单元工程质量等级评定标准 第1部分：土建工程》（DL/T 5113.1—2005）、《水电水利基本建设工程 单元工程质量等级评定标准 第8部分：水工碾压混凝土工程》（DL/T 5113.8—2012）内推荐质量评定表格的基础上编制的，并进行了如下调整：

(1) 依据《水电水利工程清水混凝土施工规范》（DL/T 5306—2013）、《水工混凝土钢筋施工规范》（DL/T 5169—2013）、《水电水利工程模板施工规范》（DL/T 5110—2013）等技术标准的要求，对部分检查项目的质量标准内容进行了修订，确保执行最新版本规范要求。

（2）在各工序评定表格的基础上增加了三检记录表，以便于施工单位规范进行"三检"记录。

（3）工序质量验评表及三检记录表中增加了表明单元工程的名称、部位、编号等主要信息的条目。

（4）部分检查项目为全过程控制或由专业人员量测、检测，无法进行三级检验，三检记录表制表时将检查结果合并，由三级检验人员共同对结果确认。

8.5.3　碾压混凝土单元工程质量评定

该工程碾压混凝土单元工程按照基础面或混凝土施工缝、模板、钢筋、预埋件、砂浆与灰浆、碾压混凝土拌和物、碾压混凝土运输铺筑、层间及缝面处理与防护、变态混凝土浇筑、碾压混凝土外观等 10 个工序进行质量评定。

结合相关规范中混凝土单元工程质量等级评定、坝体碾压混凝土铺筑单元工程质量等级评定，该工程碾压混凝土单元工程质量评定标准如下。

（1）合格：基础面或混凝土施工缝、模板、钢筋、预埋件、砂浆与灰浆、碾压混凝土拌和物、碾压混凝土运输铺筑、层间及缝面处理与防护、变态混凝土浇筑、碾压混凝土外观等 10 项全部达到合格，碾压混凝土单元工程质量等级合格。

（2）优良：基础面或混凝土施工缝、模板、预埋件、砂浆与灰浆、碾压混凝土外观等 5 项，达到合格并且其中任意一项达到优良，钢筋、碾压混凝土拌和物、碾压混凝土运输铺筑、层间及缝面处理与防护、变态混凝土浇筑达到优良，碾压混凝土单元工程质量等级优良。

8.6　碾压混凝土长龄期试验

大坝碾压和变态混凝土由于掺用了较多的粉煤灰，其早期强度较低或增长较慢，但一定龄期后，由于粉煤灰中活性氧化硅等与水泥水化过程中产生的氢氧化钙发生二次水化反应，生成水化产物，使得硬化胶材不断密实，强度不断提高。

新丰满大坝混凝土掺用不同比例的粉煤灰，在达到设计龄期后混凝土性能仍会有一定程度的提高。为掌握混凝土性能随龄期发展的规律，能够对大坝混凝土实际性能及其变化趋势进行更准确的评价，需要开展大坝混凝土长龄期性能试验。

8.6.1　试验要求

对大坝内部碾压混凝土、上游面变态混凝土、上游水位变化区碾压混凝土、上游水位变化区变态混凝土、廊道变态混凝土、溢流面抗冲磨常态混凝土等 6 个主要部位的混凝土进行长龄期性能试验。试验龄期分别为 7d、28d、60d、90d、180d、365d，开展的试验项目包括混凝土抗压强度、劈拉强度、静压弹性模量、极限拉伸值、抗冻性能及抗渗性能试验，具体内容见表 8.6.1。

长龄期混凝土拌和物自拌和楼出机口取样，为充分保证试样的代表性，每个试验项目在不同时间取样 3 组，成型试件在养护室进行标准养护至试验龄期。

表 8.6.1 长龄期混凝土成型信息表

编号	混凝土标号	混凝土类型及部位	龄期/d					
			7	28	60	90	180	365
RⅤ	C$_{90}$15W4F50（三）	大坝内部碾压混凝土	抗压强度	抗压强度；劈拉强度；静压弹性模量；极限拉伸；抗冻性能			抗压强度；劈拉强度；静压弹性模量；极限拉伸；抗冻性能；渗透系数	
RbⅢ	C$_{90}$20W8F100（二）	高程 240.00m 以下上游面变态						
RⅡ	C$_{90}$20W6F300（三）	上游水位变化区碾压						
RbⅡ	C$_{90}$20W6F300（三）	上游水位变化区变态						
RbⅤ	C$_{90}$15W4F50（三）	廊道变态						
CⅣ	C$_{90}$40W8F300（二）	溢流面						

注 混凝土标号括号内为骨料级配。

8.6.2 试验依据及设备

试验依据《水工混凝土试验规程》（DL/T 5150—2001、DL/T 5150—2017）进行。混凝土试验采用的主要仪器分别为数显万能材料试验机、自动加压混凝土渗透仪、混凝土快速冻融试验机、电子天平、数显千分表等。仪器设备均经检定或校准，精度满足试验规程要求。

8.6.3 试验内容及结果

采用大坝施工浇筑期拌和楼实际生产的混凝土制备试样，每种强度等级混凝土制备 3 套试件，每种强度等级混凝土一次完成一整套试件的制备，为更具代表性，两套混凝土取样间隔 1 个月左右。所制备样品的混凝土配合比见表 8.6.2。取样日期及浇筑部位见表 8.6.3。长龄期试验结果见表 8.6.4～表 8.6.9。

（1）混凝土抗压强度。混凝土抗压强度试件为 150mm×150mm×150mm 立方体混凝土试块，当试件到达试验龄期时，从养护室取出试件，并尽快试验。试验前将试件擦拭干净，测量尺寸，并检查其外观，当试件有严重缺陷时应废弃。

抗压强度试验使用 2000kN 液压式压力试验机进行，试件的预计破坏荷载在试验机全量程的 20%～80%。将试件放在试验机下压板正中间，以 0.3～0.5MPa/s 的速度连续而均匀地加荷。

1）碾压混凝土。一方面由于碾压混凝土掺用大量的粉煤灰，其后期强度增长显著。另一方面碾压混凝土强度受其他指标的控制影响，为了满足极限拉伸值和抗冻等级的设计指标要求，混凝土抗压强度已不再是影响碾压混凝土质量的重要指标，这也是导致碾压混凝土超强的主要因素。本次试验结果显示如下。

RⅤ碾压混凝土（三级配，掺灰 60%、灰代粉 5%），抗压强度 90d 与 28d 相比增长率为 200%；180d 与 28d 相比增长率为 276%；365d 与 28d 相比增长率为 340%。

RⅡ碾压混凝土（三级配，掺灰 45%），抗压强度 90d 与 28d 相比增长率为 171%；180d 与 28d 相比增长率为 200%；365d 与 28d 相比增长率为 238%。

表 8.6.2 混凝土配合比

编号	设计强度	粉煤灰代砂/%	级配	混凝土种类	水胶比	掺灰量/%	砂率/%	SBTJM®-Ⅱ级凝高效减水剂/%	GYQ-Ⅰ引气剂/%	HF抗冲耐磨剂/%	水泥	粉煤灰	粉煤灰代石粉	HF	人工砂	小石	中石	大石	水	VC值/s	坍落度/cm	含气量/%
RⅤ	C₉₀15W4F50	5	三	碾压	0.52	60	32	0.8	0.06	—	65	97	27	—	634	434	579	434	84	2~5	—	2~3
RbⅤ	C₉₀15W4F50	—	三	变态	0.50	59	32	0.7	0.03	—	91	129	—	—	668	434	457	434	110	—	3~5	—
RbⅢ	C₉₀20W8F100	—	二	变态	0.47	49	36	0.8	0.05	—	130	124	—	—	725	525	788	—	120	—	3~5	—
RⅡ	C₉₀20W6F300	—	三	碾压	0.42	45	32	0.8	0.09	—	110	90	—	—	643	418	557	418	84	2~5	—	5~6
RbⅡ	C₉₀20W6F300	—	三	变态	0.42	44	32	0.7	0.07	—	149	116	—	—	643	418	557	418	110	—	3~5	—
CⅣ	C₉₀40W8F300	—	二	抗冲磨	0.34	20	30	0.7	0.03	2	315	79	—	7.9	519	493	740	—	134	—	7~9	5~6

表 8.6.3 取样日期及浇筑部位

分区	设计强度	混凝土种类	级配	样品编号	取样时间	浇筑部位
RⅤ	C₉₀15W4F50	碾压	三	CLQ-1-1	2017年4月9日	26~38号坝段高程218.00~221.00m碾压混凝土块
				CLQ-1-2	2017年7月28日	26~31号坝段高程235.50~238.00m碾压混凝土块
				CLQ-1-3	2017年8月9日	33~42号坝段高程231.75~236.00m碾压混凝土块
RbⅤ	C₉₀15W4F50	变态	三	CLQ-2-1	2017年4月25日	47~49号坝段高程230.00~231.75m廊道上游侧混凝土仓块
				CLQ-2-2	2017年8月4日	4~10号坝段高程230.00~231.75m碾压混凝土仓块
				CLQ-2-3	2018年7月8日	2~3号坝段高程249.30~251.00m变态混凝土仓块

续表

分区	设计强度	混凝土种类	级配	样品编号	取样时间	浇筑部位
RbⅢ	$C_{90}20W8F100$	变态	二	CLQ-3-1	2017 年 7 月 22 日	36～41 号坝段高程 228.80～230.00m 碾压混凝土仓块
				CLQ-3-2	2017 年 8 月 15 日	26～30 号坝段高程 238.00～239.60m 碾压混凝土仓块
				CLQ-3-3	2017 年 9 月 29 日	11～19 号坝段高程 228.50～230.00m 碾压混凝土仓块
RⅡ	$C_{90}20W6F300$	碾压	三	CLQ-4-1	2017 年 8 月 24 日	26～50 号坝段高程 239.00～242.00m 碾压混凝土仓块
				CLQ-4-2	2017 年 9 月 20 日	26～48 号坝段高程 245.00～248.00m 碾压混凝土仓块
				CLQ-4-3	2017 年 10 月 8 日	30～47 号坝段高程 248.00～251.00m 碾压混凝土仓块
RbⅡ	$C_{90}20W6F300$	变态	三	CLQ-5-1	2017 年 8 月 18 日	54 号坝段高程 249.90～252.40m 变态混凝土仓块
				CLQ-5-2	2017 年 8 月 30 日	4～5 号坝段高程 240.75～246.50m 碾压混凝土仓块
				CLQ-5-3	2017 年 9 月 6 日	26～48 号坝段高程 242.00～245.00m 碾压混凝土仓块
CⅣ	$C_{90}40W8F300$	抗冲磨	二	CLQ-6-1	2017 年 9 月 15 日	15～19 号坝段高程 222.50～225.50m 碾压混凝土仓块
				CLQ-6-2	2017 年 10 月 8 日	16 号坝段反弧段高程 182.40～192.92m 混凝土仓块
				CLQ-6-3	2017 年 11 月 1 日	8～24 号坝段高程 234.50～239.00m 碾压混凝土仓块

表 8.6.4 　　　　　　　　C₉₀15W4F50（三）碾压混凝土长龄期试验结果

龄期/d	样本组数	抗压强度/MPa	各龄期抗压强度与28d龄期比/%	劈拉强度/MPa	抗冻性能		抗渗等级	抗拉强度/MPa	极限拉伸值/(×10⁻⁴)	弹性模量/(×10⁴)
					质量损失率/%	相对动压弹性模量/%				
7	3	5.9	53	—	—	—	—	—	—	—
28	3	11.3	100	0.96	已碎	—	—	1.02	0.61	1.61
60	3	17.7	158	1.50	2.13	91.0		1.75	0.76	2.11
90	3	22.6	200	2.05	1.32	91.0	>W4	2.19	0.82	2.45
180	3	31.2	276	2.76	0.84	93.3	>W4	2.46	0.91	2.73
365	3	38.4	340	3.29	0.24	95.5	>W4	2.64	0.97	2.90

表 8.6.5 　　　　　　　　C₉₀20W8F100（二）变态混凝土长龄期试验结果

龄期/d	样本组数	抗压强度/MPa	各龄期抗压强度与28d龄期比/%	劈拉强度/MPa	抗冻性能		抗渗等级	抗拉强度/MPa	极限拉伸值/(×10⁻⁴)	弹性模量/(×10⁴)
					质量损失率/%	相对动压弹性模量/%				
7	3	7.4	45	—	—	—	—	—	—	—
28	3	16.3	100	1.52	已碎	—	—	1.47	0.77	2.34
60	3	23.1	142	1.99	2.98	97.2	—	2.14	0.86	2.70
90	3	28.2	173	2.57	1.55	91.5	>W8	2.33	0.94	2.96
180	3	35.5	217	3.19	0.81	94.8	>W8	2.46	1.04	3.17
365	3	43.6	267	3.69	0.23	95.4	>W8	2.72	1.13	3.37

表 8.6.6 　　　　　　　　C₉₀20W6F300（三）变态混凝土长龄期试验结果

龄期/d	样本组数	抗压强度/MPa	各龄期抗压强度与28d龄期比/%	劈拉强度/MPa	抗冻性能		抗渗等级	抗拉强度/MPa	极限拉伸值/(×10⁻⁴)	弹性模量/(×10⁴)
					质量损失率/%	相对动压弹性模量/%				
7	3	10.0	56	—	—	—	—	—	—	—
28	3	17.8	100	1.64	已碎	—	—	1.73	0.84	2.58
60	3	25.8	145	2.23	3.56	73.3	—	2.36	0.91	2.83
90	3	29.7	167	2.71	2.93	79.2	>W6	2.61	0.97	3.04
180	3	35.4	199	3.23	1.97	84.2	>W6	2.93	1.16	3.31
365	3	43.5	245	3.69	1.21	89.1	>W6	3.07	1.21	3.56

表 8.6.7   C$_{90}$20W6F300（三）碾压混凝土长龄期试验结果

龄期/d	样本组数	抗压强度/MPa	各龄期抗压强度与28d龄期比/%	劈拉强度/MPa	抗冻性能		抗渗等级	抗拉强度/MPa	极限拉伸值/(×10⁻⁴)	弹性模量/(×10⁴)
					质量损失率/%	相对动压弹性模量/%				
7	3	12.7	72	—	—			—	—	—
28	3	17.5	100	1.59	已碎	—	—	1.49	0.74	2.11
60	3	24.0	138	2.13	3.83	71.5		2.05	0.85	2.30
90	3	29.9	171	2.66	3.23	76.7	＞W6	2.31	0.93	2.66
180	3	34.9	200	3.14	2.38	81.6	＞W6	2.79	1.14	3.10
365	3	41.7	238	3.44	1.53	88.2	＞W6	2.98	1.20	3.30

表 8.6.8   C$_{90}$15W4F50（三）混凝土长龄期试验结果

龄期/d	样本组数	抗压强度/MPa	各龄期抗压强度与28d龄期比/%	劈拉强度/MPa	抗冻性能		抗渗等级	抗拉强度/MPa	极限拉伸值/(×10⁻⁴)	弹性模量/(×10⁴)
					质量损失率/%	相对动压弹性模量/%				
7	3	6.8	60	—	—			—	—	—
28	3	12.6	100	0.97	已碎	—	—	1.07	0.57	1.69
60	3	17.2	141	1.35	2.37	89.7		1.73	0.73	2.17
90	3	21.3	169	1.78	1.41	91.1	＞W4	2.01	0.83	2.54
180	3	29.2	231	2.62	0.84	91.7	＞W4	2.42	0.97	2.98
365	3	38.2	303	3.19	0.16	92.6	＞W4	2.65	1.05	3.12

表 8.6.9   C$_{90}$40W8F300（二）混凝土长龄期试验结果

龄期/d	样本组数	抗压强度/MPa	各龄期抗压强度与28d龄期比/%	劈拉强度/MPa	抗冻性能		抗渗等级	抗拉强度/MPa	极限拉伸值/(×10⁻⁴)	弹性模量/(×10⁴)
					质量损失率/%	相对动压弹性模量/%				
7	3	19.3	55	—	—			—	—	—
28	3	35.0	100	3.15	已碎	—	—	2.88	0.93	3.26
60	3	43.9	125	3.83	3.61	74.1		3.45	1.05	3.63
90	3	53.8	154	4.29	2.85	78.6	＞W8	4.20	1.21	4.10
180	3	58.8	168	4.63	2.31	84.3	＞W8	4.42	1.27	4.25
365	3	63.7	182	4.86	1.44	87.9	＞W8	4.47	1.34	4.34

　　试验结果表明：碾压混凝土掺用了较多的活性掺合材料，其早期抗压强度较低且增长较慢。28d 以后，由于掺合料中活性氧化硅等与水泥水化过程中产生的氢氧化钙发生二

次水化反应，生成水化硅酸盐凝胶等水化产物，使硬化胶凝材料浆体不断密实，强度不断提高。所以 90d 和 180d 龄期的碾压混凝土强度比 28d 碾压混凝土强度高得多。由于 RⅤ碾压混凝土具有更高的粉煤灰掺量，其 28d 以后龄期的强度增长率更高。从碾压混凝土龄期-强度增长曲线可以看出，365d 之后其抗压强度仍会有显著增长。随着粉煤灰掺量的增加，后期强度增长率显著，说明在满足设计和施工要求的前提下，粉煤灰的加入，显著降低了混凝土中的水泥用量，十分有利于碾压混凝土的温度控制和防裂。

2）变态混凝土。

RbⅢ变态混凝土（二级配，掺灰 49%），抗压强度 90d 与 28d 相比增长率为 173%；180d 与 28d 相比增长率为 217%；365d 与 28d 相比增长率为 267%。

RbⅡ变态混凝土（三级配，掺灰 45%），抗压强度 90d 与 28d 相比增长率为 167%；180d 与 28d 相比增长率为 199%；365d 与 28d 相比增长率为 245%。

RbⅤ变态混凝土（三级配，掺灰 59%），抗压强度 90d 与 28d 相比增长率为 169%；180d 与 28d 相比增长率为 231%；365d 与 28d 相比其增长率为 303%。

试验结果表明：变态混凝土与碾压混凝土一样，由于掺用了较多的掺合料，其早期抗压强度较低且增长较慢，由于比相应碾压混凝土胶凝材料用量有所提高，其早期强度高于对应的碾压混凝土。28d 以后强度不断提高，90d、180d、365d 龄期的强度比 28d 混凝土强度高得多，且 365d 之后其抗压强度仍会有显著增长。与 RⅢ、RbⅤ变态混凝土相比 RbⅡ变态混凝土各龄期强度增长率均较高。分析认为，这与其需满足其 F300 抗冻要求，配合比采用了更低水胶比，更高的胶凝材料用量有关。

3）常态混凝土。CⅣ常态混凝土（二级配，掺灰 20%），抗压强度 90d 与 28d 相比增长率为 154%；180d 与 28d 相比增长率为 168%；365d 与 28d 相比增长率约为 182%。

试验结果表明：常态混凝土粉煤灰掺量较少，与变态混凝土和碾压混凝土相比，其早期抗压强度较高且增长较快，90d 龄期后其强度增长趋势明显趋缓慢。

（2）混凝土劈裂抗拉强度。混凝土劈裂抗拉强度是指定断面的混凝土抗拉强度。劈裂抗拉强度试验采用尺寸为 150mm×150mm×150mm 的立方体试块进行，垫条为长约 200mm 的钢制方垫条，要求垫条平直，截面 5mm×5mm。

试验前在试件顶面和底面中部划出相互平行的直线，准确定出劈裂面的位置。将试件放在压力试验机下压板的中心位置，在上下压板与试件之间垫以垫条，垫条位置为划线位置。以 0.04～0.06MPa/s 的速度连续而均匀地加载，当试件接近破坏时，停止调整油门，直至试件破坏，记录破坏荷载。

试验结果显示，混凝土劈裂抗拉强度随龄期增长而增长，90d 设计龄期后仍然有较大的增长。

RⅤ碾压混凝土（三级配，掺灰 60%、灰代粉 5%），劈裂抗拉强度 90d 与 28d 相比增长率为 214%；180d 与 28d 相比增长率为 288%；365d 与 28d 相比增长率约为 344%。

RⅡ碾压混凝土（三级配，掺灰 45%），劈裂抗拉强度 90d 与 28d 相比增长率为 167%；180d 与 28d 相比增长率为 198%；365d 与 28d 相比增长率为 216%。

RbⅢ变态混凝土（二级配，掺灰 49%），劈裂抗拉强度 90d 与 28d 相比增长率为 169%；180d 与 28d 相比增长率为 210%；365d 与 28d 相比增长率为 243%。

RbⅡ变态混凝土（三级配，掺灰 44%），劈裂抗拉强度 90d 与 28d 相比增长率为 166%；180d 与 28d 相比增长率为 197%；365d 与 28d 相比增长率为 225%。

RbⅤ变态混凝土（三级配，掺灰 59%），劈裂抗拉强度 90d 与 28d 相比增长率为 184%；180d 与 28d 相比增长率为 270%；365d 与 28d 相比增长率为 329%。

CⅣ常态混凝土（二级配，掺灰 20%），劈裂抗拉强度 90d 与 28d 相比增长率为 136%；180d 与 28d 相比增长率为 147%；365d 与 28d 相比增长率为 154%。

（3）混凝土静压弹性模量。使用 2000kN 液压式压力试验机进行混凝土静压弹性模量试验，应变采用位移传感器进行测量。试件尺寸为 $\phi150mm \times 300mm$ 的圆柱体，试件成型拆模后送入养护室进行标准养护。到达试验龄期时，从养护室取出，将试件安放在试验机的下压板上，试件的中心应与试验机下压板中心对准，将位移传感器固定在变形测量架上。开动压力机，缓慢施加压力，进行预压，加荷速度为 0.2～0.3MPa/s，最大预压力为试件破坏强度的 40%，反复预压 3 次，在预压过程中，观察试验机及仪表运转是否正常，如有必要应予调整。试件经预压后，进行正式试验，加荷速度与预压相同，记下各荷载（至少 6 个）下的变形值。静压弹性模量以 3 个试件测值的平均值作为试验结果。

1）RⅤ碾压混凝土（三级配，掺灰 60%、灰代粉 5%），静压弹性模量 28d 平均值为 1.61×10^4 MPa；60d 平均值为 2.11×10^4 MPa；90d 平均值为 2.45×10^4 MPa；180d 平均值为 2.73×10^4 MPa；365d 平均值为 2.90×10^4 MPa。

2）RⅡ碾压混凝土（三级配，掺灰 45%），静压弹性模量 28d 平均值为 2.11×10^4 MPa；60d 平均值为 2.30×10^4 MPa；90d 平均值为 2.66×10^4 MPa；180d 平均值为 3.10×10^4 MPa；365d 平均值为 3.30×10^4 MPa。

3）RbⅢ变态混凝土（二级配，掺灰 49%），静压弹性模量 28d 平均值为 2.34×10^4 MPa；60d 平均值为 2.70×10^4 MPa；90d 平均值为 2.96×10^4 MPa；180d 平均值为 3.17×10^4 MPa；365d 平均值为 3.37×10^4 MPa。

4）RbⅡ变态混凝土（三级配，掺灰 44%），静压弹性模量 28d 平均值为 2.58×10^4 MPa；60d 平均值为 2.83×10^4 MPa；90d 平均值为 3.04×10^4 MPa；180d 平均值为 3.31×10^4 MPa；365d 平均值为 3.56×10^4 MPa。

5）RbⅤ变态混凝土（三级配，掺灰 59%），静压弹性模量 28d 平均值为 1.69×10^4 MPa；60d 平均值为 2.17×10^4 MPa；90d 平均值为 2.54×10^4 MPa；180d 平均值为 2.98×10^4 MPa；365d 平均值为 3.12×10^4 MPa。

6）CⅣ常态混凝土（二级配，掺灰 20%），静压弹性模量 28d 平均值为 3.26×10^4 MPa；60d 平均值为 3.63×10^4 MPa；90d 平均值为 4.10×10^4 MPa；180d 平均值为 4.25×10^4 MPa；365d 平均值为 4.34×10^4 MPa。

混凝土静压弹性模量是指混凝土产生单位应变所需要的应力，取决于骨料本身的弹性模量及混凝土的灰浆率，混凝土弹性模量越高，对混凝土的温度应力和抗裂越不利。由于该工程混凝土均有抗冻指标要求，受其影响混凝土胶凝材料用量较高，强度富裕系数较大，这会导致混凝土具有相对较高的弹性模量。

该次试验结果显示，各种类型混凝土的静压弹性模量均随龄期而增长，且随着龄期增长趋势逐渐变缓，碾压混凝土各龄期静压弹性模量均低于相应变态混凝土、常态混凝土。

（4）混凝土极限拉伸。混凝土的抗拉强度及极限拉伸值试验均采用截面尺寸为 100mm×100mm，长度为 550mm 的变截面混凝土试件进行。

极限拉伸值是指轴心拉伸时，混凝土断裂前的最大应变值，当混凝土的拉伸变形超过混凝土的极限拉伸值时，混凝土将产生裂缝。极限拉伸值作为混凝土抗裂性指标，在其他条件相同时，混凝土极限拉伸值越高，其抗裂性越好。

1）RⅤ碾压混凝土（三级配，掺灰 60%、灰代粉 5%），轴心抗拉强度 28d 为 1.02MPa，极限拉伸值为 $0.61×10^{-4}$；60d 轴心抗拉强度为 1.75MPa，极限拉伸值为 $0.76×10^{-4}$；90d 轴心抗拉强度为 2.19MPa，极限拉伸值为 $0.82×10^{-4}$；180d 轴心抗拉强度为 2.46MPa，极限拉伸值为 $0.91×10^{-4}$；365d 轴心抗拉强度为 2.64MPa，极限拉伸值为 $0.97×10^{-4}$。

2）RⅡ碾压混凝土（三级配，掺灰 45%），轴心抗拉强度 28d 为 1.49MPa，极限拉伸值为 $0.74×10^{-4}$；60d 轴心抗拉强度为 2.05MPa，极限拉伸值为 $0.85×10^{-4}$；90d 轴心抗拉强度为 2.31MPa，极限拉伸值为 $0.93×10^{-4}$；180d 轴心抗拉强度为 2.79MPa，极限拉伸值为 $1.14×10^{-4}$；365d 轴心抗拉强度为 2.98MPa，极限拉伸值为 $1.20×10^{-4}$。

3）RbⅢ变态混凝土（二级配，掺灰 49%），轴心抗拉强度 28d 为 1.47MPa，极限拉伸值为 $0.77×10^{-4}$；60d 轴心抗拉强度为 2.14MPa，极限拉伸值为 $0.86×10^{-4}$；90d 轴心抗拉强度为 2.33MPa，极限拉伸值为 $0.94×10^{-4}$；180d 轴心抗拉强度为 2.46MPa，极限拉伸值为 $1.04×10^{-4}$；365d 轴心抗拉强度为 2.72MPa，极限拉伸值为 $1.13×10^{-4}$。

4）RbⅡ变态混凝土（三级配，掺灰 44%），轴心抗拉强度 28d 为 1.73MPa，极限拉伸值为 $0.84×10^{-4}$；60d 轴心抗拉强度为 2.36MPa，极限拉伸值为 $0.91×10^{-4}$；90d 轴心抗拉强度为 2.61MPa，极限拉伸值为 $0.97×10^{-4}$；180d 轴心抗拉强度为 2.93MPa，极限拉伸值为 $1.16×10^{-4}$；365d 轴心抗拉强度为 3.07MPa，极限拉伸值为 $1.21×10^{-4}$。

5）RbⅤ变态混凝土（三级配，掺灰 59%），轴心抗拉强度 28d 为 1.07MPa，极限拉伸值为 $0.57×10^{-4}$；60d 轴心抗拉强度为 1.73MPa，极限拉伸值为 $0.73×10^{-4}$；90d 轴心抗拉强度为 2.01MPa，极限拉伸值为 $0.83×10^{-4}$；180d 轴心抗拉强度为 2.42MPa，极限拉伸值为 $0.97×10^{-4}$；365d 轴心抗拉强度为 2.65MPa，极限拉伸值为 $1.05×10^{-4}$。

6）CⅣ常态混凝土（二级配，掺灰 20%），轴心抗拉强度 28d 为 2.88MPa，极限拉伸值为 $0.93×10^{-4}$；60d 轴心抗拉强度为 3.45MPa，极限拉伸值为 $1.05×10^{-4}$；90d 轴心抗拉强度为 4.20MPa，极限拉伸值为 $1.21×10^{-4}$；180d 轴心抗拉强度为 4.42MPa，极限拉伸值为 $1.27×10^{-4}$；365d 轴心抗拉强度为 4.47MPa，极限拉伸值为 $1.34×10^{-4}$。

（5）混凝土抗冻性能。混凝土的抗冻性，是指混凝土在水饱和状态下能经受多次冻融作用而不被破坏，同时也不严重降低强度的性能。混凝土的抗冻性以抗冻标号来表示，以其抗冻融循环次数作为衡量指标，混凝土的抗冻性与混凝土中的气泡性质直接相关，气泡的性质很大程度上取决于所采用引气剂的性质和掺量。适量掺入引气剂，使混凝土中存在大量不连通但均匀分布的微细气泡，从而改善混凝土的孔径分布情况。

抗冻试验采用快冻法，试件尺寸为 100mm×100mm×400mm 的混凝土试块，成型后在标准条件下养护至设计龄期进行试验。试验时，试件中心最低和最高温度分别控制在 （−17±2）℃ 和 （8±2）℃，一次冻融循环时间为 3～4h。当试件相对动压弹性模量降至

60%或试件重量损失超过5%，则上一次冻融循环次数即为混凝土抗冻标号。

试验结果显示，各种类型混凝土抗冻性能随龄期增长而提高。设计龄期为90d的6个标号混凝土在90d、180d、365d龄期试块均达到设计抗冻指标。

（6）混凝土抗渗性能。混凝土抗渗性是指混凝土抵抗压力水渗透的能力。抗渗性是混凝土的一项重要性质，除关系到混凝土挡水及防水作用外，还直接影响到混凝土的抗冻性和抗侵蚀性等。

混凝土抗渗性试验使用混凝土抗渗仪进行，试件规格为上口直径175mm、下口直径185mm、高150mm的截头圆锥体。成型时以6个试件为一组进行成型。试件到达试验龄期时，取出试件，擦拭干净，待表面晾干后，用石蜡进行试件密封。启动抗渗仪，开通6个试位下的阀门，使水从6孔渗出，充满试位坑，关闭抗渗仪，将密封好的试件安装在抗渗仪上。

试验时，将抗渗仪水压一次加到0.8MPa，同时开始记录试验时间，此压力下恒定24h，然后降压，从试模中取出试件。在试件两端面直径处，按照平行方向各放一根直径为6mm的钢垫条，用压力机将试件劈开。将劈开面的底边10等分，在各等分点处量出渗水高度。以6个试件测值的平均值作为试验结果。

1）RV碾压混凝土（三级配，掺灰60%、灰代粉5%），90d平均渗透系数为2.53×10^{-6}cm/h；180d平均渗透系数为1.48×10^{-6}cm/h；365d平均渗透系数为1.03×10^{-6}cm/h。

2）RⅡ碾压混凝土（三级配，掺灰45%），90d平均渗透系数为0.98×10^{-6}cm/h；180d平均渗透系数为0.74×10^{-6}cm/h；365d平均渗透系数为0.69×10^{-6}cm/h。

3）RbⅢ变态混凝土（二级配，掺灰49%），90d平均渗透系数为0.83×10^{-6}cm/h；180d平均渗透系数为0.65×10^{-6}cm/h；365d平均渗透系数为0.57×10^{-6}cm/h。

4）RbⅡ变态混凝土（三级配，掺灰44%），90d平均渗透系数为0.68×10^{-6}cm/h；180d平均渗透系数为0.51×10^{-6}cm/h；365d平均渗透系数为0.44×10^{-6}cm/h。

5）RbV变态混凝土（三级配，掺灰59%）90d平均渗透系数为1.10×10^{-6}cm/h；180d平均渗透系数为0.91×10^{-6}cm/h；365d平均渗透系数为0.67×10^{-6}cm/h。

6）CⅣ常态混凝土（二级配，掺灰20%），90d平均渗透系数为0.33×10^{-6}cm/h；180d平均渗透系数为0.27×10^{-6}cm/h；365d平均渗透系数为0.44×10^{-6}cm/h。

8.6.4 结论

（1）试验结果显示，碾压混凝土、变态混凝土、常态混凝土抗压强度、劈拉强度等力学指标随龄期增长而提高。碾压混凝土、变态混凝土由于掺用大量的粉煤灰，其后期强度增长显著。其中，大坝内部RV混凝土抗压强度365d与28d相比增长率为340%，且365d龄期仍然有明显增长趋势。

（2）试验结果显示，碾压混凝土、变态混凝土、常态混凝土的极限拉伸强度、极限拉伸值、渗透系数随龄期增长显著提高，混凝土静压弹性模量也相应增大。

（3）由于该工程地处北方寒冷地区，对进行试验的混凝土大多数都有严格的抗冻要求。试验结果显示，不同龄期混凝土抗冻性能随龄期增长而提高。所选择的设计龄期为90d的6个强度等级的混凝土，达到设计龄期后的试块均满足设计抗冻指标。

第9章 结语

丰满水电站全面治理（重建）工程是我国第一个大型水电站的重建项目，在碾压混凝土重力坝的建设过程中，总结、分析、研发了多项严寒地区碾压混凝土筑坝新技术、新工艺，完善和丰富了碾压混凝土筑坝技术。

（1）在电站枢纽运行区内进行大型水电站坝基爆破开挖国内尚属首次，采取了规模最大的爆破振动监测，对每一炮均进行了爆破振动监测，累计监测676次爆破，各测点的爆破峰值振动均满足各保护对象爆破振动安全允许振速。

（2）大坝水平建基面保护层开挖采用"先锋槽＋水平预裂爆破"开挖技术，大大消减了对建基面以下岩体的振动和冲击，起到了保护建基面的作用，爆前爆后声波波速平均衰减率为0.04％～9.7％，满足设计要求。

（3）按设计及规范要求进行了混凝土配合比试验及碾压工艺试验，运用了一种碾压混凝土中粉煤灰最佳掺量计算方法，确定了最佳粉煤灰掺量。施工过程中也采取了粉煤灰代砂技术，有效地解决了人工砂石粉含量不足的问题，保证了碾压混凝土施工质量。

（4）坝基垫层施工过程中，全面采用0.3～0.5m厚机拌变态混凝土找平基岩面，在国内同体型坝中尚属少数，使得碾压混凝土得以快速上坝施工，减小了坝体冷升层时间，也有利于控制混凝土裂缝的产生。

（5）新丰满大坝采用了全断面碾压混凝土设计理念，施工过程中对碾压混凝土与常态混凝土分界线进行了调整，大坝碾压混凝土全部采用自卸汽车直接入仓，采用先浇式入仓口设计，使得碾压混凝土快速连续上升的优势得以充分发挥。

（6）大坝碾压混凝土施工采用全断面斜层碾压施工技术，大大有利于对层间结合质量、坝体温度、施工进度、投资等各方面控制。对于斜层碾压时坡角会出现薄层尖角的问题，采用专人清除并补洒水泥粉煤灰净浆的方式，完善了斜层碾压工艺，加强层面结合。

（7）对重力坝止排水设计进行了探讨，在上游两道止水铜片间增设了接缝灌浆系统，蓄水后聚氨酯灌浆堵漏效果良好，进一步加强了坝体防渗措施。

（8）在碾压混凝土快速连续上升过程中，异种混凝土（常态混凝土）同步上升，减少了二期结合面质量缺陷产生裂缝的风险，同时也避免了一二期混凝土温差。

（9）在碾压混凝土浇筑过程中，研发了一种自带清洗装置的变态混凝土施工定量注浆机，设计了一种全自动电脑控制制浆系统，坝内廊道采用了全断面装配式钢模板。

（10）在溢流坝反弧段进行滑模施工技术应用中，改进了压重设施，采用了水箱压重。根据施工情况动态调整水量，大大改善了混凝土侧压力，保证了反弧段外观质量。

（11）在新丰满大坝建设过程中，充分利用了坝前库区库容巨大的优势，采用库区深井取水技术取得库区深层的较低温水，用以进行坝体混凝土通水冷却水和拌和用水，大大降低了坝体温控成本，取得了很好的经济效益。

（12）在严寒地区恶劣的气候条件下，采取了优选混凝土原材料、优化配合比设计、施工全过程温度控制、通水冷却、养护和表面保温等各方面混凝土温度控制与防裂综合措施。

（13）对于严寒地区碾压混凝土越冬保护，经过充分调研对比分析，采用了高防火等级的橡塑海绵作为保温材料，根据越冬面保温参数计算分析以及保温材料性能，制定了"塑料薄膜＋N层橡塑海绵＋三防帆布"的保温措施，在实际应用中取得了优良的保温效果。

（14）开展了严寒地区人工造雪越冬保温技术研究，经试验"橡塑海绵保温被＋人工造雪覆盖层"的越冬保温技术，大大减少了越冬混凝土与外界冷空气的热交换，起到了很好的保温作用。

（15）工程地处东北严寒地区，冬季寒冷漫长，寒潮频繁，新丰满大坝上下游全面采用了聚氨酯永久保温，削减了大坝表面温度梯度，控制了大坝表面温度应力，防止了大坝危害性裂缝的产生。

（16）大坝上游面、厂房坝段、溢洪道门槽上游面分别采用双组分喷涂聚脲、聚天门冬氨酸酯双组分涂刷聚脲和单组分涂刷聚脲等不同类型的聚脲材料进行辅助防渗处理。通过实践，不同种类的聚脲应根据使用条件的不同进行选择，双组分喷涂聚脲具有施工快速、成本低以及良好的柔性的特点，适用于迎水面大面积的辅助防渗。聚天门冬氨酸酯双组分聚脲具有优异的物理力学性能、耐候性以及与混凝土基材可靠的粘接，可应用于水流冲刷、抗冻蚀等混凝土部位的防护。

（17）严寒地区，冬季坝前库区结冰，随水位变动，冰层对坝体产生拉拔作用。新丰满大坝上游采取了聚氨酯保温，为降低保温层受冰层拉拔破坏的可能性，进行了抗冰拔材料研究。经过试验及蓄水后第一个越冬年的考验，采用涂刷聚脲＋氟改性聚脲面漆的方式，对水位变动区聚氨酯保温层起到了良好的保护作用。

（18）开春后的快速复工是严寒地区碾压混凝土筑坝过程中的重要内容，新丰满大坝在抵御频繁寒潮的前提下保温材料分三次揭开，最大限度地降低了越冬停浇面的温度骤降，避免了因揭除保温被后造成内外温差过大而产生的温度裂缝。同时，开展了越冬面裂缝普查与处理、钻孔取芯及压水试验及其他碾压混凝土筑坝施工准备工作，为严寒地区其他类似工程提供了一定的借鉴。

（19）新丰满大坝建设采用了施工现场多网组合技术、施工过程实时监控技术、碾压施工智能化监控技术、核子密度仪信息自动采集与分析技术、智能温控技术、质量验评智能化技术等智慧管控技术。同时在施工过程中，为提高碾压仓面喷雾效果，开展了智能喷雾系统的科研攻关，发明了水汽二相流智能喷雾成套技术及方法，具有良好的雾化效果，便于施工，进一步降低温度倒灌对温度控制的不利影响。诸多现代信息技术与物联网的应用，使得信息技术与水电工程建设业务深度融合集成，极大地提升了工程建设综合管控能力。

参 考 文 献

[1]　路振刚，王永潭．丰满水电站重建工程智慧管控技术探索与实践［M］．北京：中国水利水电出版社，2019．

[2]　王永潭，路振刚，胡云鹤．丰满水电站重建工程"重建"的探索与实践［J］．水利水电技术，2016，47（6）：6－9．

[3]　路振刚，王永潭，孟继慧，等．丰满水电站重建工程智慧管控关键技术研究与应用［J］．水利水电技术，2016，47（6）：2－5，13．

[4]　姚宝永，田政．数字化技术在丰满水电站重建工程中的应用［J］．水利建设与管理，2017，37（12）：87－89，70．

[5]　田政，姚宝永，李琦．大体积混凝土智能温控系统在丰满水电站重建工程中的应用［J］．水利建设与管理，2018，38（2）：57－60，77．

[6]　常昊天，姚宝永，刘志国，等．丰满水电站重建工程坝块越冬停浇面保温措施研究［J］．水利水电技术，2016，47（11）：52－54，60．

[7]　薛建峰，姚宝永，常昊天．聚脲材料在丰满水电站重建工程中的应用［J］．水利技术监督，2019（6）：27－28，103．

[8]　姚宝永，田政．丰满水电站重建工程坝基开挖爆破振动控制技术［J］．水利水电技术，2016，47（6）：37－40．

[9]　孟继慧，牟奕欣，胡炜．丰满水电站重建工程碾压混凝土坝施工质量实时监控系统应用与分析［J］．水利水电技术，2016，47（6）：103－106，110．

[10]　孟继慧，牟奕欣，胡炜．丰满水电站重建工程大坝碾压混凝土质量实时监控系统研发与应用［J］．大众用电，2015（S2）：5－7．

[11]　王富强，齐志坚，王福运．丰满水电站重建工程坝体稳定温度场计算与实测对比［J］．东北水利水电，2019，37（12）：4－6，71．

[12]　赖建文，罗安．丰满水电站重建工程大坝碾压混凝土施工仓面质量管理［J］．低碳世界，2018（10）：154－155．

[13]　陈波，孟宪磊，李洋波．丰满水电站重建工程碾压混凝土坝越冬结合面内外温差研究［J］．水利与建筑工程学报，2018，16（1）：85－90．

[14]　邓春霞，林晓贺．丰满水电站重建大坝智能通水温控系统的应用［J］．建筑技术开发，2017，44（23）：3－4．

[15]　朱晓秦，王智荣，陈自强，等．丰满水电站重建工程水工廊道装配式钢模板设计与应用［J］．水利水电技术，2016，47（6）：99－102．

[16]　李琦，李绍辉，郑昌莹，等．丰满水电站重建工程碾压混凝土重力坝施工温度控制［J］．水利水电技术，2016，47（6）：33－36．

[17]　朱晓秦，魏建忠，陈自强，等．丰满水电站重建工程大坝碾压混凝土现场工艺试验［J］．水利水电技术，2016，47（6）：115－119．

[18]　李绍辉，宋名辉，陈自强，等．高寒地区大体积混凝土临时越冬保温技术［J］．水利水电技术，

2016，47（6）：120-123.

[19] 田育功．中国 RCC 快速筑坝技术特点［C］//中国大坝工程学会，西班牙大坝委员会．国际碾压混凝土坝技术新进展与水库大坝高质量建设管理——中国大坝工程学会 2019 学术年会论文集．中国大坝工程学会，西班牙大坝委员会，中国大坝工程学会，2019：62-72.

[20] 田育功．碾压混凝土快速筑坝技术［M］．北京：中国水利水电出版社，2010.

[21] Ortega F. RCC 材料与配合比设计的新进展［C］//中国大坝工程学会，西班牙大坝委员会．国际碾压混凝土坝技术新进展与水库大坝高质量建设管理——中国大坝工程学会 2019 学术年会论文集．中国大坝工程学会，西班牙大坝委员会，中国大坝工程学会，2019：198-205.

[22] 库海鹏．碾压混凝土的研究现状与发展趋势［J］．山西建筑，2012，38（2）：107-109.

[23] 广西龙滩水电站七局八局葛洲坝联营体．龙滩水电站碾压混凝土重力坝施工与管理［M］．北京：中国水利水电出版社，2007.

[24] 周科志，张朝康．浅谈我国碾压混凝土筑坝技术特点［J］．四川水力发电，2010，29（3）：93-95.

[25] 芦琴．碾压混凝土坝施工技术发展概况［J］．杨凌职业技术学院学报，2012，11（1）：21-23.

[26] 刘六宴，温丽萍．中国碾压混凝土坝统计分析［J］．水利建设与管理，2017，37（1）：6-11.

[27] 陈玉奇．锦屏水电工程超复杂地下洞室群施工监理［M］．北京：中国水利水电出版社，2016.